X線光電子分光法

YUJI TAKAKUWA
高桑雄二［編著］

講談社

執筆者一覧

（50音順，カッコ内は担当章・節）

飯島　善時　東京農工大学　学術研究支援総合センター　（3.2節，5.1節）

小川　修一　東北大学　多元物質科学研究所　（5.4節，付録）

組頭　広志　東北大学　多元物質科学研究所　（5.3節）

小嗣　真人　東京理科大学　基礎工学部　材料工学科　（4.1節）

小林　啓介　日本原子力研究開発機構　原子力科学研究部門　物質科学研究センター　（3.3節，5.5節）

近藤　寛　慶應義塾大学　理工学部　化学科　（5.6節，6.1節）

佐藤　宇史　東北大学　大学院理学研究科　物理学専攻　（5.7節，5.8節）

相馬　清吾　東北大学　スピントロニクス学術連携研究教育センター　（3.5節）

髙桑　雄二　東北大学　多元物質科学研究所　（第1章，第2章，3.1節，編者）

高橋　和敏　佐賀大学　シンクロトロン光応用研究センター　（6.2節）

永村　直佳　物質・材料研究機構　先端材料解析研究拠点　極限計測分野　（5.12節）

藤森　伸一　日本原子力研究開発機構　原子力科学研究部門　物質科学研究センター　（5.9節）

堀場　弘司　高エネルギー加速器研究機構　物質構造科学研究所　（4.2節）

増田　卓也　物質・材料研究機構　先端材料解析研究拠点　極限計測分野　（5.11節）

松井　文彦　自然科学研究機構　分子科学研究所　（3.4節，5.2節）

吉越　章隆　日本原子力研究開発機構　原子力科学研究部門　物質科学研究センター　（5.10節）

まえがき

本書は公益社団法人日本分光学会監修「分光法シリーズ」の第6巻として刊行されるものである．X線光電子分光法(XPS)では単色のX線を試料に入射し，表面から脱出する光電子のエネルギー・運動量・スピンを分析することにより，化学組成・化学結合状態・電子状態・結晶構造に関する情報を高い表面感度で得ることができる．近年，光源，電子エネルギー分析器，そして検出器の高性能化・多機能化が進み，観察対象となる材料および現象が広がっているだけでなく，数十nmの空間分解での顕微観察，大気圧下での「その場」観察，数十psの時間分解での高速測定，表面最外層から数十nmの深さまでの非破壊分析，半導体デバイスなどの動作下でのオペランド計測が可能となっている．このようなXPSの測定原理，実験手法，データ解析，応用例，そして最先端の研究展開について本書では述べる．どの項目から読み始めても理解できるように記述されているが，大学で学ぶ量子力学と物理化学の基礎的な知識，例えば電子の波動性と粒子性，電気陰性度，スピン軌道相互作用などの理解は必要である．

本書は全6章からなる．第1章では固体表面・界面分析の必要性と課題について述べる．表面に入射するプローブと表面から脱出する検出粒子の組み合わせ，さらにはエネルギー範囲などを含めると数百種類の表面・界面分析手法がある．その長所・短所を理解して適切な分析手法を選択することが重要であり，必ずしもXPSにこだわる必要はない．例えば，高速での元素マッピングが目的の場合は，走査型電子顕微鏡と組み合わせたX線分光法が，高輝度放射光を用いた顕微XPS観察よりも有利である．そして，XPSは化学結合状態と電子状態の観察において有利であるが，一方で検出感度が低いなどの短所もあり，その短所を補うために他の手法と組み合わせることも重要である．1.4節ではXPSが生み出された歴史的背景と，1960～70年代の黎明期における世界と日本でのXPS開発の経緯について述べる．X線管，電子エネルギー分析器，そして検出器すらも自作し，制御・計測・データ処理のためのコンピュータもなしに挑んだXPS開発から学ぶことは多い．

第2章ではXPSの基礎として，どのような情報が光電子スペクトルから得られるかを原理に基づいて詳しく述べ，XPS測定の際に考慮すべき問題についても原理に基づいて説明する．第3章ではXPSの実際として，最初に実験装置について概要を説明し，それに続いてXPSでもっとも用いられている化学組成/化学結合状態の深さ分析，非破壊で埋もれた界面を評価する硬X線光電子分光法，原子配列を決定する光電子回折・光電子ホログラフィー法，表面電子状態を解明するスピン・角度分解光電子分光法について，基礎と実験装置，応用例を述べる．第4章では不均一系の顕微観察ができる光電子顕微鏡と三次元ナノXPSについて述べる．第5章ではXPSの応用として，12種類の材料・現象に分けて測定と解析の実例を紹介する．第6章では今後の展開が期待される準大気圧光電子分光法と超高速時間分解光電子分光法について述べる．最後に付録として光電子スペクトルの解析方法と必要な物理データをまとめる．

編者は1977年4月からXPSの研究に携わったのだが，関連する論文を読んでもまったく理解できずに困り果て，指導教官である佐川 敬教授に適切な教科書の推薦をお願いしたところ，「最先端の研究をしているので教科書はない」と一喝されてしまった．その後，『電子の分光』（相沢惇一ら 編著，共立出版，1977年）と『電子分光』（日本化学会 編，学会出版センター，1977年）が相次いで出版され，直ちに購入して書き込みと手垢で汚れるほど熟読した．両書とも絶版であるが，ネット通販などでは古本を入手可能である．その20年後に『X線光電子分光法』（日本表面科学会編，丸善出版，1998年）が出版され，実用的な書籍として普及している．さらに20年後に本書が企画され，XPSの基本過程をていねいに記述するとともに最先端分野の動向もカバーしており，今後20年間読み続けられても十分に役立つ内容となっている．本書のような教科書が出版されることはXPSの成熟，もしくは枯れきった分析手法であることを意味するのではない．現在でも発展途上にあり，光源・電子エネルギー分析器・検出器などのハードウェアの高度化に加え，機械学習などのソフトウェアを組み合わせることで新たな展開が広がろうとしている．そのため本書を，これまでに到達した道標としてだけでなく，今後の展開の指針を得るための座右の書として活用していただければ幸いである．

最後に本書の執筆者，日本分光学会 出版委員会の皆様に感謝申し上げます．さらに講談社サイエンティフィクの五味研二さんには長期にわたり忍耐強く編集作業を担当していただき深く感謝する次第です．

2018年11月

髙桑　雄二

目　次

第 1 章　固体表面・界面分析の必要性と課題

1.1 ■ 表面および界面とは

物質には固相，液相，気相の三態があり，これに加えプラズマが「第四の状態」とよばれている．これら 4 つの状態が互いに接するところが界面である．サラダドレッシングの油と酢が分離したとき液相/液相界面がみられ，渚で寄せては返す波は気相/液相界面での現象である．自動車の制動機能はブレーキパッドとディスクローターの固相/固相界面で生じる．蜃気楼は地表で冷やされた空気と上空の温かい空気との間の気相/気相界面で発生する．このように界面は身近なところにあふれており，自然界の多様性をもたらすとともに，日常生活や産業において不可欠で重要な役割を担っている．なかでも気相/固相界面と液相/固相界面の一部は表面とよばれ，関連する現象には例えば木材の表面を鉋で削ること，雪山の表層雪崩，船底や橋脚の表面腐食などがある．この場合の表面とは数 mm から数 10 cm，場合によっては数 m の厚みがある．

身近な世界でのマクロな表面・界面に対して，21 世紀に入り登場したナノテクノロジーやグリーンテクノロジーの世界ではミクロな表面・界面の解明と制御が必要不可欠となっている．ナノテクノロジーとは原子・分子スケールでの「もの作り」を目指し，2000 年に米国・クリントン大統領により発表された国家ナノテクノロジー計画が濫觴（らんしょう）である．一方，グリーンテクノロジーは「低炭素社会の持続的発展」を目指すものであり，2008 年に米国・オバマ大統領のグリーン・ニューディール政策で始められた．どちらの技術においても触媒は重要な課題であり，ナノ粒子合成と機能制御の研究が進められている．

一般に金(Au)表面は触媒活性をもたないが，2～5 nm サイズの Au ナノ粒子にするとプロピレンをエポキシ化できる触媒として機能することが発見された[1)]．Au ナノ粒子を球体で近似するとき，バルクに含まれる Au 原子数に対する表面 Au 原子数の割合は，球体の半径に反比例して増加する．これに加え，化学反応性が高いステップエッジが粒径サイズの縮小につれて数多く表面に現れ，2 nm 以下では量子閉じ込め効果により電子状態も変化するので，Au ナノ粒子で触媒活性が発現し

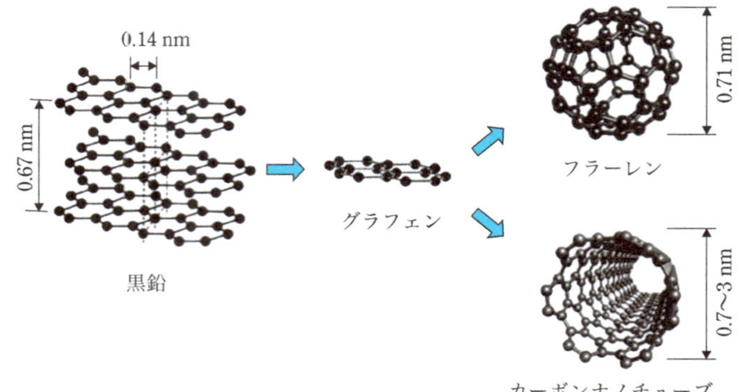

図 1.1.1　グラファイトとナノ炭素材料

たと考えられる．このようにナノ粒子化によりバルクに対する表面原子の存在割合が著しく増大するが，炭素材料ではさらに表面原子のみから構成されるナノ構造が合成できる(**図 1.1.1**)．グラファイト(黒鉛)は炭素6員環からなるグラフェンがファンデルワールス力で弱く結合して積層しており，容易に劈開できる．Novoselov らはスコッチテープでの剥離を繰り返すことにより，SiO_2 表面へ単層グラフェンを転写し，その優れた物理特性を実証することに成功した(2010年ノーベル物理学賞)．グラファイト電極間のアーク放電により，カーボンナノチューブ(carbon nanotube, CNT)とフラーレン C_{60}(1996年ノーベル化学賞)が容易に合成できることが見出された．グラフェンを一軸方向に丸めたものが CNT，二軸方向に丸めたものが C_{60} であると考えることができ，いずれも炭素原子1層のみから構成され，すべて表面原子のみである．このようにナノの世界では，表面とは基本的にバルク結晶の最外層の1原子層のことである．

ナノテクノロジーにはトップダウン(微細化)とボトムアップ(モジュール複雑化)の2つの研究開発動向があり，ナノ炭素材料の合成と機能制御はボトムアップの好例である．トップダウンの具体例として，電子デバイスの中心を担っている金属−酸化物−半導体型電界効果トランジスタ(metal-oxide-semiconductor field effect transistor, MOSFET)とその製造技術がある．MOSFET ではソース−ドレイン間に流れる電流を，ゲート電圧で制御する(**図 1.1.2**)．ソース−ドレイン間をチャンネルとよび，キャリアの電子もしくは正孔はチャンネルの SiO_2/Si 界面に沿って流れる．1990年頃の1 Mbit ダイナミック・ランダムアクセス・メモリのチャンネル長は1 μm 程度であったが，2005年に開発された8 Gbit NAND フラッシュメモリでは60 nm まで短くなり，2016年には14 nm の微細加工技術を用いた128 Gbit NAND フ

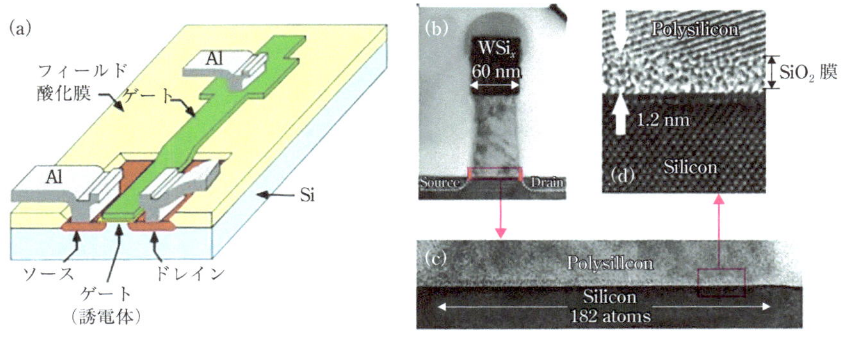

図 1.1.2　(a)MOSFET 構造のモデル，(b)チャンネル長 60 nm の MOSFET の断面 TEM 像，(c)チャンネル部(128 個の Si 原子で構成)の拡大断面 TEM 像，(d)多結晶 Si/SiO_2 膜/Si 基板界面の拡大断面 TEM 像
[M. K. Weldon *et al.*, *Surf. Sci.*, **500**, 859(2002), Fig. 2, 3]

ラッシュメモリが開発された．チャンネル長が 60 nm の場合，チャンネル内には Si 原子が 128 個しか存在せず，SiO_2 膜厚は 1.2 nm と極薄になる．膜厚 1.2 nm の SiO_2 膜形成では，Si 表面から 4 原子層までの Si を O_2 との熱酸化反応により形成し，急峻な SiO_2/Si 界面を精密制御しなければならない．また，ハードディスの読み取りヘッドに使用される磁気トンネル接合デバイスにおいては，化学組成と結晶構造が 1 原子層(ML)で急峻な Fe/MgO/Fe 界面の制御が求められている．

ナノテクノロジーとグリーンテクノロジーで求められる原子スケールでの表面・界面制御を実現するためには，プロセス技術だけでなく固体表面・界面の分析技術，それらを支える表面科学が必要とされる．1910 年代に Langmuir により行われた白熱電球のタングステン(W)フィラメント表面での吸着・脱離現象の研究が，表面科学の始まりと考えられている(1932 年ノーベル化学賞)[2]．黎明期の表面科学の主な課題は固体表面での気体の吸着・脱離，光検出器の光電陰極面での光電効果の現象論的研究であった．これらの研究は真空技術により支えられた．真空技術の基礎は 1920 年頃までに確立され，第二次世界大戦以降に本格的な応用展開がなされた．19～20 世紀にかけての確立期間における真空技術の発達は，エジソンが発明した白熱電球とそれから派生した真空管の急速な普及により牽引された．表面科学の研究成果は，吸着・脱離に基づく溜め込み型超高真空ポンプ(ソープションポンプ，Ti サブリメーションポンプ，スパッタイオンポンプ，クライオポンプなど)の開発を可能とした．このように真空技術が表面科学を支え，表面科学の蓄積された研究成果が超高真空技術の開発に結びつき，超高真空技術の普及が表面科学の急速な発展をもらしたのである．現在，超高真空技術は表面科学にとどまらず，素粒子物理学や薄膜作製などの広範囲の分野で利用され，現代の科学と産業に不可欠な基盤技術となっている．ここで真空度の国際単位は Pa(パスカル)であり，1 Pa＝1 N/m^2 である．1 気圧は約 1×10^5 Pa となる．歴史的な経緯で Torr(トール)も使われており，1 気圧のとき水銀柱の高さが 760 mm に達することから 1 Torr＝1 mmHg とされた．したがって，1 Torr＝1/760 気圧＝133.3 Pa である．

表面科学の勃興にともない国際論文誌 *Surface Science* が 1964 年に創刊された．最初の論文はダイヤモンド表面の構造解析であり，低速電子回折法による観察が 2.7×10^{-8} Pa で行われた．発刊後，掲載論文数は直線的に急増したのだが，1996 年に最大の論文数に達した後，急速に減少して 2018 年にはピーク時の 20％に減少している(**図 1.1.3**)．1970～1980 年代の急増は表面科学への学術的興味に加え，半導体や鉄鋼などの素材，そして表面改質などの産業分野からの需要が牽引したものである．ナノテクノロジーが提唱された頃の 2001 年に *Nano Letters* 誌が創刊され，論文掲載数は *Surface Science* 誌の初期の頃を上回る急増を示した．*Surface Science* 誌はナノの世界を見ること，*Nano Letters* 誌はナノ構造体の合成と機能制御に特徴をもつ．1996 年以降の *Surface Science* 誌の論文数の減少は表面科学分野の衰退によるものではなく，「見る」から「作る」へのパラダイムシフトが 21 世紀を前にして表面科学分野で起きたことを示している．つまり，表面科学分野の論文投稿先が *Surface Science* 誌から *Nano Letters* 誌へと移行したと考えられる．このような掲載論文数の劇的な変化にみられるパラダイムシフトはクリントン大統領による提唱が引き起こしたのではなく，それに先行して進んでいた研究分野の転換が顕在化したと考えるべきである．その要因の 1 つとして工業技術院が 1992 年から 10 年間にわたり推進した大型プロジェクト「アトムテクノロジー」があげられる．このプロジェクトでは「原子・分子を 1 個 1 個精緻に観察し操作する技術」の確立を目的としていた．ナノテクノロジーの国家プロジェクトが日本においてすでに，1992 年に開始されていたわけである．このような大型プロジェクトが採択されるためには，先行する研究成果の蓄積が必要とされる．その一端を担った組織として，1979 年に発足した日本表面科学会があげられる．海外では American Vacuum Society(米国，1953 年に発足)や Korean Vacuum Society(韓国，1991 年に発足)などのように，表面科学だけでなく応用物理の関連分野は真空学会の一部に含まれ，日本表面科学会は世界でユニークな存在となっている．日本では真空関連の学協会として 1950 年に真空技術協会，1954 年に真空機器協会が発足し，それらが 1958 年に合同して真空協会となり，2011 年からは一般社団法人 日本真空学会として活動している．

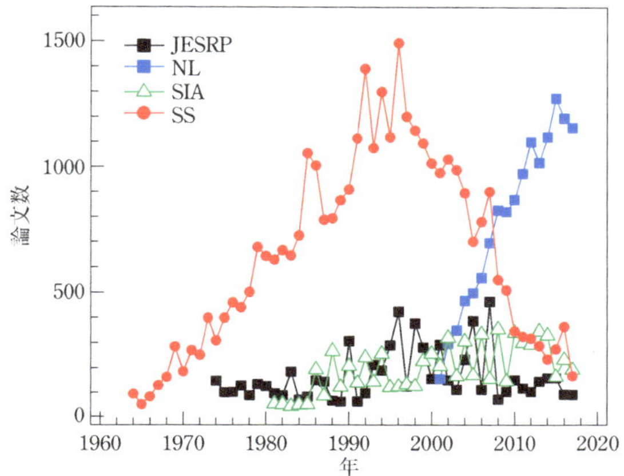

図 1.1.3　表面科学と表面分析関連の国際論文誌の掲載論文数の年次推移
SS(*Surface Science*：1964 年創刊)，NL(*Nano Letters*：2001 年創刊)，JESRP(*Journal of Electron Spectroscopy and Related Phenomena*：1974 年創刊)，SIA(*Surface and Interface Analysis*：1981 年創刊．Web of Science で検索(2018 年 10 月)．

そして，日本表面科学会と日本真空学会は 2018 年 4 月に合併して，公益社団法人日本表面真空学会として活動を始めた．

他方，表面科学の重要なツールである電子分光に関連する *Journal of Electron Spectroscopy and Related Phenomena* 誌が 1974 年に，そして表面・界面解析に関する *Surface and Interface Analysis* 誌が 1981 年に創刊された．2000 年頃のパラダイムシフトに関わりなく，両誌とも国際会議録の刊行による大きな変動はあるものの発刊以来，掲載論文数は緩やかな増加傾向を維持している．このことはナノテクノロジーにおいても表面分析技術の重要性は変わらず，必要不可欠であることを示している．例えば，走査透過型電子顕微鏡の環状暗視野像において SiO_2 膜は一様なコントラストしか示さないが，ダイヤモンド構造の Si 基板は原子配列が観察できるので，SiO_2/Si(001)界面を明瞭に決めることができる[3]．0.27 nm 径の電子プローブを用いて測定した O 原子の K 殻励起にともなう電子エネルギー損失分光(electron energy loss spectroscopy, EELS)スペクトルにおいて，界面と SiO_2 膜中で測定されたスペクトルは著しく異なっており，Si 原子から O 原子への電荷移動が界面で大きいことを示している．このようにナノテクノロジー実現のためには，原子スケールでの表面・界面の観察・解析が不可欠となっている．

以下の 1.2 節では固体表面・界面の多様性と機能を概説し，その分析で必要とされる観察対象を説明する．1.3 節では数多くある固体表面・界面分析手法をプローブ

(探針，電子，光，イオン)で分類し，その特徴と得られる情報について述べる．最後に，1.4 節において X 線光電子分光法(X-ray photoelectron spectroscopy, XPS)による固体表面・界面分析の原理，特徴と役割，開発の歴史，関連技術について述べる．

1.2 ■ 固体表面・界面の多様性と機能

固体表面とは玉葱の皮のように何度剥いでも(劈開，高温加熱，イオンスパッタリングなどにより)現れるが，固体界面はサラダドレッシングの油と酢の境界のようにかき混ぜると消失してしまう．そのため固体表面と界面は明確に定義が異なると思われやすいが，**図 1.2.1** に示すように固体界面とは固相／固相，液相／固相，気相／固相の 3 種類で分類され，基本的に気相／固相界面の一部を表面と考える必要がある．なぜなら，清浄 Si 表面を 10^{-9} Pa 程度の超高真空(ultra high vacuum, UHV)で保持しても数時間で消失してしまう．その原因は気相／固相界面反応の残留ガス吸着である．そして，大気中に置かれた Si ウェハーは Si 表面ではなく化学的に安定な SiO_2 表面となり，SiO_2/Si 界面が付随している．このように化学的に活性な金属や半導体を大気中へ曝露したときには，気相／固相界面(酸化物表面)だけでなく，固相／固相界面(酸化物／金属界面)も存在する．それぞれの界面は異なる機能をもち，例えば O_2 分子は SiO_2 表面では解離せずに SiO_2 膜中に取り込まれ，O_2 のままで SiO_2 膜中を拡散して SiO_2/Si 界面へ到達した後に解離して，SiO_2 への成長に寄与する[4]．これに対して TiO_2 表面の欠陥サイトで O_2 分子は解離し，O^{2-} イオンとして TiO_2 中を界面に向かって拡散し，一方で TiO_2/Ti 界面からは Ti^{2+} イオンが表面に向かって拡散し，酸化は TiO_2/Ti 界面だけでなく TiO_2 膜中でも進行する[4]．3 種類の界面は多様な機能をもち，固相／固相界面は MOSFET デバイス，太陽電池，有機 EL ディスプレイなどで重要な働きをし，液相／固相界面での反応は鉛蓄電池やメッキにおいて有用であるだけでなく，腐食の原因でもある．そして自動車の排ガス触媒や燃料電池，薄膜成長やエッチングは気相／固相界面(表面)で起きている．

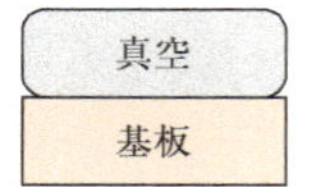

真空／固相境界(表面)
清浄表面の観察

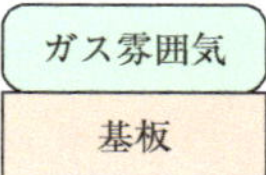

気相／固相界面
触媒，薄膜成長

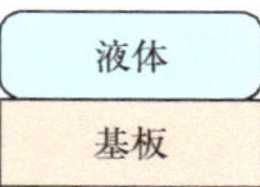

液相／固相界面
電池，メッキ

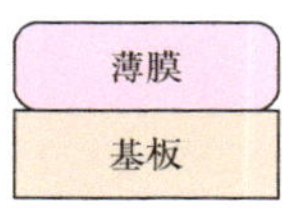

固相／固相界面
電子デバイス

図 1.2.1　固体表面・界面の分類と応用分野

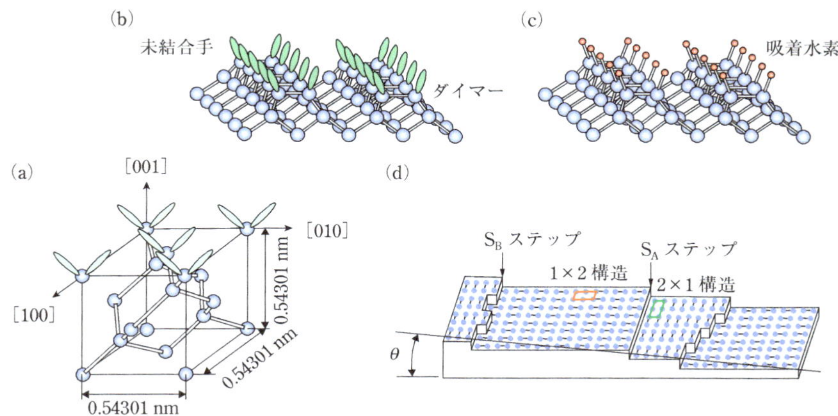

図 1.2.2　(a)バルクから切り出した Si(001)表面の構造モデル，(b)清浄 Si(001)2×1 表面の構造モデル，(c)水素終端 Si(001)2×1 表面の構造モデル，(d)Si(001)表面から角度 θ だけ傾けたときのステップ–テラス構造

清浄な固体表面では隣り合う原子との結合がないためにエネルギー的に不安定となり，表面原子の格子位置の緩和や再結合により安定化が図られるため，多種類の表面構造が出現し，それに応じて表面電子状態も変化する．その例として**図 1.2.2** に，Si(001)表面の構造モデルを示す．Si 結晶は格子定数 0.543 nm のダイヤモンド構造をもち，(001)面で切り出したとき表面 Si 原子は sp^3 混成軌道の一部からなる 2 本の未結合手をもつ．隣り合う未結合手間の σ 結合に加え，残りの未結合手間で π 結合することにより，表面近傍で格子歪みによる弾性エネルギーが増えるものの，ダイマー形成により全エネルギーが安定化する．このダイマーの繰り返し周期はバルク結晶の原子間隔に比べて⟨011⟩方向で 2 倍となるので，1×2 構造とよばれる．ダイマー未結合手は化学反応の活性サイトであるが，水素終端するだけで失活し，大気中に放置しても数日間は酸化されない．実際に切り出された Si ウェハーは(001)面から傾斜($\theta \sim 0.1°$)しているので 1 原子高さのステップが数多く現れ，ステップの上下のテラスでは未結合手の方向が 90° 回転しているので，1×2 分域と 2×1 分域が混在した表面構造となる．このときのステップがダイマー列に沿うときは S_A ステップ，直交するときは S_B ステップとよばれる．

Si(001)2×1 表面のダイマー構造は**図 1.2.3** に示すように非対称となることで，エネルギー的にさらに安定化する．上に移動した Si 原子(アップ・ダイマー Si)は sp^3 混成軌道から s 軌道成分が多いものになり，下に移動した Si 原子(ダウン・ダイマー Si)の結合は平面的で p 軌道成分が多いものとなる．p 軌道よりも s 軌道の

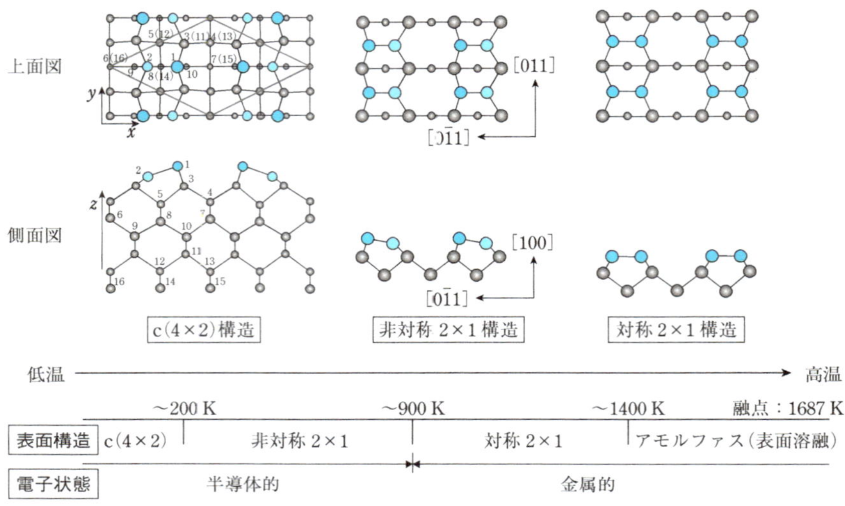

図 1.2.3　Si(001)2×1 表面の構造モデルと電子状態の温度依存性

結合エネルギーが大きいので，ダウン・ダイマー Si からアップ・ダイマー Si へと電子が移動して全エネルギーが低下する．熱エネルギーにより励起されて上下の Si 原子は頻繁に入れ替わっている(バックリング)ので，このような非対称ダイマーはバックルド・ダイマーとよばれている．そのため室温では非対称ダイマーは互いにランダムな関係にあり，時間平均の周期構造としては 2×1 構造となる．約 200 K 以下に冷却するとバックリングがなくなり，非対称ダイマーは互い違いとなることで全エネルギーをさらに低下させ，c(4×2)構造となる．これに対して加熱すると，約 900 K 以上では対称ダイマーが熱的に安定となり，Si 結晶の融点(1687 K)よりも低い約 1400 K でアモルファス化する．これは Si 表面から溶融が始まることを示している．ダイマーの π 結合の波動関数の重なりの違いから，非対称ダイマーは半導体的，対称ダイマーは金属的となる．そのため Si(001)2×1 表面の約 900 K での構造相転移は電子状態の変化をともなっている．

Si 表面の温度を上げたときダイマーだけでなく，**図 1.2.4** の走査型トンネル顕微鏡(scanning tunneling microscopy, STM)像でみられるようにステップ形状も変化する．図中の STM 像は冷却後ではなく，Si(001)2×1 表面を 684 K の高温で「その場」観察して得たものである．S_B ステップのモデル図に示すように，その形状変化はダイマー 2 個単位(Si 原子が 4 個)で起きている．これにより 90° 回転したダイマーが 2 個出現し，表面のエネルギー増加はない．形状変化速度のアレニウスプ

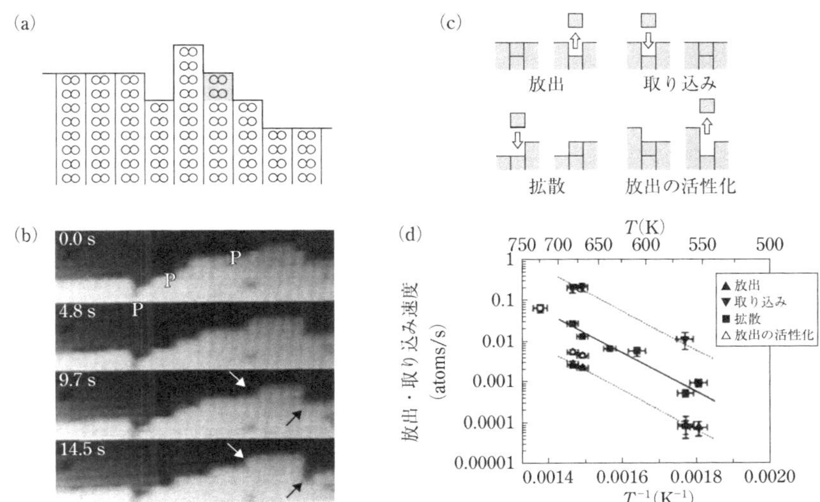

図 1.2.4　(a)Si(001)2×1 表面の S_B ステップモデル，(b)S_B ステップの STM 像(220 Å×220 Å，4.8 s 間隔で測定，684 K)，(c)S_B ステップでの Si 原子取り込みと放出モデル，(d)S_B ステップでの Si 原子取り込みと放出速度の温度依存性
[C. Pearson *et al.*, *Phys. Rev. Lett.*, **74**, 2710(1995), Fig. 3, 4, 5]

ロットより，活性化エネルギー E_a はすべて同じで 0.97 eV と求められた．ステップからテラスに放出された Si 原子は吸着 Si 原子とよばれ，S_B ステップ/キンクに再び戻るだけでなく，表面拡散を通して S_A ステップ/キンクとの間で交換が起きる．温度を上げるにつれてテラスに分布する吸着 Si 原子の被覆率が増え，1100 K で 0.02 ML(1 ML$=6.8\times10^{14}$ atom/cm^2)と測定された[5]．吸着 Si 原子はダイマー列に沿って表面拡散しやすく($E_a=0.67$ eV)，ダイマー列をまたぐ拡散は難しい($E_a\sim$ 1 eV)．また，Si 表面の高温加熱清浄化により生じたダイマーが抜けた孔はダイマー空孔とよばれ，テラスに多数存在し，その表面拡散は $E_a=1.7$ eV と大きい．このほかにも Si 表面には汚染物(酸化物，炭化水素，水)や欠陥(基板からの貫通転位や積層欠陥)が存在している．

気相/固相界面の例として，シランやジシランを用いる化学気相堆積(chemical vapor deposition, CVD)と，高温るつぼから蒸発した Si 原子による分子線エピタキシー(molecular beam epitaxy, MBE)による Si 表面への薄膜成長がある[6]．MBE では Si 基板のテラス幅 L に比べて吸着 Si 原子の表面拡散長 λ が大きいとき，Si 原子は表面に到着後に表面拡散を経てステップ/キンクに取り込まれて Si 成長が進行する(ステップフロー成長様式)．$L>\lambda$ のとき Si 原子はテラスで互いに衝突を繰り返して成長核を形成し，二次元的に拡大して成長する（二次元島状成長様式）．これに対してCVDではSi_2H_6はダイマー未結合手で解離吸着し，反応生成物のSi–H結合はSi_2H_6の吸着を阻害するだけでなく，吸着Si原子の表面拡散も抑制する．低温ではSi表面からのH_2脱離が起こりにくいので，水素被覆率の増加にともない成長速度だけでなく結晶性も低下する．Si(001)2×1表面には3種類の水素吸着状態（Si–H, Si–H_2, Si–H_3）があり，H_2脱離速度は水素吸着状態に依存して異なる．そのため，CVDによるSi成長機構解明において成長速度，水素被覆率，水素吸着状態の知見が必要とされる．

次に気相／固相界面の例として，Si(001)2×1表面酸化速度のステップ密度への依存性を**図1.2.5**に示す．Si(001)表面の傾斜角θが0.2°のときテラス幅はおよそ35 nmであるが，1.4°では13 nm程度まで狭くなっている．このときS_BステップがS_Aステップに近づき，2×1構造のテラスが1×2構造のものよりも広くなっている．$\theta=2.6°$で両者はほぼ重なり合い，一部で2原子高さのステップとなり，ほぼ全面が2×1構造のテラスとなり，単分域とよばれる．酸化後のSi(001)表面のSTM像には多くの凸部分がみられる．この原因はSiO_2の成長とSiOの脱離によるエッチングが同時に進むからである．このときSiO_2膜は核発生後に二次元島状成長しており，SiO_2膜で覆われていない清浄表面領域ではエッチングが持続するので，最初にSiO_2核が発生した箇所が凸となる表面形態が発達する．凸密度は傾斜角とともに増加し，$\theta\sim4°$で最大となり，その後緩やかに減少している．Siエッチング速度も同様の傾向を示し，酸化反応がステップ密度に影響されることがわかる．したがって，極薄SiO_2膜形成機構の研究ではSiO_2被覆率／膜厚とともに，表面形態・表面構造，エッチング速度，そして脱離種SiOの知見が必要とされる[4]．

固相／固相界面の例として，表面活性化接合によるSiウェハーの貼り合わせがある[7]．通常のウェハー接合では，厚さが1～2 nmの自然酸化膜で覆われているSiウェハーを向い合わせで重ね，100 MPa程度に加圧しながら加熱することにより界面でSi–O–Si結合が形成されて接合が進む．Si–O–Si結合形成は高温で促進されるので，接合されたSiウェハー間の引っ張り強さは高温ほど強くなっている．これに対して高速Ar原子ビームで酸化膜を除去したときは，室温での接合であるにもかかわらず，1100℃での加熱による酸化膜を介した通常接合と同等の強度を示す．これは酸化膜が除去されてSi未結合手が出現し，界面でSi–Si結合が形成されたためである．このとき引っ張り試験で破損するのは界面ではなく，バルクである．しかし，接合強度は表面粗さに依存して減少するので，表面活性化接合では接合前に化学組成と表面粗さに関する知見が重要であり，接合後には機械強度の評

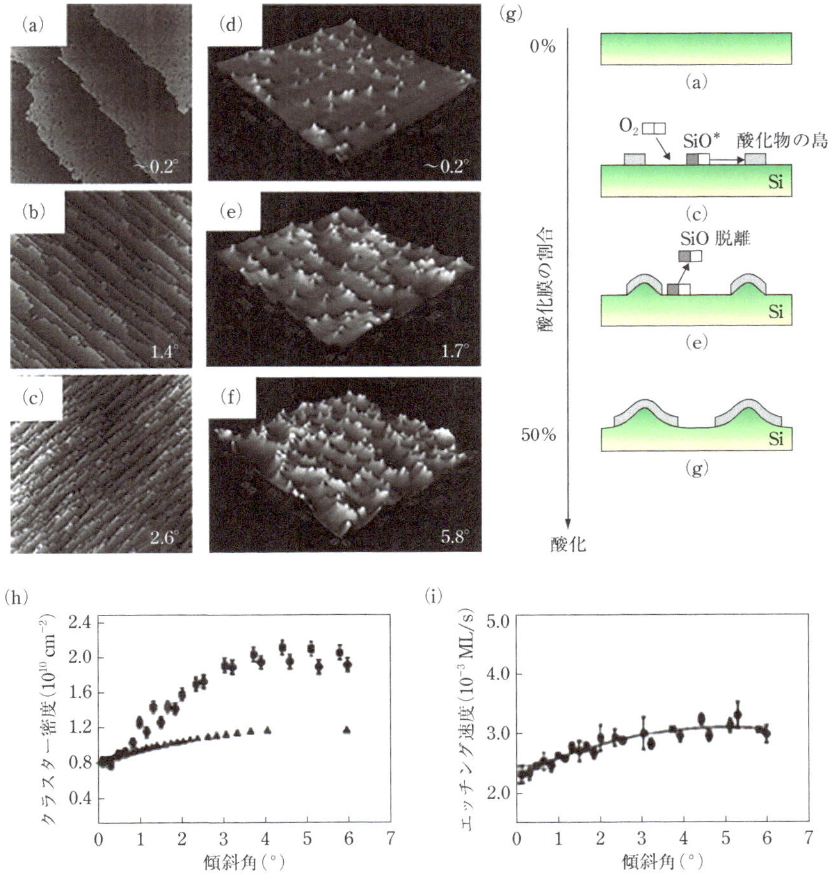

図 1.2.5　(a)～(c)清浄 Si(001)表面の STM 像(100×100 nm^2)，(d)～(f)酸化後に SiO_2 膜を化学エッチング除去した Si 表面の STM 像(1000×1000 nm^2)，(g)二次元島状成長様式の Si 酸化モデル，(h)酸化 Si 表面の凸密度の傾斜角依存性，(i)Si エッチング速度の傾斜角依存性
(a)～(f)の STM 像中の数字は Si(001)表面の傾斜角．(h)の三角印はシミュレーションの結果．(i)の実線は多項式での近似曲線．
[V. Brichzin and J. P. Pelz, *Phys. Rev. B*, **59**, 10138(1999), Fig. 2, 4, 5]

価が必要とされる．

以上で述べたことから，固体表面・界面の多様性と機能を分析するために，どのような原子があるか(組成)，どのように結合しているか(化学結合状態)，それらの原子がどのように配列しているか(構造)，どのような物理的・化学的性質か(電子状態)，そしてミクロとマクロな外形(形態)についての知見が必要とされる．これらの知見のいくつかを同時に得ること(複合計測)，高温や低温，液中やガス雰囲気中で得ること(「その場(*in situ*)」観察)，表面反応キネティクスやダイナミクスに関する情報を得ること(リアルタイムモニタリング)，そして不均一系やナノ構造について空間分解で得ること(顕微観察)が，最先端計測だけでなく通常の表面計測でも求められている．

1.3 ■ 固体表面・界面分析手法と情報

固体表面の情報を得るためには，探針を表面に近づけてトンネル電流や原子間力などを測定するか，プローブ粒子(電子，光，イオン，陽電子，準安定原子，ミューオンなど)を表面に入射し，散乱もしくは脱出粒子(電子，光，イオンなど)を検出する．いずれの方法でも程度に差はあるものの，表面においてプローブ粒子による影響があることを考慮する必要がある．例えば2.4節で述べるように，オージェ電子分光(Auger electron spectroscopy, AES)測定中の電子プローブによるSiO_2膜の還元，TiO_2表面のAr^+イオン照射による選択的スパッタリング，XPS観察中のX線照射による有機材料の分解などがあげられる．水素終端Si表面の紫外線光電子分光法(ultraviolet photoelectron spectroscopy, UPS)による観察中には紫外線プローブにより水素原子が除去されるが，STM観察中でもトンネル電流によって水素原子が除去される．

電子プローブによる表面・界面分析における検出粒子として電子，X線，イオンがある(**図1.3.1**)．電子プローブでは加速電圧により運動エネルギーE_kを連続的に変化でき，電子レンズを用いることによりサブnmまで絞って走査できる．入射電子により生じた内殻準位の空孔は，特性X線の輻射もしくはオージェ電子の放出を通して緩和する．K殻(1s準位)の空孔に$L_{2,3}$殻($2p_{1/2,3/2}$準位)の電子が遷移するとき，$K\alpha_{12}$特性X線が輻射され，$M_{2,3}$($3p_{1/2,3/2}$準位)からの遷移では$K\beta_{31}$線，$M_{4,5}$($3d_{3/2,3/2}$準位)からは$K\beta_5$線が輻射される[8]．また，K殻の空孔にL_2殻の電子が遷移するときのエネルギーをL_3殻の電子が受け取って表面から飛び出すときは，KL_2L_3オージェ電子とよばれる．どちらにおいても原子に固有の結合エネルギーE_Bをもつ準位が関与しているので，それらのX線エネルギー$h\nu$もしくは運動エネルギーE_kを測定することにより，元素を同定できる．この特性X線を用いる表面分析法としては，電子プローブ微小部分析法(electron probe micro analysis, EPMA)と出現電位分光法(appearance potential spectroscopy, APS)がある．後者は試料表面を対陰極とするX線管とX線検出器を組み合わせただけの簡単な構成であり，

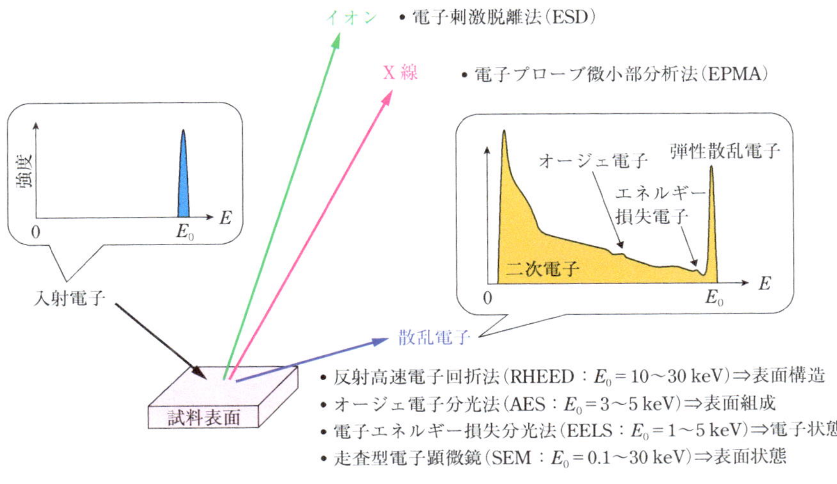

図 1.3.1　電子をプローブとする表面計測法

加速電圧を掃引して入射電子エネルギーを変化させて得られる X 線強度を測定する．これに対して AES では一定エネルギーの入射電子と電子エネルギー分析器を用いて脱出電子の E_k の分布を求める．特性 X 線とオージェ電子の放出確率を I_X と I_A とすると，$I_X + I_A = 1$ である(**図 1.3.2**)．軽元素では I_A が大きいので AES が有利であり，重元素では I_X が大きくなるので APS と EPMA が有用である．

オージェ遷移により終状態に 2 つの空孔が残ることで表面からイオンが放出される現象は電子刺激脱離(electron-stimulated desorption, ESD)とよばれる．ESD では表面に吸着した原子・分子を直接検出でき，表面最外層を調べることができる．他方，脱出電子は図 1.3.1 の挿入図に示すように，オージェ電子以外に弾性散乱電子，エネルギー損失電子，二次電子を含んでいる．弾性散乱電子を反射高速電子回折法で測定することにより表面構造を調べることができる．エネルギー損失電子はプラズモン励起や内殻電子励起，振動励起により生じ，それぞれ電子状態，化学組成，フォノンについての情報を与える．低速の二次電子の放出効率は表面形態・電子状態・化学組成に強く依存するので，集束したプローブ電子を用いた走査型電子顕微鏡(scanning electron microscopy, SEM)による表面形態の測定において，EPMA や AES と組み合わせることにより元素分布を測定できる．このように電子プローブを用いるだけで，表面・界面分析で必要とされるすべての項目の情報を得ることができる．

光プローブを用いた表面・界面分析では，光刺激脱離によるイオンの放出，X 線吸収にともなう光電子・蛍光 X 線・オージェ電子の放出，そして表面における X

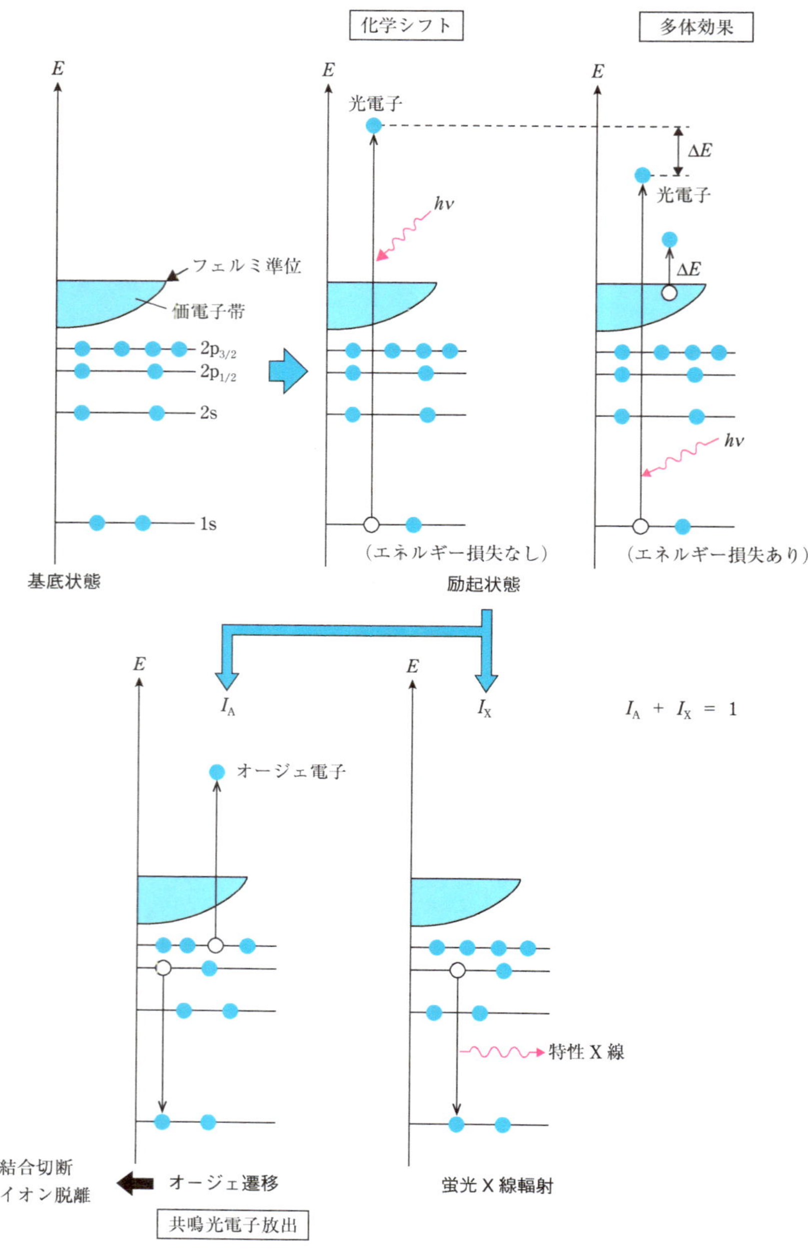

図 1.3.2　Na 金属の電子状態のエネルギーダイアグラムと XPS に関連する諸現象と測定方法

線の弾性・非弾性散乱が生じる．X 線吸収，光電子，蛍光 X 線，非弾性散乱 X 線は組成および化学結合状態の分析に，弾性散乱 X 線は構造解析に用いられる．実験室で利用できる光プローブの $h\nu$ は離散的なものに限られ，真空紫外線($h\nu=10\sim40$ eV)は希ガス共鳴線，X 線($h\nu=1\sim8$ keV)はターゲット金属に依存した特性 X 線に限定される．制動輻射による連続 X 線も使用できるものの，強度は著しく弱い．大型の分光用曲撓結晶を用いて集光しても，X 線の反射率が低いために高強度を得ることは難しい．これらの問題を解決するために，高エネルギーの電子蓄積リングからの放射光の開発・利用が進められた[9)]．偏向電磁石により高速電子が力を受けるときに放射光が輻射される．赤外線から硬 X 線までの連続光源であり，実験室の X 線管に比べて強度が 5～7 桁強い．磁場を互い違いに複数組み合わせたアンジュレータからの放射光はさらに 4～5 桁強度が強く，干渉により準単色光となっている．これに加え，直線偏光あるいは円偏光しており，ピコ秒オーダーのパルス光である．実験室光源と放射光のどちらでも $h\nu\lesssim2000$ eV の X 線では主に分光法による組成分析・電子状態観察，$h\nu\gtrsim2000$ eV の X 線では回折法による結晶構造解析・原子配列同定が主に行われる．

イオンをプローブとする表面・界面分析において，入射エネルギーはイオン散乱分光法(ion scattering spectroscopy, ISS)の 0.5～2 keV から，ラザフォード後方散乱分光法(Rutherford backscattering spectroscopy, RBS)の 1～2 MeV まで広範囲にわたっている．イオン種も ISS と RBS では主に He^+ が用いられるが，二次イオン質量分析法(secondary ion mass spectroscopy, SIMS)では Ar^+, Cs^+, O^{2-}, $C_{60}{}^+$，さらにはガスクラスターイオンも用いられる．検出イオンは ISS と RBS では入射イオンと同じ He^+ であり，試料との散乱によるエネルギー損失の測定により元素を同定する．SIMS ではスパッタリングにより表面から飛び出してくる二次イオン種の同定により組成分析が行われる．RBS による界面分析では**図 1.3.3** に示すように，試料を壊すことなく μm の深さまで組成分析が可能であり(非破壊モード)，SIMS では原理的に試料をスパッタリングにより壊しながら分析することになるので深さの限界はない(破壊モード)．非破壊での組成分析・構造解析において，イオンの入射エネルギーを変えることにより表面最外層の原子(ISS)から μm オーダー深さの原子(RBS)まで調べることができる．

SIMS による測定例として，サファイア基板 Al_2O_3(0001)に Cu(111)を 3 μm エピタキシャル成長させた後に，$CH_4/H_2/Ar$ 混合ガスを用いてグラフェンを CVD 成長させた試料の深さ方向の元素分析の結果を**図 1.3.4** に示す．スパッタリング時間 4500 s(エッチング速度＝0.67 nm/s)にみられる急峻な Cu/Al_2O_3 界面が，950°C で

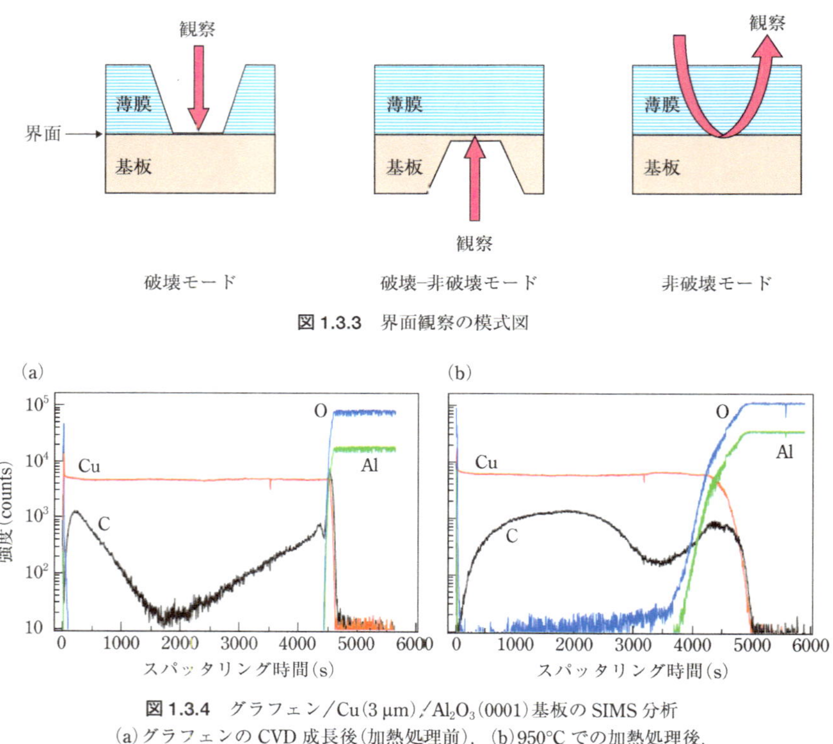

図 1.3.3　界面観察の模式図

図 1.3.4　グラフェン／Cu(3 μm)／Al_2O_3(0001)基板の SIMS 分析
(a)グラフェンの CVD 成長後(加熱処理前)，(b)950°C での加熱処理後．
[S. Ogawa *et al.*, *Jpn. J. Appl. Phys.*, **52**, 110122(2013), Fig. 7]

の真空加熱処理により著しく広がっている．これに対応して界面と表面での C 濃度が減少して Cu 膜中で増加しているが，これは表面のグラフェンが Cu 層に固溶したことを示している．この結果から，CVD 中に C が Cu 層に固溶し，冷却過程で界面と表面に C が析出してグラフェンが形成されたこと，さらには真空加熱で表面のグラフェンだけでなく界面のグラファイトも Cu に再び固溶することがわかった．

太陽電池や酸化物透明電極，半導体デバイスなどの厚い多層膜で覆われた界面を，デバイスを動作させながら分析する方法として，基板側に集束イオンビームを用いて孔を開け，界面特性を乱さない程度に数 10 nm の基板を残して硬 X 線光電子分光法(hard X-ray photoelectron spectroscopy, HAXPES)で観察する方法が開発された(破壊–非破壊モード)．この方法と類似したものに SEM のプローブ電子を極薄 Si_3N_4 膜を介して大気もしくは液体に入射し，発生した二次電子も Si_3N_4 膜を介して取り込むことによる，大気圧の気体・液体中での動的プロセスの SEM 観察がある[10)].

イオンプローブと組み合わせた電子検出としてイオン励起 AES，X 線検出として粒子線励起 X 線分析法(particle-induced X-ray emission spectroscopy, PIXE)がある．PIXE では MeV 領域の入射イオンを用いるので，制動輻射によるバックグラウンドが少なく特性 X 線を高感度で測定でき，微量元素分析に適している．イオン励起 AES でも keV 領域の入射イオンが試料内部まで入らないためバックグラウンドが低く，最表面層の分析に適している．また，陽電子をプローブとしたときには陽電子は表面近傍の空孔で γ 線を放出して消滅するため，格子欠陥の深さ分布が測定でき，弾性散乱された陽電子による反射高速陽電子回折測定と陽電子励起 AES 測定のどちらにおいてもバックグラウンドが低く，高い表面感度をもつ．さらに，励起状態の希ガス原子をプローブとするときにはペニングイオン化とオージェ中和化を通して電子が表面から放出され，表面原子の波動関数の情報を得ることができる．この方法は両者の過程による電子放出を含めるときは準安定原子電子分光法，ペニングイオン化に着目するときはペニングイオン化電子分光法とよばれる．他方，入射エネルギーが数 10 meV の基底状態 He 原子をプローブとする He 原子回折法を用いて Si(001)2×1 表面の対称から非対称ダイマーへの構造相転移(約 900 K)を明瞭に観察でき，数 keV の中性希ガス原子を用いた散乱分光法は帯電効果がないために酸化物の構造解析に有用である．

以上の例で紹介したようにプローブ粒子と検出粒子の組み合わせにより多様な固体表面・界面分析法が可能となり，広範囲にわたる情報を得ることができる[11)]．プローブ粒子と検出粒子の種類だけでなくエネルギー，運動量，スピン，偏光などの組み合わせを考慮すると，固体表面・界面分析法の数はさらに増加し，300 種類以上あるのではないかと考えられている[12)]．その中の 1 つにすぎない XPS でも本書で述べるように多くのバリエーションがあり，多様な情報を得ることができる．さらに，半導体材料・デバイスの固相/固相界面については電子スピン共鳴法による構造欠陥評価，フォトルミネッセンス法による欠陥準位測定，ドレインコンダクタンス法によるキャリア移動度測定なども必要とされ，一般には固体表面・界面分析法として分類されていない分析方法も活用する必要がある[13)]．探針を用いる場合，探針を通して測る物理量(＝プローブ)，例えばトンネル電流，原子間力，静電容量などによって多様な情報が得られる．これらの手法は走査型プローブ顕微鏡(scanning probe microscope, SPM)と総称されている．プローブ粒子や探針を用いる固体表面・界面分析法においても得られる情報の種類は限られ，感度や定量性などにも一長一短があるので，複数の方法を組み合わせて相補的に分析することが必要である．

1.4 ■ X 線光電子分光法による固体表面・界面分析

XPS では基底状態(始状態)からの光吸収が 10^{-16} s 程度で起きた後，光電子放出にともない内殻準位に空孔が形成された励起状態(終状態)となる．励起状態では，空孔とのクーロン相互作用により付随的に価電子もしくは内殻電子が励起されてエネルギー損失，交換相互作用，配置間相互作用などが生じ，10^{-16} ～ 10^{-12} s の時間スケールでオージェ遷移もしくは蛍光 X 線輻射を経て緩和する(図 1.3.2)．緩和後に残された複数の空孔は化学結合切断やイオン脱離をもたらす．したがって，XPS スペクトルには始状態だけでなく終状態の情報，さらにはオージェ遷移の情報も含まれる．X 線は 1895 年に Röntgen により発見された．X 線には制動輻射による連続 X 線と離散的な特性 X 線がある．特性 X 線の原因は 1907 年に同定され，1913 ～ 14 年に Moseley により発表された元素周期律表と関連づけた特性 X 線の研究から X 線発光分光法(X-ray emission spectroscopy, XES)が始まった．これ以降長年にわたり，XES は化学分析の手段として広範囲に使用され[14)]，現在でも最先端分析で用いられている．価電子帯の占有状態の XES による研究では軟 X 線が有用であり，非占有状態に関する知見は X 線吸収分光法(X-ray absorption spectroscopy, XAS)により得られる[14)]．一方，オージェ電子は 1923 年に Auger により Xe ガスに 60 keV の X 線を照射した実験において発見された．1935 年に Haworth により報告された 37 ～ 147 eV の一次電子入射により得られた Mo 表面からの二次電子スペクトルが AES による表面分析の始まりと考えられている．文献[15)]には 1923 ～ 1972 年までに発表された AES 関連の論文が一覧としてまとめられている．

このように XES と AES が化学分析法として 1950 ～ 60 年代に多くの大学・研究機関で使われていたことと比べて，XPS は 1960 年代後半まで注目されることもなく，一部の研究者が開発を進めるにとどまっていた．固体表面からの光電効果は 1864 年に Hertz により発見され，1914 年に最初の X 線光電子分光装置が Robinson により試作されたが，実用性に乏しかった．1950 年代になってようやく磁場偏向型エネルギー分析器を用いた内殻準位の XPS スペクトルから化学分析の可能性が指摘され，1960 年代に初めて内殻準位の化学シフトが XPS で観察された[16)]．これらの成果も大きな注目を引くことはなかったが，その進歩を支えたのはスウェーデン・ウプサラ大学の Siegbahn のグループによる高性能電子エネルギー分析器の開発である．その後も開発が続けられ，21 世紀の現在でも挑戦は続き[17)]，世界中を席巻している市販の高性能電子エネルギー分析器はSiegbahnのグループからスピンアウトした技術に基づいている．Siegbahnのグループは，開発した高性能電子エネルギー分析器を用いて得られた膨大なデータを1967年[18]と1969年[19]に報告し，XPSは組成分析だけでなく化学結合状態解析においてきわめて有用であるために，XPSを化学分析のための電子分光法(electron spectroscopy for chemical analysis, ESCA)とよぶことを提唱した．これらの総合報告は世界中に衝撃を与え，日本においてもただちに概要を紹介する報告や解説が数多く書かれた[20~31]．これらの解説を読むと，XPSの有用性，とりわけ内殻準位の化学シフトがもつ威力と潜在的な可能性について当時の研究者が受けたインパクトを窺い知ることができる．このような状況の中で，1970年代に多くの大学や研究機関でXPS装置の試作が開始されるとともに[32]，XPS装置が市販されるようになり[33,34]，XPSの普及が急速に進んだ．1980年以降ではXPSを用いた論文数が，AESのそれを逆転して大きく上回るようになった[35]．このようなXPSの急速な進展は高性能電子エネルギー分析器と高輝度X線源の開発に加えて，UHV技術の普及，放射光利用，そしてコンピュータによる制御・データ解析によりもたらされたものである．XPS開発と応用の先駆者であるSiegbahnの業績に対して，1981年にノーベル物理学賞が授与された．

Siegbahnにより開発された高性能電子エネルギー分析器は米国のShirleyのグループの注目を引き，1960年代後半にカリフォルニア大学バークレー校に設置された．当初は化学シフトが系統的に調べられたが，ハライド化合物でみられる多重項分裂などの終状態における多体効果，価電子帯の状態密度，光電子回折などの物理分野へと研究が展開された．米国オークリッジ国立研究所のCarlsonのグループは1960年代に独自にXPSを展開し，希ガスの内殻準位スペクトルにみられるシェークアップ・サテライトなどの多体効果を調べた．XPSによる固体表面・界面分析は，Shirleyのグループが開発したUHV–XPS装置(Hewlett Packard社製5950A)を用いて始められたと考えられる[36]．光電管開発などの実用的観点から，紫外線照射による光電子放出の研究は20世紀初頭からの長い歴史をもつが，UPSによる固体表面研究は米国スタンフォード大学のSpicerのグループにより始められ，とりわけ固体表面からの光電子放出機構についての実験と理論的研究が知られている[37]．分子のUPS観察は，英国インペリアルカレッジのTurnerのグループにより1960年頃より先駆的研究がなされた[38]．

Siegbahnの総合報告[18,19]では，孤立原子・分子の内殻準位光電子スペクトルの化学シフトについて定量的に議論されている．例えば空気の光電子スペクトルでは，O 1s，N 1s，Ar 2p，C 1s準位からの鋭いピークが観察される(**図1.4.1**)．XPS測定

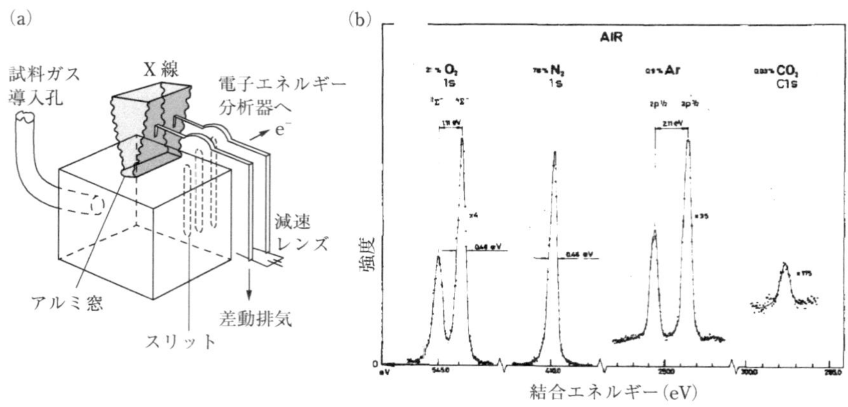

図1.4.1　(a)気相の原子/分子のXPS観察装置(ガスセル+差動排気)，(b)100 Paの空気のXPSスペクトル(単色化Al Kα励起：$h\nu = 1486.6$ eV，$\Delta h\nu = 0.2$ eV)
[K. Siegbahn *et al.*, *J. Electron Spectrosc. Relat. Phenom.*, **5**, 3(1975), Fig. 1]

はガス圧力100 Paで行われたが，X線管出口のAl箔(数μm)が圧力隔壁として働いて約10^{-4} Pa以下のX線管の動作圧力を維持することができる．他方，光電子をエネルギー損失なしで電子エネルギー分析器内を通過させるため，同様に約10^{-4} Pa以下に維持することが必要とされ，スリットと真空ポンプを多段に組み合わせた差動排気系を用いて圧力差が設けられている．一方，固体表面の研究のためにUHVの準大気圧XPS装置が開発され，10^3 Paまでのガス圧力で触媒や半導体プロセスなどが「その場」観察されている[39]．XPS測定圧力の観点で見たとき，最先端の準大気圧XPSと60年前の孤立分子のXPSが基本的に同じ真空技術に基づいていることに気づかされる．このように積み重ねられた多くの経験を深く理解して，新しい分野を創意・工夫して開拓することが重要である．

日本での黎明期におけるXPSの開発はSiegbahnの総合報告[18,19]が契機となって，1970年前後に学習院大学[32]，大阪大学[29,30]，電子技術総合研究所[26〜28]，東京大学[40〜42]，東北大学[43,44]など多くの大学・研究機関，さらには企業[45]で始められた．本書の第3章以降で述べる最先端XPSへの橋渡しとして，以下ではXPSの黎明期・発展期(1970〜80年代)について東北大学理学部での経緯を例として紹介する．

東北大学理学部物理学第一講座(電磁気学)の佐川研究室は1967年に始まり，佐川 敬教授は長年培われてきたXESによる物性研究を引き続き展開することに加え[14]，XPSへの挑戦を開始した．奇しくも1967年はSiegbahnの最初の総合報告が出版された年である．XESでは電子を入射して輻射される特性X線を観察し，XPS

では特性X線を入射して放出される光電子を観察するので類似の実験技術と思われがちであるが，X線分光器と電子エネルギー分析器はまったく異なる要素技術に基づいている．電子エネルギー分析器には磁場偏向型と静電偏向型があり，当初は磁場偏向型が用いられていたが，静電偏向型は設計・加工だけでなく制御も容易なため，1960年代後半から急速に進展した．佐川研究室ではもっぱら静電偏向型が選択されたが，まだ世界的にも開発途上にあったため，電子エネルギー分析器の試作にあたっては手探り状態で，数少ない文献を頼りに進められた[46]．電子エネルギー分析器として平行平板型，半球型，二重円筒鏡型の開発が相前後して進められ，1970～73年頃に完成した．

他方，検出器として市販の光電子増倍管の光電変換部を取り除いたものや[47]，ガラス板に煤を塗布して両端に銀ペースト電極を取り付けた後に対向して組み立てた平行平板型チャンネル二次電子増倍管が自作され，利用された[48]．X線源としてヘンケ型[14]（熱フィラメントが直接ターゲット表面を見込まないようにすることで，昇華したWによるAl/Mgターゲット表面汚染を防止）だけでなく，回転対陰極型も試作された．設計性能を満たすXPS装置は完成できたが，その計測制御は当初人海戦術でなされた．完全自動化は廉価なパーソナルコンピュータが普及する1980年頃に始まった[49]．

図1.4.2に平行平板型電子エネルギー分析器を組み込んだXPS装置の模式図と，La金属のサーベイスキャン光電子スペクトルを示す．検出器としては市販の光電

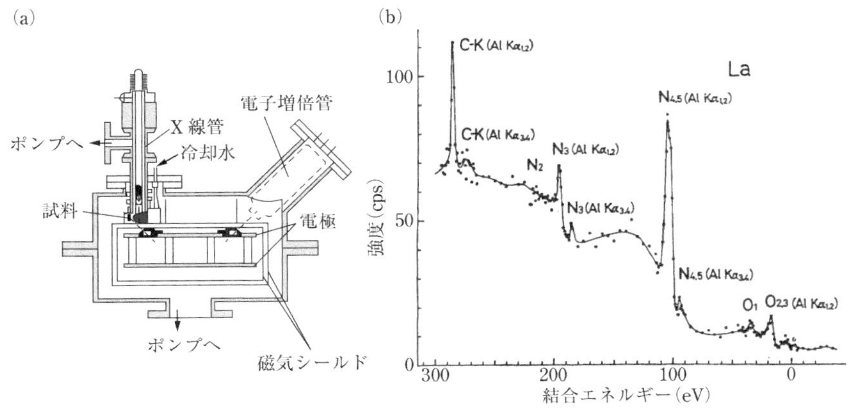

図1.4.2　(a)1970年代初期に試作されたXPS装置，(b)Laの光電子スペクトル（励起光Al Kα：$h\nu$＝1486.8 eV）
[I. Nagakura *et al.*, *J. Phys. Soc. Jpn.*, **33**, 754(1972), Fig. 1, 2]

子増倍管(浜松テレビ(現 浜松ホトニクス)社製 R425)が用いられ，XPS 装置の到達真空度は約 1×10^{-4} Pa であった．La 金属は活性で酸化されやすいので 5 分間ごとに蒸着し直してスペクトルが積算された．C K ピークは真空排気用の油拡散ポンプからの油汚染によるものである．油汚染はあるものの測定中の酸化は抑制され，比較のために測定した La_2O_3 のものと明瞭に異なる光電子スペクトルが得られた．この測定において，Al Kα 線の自然幅($\Delta h\nu=0.9$ eV)を含めた XPS 装置のエネルギー分解幅 ΔE_I は 2.7 eV であった．これに対して半球型電子エネルギー分析器(平均軌道半径 132 mm)を備えた XPS 装置では，Mg Kα 線($h\nu=1253.6$ eV，$\Delta h\nu=0.8$ eV)を用いたときに $\Delta E_\mathrm{I}=1.0$ eV を達成でき，銅ハライド化合物の価電子帯状態密度の微細構造が観察できた[50]．

佐川研究室では実験室 X 線源を用いた多種類の XPS 装置の開発を進める傍ら，東京大学原子核研究所(Institute for Nuclear Study, INS)に設置された東京大学物性研究所の放射光専用電子蓄積リングの開発にほとんどのスタッフと学生が関与した．原子核研究所で建設が進められていた電子シンクロトロン(当初は 0.75 GeV, 1966 年に 1.3 GeV)が 1961 年 12 月に試運転に成功し[51]，原子核実験と並行して放射光の物性研究利用が検討され，**図 1.4.3** に示すように放射光専用ポートが 1964 年に設けられ，分光器を取り付けることで XAS 実験が可能となった[52]．この当時放射光は，シンクロトロン軌道放射(synchrotron orbital radiation, SOR)とよばれていたので，この実験ポートは INS–SOR と名づけられた．佐川教授は 1963 年頃から INS–SOR プロジェクトに積極的に関わっており，INS–SOR から発表された最初の論文は佐川教授によるものであった[53]．これらの成果を踏まえ，世界で最初の放射光専用の電子蓄積リングの建設が 1970 年に始まり，1974 年に完成した[54]．これは SOR–RING とよばれ，INS の電子シンクロトロンを入射器として用い，5 本のビームラインが設けられた．電子蓄積リングの偏向電磁石をはじめ，分光器，エンドステーションの分析機器などが多くのユーザーの協力で製作された．SOR–RING の第 2 ビームラインに設置された斜入射軟 X 線分光器と二重円筒鏡型電子エネルギー分析器を用いて，$\Delta E_\mathrm{I}=0.4$ eV のときに毎秒数 10 個の光電子検出で Au, Ag, Cu の価電子帯 XPS スペクトルが得られた[55]．文献[54]には，この当時の海外での SOR 利用研究の状況がまとめられている．

佐川研究室では当初から表面研究を目指し[56,57]，XPS 装置の超高真空化を図るだけでなく，表面感度が高い UPS 装置の開発も進められた．光電子の運動エネルギーだけでなく運動量も分解するために，半球型電子エネルギー分析器(平均軌道半径 50 mm)を小型化して一軸回転できるようした角度分解 UPS 装置の開発が進めら

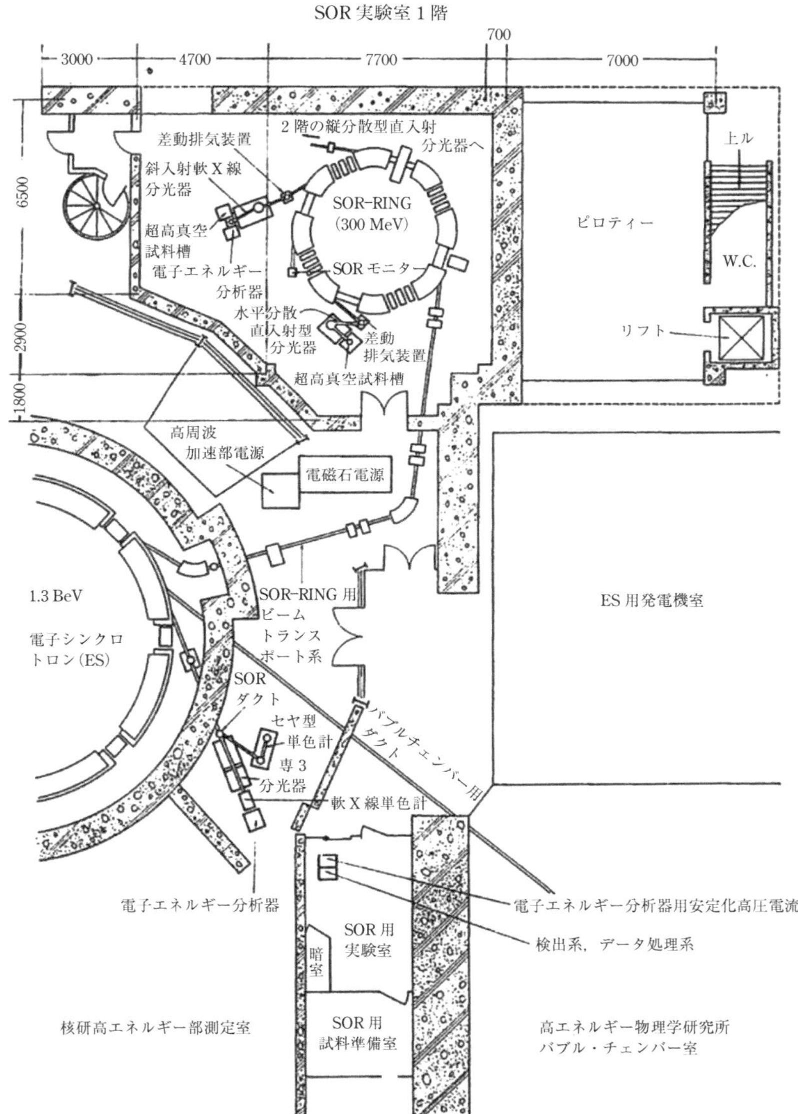

図 1.4.3　東京大学原子核研究所の電子シンクロトロンに付設して建設された放射光利用専用の電子蓄積リング(数値の単位は mm)
［佐川 敬，固体物理，**8**, 51(1973), Fig. 2］

れ，1977 年に完成した．Cu(111) 表面の角度分解光電子スペクトルは取り込み角が 3.6°，$\Delta E_{\mathrm{I}}=0.1$ eV で測定され，バルクと表面のバンド分散が明瞭に観察できた[58)]．この角度分解 UPS 装置を用いて Si 基板の通電加熱方法を工夫することにより，Si(111) 表面の電子状態が室温から 1120℃ まで「その場」観察された[59)]．また，Yb 金属の酸化過程の角度分解 UPS スペクトルから，表面内殻準位シフトが調べられた[60)]．半球型電子エネルギー分析器の二軸回転機構をもつ角度分解 XPS/UPS 装置 (VG 社製 ADES400) が 1980 年に導入され，Ag(110) 表面の X 線光電子回折パターンの測定が行われた[61)]．

角度分解 XPS/UPS 装置が立ち上がった 1980 年代に入り，佐川教授は逆光電子分光法 (inverse photoelectron spectroscopy, IPES) の開発を始めた[62)]．この IPES で検出するのは光電子分光法の逆過程であり，単色化した電子を表面に入射し，放出される光 (バルクでは軟 X 線，表面では紫外線) を測定して非占有電子状態を調べる．佐川研究室では 2 つの IPES の方法が開発され，1 つは電子エネルギーを固定して放出される紫外線のエネルギーと強度を回折格子で分光測定する方法，もう 1 つは電子エネルギーを変えながらバンドパスフィルターで固定されたエネルギーの紫外線を検出する方法であった．両方とも検出効率が低く，困難のともなう開発であった．このように佐川研究室 (1967～1986 年) の活動は，電子を表面に入射させて特性 X 線を観察する XES から，特性 X 線を表面に照射して光電子を観察する XPS へと大胆な転換が最初にあり，最後にまた電子を表面に入射させて紫外線・X 線を検出する IPES への転換があった．18 年間の限られた時間の中で，光電子分光法がもつ多様な可能性を切り拓く挑戦が試行錯誤を繰り返しながら進められた．

[引用文献]

1) H. Haruta, *Mol. Sci.*, **6**, A0056 (2012)
2) 日本表面科学会 編，表面科学のこと始め―開拓者たちのひらめきに学ぶ (現代表面科学シリーズ)，共立出版 (2012)
3) D. A. Muller, T. Sorsch, S. Moccio, F. H. Baumann, K. eVans-Lutteridt, and G. Timp, *Nature*, **399**, 758 (1999)
4) 高桑雄二，小川修一，石塚眞治，吉越章隆，寺岡有殿，*J. Surf. Sci. Anal.*, **13**, 36 (2006)
5) R. M. Tromp and M. Mankos, *Phys. Rev. Lett.*, **81**, 1050 (1998)
6) B. Voigtländer, *Surf. Sci. Rep.*, **43**, 127 (2001)
7) 須賀唯知，精密工学会誌，**79**, 705 (2013)

8） 佐川 敬，化学の領域，**66**, 14（1965）

9） 渡辺 誠，佐藤 繁 編，放射光科学入門，東北大学出版会（2010）

10） 須賀三雄，西山英利，小入羽祐治，渡部善幸，岩松新之輔，佐藤主税，顕微鏡，**46**, 137（2011）

11） 二瓶好正 編，固体の表面を測る（日本分光学会 測定法シリーズ），学会出版センター（1997）

12） 日本表面科学会 編，表面分析辞典，共立出版（1986）

13） 高柳邦夫，田島道夫，松井純爾 監修，半導体計測評価辞典，サイエンスフォーラム（1994）

14） 佐川 敬，物性，**11**, 560（1970）

15） 小野雅敏，辻 泰，真空，**16**, 9（1973）

16） J. G. Jenkin, R. C. G. Leckey, and J. Liesegang, *J. Electron. Spectrosc. Relat. Phenom.*, **12**, 1（1977）

17） K. Siegbahn, *J. Electron Spectrosc. Relat. Phenom.*, **137–140**, 3（2004）

18） K. Siegbahn, C. Nordling, A. Fahlman, R. Nordberg, K. Hamrin, J. Hedman, G. Johansson, T. Bergmark, S. E. Karlsson, I. Lindgren, and B. Lindberg, *Esca : Atomic, Molecular and Solid State Sturucture Studied by Means of Electron Spectroscopy*, Almqvist & Wiksells Boktryckeri AB, Uppsala（1967）

19） K. Siegbahn, C. Nordling, G. Johansson, J. Hedman, P. F. Hedén, K. Hamrin, U. Gelius, T. Bergmark, L. O. Werme, R. Manne, and Y. Bear, *Esca Appled to Free Molecules*, North-Holland Publishing, Amsterdam（1969）

20） 浅田栄一，合志陽一，応用物理，**38**, 969（1969）

21） 合志陽一，分光研究，**18**, 235（1969）

22） 前田浩五郎，分析機器，**7**, 579（1969）

23） 前田浩五郎，分析機器，**7**, 633（1969）

24） 槙田 勉，化学の領域，**23**, 569（1969）

25） 久武和夫，物性，**11**, 379（1970）

26） 前田浩五郎，化学の領域，**24**, 195（1970）

27） 前田浩五郎，化学の領域，**24**, 327（1970）

28） 前田浩五郎，化学の領域，**24**, 410（1970）

29） 池田重良，化学，**26**, 774（1971）

30） 池田重良，化学，**26**, 879（1971）

31） 黒田晴雄，有機合成化学，**30**, 942（1972）

32） 村田好正，化学と工業，**23**, 1088（1970）

33） 日本分光工業株式会社，真空，**16**, 45（1973）

34）安盛岩雄，分光研究，**24**, 38(1975)
35）F. Reniers and C. Tewell, *J. Electron Spectrosc. Relat. Phenom.*, **142**, 1(2005)
36）D. A. Shirley and C. S. Fadley, *J. Electron Spectrosc. Relat. Phenom.*, **137–140**, 43 (2004)
37）W. E. Spicer, *J. Phys. Chem. Solids*, **59**, 527(1998)
38）D. W. Turner, C. Baker, A. D. Baker, and C. R. Brundle, *Molecular Photoelectron Spectroscopy*, Wiley-Interscience, London(1970)
39）M. Salmeron and R. Schlögl, *Surf. Sci. Rep.*, **63**, 169(2008)
40）広岡知彦，藤平正道，井口洋夫，物性，**13**, 392(1972)
41）原田義也，日本物理学会誌，**28**, 862(1973)
42）M. Kudo, Y. Nihei, and H. Kamata, *Rev. Sci. Instrum.*, **49**, 756(1978)
43）広川吉之助，分光研究，**27**, 319(1978)
44）A. Ebina, T. Unno, Y. Suda, H. Koinuma, and T. Takahashi, *J. Vac. Sci. Technol.*, **19**, 301(1981)
45）佐藤公隆，船木秀一，分光研究，**22**, 143(1973)
46）佐川 敬，応用物理，**41**, 849(1972)
47）南 茂夫，西川勝彦，吉永 弘，応用物理，**33**, 115(1964)
48）石川和雄，岩本猛弘，応用物理，**38**, 546(1969)
49）飯田 修，上田一之，橋本初次郎，真空，**23**, 465(1980)
50）S. Kono, T. Ishii, T. Sagawa, and T. Kobayashi, *Phys. Rev. Lett.*, **28**, 1385(1972)
51）江尻有郷，日本物理学会誌，**72**, 189(2017)
52）佐川 敬，固体物理，**8**, 51(1973)
53）T. Sagawa, Y. Iguchi, M. Sasanuma, T. Nasu, S. Yamaguchi, S. Fujiwara, M. Nakamura, A. Ejiri, T. Masuoka, T. Sasaki, and T. Oshio, *Jpn. J. Phys. Soc.*, **21**, 2587(1966)
54）佐川 敬，科学，**44**, 610(1974)
55）T. Sagawa, R. Kato, S. Sato, M. Watanabe, T. Ishii, I. Nagakura, S. Kono, and S. Suzuki, *J. Electron Spectrosc. Relat. Phenom.*, **5**, 551(1974)
56）佐川 敬，化学と工業，**26**, 702(1973)
57）佐川 敬，小林悌二，日本結晶学会誌，**20**, 116(1978)
58）K. Furusawa, S. Suzuki, T. Sagawa, and T. Kobayashi, *Jpn. J. Appl. Phys.*, **17**, Suppl., 17–2, 252(1978)
59）T. Yokotsuka, S. Kono, S. Suzuki, and T. Sagawa, *Solid State Commun.*, **39**, 1001(1981)
60）Y. Takakuwa, S. Suzuki, T. Yokotsuka, and T. Sagawa, *Jpn. J. Phys. Soc.*, **53**, 687(1982)
61）S. Takahashi, S. Kono, H. Sakurai, and T. Sagawa, *J. Phys. Soc. Jpn.*, **51**, 3296(1982)
62）佐川 敬，応用物理，**55**, 677(1986)

第2章　X線光電子分光法の基礎

2.1 ■ X線光電子分光法の原理

2.1.1 ■ 光電子放出過程

XPSではX線照射にともない固体表面から放出された光電子の運動エネルギーE_k'を測定することにより，光電子放出過程におけるN電子系の基底状態(始状態)から$(N-1)$電子系の励起状態(終状態)への遷移にともなうエネルギー変化を観察する(図2.1.1)．そのため始状態$|i\rangle$だけでなく終状態$|f\rangle$の情報も光電子スペクトルに含まれることになる．ここで，光電子スペクトルとはE_k'を変数(横軸)として光電子強度(縦軸)を描いたものであり，エネルギー分布曲線(energy distribution curve, EDC)ともよばれる．固体中での光電子の運動エネルギーをE_k，光エネルギーを$h\nu$，始状態のエネルギーを$E_i(N)$，終状態のエネルギーを$E_f(N-1)$とするとき，エネルギー保存則から次式が成り立つ．

$$E_i(N)+h\nu=E_k+E_f(N-1) \tag{2.1.1}$$

ハートリー–フォック近似において，光電子が無限遠方に取り去られるとき一電子波動関数は不変であると仮定すると，電子の占有軌道の結合エネルギーE_Bが次式で与えられる(クープマンの定理)[1]．

$$E_i(N)-E_f(N-1)=-E_B \tag{2.1.2}$$

ここで，E_Bはフェルミ準位からの値であるので，固体表面から飛び出した光電子のE_k'と仕事関数Wを用いて式(2.1.1)は次のようになる．

$$E_B=h\nu-E_k'-W \tag{2.1.3}$$

光電子分光法では試料に照射するX線の$h\nu$は既知であり，Wを較正すると，E_k'測定により着目した電子軌道のE_Bが決定できる．E_Bは原子核と電子のクーロン引力，電子間のクーロン反発力と交換相互作用で支配され，原子番号だけでなく，軌

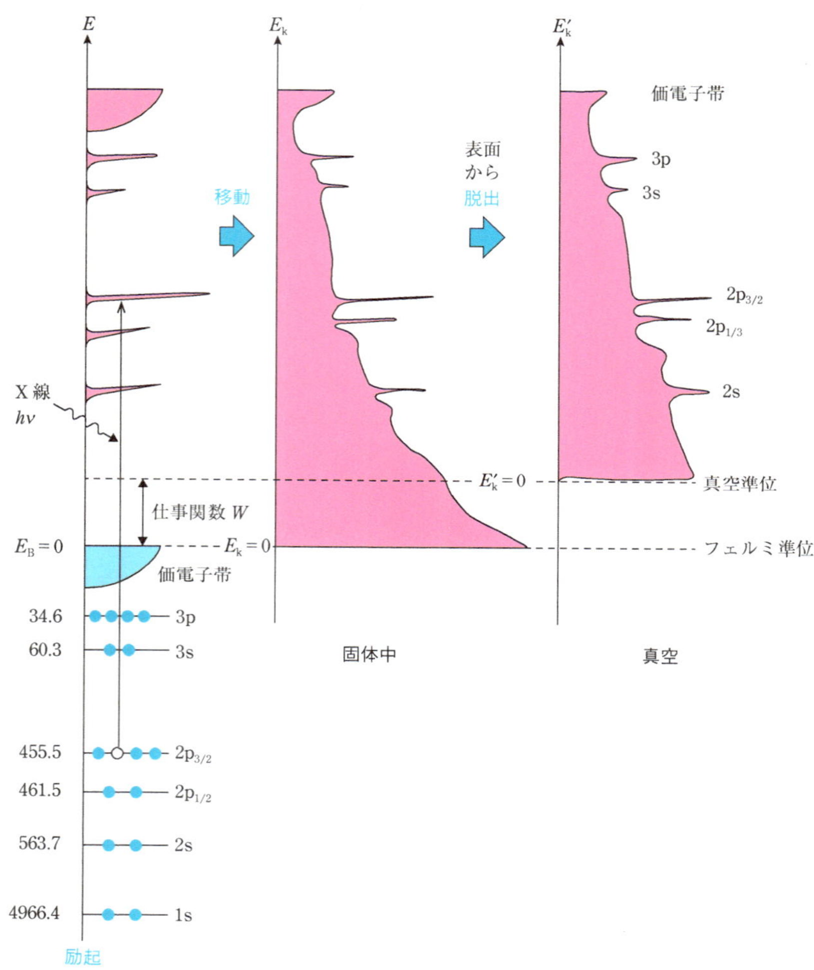

図 2.1.1　Ti 金属表面からの光電子放出過程の 3 段階モデル：励起，移動，脱出

道にも強く依存して変化するが，元素に固有の値である(付録の表 A.3.1)．したがって，E_B から元素を同定することができる．これが XPS による元素分析の原理である．原子間の化学結合により価電子が移動すると，価電子の増減に対応して E_B が変化する(化学シフト)．このように，XPS は元素分析だけでなく化学結合状態の解析もできるので，ESCA ともよばれる．**図 2.1.1** に示すように XPS の光電子放出過程については多くの教科書や専門書に述べられているとおり[1~4]，(1) 光電

子の励起，(2)固体内での移動，(3)表面からの脱出の 3 つのステップに分けて現象論的に考えることができる．以下ではこの 3 ステップモデルを用いて，光電子スペクトルの特徴を詳しく述べる．

A.　光励起過程

図 2.1.2 に Ti(0001)1×1 表面の光電子スペクトルを示す．孤立した Ti 原子は原子軌道を 22 個の電子が占有し，$(1s)^2(2s)^2(2p_{1/2})^2(2p_{3/2})^4(3s)^2(3p_{1/2})^2(3p_{3/2})^4(3d)^2(4s)^2$ の配置となっている．Ti 金属では 3d–4s 軌道が混成して価電子帯を形成し，4 個の電子が詰まっている．金属結合に関与しない内殻準位の E_B は 4966.4 eV(1s)，563.7 eV(2s)，461.4 eV($2p_{1/2}$)，455.5 eV($2p_{3/2}$)，60.3 eV(3s)，34.6 eV(3p)である．Ti(0001)1×1 表面の W は 4.7 eV である．図 2.1.2(a)の運動エネルギー表示において $h\nu$ を 661.4 eV から 1551.3 eV に変化したとき，E_k = 300 ～ 500 eV 付近の構造はピーク位置がまったく変化しない．これらは Ti LMM オージェ電子によるもので

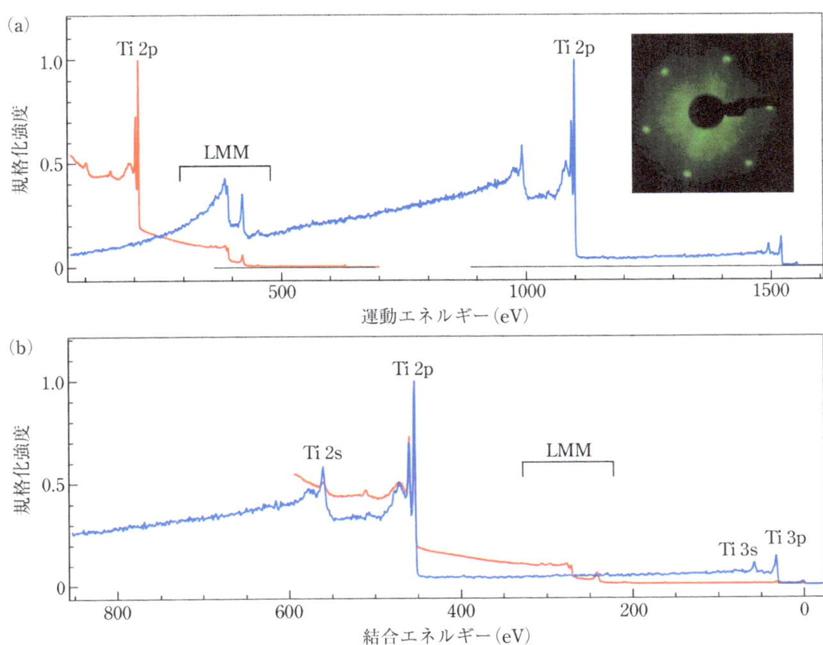

図 2.1.2　Ti(0001)1×1 表面の光電子スペクトルの比較(放射光：$h\nu$ = 661.4 eV(赤)，1551.3 eV(青))
(a)運動エネルギー表示，(b)結合エネルギー表示．比較のため，Ti $2p_{3/2}$ 光電子強度で規格化した．図中の写真は LEED パターンである．

ある．LMM オージェ遷移では光電子放出により L 殻(2s, 2p)に空孔が形成され，M 殻(3s, 3p)の電子が空孔へ遷移し，その差のエネルギーを受け取って M 殻の電子が表面から放出される．

$$E'_{\mathrm{k}}(\mathrm{LMM})=[E_{\mathrm{B}}(L)-E_{\mathrm{B}}(M)]-E_{\mathrm{B}}(M)-W \tag{2.1.4}$$

光電子とオージェ電子を識別する方法として，この例でみられるように $h\nu$ を変えることは有効である．なぜなら，式(2.1.4)でみられるように $E'_{\mathrm{k}}(\mathrm{LMM})$ は $h\nu$ を含まず，一定だからである．この目的のために実験室の X 線管は Al と Mg のツイン対陰極構造となっており，Al Kα($h\nu=1486.6$ eV)と Mg Kα($h\nu=1253.6$ eV)を簡単に切り替えて利用できる．式(2.1.3)に従って結合エネルギー表示としたものを**図 2.1.2**(b)に示す．Ti 2s，Ti 2p，Ti 3s，Ti 3p 光電子ピーク位置は $h\nu$ によらず同じであるが，それらの相対強度は $h\nu$ により大きく変化している．これは光電子の励起過程が主な原因である．3 ステップモデルにおいて励起過程は始状態と終状態の状態密度，そして始状態から終状態への遷移確率をかけ合わせたもので記述される．フェルミ準位から十分に大きなエネルギーの終状態へ励起されるとき，終状態は自由電子で近似でき，終状態密度はエネルギーに依存せずほぼ一定となる．フェルミ準位に近い終状態へ励起されるとき，エネルギーバンド分散の影響を強く受けるので，励起過程は始状態と終状態の結合状態密度により支配される．

光電子の励起が真空準位以下のときには電子は表面から放出されないが，光伝導現象や太陽電池などに利用される(内部光電効果)．これに対して，真空準位以上の非占有軌道に励起されると固体表面から脱出可能となり，外部光電効果とよばれる．O と Ti の σ について，$h\nu=10$〜1500 eV の範囲での理論計算を**図 2.1.3** に示す．σ は閾値で急速に立ち上がり，原子番号や軌道の種類によらず閾値の数倍で極大をもち，それ以上では指数関数的に減少する[1)]．$h\nu=661.4$ eV において，$\sigma_{\mathrm{Ti\,2p}}$ に比べて $\sigma_{\mathrm{Ti\,2s}}$ は 1/5，$\sigma_{\mathrm{Ti\,3p}}$ は 1/10，$\sigma_{\mathrm{Ti\,3s}}$ は 1/30 と小さいことが計算から予測され，**図 2.1.4** の拡大した光電子スペクトルの傾向と良く一致している．価電子帯の 3d-4s 電子の σ はさらに 1/300 まで減少するので，統計誤差の少ない光電子スペクトルを得るためには多くの測定時間を要し，XPS は実用的ではない．しかし，$h\nu$ が 100 eV 付近で $\sigma_{\mathrm{Ti\,3d}}$ と $\sigma_{\mathrm{Ti\,3p}}$ の値は逆転し，20 eV 程度まで小さくすると 3d-4s 軌道の σ が $h\nu=661.4$ eV のものに比べて約 1000 倍も増加する．図 2.1.4 の $h\nu=21.22$ eV で得られた光電子スペクトルでは，数 10 秒の測定時間にもかかわらず統計誤差が少ない．このとき $\sigma_{\mathrm{Ti\,3d}}$ と $\sigma_{\mathrm{O\,2p}}$ は同程度の大きさであることが理論計算から予測され(図 2.1.3)，Ti 金属のフェルミ準位近傍の 3d-4s 価電子帯と吸着酸素による O

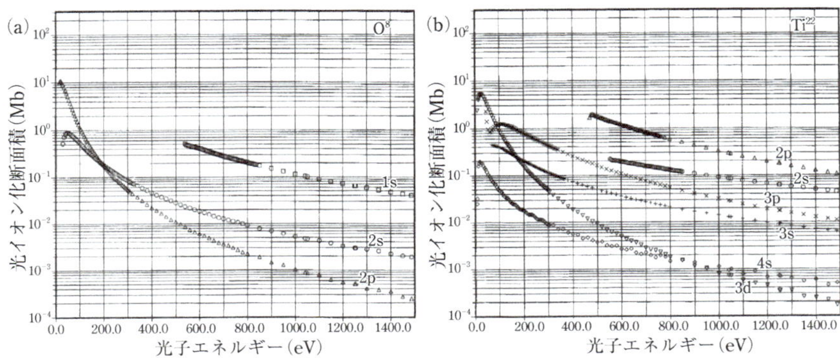

図 2.1.3　光イオン化断面積の光エネルギー依存性の理論計算
(a)O 原子，(b)Ti 原子．
［J. J. Yeh and I. Lindau, *Atomic Data Nucl. Data Tables*, **32**, 1 (1985), GRAPH I］

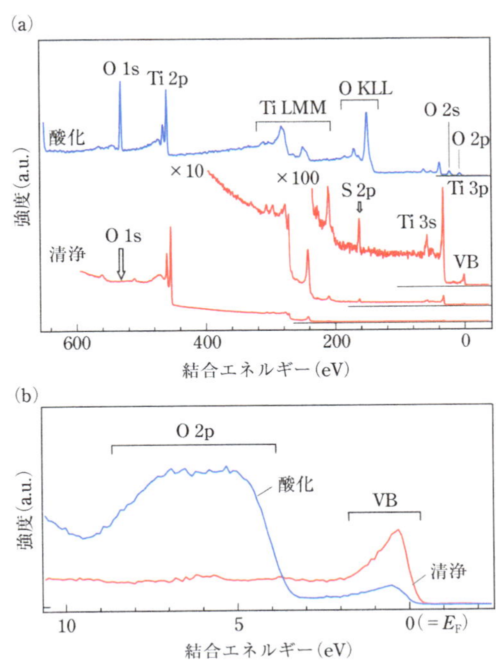

図 2.1.4　清浄 Ti(0001)1×1 表面と酸化 Ti(0001)表面の光電子スペクトルの比較
(a)放射光：$h\nu = 661.4$ eV，(b)He Iα 共鳴線：$h\nu = 21.22$ eV.

2p バンドはほぼ同じ強度となっている．他方，$h\nu = 1551.3\text{eV}$ では $\sigma_{\text{Ti 2s}}$，$\sigma_{\text{Ti 2p}}$，$\sigma_{\text{Ti 3s}}$，$\sigma_{\text{Ti 3p}}$ の違い 1 桁以内と小さくなり，図 2.1.2 でみられるように Ti 2s, Ti 3s, Ti 3p 光電子ピークが相互に比較できる強度で現れている．ただし，$h\nu$ を 661.4 eV から 1551.3 eV へ大きくすることによりすべての軌道の σ は小さくなり，例えば $\sigma_{\text{Ti 2p}}$ は 1/10 まで小さくなる．そのため測定時間を長くしたにもかかわらず統計誤差が大きくなり，光電子スペクトルにバラツキがみられる．高感度 XPS 測定により元素分析を効率良く行うためには，内殻準位と $h\nu$ の組み合わせを元素ごとに適切に選択することが必要であり，$h\nu$ を変化できる放射光はたいへん有用である．

B.　固体内での移動過程

(1) 非弾性散乱

固体内での移動過程は光電子の非弾性散乱と弾性散乱により支配されている．光電子が固体中を移動すると非弾性散乱によりそのピーク強度が減少し，エネルギー損失した光電子は次々と非弾性散乱を繰り返してそのピークはバックグラウンドに埋もれてしまう．固体内での非弾性散乱が等方的に起きるとき，光電子強度の減少 ΔI は光電子強度 I と移動距離 Δx に比例するので，次式が得られる．

$$I = I_0 \exp\left(-\frac{x}{\lambda}\right) \tag{2.1.5}$$

ここで，減衰係数 λ は非弾性平均自由行程(inelastic scattering mean free path, IMFP)とよばれ，非弾性散乱を生じるまでに光電子が移動できる平均的な距離である．式(2.1.5)より距離 λ を移動したとき光電子強度は 1/e(＝0.369)となり，73.1％まで著しく減少する．そのため，光電子がエネルギー損失なしで表面から脱出できる深さの目安として λ を用いることができ，λ は XPS の表面感度もしくは検出深さとよばれることもある．しかし，光電子スペクトルは実質的に 3λ ～ 5λ までの深さを検出しており，それぞれの深さには 5 ～ 0.7％の寄与がある．

λ の値は，基板に薄膜を徐々に堆積するときに基板からの光電子強度の減少を膜厚の関数として測定し，式(2.1.5)でフィッティングすることで求められる．他方，基板に形成した薄膜の厚さをあらかじめ測定しておき，両者からの光電子強度比を用いて λ の値を求めることもできる．λ を求めるこれらの実験において，(1)同じ内殻準位に着目しても $h\nu$ を調節することにより E_{k} を変化させるか，(2)一定の $h\nu$ の場合でも着目する内殻準位(E_{B})を変えることにより，λ の E_{k} 依存性を調べることができる．λ の E_{k} 依存性では物質によらず同様の傾向がみられ，$E_{\text{k}} = 50$ ～ 200 eV で極小値約 0.5 nm となり，E_{k} を大きくもしくは小さくすると急激に長くなる

(ユニバーサル曲線，付録図 A.2.1)[5]．ただし，低 E_k 領域では物質に依存して著しい相違がみられ，金属ではたいへん短く，半導体・酸化物では長くなる．いずれにしても，$E_k = 1 \sim 10000$ eV の範囲では λ は約 10 nm 以下ときわめて短い．

λ–E_k 関係におけるユニバーサル曲線の原因は，光電子の非弾性散乱機構が E_k に依存して変化するだけでなく，その散乱断面積が E_k に強く依存するからである．非弾性散乱機構として極小値より小さな E_k 側では電子–正孔対生成，大きな E_k 側ではプラズモン励起が支配的である．バルクプラズモンエネルギー $\omega_p(\mathrm{B})$ は理論的に次式で与えられ，価電子帯の電子濃度 n の平方根に比例する．

$$\omega_p(\mathrm{B}) = \sqrt{\frac{4\pi ne^2}{m}} \tag{2.1.6}$$

ここで，e は素電荷，m は電子の質量である．そのため 1 価金属の Na は 5.7 eV，2 価金属の Mg は 10.6 eV と，3 価金属の Al の 15.3 eV よりも小さく，価電子を 4 個もつ Si では 16.6 eV と大きくなる．また，表面プラズモンエネルギー $\omega_p(\mathrm{S})$ は $2\omega_p{}^2(\mathrm{B}) = \omega_p{}^2(\mathrm{S})$ の関係で与えられ，Al では 10.7 eV である．

Al 2p および Si 2p 光電子スペクトルでみられる第一励起プラズモン損失ピーク強度は，光電子の E_k が 30～40 eV から実質的に立ち上がり，急速に増加した後，100～200 eV で飽和傾向を示す[6]．プラズモン損失ピーク強度の増加分だけ光電子ピーク強度は減少するので，この傾向はプラズモン励起による $\lambda_{\mathrm{plasmon}}$ が約 30 eV 以上で急激に短くなり，100～200 eV で極小になること意味し，その後長くなる傾向はユニバーサル曲線と一致する．

他方，電子–正孔対生成によるエネルギー損失過程は**図 2.1.5** に示すように，金属とエネルギーバンドギャップ E_g をもつ半導体・絶縁体で異なる．ここで，半導体の E_g は Ge で 0.7 eV，Si で 1.12 eV，6H–SiC で 2.93 eV，GaN で 3.39 eV と 5 eV 以下であり，絶縁体ではダイヤモンドで 5.47 eV，Al_2O_3 で 6.95 eV，SiO_2 で 8.95 eV と 5 eV 以上である．金属では価電子帯の中にフェルミ準位が存在し，電子–正孔対生成の励起確率がエネルギー損失 ΔE とともに減少するので，ΔE がゼロから大きくなるとエネルギー損失電子の数は急激に減少する．そのため，金属の内殻準位の光電子ピークは模式的に示すように低 E_k 側に非対称な裾を引くことになる．理論的には $\Delta E = 0$ eV で無限個の電子–正孔対が生成するので，このようなエネルギー損失過程は赤外発散とよばれる．これに対して半導体・絶縁体では E_g 以上の ΔE から電子–正孔対生成が始まるので，光電子スペクトルにおいてエネルギー損失電子は $\Delta E = E_g$ から現れる．これに加え価電子上端(valence band maximum, VBM)や伝導帯下端(conduction band minimum, CBM)の状態密度が低く，それぞれからエ

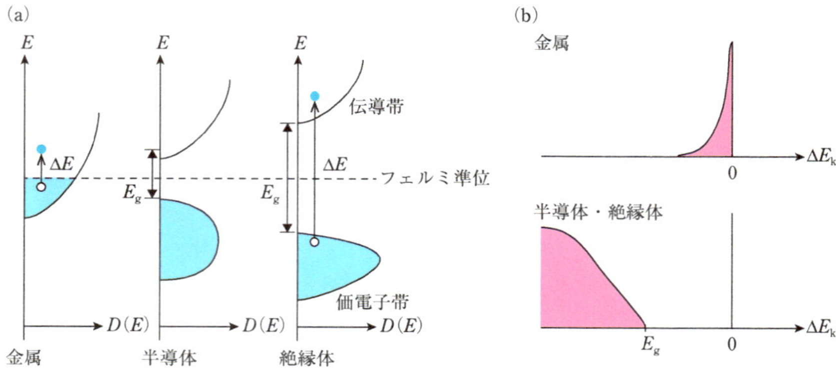

図 2.1.5　(a)電子−正孔対生成による光電子のエネルギー損失過程，(b)電子−正孔対生成による内殻準位の光電子スペクトル形状の変化
光電子ピークをデルタ関数とし，そのピーク位置からのエネルギー損失を相対的に ΔE_k としている．$D(E)$ は状態密度．

ネルギー的に遠ざかるにつれて状態密度がともに増加するので，エネルギー損失電子の数は ΔE とともに増加し，図 2.1.5 に模式的に示す形状となる．つまり，半導体・金属では E_g 以上の E_k で電子−正孔対が生成するので，$E_g > E_k$ では電子−正孔対生成による平均自由行程 $\lambda_{e\text{-}h}$ が理論的に無限大となる．これに対して金属では E_k の下限値はなく，Yb 金属では $E_k = 6$ eV で $\lambda_{e\text{-}h} = 1.0$ nm である[7]．金属と半導体・絶縁体のどちらにおいても E_k が大きくなると電子−正孔対生成は増加するので，$\lambda_{e\text{-}h}$ は短くなるものの，金属に比べて半導体・絶縁体では E_g の分だけ電子−正孔対の生成頻度が減少し，$\lambda_{e\text{-}h}$ は顕著に長くなる．例えば，$E_k = 20$ eV では金属で $\lambda_{Yb} =$ 0.25 nm，半導体で $\lambda_{Si} = 0.4$ nm，絶縁体で $\lambda_{SiO_2} = 0.8$ nm である．

金属として Ti，半導体として TiO_2($E_g = 3.4$ eV) の Ti 2p 光電子スペクトルを**図 2.1.6** に比較して示す．Ti $2p_{1/2}$ と Ti $2p_{3/2}$ 光電子ピークのスピン軌道分裂幅は 5.8 eV，Ti 金属と TiO_2 との間での化学シフトは 5.2 eV である．Ti $2p_{3/2}$ 光電子スペクトル形状が金属では非対称，TiO_2 では対称であることが明瞭にわかる．図 2.1.5 の模式図と異なり，金属 Ti の Ti $2p_{3/2}$ 光電子ピーク位置で大きな段差がみられる．これは「付録 B.1 バックグラウンドの除去」で詳しく述べるように，電子−正孔対生成を繰り返すことにより光電子ピーク位置よりも低 E_k 側に一定強度のエネルギー損失電子が連続的に分布するためである．このようなバックグランドの特徴と光電子ピークの非対称性から，約 200 eV の E_k でも電子−正孔対が頻繁に生成していることがわかる．これに対して，TiO_2 では Ti $2p_{3/2}$ 光電子ピーク位置で顕著な段差は

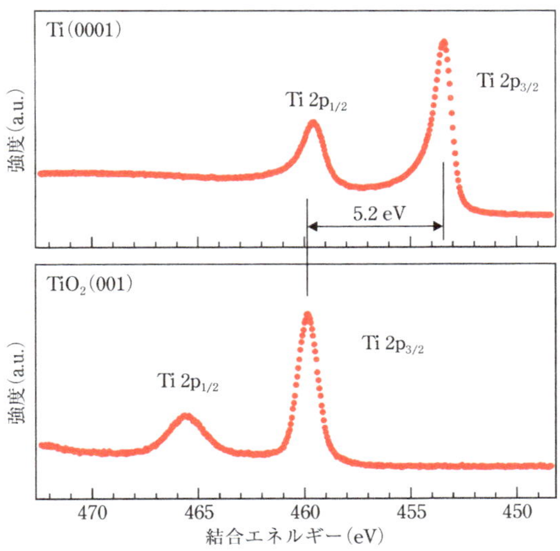

図 2.1.6　単結晶 Ti(0001)1×1 表面と単結晶 TiO_2(001)1×1 表面の Ti 2p 光電子スペクトル(放射光：$h\nu = 662$ eV)

みられない．この原因は TiO_2 の E_g が 3.4 eV なので，電子–正孔対生成によるエネルギー損失が $E_B = 461$ eV から現れてくるからである．このように光電子スペクトル形状は電子–正孔対生成過程の相違が原因で金属か半導体/絶縁体に依存して著しく変化する．

以上で述べたように非弾性散乱によるエネルギー損失過程は IMFP を用いて，式(2.1.5)で定量的に表すことができる．式(2.1.5)は表面垂直方向に光電子が移動・脱出するときのもので，このときの光電子強度の減衰係数は平均自由行程に等しく，そのため脱出深さ，検出深さ，もしくは表面感度とよばれている．表面垂直から傾けた角度で光電子を検出したときの強度変化は 2.2.2 項で説明する．非弾性散乱により光電子はエネルギー損失するだけでなく運動量の大きさと向きも変化するので，種々の方向に移動してエネルギー損失を繰り返し，最終的に検出器の方向に脱出したものが光電子ピーク形状やバックグラウンドに含まれる．そのため，表面原子から脱出した光電子スペクトルにも電子–正孔対生成やプラズモン励起にともなうエネルギー損失による二次電子(バックグラウンド)が含まれることになる．

(2)弾性散乱

固体中での光電子の弾性散乱ではエネルギー損失はなく，運動量の大きさを保存したままで向きが変化する．この現象は光電子を粒子としてではなく，波として考

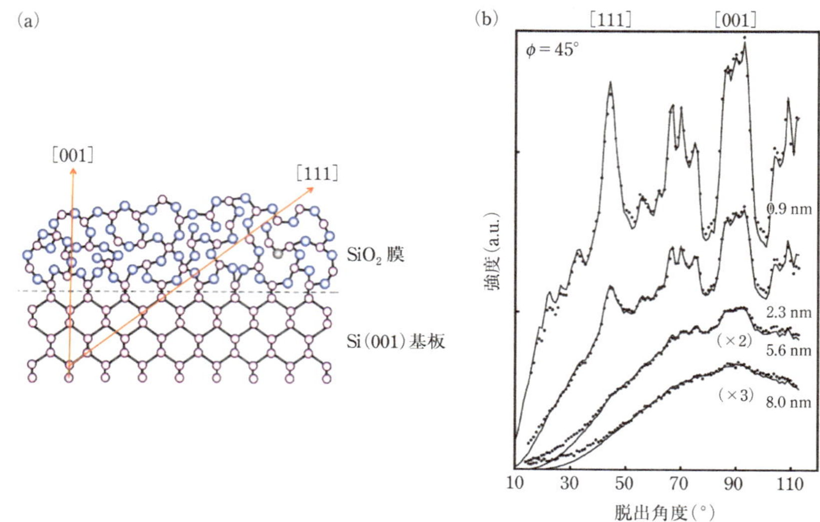

図 2.1.7　(a)SiO_2/Si(001)界面構造モデルと(b)Si 基板からの Si 2p 光電子強度の脱出角度依存性(Al Kα：$h\nu = 1486.6$ eV)
図中の数字は SiO_2 膜厚.
[T. Katayama *et al.*, *Jpn. J. Appl. Phys.*, **38**, L770(1999), Fig. 4]

えると理解しやすい．Cu 原子が 2 個から構成される系において，光電子は等方的な球面波として伝搬し，隣接する Cu 原子で散乱され，新たな球面波を生じる[8)]．池に石を投げ込んだとき，生じた波紋が杭で散乱されて新たな波紋を生じ，それらが干渉して強弱が観察される．これと同様に光電子でもエネルギー損失がない場合，光電子の一次波と弾性散乱された二次波は互いに干渉し，その強度に強弱が生じる．この現象は光電子回折とよばれる．干渉効果は光電子の E_k(波長)，Cu–Cu 間の距離，散乱角 θ(Cu–Cu 軸方向が 0°)に依存する．300～500 eV 以上の E_k をもつ光電子では $\theta = 0°$ で強い前方収束(forward focusing, FF)ピークが生じ，$\theta > 90°$ での後方散乱や側方散乱はたいへん弱い．そのため XPS における光電子回折パターンは FF ピークを用いて説明できる．単結晶試料では原子が並ぶ結晶軸に沿って光電子回折が繰り返されるので，非弾性散乱による減衰を上回る光電子強度の増大がみられることもある．つまり，非弾性散乱では式(2.1.5)に従って光電子強度は単調に減少するのみであるが，弾性散乱では著しく減衰するだけでなく，散乱角と原子間距離に依存して顕著に増大する．

アモルファス SiO_2 膜で覆われた単結晶 Si からの Si 2p 光電子強度の脱出角度

(take-off angle, TOA) 依存性を**図 2.1.7** に示す．これは付録の図 B.2.2 に示す Si $2p_{3/2}$ 光電子スペクトルのピーク分離解析における，Si 基板からの Si^B 強度の変化である．TOA と方位角 ϕ の分解は $\pm 2°$ と良いので，SiO_2 膜厚 $t_{SiO_2}=0.9$ nm のときに[111]軸方向の FF ピークの半値幅(FWHM)は 5.5° まで狭くなっており，[001]軸方向の FF ピークには微細構造が観察される．このような TOA に依存した光電子強度の急激な変化は Si 結晶のダイヤモンド構造により引き起こされた光電子回折が原因であり，変化の度合いは異方性とよばれる．t_{SiO_2} を大きくすると異方性は縮小し，$t_{SiO_2}=8.0$ nm ではほとんど消失している．t_{SiO_2} を大きくしたときに全体的に光電子強度が著しく減少している原因は，t_{SiO_2} に応じて非弾性散乱の寄与が増大するからである．これに対して異方性の減少する原因は，Si 基板からの Si 2p 光電子が SiO_2 膜を通り抜けるときに光電子回折は生じるが，SiO_2 膜がアモルファスなので異方性が平均化されるからである．$t_{SiO_2}=8.0$ nm での光電子強度の TOA 依存性が，XPS 装置の応答関数となる．この例からわかるように，単結晶もしくは多結晶では弾性散乱による光電子回折により，光電子強度の深さ依存性は式(2.1.5)では表すことができず，IMFP を実験的に求めるときにも注意が必要である．

C. 固体表面からの脱出過程

固体中での光電子の運動エネルギーの原点がフェルミ準位を基準として E_0 であるとき，真空中で得られた E'_k に $(W+E_0)$ を加えたものが固体中での光電子の運動エネルギー E_k となる[9]．$(W+E_0)$ は内部ポテンシャル V_0 とよばれる．固体表面から光電子が飛び出すとき，表面垂直方向では V_0 のエネルギー変化があるので運動量は保存されないが，平行方向では保存されて $k_{||}=K_{||}$ となる(図 3.5.1)．真空と固体中での検出角度をそれぞれ θ_p と θ_{in} とすると，$k_{||}$ と $K_{||}$ は次式となる．

$$k_{||}=\frac{\sqrt{2mE_k}}{\hbar}\sin\theta_{in} \tag{2.1.7}$$

$$K_{||}=\frac{\sqrt{2mE'_k}}{\hbar}\sin\theta_p \tag{2.1.8}$$

エネルギー保存則 $(E_k=E'_k+V_0)$ と，運動量保存則 $(k_{||}=K_{||})$ から θ_{in} と θ_p の関係は次式で与えられる．

$$\cos\theta_{in}=\sqrt{1-\sin^2\theta_p\frac{E'_k}{E'_k+V_0}} \tag{2.1.9}$$

これより $V_0>0$ なので $\theta_{in}>\theta_p$ となり，固体表面から光電子が脱出するときには屈折効果を受けることがわかる．深さ x で発生した光電子を θ_p で検出するとき，固体中での実質的な走行距離は，屈折のために$x/\cos\theta_p$ではなく$x/\cos\theta_{in}$となる．θ_pが大きくなるとθ_{in}とのずれは大きくなるので，非弾性散乱による光電子強度の減衰を考えるときには式(2.1.9)を用いてθ_pからθ_{in}を求めることが必要である．

V_0は10 eV程度なのでXPS領域では$E_k \gg V_0$となり，$\theta_p \sim 80°$までは$\theta_p = \theta_{in}$と十分近似できる．しかし，角度分解光電子分光法による価電子帯のエネルギーバンド分散解析[9]，表面層の厚さ評価[10]，表面光電子回折パターンによる表面構造解析[11]においてはθ_{in}を用いる必要があり，(1)価電子帯のエネルギーバンド分散におけるブリルアンゾーン内での周期性の解析[9]，(2)光電子強度のθ_p依存性の解析[10]，(3)光電子回折パターンのシミュレーション[11]のそれぞれにおいてフィッティングパラメーターからV_0の値が求められる．

Yb金属における表面Yb原子層の寄与を評価するための表面とバルク成分の4f光電子強度比のθ_p依存性のシミュレーションから，$V_0 = 10$ eVと求められた[10]．金属表面では，フェルミ準位から価電子帯の底までのバンド幅をBとすると，$V_0 = W + B$と考えられている[11]．これは価電子帯の底にある電子の運動エネルギーをゼロとする仮定に基づいている．ここで，仕事関数Wは光電子スペクトルから直接求めることができ，真空準位による低エネルギー側カットオフのE'_k(VL)とフェルミ準位の$E'_k(E_F)$から次式で与えられる[12]．

$$W = h\nu - (E'_k(E_F) - E'_k(\mathrm{VL})) \tag{2.1.10}$$

Yb金属では$W = 2.70$ eVである．理論計算によるYbのバンド幅は4.6 eVなので$V_0 = 7.3$ eVとなり，シミュレーションから求められた値の$V_0 = 10$ eVと異なっている．この原因は終状態の光電子は自由電子として記述できるが，始状態の周期ポテンシャルの影響を強く受けており，両者の運動エネルギーの基準が一致しないためと考えられる[9]．

ここで，Wは表面での緩和や再構成による電荷移動にともなう表面電気二重層により変化する[12]．表面最外層の原子は表面電気二重層によるポテンシャル変化の中に位置しており，表面原子からの光電子はWよりも小さな値を乗り越えて飛び出すことになるので，バルクから求められたWの値，したがってV_0の値を用いて表面原子からの光電子の屈折効果を考えることは難しくなる．Cu(001)表面について$V_0 = 14.1$ eVと見積もられたが，Cu(001)表面に吸着した酸素原子からのO 1s光電子回折パターンのシミュレーションにおいては$V_0 = 0.0$ eVとして実験との良い一致がみられた[11]．このように光電子は表面から脱出するときに屈折効果を受けるが，V_0の値を求める方法には多くの課題がある．

2.1.2 ■ 光電子スペクトル形状を決める要因

光電子スペクトルは始状態と終状態の情報を含むだけでなく，光電子の運動エネルギー測定のための実験装置がもつ特性の情報も含んでいる．固体や分子の始状態は内殻準位と価電子帯に分けられ，化学結合状態により価電子帯だけでなく，内殻準位の E_B も影響を強く受けて化学シフトし，孤立原子のものとは異なる．したがって，光電子スペクトル形状を決めている始状態の主要因は，化学結合状態である．これに対して終状態では光電子励起にともない内殻準位に突然生成した正孔が引き起こす多体効果と，電子遷移による内殻正孔消滅にともなう効果が，光電子スペクトル形状を決める主要因である．実験装置では励起光源と電子エネルギー分析器の特性が支配要因である．以下ではそれぞれの項目に分類して，光電子スペクトル形状を決める要因を具体的に説明する．

A.　始状態における要因

(1) フェルミ準位近傍の光電子スペクトル形状の温度依存性

図 2.1.8 に示す Au 表面のサーベイ測定光電子スペクトルにおいては，内殻準位 (4f, 4d, 4p, 4s) と価電子帯 (VB) が同じような幅をもつピークとして観察されている．これは実験装置の ΔE_I が約 5 eV と大きいためで，$\Delta E_I = 0.47$ eV まで小さくして測定した価電子帯の光電子スペクトルにはフェルミ準位に続いて微細構造をもつ 2 つのピークがみられる．Au の価電子帯は $(5d)^{10}(6s)^1$ から構成され，フェルミ準位近傍は 6s 軌道，2 つのピークは 5d 軌道の寄与が大きい．励起光を Al Kα 線 ($h\nu = 1486.6$ eV) から He Iα 共鳴線 (21.22 eV) に変えることで ΔE_I を 0.005 eV まで小さくすることができるので，Au のフェルミ準位の光電子スペクトルの形状変化を 15 K の低温まで追跡できている．始状態のフェルミ準位近傍の形状は，価電子帯の状態密度と付録の式 (B.4.1) のフェルミ–ディラック分布関数との合成積により与えられる．フェルミ–ディラック分布関数は絶対零度ではステップ関数となり，有限温度ではフェルミ準位で 0.5 の存在確率を与え，その広がり幅は約 $4k_BT$ で与えられ，$T = 300$ K で約 100 meV となる．この幅は図 2.1.8 のものとほぼ一致している．

他方，半導体のフェルミ準位はエネルギーバンドギャップ中に存在するので，光電子スペクトルでは観測できず，半導体に接触した金属の光電子スペクトルからフェルミ準位を決定することになる．Si(001)2×1 表面の VBM 近傍の光電子スペクトルにおいて，$T = 300$ K ではフェルミ準位にまったく光電子強度はみられない (**図 2.1.9**)．しかし，900 K 以上に温度を上げるとフェルミ準位での光電子強度が

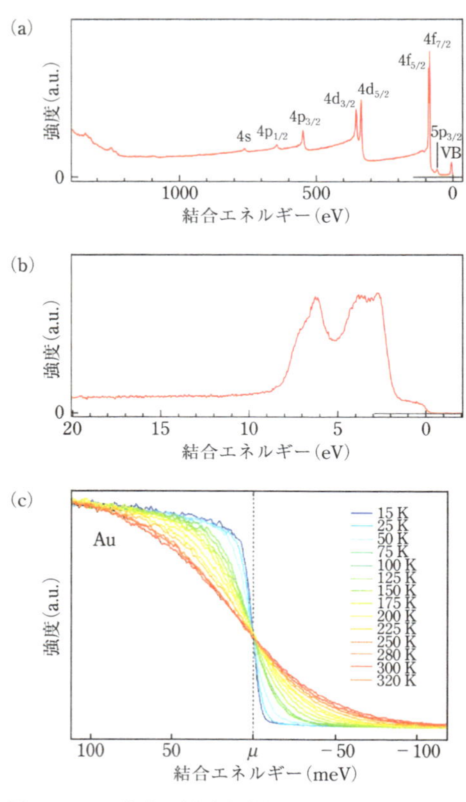

図 2.1.8　Au 薄膜の(a)内殻準位と(b)価電子帯の光電子スペクトル(単色 Al Kα：$h\nu = 1486.6$ eV)，(c)Au 表面のフェルミエッジ近傍の光電子スペクトルの温度依存性(He Iα 共鳴線：$h\nu = 21.22$ eV，$\Delta E = 5$ meV)

[(c)高橋 隆，固体物理，**35**, 346(2000), Fig. 1]

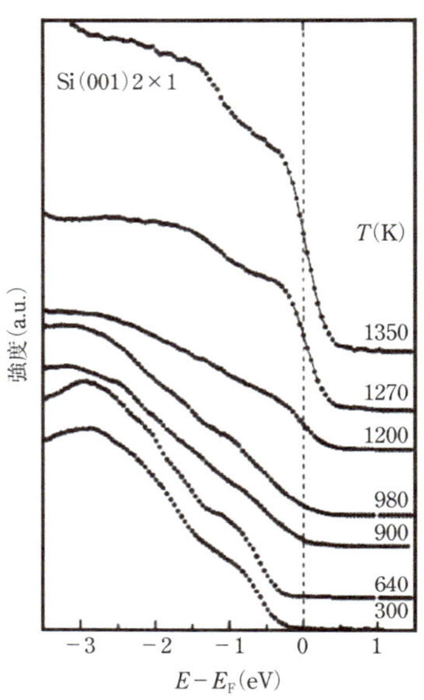

図 2.1.9　Si(001)2×1 表面のフェルミ準位近傍の角度積分光電子スペクトルの温度依存性(He Iα 共鳴線：$h\nu = 21.22$ eV)

破線は Si 基板に接触した Mo 箔から求めたフェルミ準位.

[L. Gavioli *et al.*, *Phys. Rev. Lett.*, **77**, 3869 (1996), Fig. 3]

著しく増加し，式(B.4.1)に対応する明瞭な形状が観測される．この変化は図 1.2.3 で述べた Si(001)2×1 表面のダイマー構造が，非対称から対称に構造相転移したことが原因である．この構造相転移にともない表面電子状態が半導体的から金属的に変化することは理論計算からも予測されていたが，光電子スペクトルからも実験的に支持された．図 2.1.9 の 900 K 以上の光電子スペクトルにおいて，フェルミ準位近傍の光電子強度の立ち上がりは付録の式(B.4.1)に従って温度とともに幅広くなっている．1350 K においても，金属のフェルミ準位の光電子スペクトルと類似している．

Ge(111)表面の光電子スペクトルでは，約 490 K 以上でフェルミ準位よりも高 E_k 側に肩構造が出現する[13]．これは Ge の E_g は 0.7 eV と小さく，490 K と比較的低い温度でも価電子帯から伝導帯への真性キャリア励起が頻繁に生じ，CBM に一時的にとどまっている電子が光電子スペクトルで観察されたものである．式(B.4.1)と CBM 近傍の状態密度を用いたシミュレーションからも，フェルミ準位よりも高エネルギー側に現れるピーク強度が温度とともに急激に増加することが示された[13]．ここで，高温にすることで熱膨張により Si の E_g は 1.1 eV から狭くなるだけでなく，p 型や n 型の不純物ドープされた Si では，それぞれ VBM もしくは CBM 近傍からフェルミ準位が温度とともにエネルギーバンドギャップの中央に向かってシフトすることに注意が必要である．

(2)バンドベンディング

半導体の表面もしくは界面においてエネルギーバンドギャップ中に電子状態が存在するとき，表面もしくは界面とバルクのフェルミ準位が互いに一致するまで電荷移動し，バンドベンディングが生じる．例えば，Si(001)2×1 表面のダイマー未結合手や SiO_2/Si 界面の構造欠陥(P_b センター)の未結合手の電子状態は E_g 中に存在し，Si(111)$\sqrt{3}\times\sqrt{3}$-Ag 表面や金属/絶縁体界面でも E_g 中に存在する電子状態がバンドベンディングを引き起こす．バンドベンディングによる CBM もしくは VBM の変化量は，ショットキー障壁とよばれる．理想的な金属-半導体界面でのショットキー障壁は金属の仕事関数と半導体の電子親和力の差で与えられるが，実際の界面では E_g 中の電子状態がフェルミ準位をピン止めするので，理想値とはならない[14]．p 型半導体では表面・界面からバルクへ電子が流れ込むので，表面・界面に向かって E_B が大きくなるようにバンドは曲がり，下向きのバンドベンディングとよばれる．n 型半導体では逆向きの電子移動が生じ，上向きのバンドベンディングとなる．

バンドベンディングは不純物濃度が高いほど狭い範囲で急激に生じ，不純物ドープ濃度が 10^{18} cm^{-3} のときには表面から約 36 nm の範囲にとどまっている(**図 2.1.10**)．このようなバンドベンディングの変化に対応して，光電子の検出深さを 3λ とした Si 1s 光電子スペクトルのシミュレーションにおいては，不純物ドープ濃度が増すにつれてピーク位置が E_B が小さくなる方向にシフトするとともにピーク幅が大きくなっている．$\Psi_s=0.6$ eV は Si 表面でのショットキー障壁である．$h\nu=8$ keV のときには $\lambda=12$ nm となり，検出深さは 3λ～36 nm である．ここでバンドベンディングの模式図からわかるように，検出深さの範囲でのバンドベンディングの広がりがピーク広がりを与え，その広がりに非弾性散乱による減衰効果が加

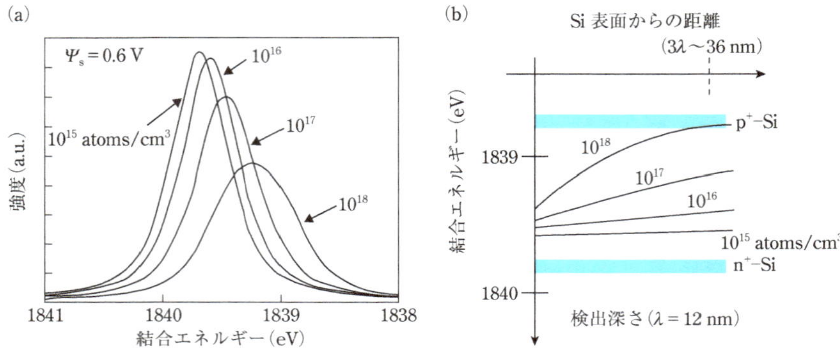

図 2.1.10　(a)Si 1s 光電子スペクトルの p 型不純物濃度依存性のシミュレーション(放射光：$h\nu = 8$ keV)，(b)p 型 Si 基板中でのバンドベンディングの不純物濃度依存性
[K. Kakushima *et al.*, *J. Appl. Phys.*, **104**, 104908(2008), Fig. 1]

わることによりピーク位置が与えられる．Al Kα 線($h\nu = 1486.6$ eV)による Si 2p 光電子スペクトルでは $\lambda = 1$〜2 nm となり，バンドベンディングの範囲に比べて十分に浅いのでバンドベンディングによるピーク形状への影響は少なく，そのピーク位置は Ψ_s にほぼ対応している．しかし，リンドープ n 型ダイヤモンド表面ではバンドベンディングの範囲が数 nm と光電子の λ と同程度であるため，Mg Kα 線($h\nu = 1253.6$ eV)で励起された C 1s 光電子スペクトルは高 E_B 側に裾を引く非対称な形状となっている[15]．

(3)化学吸着状態

Si(001)表面でのジシラン(Si_2H_6)を用いた気相成長と酸素による SiO_2 膜形成を例として，化学結合状態により価電子帯の光電子スペクトルに現れる変化について説明する．Si(001)2×1 表面への Si_2H_6 の解離吸着により，3 種類の水素吸着状態(モノハイドライド：Si–H，ダイハイドライド：$Si{=}H_2$，トリハイドライド：$Si{\equiv}H_3$)が存在する(**図 2.1.11**)．ガスソース分子線エピタキシー法(gas source molecular beam epitaxy, GSMBE)による気相成長中に 20 分間の時間積分で測定した光電子スペクトルには $E_B = 0.7, 3.8, 5.5, 7.6$ eV に明瞭なピークが観察され，真空準位による二次電子の急峻なカットオフがみられる．Si_2H_6 ガスの供給を停止すると 3.8, 5.5, 7.6 eV のピークは消失し，0.7 eV のピーク強度が回復する．この傾向から 3.8 eV と 7.6 eV のピークは Si–H，5.5 eV のピークは $Si{=}H_2$，そして 0.7 eV のピークはダイマー未結合手による表面準位と同定された．成長温度を 492℃まで上げると $Si{=}H_2$ のピークが消失して Si–H のみとなり，569℃で Si–H のピークも消え，これ以上の高温では Si 表面に水素吸着はみられない．このような水素吸着状態の温度依

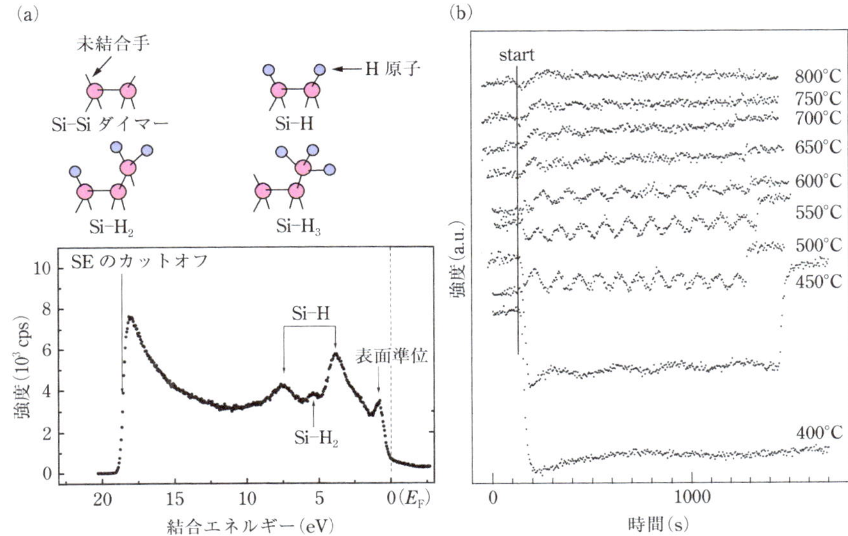

図 2.1.11　(a)380°C で GSMBE 中の Si(001)表面の価電子帯光電子スペクトルと Si-Si ダイマーへの水素吸着モデル，(b)表面準位ピークの光電子強度振動(放射光：$h\nu = 23.3$ eV)
光電子は表面垂直方向で検出されたが，20 V で加速されているので角度分解ではなく，角度積分である．Si_2H_6 圧力は 6.7×10^{-5} Pa.
[高桑雄二ら，日本物理学会誌，**53**, 758(1998)，図 1, 6]

存性は H_2 の脱離速度の開始温度が $Si \equiv H_3$ で 140°C，$Si = H_2$ で 380°C，Si-H で 500°C と上昇するからである．

気相成長中に表面準位ピーク強度をリアルタイムモニタリングすると周期的強度振動が観察され，その振動周期が成長温度と Si_2H_6 の圧力に依存して変化した(図 2.1.11)．1×2 分域もしくは 2×1 分域が優勢な Si(001)表面を準備して気相成長を開始すると，Si_2H_6 導入初期にみられる急減と振動周期はまったく同じものの，振動の位相が 180° 異なることがわかった．これから表面準位ピークの周期的強度振動は Si の層状成長が原因であることがわかり，振動周期から Si の成長速度を求めることができる．したがって，Si の気相成長機構解明で必要とされる Si の成長速度，水素被覆率，水素吸着状態を同時にリアルタイムモニタリングすることが，光電子分光法により可能となる．

酸化反応中の Si(001)表面では**図 2.1.12** でみられるように O 2p による 2 つのピークが酸化時間とともに成長し，表面準位ピークは急速に減少し約 2000 s の酸化で完全に消失する[16]．直線近似でのバックグラウンド除去後の O 2p ピークの積分強

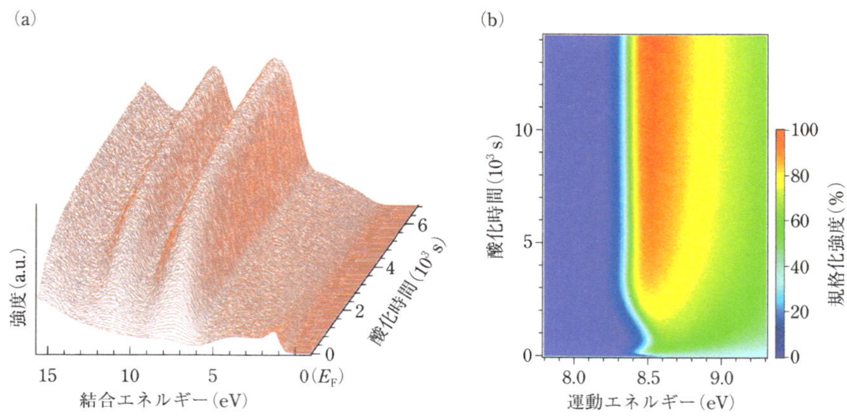

図 2.1.12　酸化中の p 型 Si(001)2×1 表面の光電子スペクトルの時間発展
(a)価電子帯，(b)二次電子の低エネルギーカットオフ近傍(He Iα 共鳴線：$h\nu=21.22$ eV)．酸化温度は 23°C，酸素圧力は 1.3×10^{-5} Pa．試料バイアス電圧は −8 V.

度 $I_{\mathrm{O\,2p}}$ から，酸素吸着曲線を求めることができる(**図 2.1.13**)．7000 s までの酸化時間における SiO_2 膜厚は 0.4 nm 以下と極薄であり，これに比べて O 2p 光電子の E_k はフェルミ準位より 10～13 eV となり，λ～2 nm と十分に長いので非弾性散乱による減衰効果は無視でき，ラングミュア型吸着モデルに基づく次式を用いて，Si の表面酸化における $I_{\mathrm{O\,2p}}$ の時間発展(酸素吸着曲線)を良くフィッティングできる．

$$I_{\mathrm{O\,2p}} = I_0\{1-\exp(-kt)\} \tag{2.1.11}$$

ここで，k は反応係数であり，O_2 の吸着確率と 1 秒間あたりに表面に飛び込む O_2 の分子数の積で与えられる．I_0 は Si 表面の酸化の飽和レベルである．約 2000 s 以降でみられる緩やかな増加は，SiO_2/Si(001)界面での酸化反応によるものである．

表面準位ピークについても直線近似でのバックグラウンド除去後にピーク形状をガウス関数でフィッティングすることにより，そのピーク位置からバンドベンディングの変化量 ΔBB を求めることができる(図 2.1.13)．このとき，表面準位ピークは最表面 Si 原子によるので検出深さは 0.1 nm 以下となり，Ψ_s の変化を直接測定することになる．酸化前の p 型 Si(001)表面では下向きのバンドベンディングが生じており，酸化時間とともに ΔBB が減少していることは，Ψ_s の増加を意味している．1600 s 以降に ΔBB が発散しているのは，表面準位ピークが消失しかかっているからである．ここで清浄 Si(001)2×1 表面でのバンドベンディングの起因はダイマー未結合手の表面準位であり，酸素吸着により Si–O–Si 結合が形成されて未結合手は消失するので Ψ_s は減少し，Si 表面が酸化膜で覆われたときには $\Psi_s = 0$ eV となるはずである．図 2.1.13 で観測されたように Ψ_s が増加している原因は，Si 表面での Si–O–Si 結合形成による約 2.3 倍の体積膨張のために点欠陥（空孔＋放出 Si 原子）が発生し[17]，空孔と放出 Si 原子に付随する欠陥準位がバンドベンディングをもたらすからである．

(4) 仕事関数

真空準位とフェルミ準位の差で定義される仕事関数 W は，孤立原子ではクーロン引力がゼロになる原子核から無限遠の距離でのエネルギーであり，実験的にはイオン化ポテンシャルとして求められる．固体ではバルク結晶からのクーロン引力に，表面緩和や表面再構成にともない形成される表面電気二重層（surface electrical double layer, SDL）と鏡像ポテンシャルによる寄与が加わる[12,18]．例えば金属では，格子イオンからのクーロン引力と鏡像ポテンシャルによる力を振り切って表面から電子が飛び出すときの仕事が W に対応する．金属表面では自由電子が表面から真空へと浸み出しており，表面の外側が負電荷，内側が正電荷の SDL が形成されて W を変化させる．Cs 表面では $W = 2.1$ eV と小さいが，Au 表面では 5.3～5.5 eV まで大きくなる（付録の図 A.4.1）．

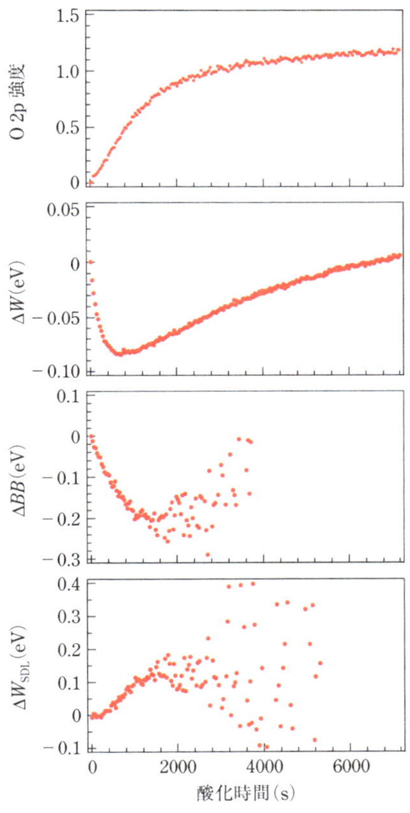

図 2.1.13　UPS 測定により求めた (a) 酸素吸着量，(b) 仕事関数の変化量，(c) バンドベンディングの変化量，(d) 表面電気二重層による仕事関数の変化量の酸化時間依存性
酸化温度は 298°C，酸素圧力は 1.3×10^{-5} Pa.

光電子分光法ではフェルミ準位（図 2.1.8）と真空準位（図 2.1.11）を直接観測できるので，それぞれの運動エネルギーを $E'_k(E_F)$ と $E'_k(\mathrm{VL})$ とすると試料の仕事関数 W_S は式 (2.1.10) から求められる．ここで，E'_k は電子エネルギー分析器の真空準位を基準として測定される．電子エネルギー分析器の仕事関数 W_A が W_S よりも大きいとき，真空準位近傍の光電子は電子エネルギー分析器に入ることはできないので，試料に$(W_A - W_S)$よりも少し大きな負のバイアス電圧V_B(5～10 V)を印加して光電子を加速する必要がある．$W_A < W_S$のときでもE_k'が0 eV近傍の電子に対しては電子エネルギー分析器の透過率が低いのでV_Bが必要である．

Yb表面を室温でO_2ガスに曝露したとき，$I_{O\,2p}$はほぼ直線的に増加するだけでなく，この変化に対応してW_{Yb}は直線的に減少する[19]．W_{Yb}の減少は解離吸着した酸素イオンO^{2-}がYb表面にとどまらず，内部に潜り込み，表面が正電荷で内部が負電荷のSDLが形成されるためである．そして直線的なW_{Yb}の減少は，個々のO^{2-}がつくる電気双極子の大きさは同じで密度が酸素被覆率に比例して増加することを示している．また，酸素吸着量が時間に比例して増加した後に急激な飽和を示すことは，0次反応キネティクスの特徴である．

Yb表面では$\Delta W_{Yb} = \Delta W_{SDL}$であるが，Si表面では$\Delta W_{Si} = \Delta W_{SDL} + \Delta BB$である．図2.1.13において，Si表面の$W_{Si}$は酸化前には5.16 eVであるが，酸化により急速に減少した後，500 s付近から増加に転じている．Si(001)2×1表面のバンドベンディングは$\Psi_s = 0.63$ eVから，酸化膜で100％覆われたときには$\Psi_s = 0.9$ eVへと増加する．p-Si(001)表面では酸化によりΔBBが減少して下向きのバンドベンディングが大きくなるので，ΔW_{SDL}は時間遅れをもって増加することになる．このように298℃では酸化開始直後にΔW_{SDL}の変化はないが(図2.1.13)，室温では減少，592℃では増加を示す[16]．これは室温酸化では解離吸着した酸素の多くがダイマー・バックボンドに潜り込むために$\Delta W_{SDL} < 0$となり，酸化温度上昇によりダイマーボンドに入り込む酸素，もしくはダイマー間を跨ぐSi–O–Si結合が増えて表面にとどまる酸素が多くなり，$\Delta W_{SDL} > 0$となるからである．

固体表面に電子を付与したときに吸収もしくは放出されるエネルギーを電子親和力χとよび，放出されるときには$\chi > 0$，吸収されるときには$\chi < 0$となる．$\chi < 0$のときは負性電子親和力(negative electron affinity, NEA)とよばれる．金属では$\chi = W$となり，半導体・絶縁体ではCBMから真空準位までのエネルギーとなり，多くの物質で$\chi > 0$である．清浄p-Si(001)2×1表面では$W_{Si} = 5.16$ eV，$\Psi_s = 0.63$ eV，$E_g = 1.11$ eVであるので，$\chi = +4.68$ eVとなる．清浄ダイヤモンド表面も$\chi > 0$であるが，水素終端するだけで$\chi < 0$とすることができる[20]．水素終端ダイヤモンド表面は室温で大気中に曝露しても安定であるだけでなく，真空中では約700℃まで加熱しても安定である．水素終端ダイヤモンド表面のNEAの原因として，表面のC–H結合において水素よりも炭素の電気陰性度が大きいので，$\Delta W_{SDL} < 0$となるためと考えられている．なぜなら真空での加熱処理による表面C–H結合の消失と，

$\chi<0$ から $\chi>0$ に変化する温度が一致するからである．また，大気中でNEAが観測されたダイヤモンドを真空排気するとNEAが消失することから，ダイヤモンド表面の吸着種(H_3O^+, HCO_3^-, Cl^-)も原因と考えられている．

分子線エピタキシー(MBE)成長中のGaAs(001)表面に重水素ランプからの紫外線($h\nu=190\sim240$ nm)を照射したとき，対向電極板を用いて測定した全光電子電流(total electron yield, TEY)には周期的振動がみられ，その振動周期はRHEED強度振動で観察されるものと同じであった[21]．GaAs(001)は極性表面でありGa面とAs面で仕事関数が大きく異なる．しかしMBE成長においてはGa面とAs面が交互に現れるのではなく，GaとAsの二原子(0.282 nm)を単位として層状成長するので，TEYの周期的振動の原因は最外層原子の種類の相違ではない．RHEED振動は表面形態の変化，すなわち周期的なステップ密度の変化により引き起こされるので，同様にステップ密度により仕事関数が変化し，TEYの周期的振動が引き起こされたと考えられる．Si_2H_6を用いた気相成長中のSi(001)表面の光電子スペクトルにおいても，低エネルギー・カットオフ近傍の二次電子強度が周期的振動を示し，ステップ形状(S_AとS_Bステップ)およびステップ密度の変化が原因と指摘された[22]．

(5) 内殻準位のスピン軌道相互作用分裂

内殻電子は主量子数($n=1, 2, 3, \cdots$)，方位量子数($l=0, 1, 2, \cdots, n-1$)，磁気量子数($m_l=l, l-1, l-2, \cdots, -l+1, -l$)，スピン量子数($m_s=\pm1/2$)に$E_B$を加えた5つのパラメーターで記述され，価電子は同様に運動量(k_x, k_y, k_z)とスピン，E_Bの5つで記述される．原子核を周回する電子により磁場が発生し，その大きさは電子の軌道角運動量$\boldsymbol{l}$に比例する．この磁場によりスピン$\boldsymbol{s}$に平行か反平行にそろう力が働き，これはスピン軌道相互作用とよばれ，そのエネルギーは$\zeta(\boldsymbol{l}\cdot\boldsymbol{s})$で与えられる($\zeta$は係数)．この相互作用により$\boldsymbol{l}$と$\boldsymbol{s}$が結合した角運動量$\boldsymbol{j}$を用いた記述が必要となる．$\boldsymbol{j}$を$\hbar$で割った$j$を内量子数とよぶ．$j$として可能な値は$l+1/2$と$l-1/2$であり，それぞれ$2l+2$重と$2l$重に縮退している．

Auのサーベイ測定スペクトル(図2.1.8)においては，4s($n=4$, $l=0$)，4p($n=4$, $l=1$)，4d($n=4$, $l=2$)，4f($n=4$, $l=3$)準位によるピークが明瞭に観察されている．4s準位は$l=0$なのでスピン軌道相互作用はなく，分裂がみられない．4p準位は$l=1$なので$4p_{1/2}$($E_B=642.7$ eV)と$4p_{3/2}$($E_B=642.7$ eV)に分裂し，分裂幅は96.4 eVである．3p準位では$3p_{1/2}$($E_B=3148$ eV)と$3p_{3/2}$($E_B=2743$ eV)，2p準位では$2p_{1/2}$($E_B=13734$ eV)と$2p_{3/2}$($E_B=11912$ eV)となり，それぞれの分裂幅は405 eVと1822 eVで，E_Bが大きくなるとともに増加する．これに対してTiの光電子スペクトル(図2.1.6)においては，Ti $2p_{1/2}$($E_B=460.2$ eV)とTi $2p_{3/2}$($E_B=453.8$ eV)の分裂幅は

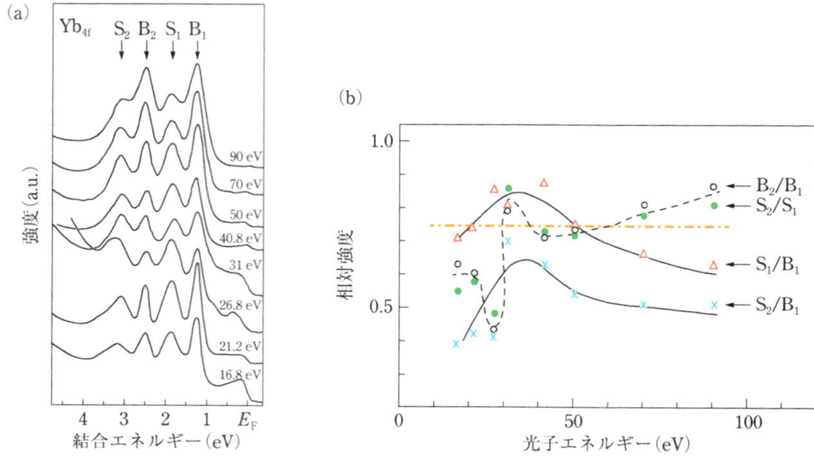

図 2.1.14　(a)Yb 表面からの価電子帯光電子スペクトル，(b)Yb 4f 光電子スペクトルのスピン軌道分裂強度比(S_2/S_1, B_2/B_1)と表面/バルク強度比(S_1/B_1, S_2/B_2)の光エネルギー依存性
S_1 と S_2 はそれぞれ表面成分の $Yb_{7/2}$ と $Yb_{5/2}$，B_1 と B_2 はそれぞれバルク成分の $Yb_{7/2}$ と $Yb_{5/2}$ 内殻準位である．放射光($h\nu=31$, 50, 70, 90 eV)と He I 共鳴線(21.22 eV)，He IIα 共鳴線(40.8 eV)，Ne I 共鳴線(16.8 eV)，Ne II 共鳴線(26.8 eV)を用いた．(b)の一点鎖線は $4f_{5/2}$ と $4f_{7/2}$ 準位の理論的な強度比 6/8 = 0.75 である．破線と実線は，変化を見やすくするためのガイドである．
[Y. Takakuwa *et al.*, *J. Phy. Soc. Jpn*, **51**, 2045(1982), Fig. 1, 2]

6.4 eV と小さく，Au の 2p 準位の 1/30 以下である．Si の 2p 準位の分裂幅はさらに小さく，0.608 eV にすぎない．このようにスピン軌道相互作用の係数 ζ は原子番号とともに大きくなる．

Yb の局在化した 4f 準位の E_B は小さく，非局在化した価電子帯のものと重なり合っている．Yb 価電子帯の光電子スペクトル(**図 2.1.14**)において，$h\nu=16.8\sim31$ eV ではフェルミ準位による高エネルギー・カットオフが明瞭に観察されるが，それ以上の $h\nu$ では強度が急速に減少している．これに加え 4 つのピークがみられ，これらはスピン軌道分裂した $4f_{5/2}$ と $4f_{7/2}$ 準位の表面成分(S_2, S_1)とバルク成分(B_2, B_1)である．表面成分であることは，$h\nu$ 依存性だけでなく検出角依存性からも確認された[19]．4f 準位の分裂幅は 1.25 eV で，表面成分はバルク成分よりも 0.63 eV だけ高 E_B 側にシフトしている．このような現象は表面内殻準位シフト(surface core level shift, SCLS)とよばれる[23]．$4f_{5/2}$ と $4f_{7/2}$ ピークの強度比は理論的には 6/8 = 0.75 となるはずであるが，B_2/B_1 と S_2/S_1 は同様に $h\nu$ に強く依存して 0.4 から 0.85 まで変化している．この原因は 4f 準位の光イオン化断面積と共鳴光電子放出である．

$h\nu$ を 10 eV から 100 eV まで大きくすると，4f 準位の光イオン化断面積は 30 倍以上も増加する．4f 準位のスピン軌道相互作用による分裂幅は 1.25 eV と小さいものの，同じ $h\nu$ で励起しても $4f_{5/2}$ と $4f_{7/2}$ で終状態が異なるため光イオン化断面積の違いを生じ，それらの光電子ピーク強度比が 0.75 からずれることになる[4)]．このようにして生じる理論値からのずれはスピン軌道分裂幅が大きいほど，さらには光イオン化断面積が急激に変化する $h\nu$ 領域で顕著になる．

Au 4p 準位のスピン軌道相互作用分裂による $4p_{1/2}$ と $4p_{3/2}$ ピーク強度比は理論値 0.5 と異なり，相対的に $4p_{1/2}$ ピークが小さくなっている（図 2.1.8）．励起光を Al Kα 線（$h\nu = 1486.8$ eV）として理論計算した $4p_{1/2}$ と $4p_{3/2}$ 準位の光イオン化断面積は，13,600 barn を単位としてそれぞれ 2.14 と 5.89 であり[24)]，それらの比は 0.36 となり実験結果の傾向と一致する．

Yb の $5p_{1/2}$（$E_B = 30.3$ eV）と $5p_{3/2}$ 準位（$E_B = 24.1$ eV）から励起された光電子が真空準位よりも低く表面から脱出できない場合（内部光電効果），それらの光電子が $5p_{1/2}$ と $5p_{3/2}$ 準位の空孔へと戻る緩和過程がある．このとき $h\nu$ に等しいエネルギーが解放され，そのエネルギーを受け取って $4f_{5/2}$ と $4f_{7/2}$ 準位から電子が励起されるオージェ遷移が進行する．これらのオージェ電子の運動エネルギーは $h\nu$ で直接励起された光電子とまったく同じなので，共鳴光電子放出とよばれる．これにより光電子強度が顕著に変調され，実験結果でみられる $h\nu = 25 \sim 35$ eV で振動が生じたのである．

表面とバルク成分の強度比（S_1/B_1, S_2/B_1）は同様に $h\nu$ の増大とともに増加し，30 eV 付近で極大となった後，それ以上の $h\nu$ では緩やかに減少している．Yb 金属では λ は $h\nu \sim 30$ eV に極小をもち，検出深さが最小となることが報告されている[7)]．したがって，S_1/B_1 が $h\nu \sim 30$ eV に極大をもつことは，S_1 と S_2 が表面成分であることの証拠である．

(6) 表面内殻準位シフト

金属表面での電気伝導は二次元的となるために価電子帯がバルクの三次元的なものに比べてエネルギー分散が小さくなり，バンド幅が狭くなることにより SCLS が引き起こされる[23)]．バルクの価電子帯として電子が 10 個入る状態密度分布 $D_B(E_B)$ について，表面では $D_S(E_B)$ の対称中心で価電子帯が狭くなるモデルを考える（**図 2.1.15**）．バンド幅が狭くなることにより，表面とバルクでフェルミ準位にずれが生じ，このずれを解消するために表面とバルクの間で電子が移動する．この簡単なモデルでは価電子帯の電子数 n が 5 個以下のときは表面からバルクへ電子が移動し，これにより表面に正電荷が生じるので価電子帯および内殻準位は同様に E_B

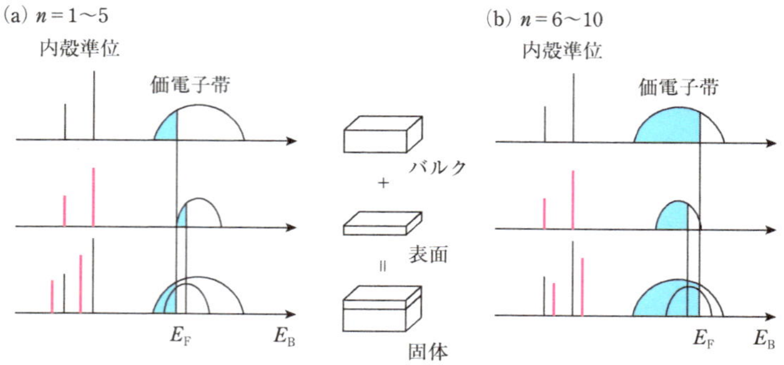

図 2.1.15　金属表面での内殻準位シフトモデル
n は価電子帯の d バンドを占有する電子数.
［F. Müller and K. Stöwe, *Z. Anorg. Allq. Chem.*, **629**, 1805(2003), Fig. 1］

が大きくなる方向へシフトし，フェルミ準位が一致したときに電子の移動は止まる．n が 6 個以上のときには逆の現象が起こり，表面の電子状態は低 E_B 側にシフトすることになる．Yb では 4f 準位からの 10 個の電子は E_B が価電子帯と重なっているが原子と同じ局在状態であり，6s 軌道からの 2 個の電子のみが価電子帯に入るので n が 5 個以下の SCLS モデルに対応し，図 2.1.14 でみられるように 4f 準位の E_B は大きくなる方向に表面でシフトする.

Ta(011)表面の $4f_{5/2}$ と $4f_{7/2}$ 光電子スペクトルにおいて，スピン軌道相互作用による分裂幅は 1.92 eV と求められ，それぞれのピークはさらに約 0.33 eV で分裂している[25]．$h\nu$ 依存性から Ta(011)表面では高 E_B 側の成分が SCLS ピークであることがわかった．Ta では 6s 軌道からの 2 個と 5d 軌道からの 3 個の合計で 5 個の電子が価電子帯に入っている．6s 軌道と 5d 軌道からの 12 個の電子で価電子帯を充満できると仮定すると，Ta 表面では $n \leq 5$ の SCLS モデルに対応することになり，Ta 4f 準位の高 E_B 側への SCLS を説明できる．他方，W(111)表面の 4f 光電子スペクトルでは表面成分を確認するため，W 表面を酸素ガスに曝露した[26]．酸化により減少した成分が表面由来と同定され，SCLS は低 E_B 側へ 0.43 eV と求められた．W では 6s 軌道からの 2 個と 5d 軌道からの 4 個の合計で 6 個の電子が価電子帯に入っており，ちょうど半分が充満しているので $n \leq 5$ の SCLS モデルの範疇となり，高 E_B 側への SCLS が期待される．しかし，W の $D_S(E_B)$ が仮定されたような対称なものではないため，$n \geq 6$ の SCLS モデルが適用できると考えられる.

Au では 6s 軌道からの 1 個と 5d 軌道からの 10 個の合計 11 個の電子が関与するので，$n \geq 6$ の SCLS モデルが十分に適用でき，低 E_B 側への SCLS が期待される.

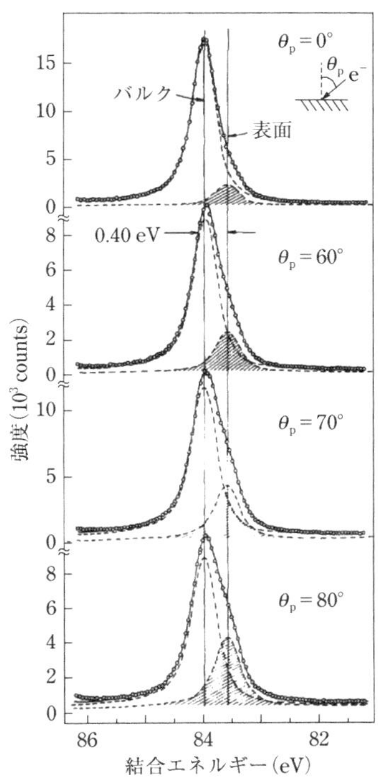

図 2.1.16　Au 表面の $4f_{7/2}$ 光電子スペクトルの検出角度依存性（単色 Al Kα：$h\nu = 1486.6$ eV，$\Delta E_1 =$ 0.25 eV）

［G. K. Wertheim, *Mater. Sci. Engineer.*, **42**, 85（1980）, Fig. 1］

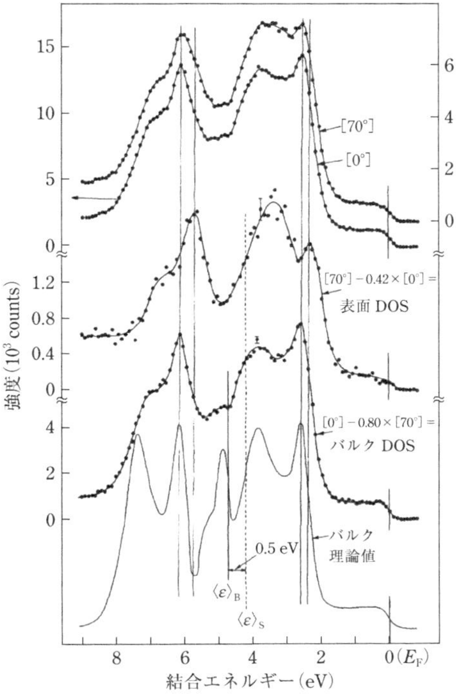

図 2.1.17　Au 表面の価電子帯光電子スペクトルの検出角度依存性と差分（単色 Al Kα：$h\nu = 1486.6$ eV，$\Delta E_1 = 0.25$ eV）

［P. H. Citrin *et al.*, *Phys. Rev. Lett.*, **41**, 1425（1978）, Fig. 3］

Au $4f_{7/2}$ 光電子スペクトルにおいて（**図 2.1.16**），θ_p を大きくするにつれて低 E_B 側の肩構造が顕著になる．θ_p を大きくすると表面成分の光電子強度が相対的に増大するので，低 E_B 側の肩構造は表面成分と同定された．ピーク分離解析により SCLS の大きさは 0.40 ± 0.01 eV と求まった．

SCLS の原因となっている価電子帯のバンド幅の変化とシフトの向きを調べるため，多結晶 Au の価電子帯光電子スペクトルの θ_p 依存性が測定された（**図 2.1.17**）．θ_p を大きくすると形状が変化しているのは，表面成分 $D_S(E_B)$ が相対的にバルク成分 $D_B(E_B)$ より増加したためである．同じ条件で測定された Au $4f_{7/2}$ 光電子スペクトルは表面とバルク成分の重ね合わせで良くフィッティングできるので（図 2.1.16），価電子帯光電子スペクトルについても同様に $\theta_p = 0°$ と $70°$ で得られたも

のをそれぞれ $I(0°)$ と $I(70°)$ とするとき，次式の足し合わせができると考える．

$$I(0°) = aD_{\mathrm{S}}(E_{\mathrm{B}}) + bD_{\mathrm{B}}(E_{\mathrm{B}}) \tag{2.1.12}$$

$$I(70°) = cD_{\mathrm{S}}(E_{\mathrm{B}}) + dD_{\mathrm{B}}(E_{\mathrm{B}}) \tag{2.1.13}$$

ここで，a, b, c, d は θ_{p} に依存した定数である．価電子帯と $4f_{7/2}$ 光電子の E_{k} はそれぞれ～1480 eV と～1400 eV とその差は小さいので，λ はほぼ同じとして，$4f_{7/2}$ 光電子スペクトルの解析で得られた $a = 0.80c$ を用いて式(2.1.12)と式(2.1.13)の差分をとることにより $D_{\mathrm{B}}(E_{\mathrm{B}})$ が求められる．その結果は理論計算による $D_{\mathrm{B}}(E_{\mathrm{B}})$ の構造と類似しており，分離手法の妥当性を示している．同様に $d = 0.42b$ を用いて $D_{\mathrm{S}}(E_{\mathrm{B}})$ が得られる．$D_{\mathrm{B}}(E_{\mathrm{B}})$ に比べて $D_{\mathrm{S}}(E_{\mathrm{B}})$ は明らかに低 E_{B} 側にシフトしている．$D_{\mathrm{B}}(E_{\mathrm{B}})$ と $D_{\mathrm{S}}(E_{\mathrm{B}})$ の重心をそれぞれ $\langle\varepsilon\rangle_{\mathrm{B}}$ と $\langle\varepsilon\rangle_{\mathrm{S}}$ とすると，両者の差分は 0.51 ± 0.08 eV と求められた．また，$D_{\mathrm{S}}(E_{\mathrm{B}})$ のバンド幅は $D_{\mathrm{B}}(E_{\mathrm{B}})$ のものに比べて $7.6 \pm 1.1\%$ だけ狭くなっていると見積もられた．このような $D_{\mathrm{S}}(E_{\mathrm{B}})$ の挙動は，Au $4f_{7/2}$ 光電子スペクトルでみられる SCLS について図 2.1.15 のモデルを用いた説明と一致する．

半導体表面では未結合手による表面電子状態がバンドベンディングを引き起こし，表面からバルクに向かって連続的に内殻準位のシフトを引き起こす(図 2.1.10)．これも表面が引き起こすものなので，広義の意味では SCLS と考えることができる．しかし，バンドベンディングが及んでいる深さは，不純物ドープ量に依存して変化するが数 10 nm から数 μm まで広がっているので，光電子の λ が 1～2 nm 以下のときバンドベンディングによる光電子スペクトルの形状変化は無視できる．これに加え半導体表面では再構成にともない電荷移動が生じており，Si(001)2×1 表面ではダウン・ダイマー Si 原子からアップ・ダイマー Si 原子へと電子が移動している(**図 2.1.18**)．Si 2p 光電子スペクトルをピーク分離するとバルク成分 B に加えて，低 E_{B} 側にシフトした成分 S と高 E_{B} 側にシフトした成分 S′ と SS がみられる．それぞれの光電子強度の θ_{p} 依存性から成分 S と S′ が表面第 1 層，成分 SS が表面第 2 層に帰属された．価電子の移動にともなう内殻準位の変化は化学シフトとよばれ，電子を失った方が高 E_{B} 側に，電子を得た方が低 E_{B} 側にシフトする．したがって，成分 S は電子を得たアップ・ダイマー Si 原子，成分 S′ は電子を失ったダウン・ダイマー Si 原子によるものである．第 2 層の Si 原子はダイマー形成ともなう応力による格子歪みのために E_{B} がシフトし，成分 SS となっている．

(7) 化学シフト

内殻準位および価電子帯の電子の E_{B} は原子核$(+Ze)$とのクーロン相互作用によ

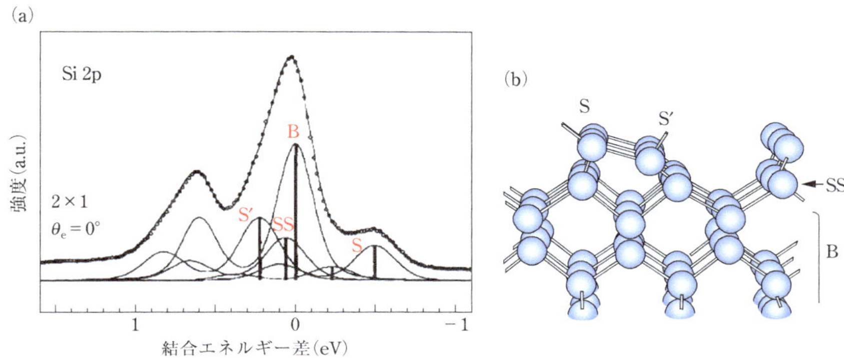

図 2.1.18　Si(001)2×1 表面の 2p 光電子スペクトル(放射光：$h\nu$ = 130 eV)と表面構造モデル
[E. Landemark *et al.*, *Phys. Rev. Lett.*, **69**, 1588(1992), Fig. 3]

り与えられ，原子番号 Z が大きくなるとクーロン引力は強くなるので E_B は大きくなり，主量子数 n が大きくなると平均電子軌道半径は大きくなりクーロン引力が弱くなるので E_B は小さくなる．内殻準位の電子が感じるクーロン引力は $+Ze$ によるものではなく，残りの電子により遮蔽された $+(Z-\Delta Z)$ によるものとなる．簡単な例として，原子 A と原子 B が化学結合して分子 A–B となるときには化学結合に関与する外殻電子が移動し，その移動の方向と大きさはポーリングの電気陰性度 χ を用いて考えることができる[27)]．$\chi_A < \chi_B$ のとき原子 A から原子 B への電子移動が生じ，それにともない原子 A の内殻準位の E_B は大きい方向に，原子 B の内殻準位の E_B は小さい方向にシフトする．CH_4 分子では $\chi_C = 2.5$，$\chi_H = 2.1$ なので水素から炭素の sp^3 混成軌道へと電子が移動する．sp^3 混成軌道は 2s と 2p 軌道から構成されている．2s と 2p 軌道の平均軌道半径は 1s 軌道のものより原子核から遠くに分布するが，確率的には 1s 軌道の内側にも入り込んでいる．したがって，sp^3 混成軌道の電子が増えることは遮蔽効果の増加につながり，クーロン引力が弱まるので C 1s の E_B は小さくなる．これに対して CO 分子の酸素では $\chi_O = 3.0$ なので炭素から酸素の 2p 軌道へと電子が移動し，遮蔽効果が弱まるので C 1s の E_B は大きくなる．CO_2 分子では炭素から移動する電子が増えるため，C 1s の E_B はさらに大きくなる．C 1s 光電子スペクトルにおいては(**図 2.1.19**)，予想されたように $CH_4 < CO < CO_2$ の順で E_B が大きくなっている．逆に O 1s 光電子スペクトルでは CO よりも CO_2 の方が小さくなっており，これは酸素が受け取る電子が多くなっていることを示している．このように χ が異なるとき，化学シフトの向きは結合した原子間で互いに逆向きとなる．

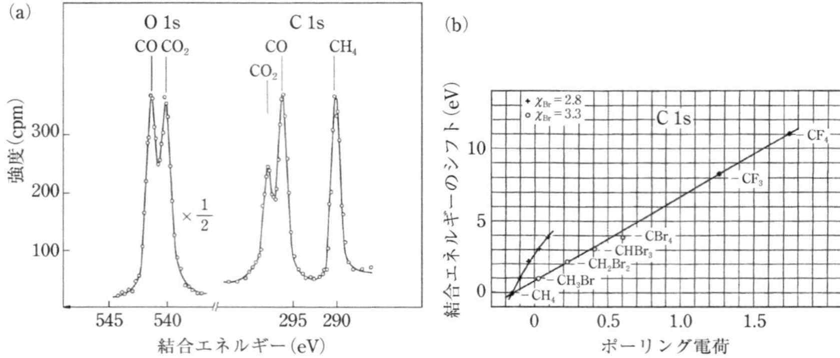

図 2.1.19　(a)CO–CO$_2$–CH$_4$ 混合ガスの O 1s と C 1s 光電子スペクトル(Al Kα : $h\nu$ = 1486.6 eV)，(b) C 1s 光電子ピークのシフトとポーリング電荷の相関
(b)の○は $\chi_{Br}=3.3$，×は $\chi_{Br}=2.8$ として得られた結果である．
[K. Siegbahn *et al.*, *Esca Appled to Free Molecules*, North-Holland Publishing, Amsterdam (1969), Fig. 3.4, 5.4.4]

化学シフトと化学結合状態の関係を定量的に理解するためには，次式のイオン度 I に基づくポーリング電荷 q_P の考え方が有用である．

$$I = 1 - \exp[-0.25(\chi_A - \chi_B)^2] \tag{2.1.14}$$

CH$_4$ では C–H 結合が 4 本あるので，$\chi_C = 2.5$ と $\chi_H = 2.1$ を用いて 1 つの C–H 結合について $I = 0.039$ となる．$\chi_C > \chi_H$ なので炭素原子のポーリング電荷は負となり，その値は $q_P = -0.039 \times 4 = -0.156$ となる．CF$_4$ では，$\chi_F = 4.0$ なので炭素原子のポーリング電荷は正となり，$q_p = +0.43 \times 4 = +1.72$ となる．CH$_4$ の水素を臭素($\chi_{Br} = 3.3$)とフッ素で置換した分子について，CH$_4$ のものを基準とした C 1s の化学シフトとポーリング電荷はたいへん良い直線的相関を示す(図 2.1.19)．イオン性の強い結合では酸化数を指標として化学シフトとの良い相関がみられるが，$|\chi_A - \chi_B| < 0.5$ のときには共有結合性が強くなるので酸化数の修正が必要とされる[1)]．

(8)価数揺動と価数混合

多くの化合物において酸化数もしくは価数は 1 つであり，SiO$_2$ では Si^{4+}，Al$_2$O$_3$ では Al^{3+}，Na$_2$SO$_4$ では S^{6+} である．鉄酸化物系については FeO では Fe^{2+}，Fe$_2$O$_3$ では Fe^{3+} であるが，Fe$_3$O$_4$ では Fe^{2+} と Fe^{3+} が混在しているため混合原子価化合物とよばれる．これは逆スピネル型結晶構造の Fe$_3$O$_4$ においては，A サイト(四面体位置)は Fe^{3+}，B サイト(八面体位置)は Fe^{2+} と Fe^{3+} になるからである．温度を上げると Fe^{2+} と Fe^{3+} の間で電荷のホッピング移動が活性化されるので，空間的に均一な価数混合(homogeneous mixed valence)となる．これに対して Eu_3O_4 では Eu^{2+} と Eu^{3+} は異なるサイトを占めており電荷移動はないので，空間的に不均一な価数混合(inhomogeneous mixed valence)である[28)]．価数混合物質ではフェルミ準位は非局所的な価電子で占められている．

希土類化合物では局在した 4f 準位の E_B が小さくフェルミ準位に近接するとき，非局在的な価電子状態と局在状態の間を熱活性なしで遷移することができる．これにより価数が揺らぐことになり，その頻度は $10^9 \sim 10^{15}$ Hz である．このとき平均価数は空間的に均一となり，価数揺動(homogeneous valence fluctuation)とよばれる．このような物質として SmB_6，$CeAl_3$，$EuCu_2Si_2$ などがあげられる[28)]．SmB_6 の価電子帯の光電子スペクトルにおいては Sm^{2+} $(4f^6)$ と Sm^{3+} $(4f^5)$ からの成分がみられ，Sm^{2+} の 4f 準位は実験誤差内でフェルミ準位にピン止めされている(**図 2.1.20**)．それぞれの終状態では Sm^{3+} $(4f^5)$ と Sm^{4+} $(4f^4)$ となっており，多重項分裂のためにいくつかの成分が現れる．検出角度もしくは励起光エネルギーを変えて表面感度を高くした光電子スペクトルから，SmB_6 表面では SCLS により $4f^6$ 準位の E_B が大きくなり，表面は不均一な価数混合となることが明らかにされた．Sm 金属のバルクは Sm^{3+} であるが，表面ではバンド幅が狭くなり，価電子がバルクへ移動する代わりに 4f 準位に移動して Sm^{2+} となり，SmB_6 と同様に不均一な価数混合となっている．このように Sm 金属表面では Sm^{3+} の $4f^5$ ピークがシフトするのではなく，$4f^5$ から $4f^6$ への電荷移動が生じている．

(9)配位子場分裂

遷移金属化合物では金属イオンが 6 個の陰イオン(配位子)で囲まれ，正八面体型の 6 配位の金属錯体となっている場合が多くある．このとき遷移金属の d 電子と配位子，例えば酸素の p 電子が混成し，低エネルギーの t_{2g} 状態(三重縮退)と高エネルギーの e_g 状態(二重縮退)に分裂する．この 2 つの状態のエネルギー差を結晶場分裂もしくは配位子場分裂とよぶ．$FeCl_2$ の価電子帯スペクトルにみられる構造が，t_{2g} と e_g からの遷移における終状態での多重項分裂を用いて定量的に説明できている[29)]．$FeCl_2$ は $CdCl_2$ 型構造をとり，Fe^{2+} イオンは 6 個の最近接 Cl^- イオンに立方対称的に取り囲まれている．Fe^{2+} は 6 個の 3d 電子をもち，フントの規則に従って t_{2g} 軌道に 4 個 e_g 軌道に 2 個入り，基底状態でのスピン多重度は五重となる．この基底状態からの光電子放出により，${t_{2g}}^3{e_g}^2$ と ${t_{2g}}^4{e_g}^1$ の 2 通りの電子配置が考えられるが，それらは互いに混ざり合っている．終状態で遷移可能な多重項の種類とエネルギー，および強度比は文献[1)]に詳しく述べられている．

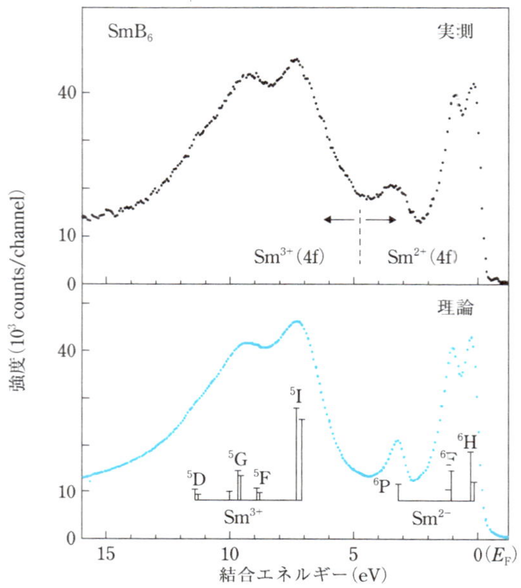

図 2.1.20　SmB_6(価数揺動：$Sm^{2+}+Sm^{3+}$)の 4f 光電子スペクトルと交換相互作用による多重項の理論計算の比較(Al Kα：$h\nu=1486.6$ eV)
[J. N. Chazalviel *et al.*, *Solid State Commun.*, **19**, 725(1976), Fig. 2]

B.　終状態における要因

(1)内殻準位の正孔寿命によるライフタイムブロードニング

内殻準位からの光電子放出にともない形成される空孔は，価電子や浅い内殻準位からの電子遷移により有限の時間 Δt で消滅する．主量子数 n と方位量子数 l が同じ準位でも，原子番号が大きくなれば多くの電子が空孔の消滅に参加でき，同じ原子でも n と l が小さな準位ほど同様に多くの電子が関与するので，Δt は短くなる．ハイゼンベルグの不確定性原理により，エネルギー広がり $\Delta E=\hbar/\Delta t$ が終状態の $E(N-1)$ にもたらされる．したがって，固体表面から飛び出した光電子の E_k' は式(2.1.1)のエネルギー保存則で示されるように，Δt によりもたらされる ΔE も含むことになる．この ΔE による光電子スペクトル形状の広がりをライフタイムブロードニングとよび，その形状はローレンツ関数で表される．SiO_2/Si(001)表面の光電子スペクトルのピーク分離解析から，ブロードニング幅 ΔE は Si 2p で 0.10 eV，O 1s で 0.20 eV と見積もられた[16]．ΔE を精密測定することにより，内殻空孔の緩和過程を通して原子・分子の電子状態や遷移確率を調べることができる[30]．

空孔の消滅にともないオージェ電子もしくは特性X線が放出される(図1.3.2).光電子と同様にオージェ電子と特性X線もライフタイムブロードニングによる影響を受ける．例えば特性X線について，Y Mζ($h\nu$ = 132.3 eV)では$\Delta h\nu$ = 0.47 eV, Al Kα($h\nu$ = 1486.8 eV)では$\Delta h\nu$ = 0.9 eV, Ti Kα_1($h\nu$ = 4511 eV)では$\Delta h\nu$ = 1.4 eV, Cu Kα_1($h\nu$ = 8048 eV)では$\Delta h\nu$ = 2.5 eVのように原子番号が大きくなると広がる[1].

(2)電子–正孔対生成による赤外発散

導電性試料からの光電子放出においてフェルミ準位近傍の電子励起によるエネルギー損失のため，光電子ピーク形状は低E_k側に非対称な裾を引く(図2.1.5)．エネルギー損失がゼロのとき電子励起の頻度は無限大となるので，この現象は電子–正孔対生成による赤外発散とよばれる．赤外発散による光電子スペクトル形状は理論的に付録の式(B.3.1)で与えられる．この式でγはライフタイムブロードニング，αは非対称性パラメーターである．高配向熱分解黒鉛(highly oriented pyrolytic graphite, HOPG)のC 1s光電子スペクトル($h\nu$ = 320 eV)は，高E_B側に非対称な裾を引く[31]．式(B.3.1)を用いたピーク分離解析より，γ = 0.212 eV，α = 0.065 ± 0.015と求められた．このとき励起光と電子エネルギー分析器，およびフォノンブロードニングによる全エネルギー分解幅ΔE_Iは0.125 eVである．ここで裾野には非弾性散乱によるバックグラウンドも含まれ，注意深く取り除かれた(付録B.1)．$h\nu$ = 7940 eVで得られたC 1s光電子スペクトルのピーク分離解析でも，α = 0.066で良いフィッティングが得られた．$h\nu$ = 7940 eVのときのC 1s光電子のE_k～7650 eVは，$h\nu$ = 320 eVのときE_k～30 eVと大きく異なるが，αの値はほぼ同じである．この原因は電子–正孔対の生成確率はE_kにより異なるとしても，電子–正孔対生成によるエネルギー損失のスペクトル形状はグラファイトのフェルミ準位近傍の状態密度で決まるためである．

グラファイトの状態密度はフェルミ準位近傍で極小となっているので非対称性パラメーターはα = 0.065 ± 0.015と小さいが，K/Ni(111)表面のフェルミ準位近傍の状態密度は高いのでK 2p光電子スペクトルではα = 0.28と大きくなる[32]．K/Ni(111)表面へのH_2Oの吸着によりK 2p光電子スペクトル形状は対称なものへと変化し，H_2Oの被覆率が増加するとαは0.28から0.08まで減少する[32]．これはH_2Oの吸着による電荷移動により，フェルミ準位近傍の状態密度が減少したためと考えられる．内殻準位光電子スペクトルの高E_B側には非弾性散乱によるバックグラウンドだけでなく，帯電効果によるシフト成分，表面吸着酸素や水による化学シフト成分，さらにはシェークアップ・サテライトも含まれるので，赤外発散の寄与を見積もるときには注意深い解析が必要とされる．

(3)プラズモン励起とバンド間遷移

終状態での空孔寿命と赤外発散により，光電子ピーク形状はそれぞれ対称と非対称にブロードニングする．これに加えてプラズモン励起とバンド間遷移により，高 E_B 側にピーク構造が現れる．多くの金属や半導体の価電子によるプラズモンは自由電子近似が適用でき，そのプラズマ振動数 ω_p は自由電子集団によるものとほぼ等しく，式(2.1.6)で与えられる．Alでは $\hbar\omega_p = 15.7$ eV，Siでは16.7 eVである．このバルクプラズモンに対して表面に局在するプラズモンが存在し，表面プラズモンとよばれる．Al 2p光電子スペクトルにおいてバルクプラズモンと表面プラズモンによる損失ピークがいくつかみられ，第1損失ピークにおいてバルクと表面が明瞭に分離して観察できる[6]．このように $\hbar\omega_p$ 間隔で多くのプラズモン損失ピークが出現しているのは，$\hbar\omega_p$，$2\hbar\omega_p$，$3\hbar\omega_p$，…の励起でエネルギー損失が生じることに加え，$\hbar\omega_p$ での繰り返しエネルギー損失が生じるからである．

ダイヤモンドC(111)表面のC 1s光電子スペクトルにもバルクと表面プラズモン励起による損失ピークに加え，σ–σ^* のバンド間遷移によるエネルギー損失ピークもみられる[33]．それぞれのエネルギーは $\hbar\omega_p = 33.8$ eV，$\hbar\omega_s = 23.0$ eV，$\Delta E_{\sigma\text{-}\sigma^*} = 12.8$ eVである．バルクプラズモンでは第3励起，表面プラズモンでは第4励起まで識別できる．ここで，Al 2p光電子スペクトルにおいて第1励起のバルクプラズモンと表面プラズモンによるエネルギー損失ピークのFWHMは，それぞれ3.4 eVと3.8 eVであり，第2励起のバルクプラズモンの場合でも6.1 eVである．これに対してダイヤモンドの第1励起のバルクプラズモンと表面プラズモンによるピークのFWHMはそれぞれ12 eVと11 eV，第3励起のバルクプラズモンでは20 eVまで大きくなっている．これはプラズモン励起状態からの緩和時間によるブロードニングのためである．$T = 1390$ Kではダイヤモンド表面がグラフェンに構造変化し，それにともないグラフェンのs電子とp電子によるプラズモンが $\hbar\omega_p = 27.0$ eVに現れる．また，グラファイトでは π–π^* バンド間遷移にともなうエネルギー損失ピークが $\Delta E_{\pi\text{-}\pi^*} = 6.4$ eVにみられる．その原因はグラファイトのエネルギーバンド分散において，ブリルアンゾーンのQ点での π と π^* バンドの状態密度が高く，直接遷移となっているからである．

(4)シェークアップとシェークオフ

原子・分子の内殻準位光電子スペクトルの高 E_B 側には多数のピークがみられる．これらはシェークアップとシェークオフによるエネルギー損失ピークであり，サテライトとよばれる．分子の場合，電子が占有しているエネルギーがもっとも高い軌道はHOMO(highest occupied molecular orbital)，非占有のもっともエネルギーが低い軌道はLUMO(lowest unoccupied molecular orbital)とよばれる．真空準位よりもエネルギーが低い空準位へと光励起が起こるときは内部光電効果，真空準位以上へと光励起されるときは外部光電効果とよばれ，これが光電子スペクトルの主ピークとなる．内殻準位空孔によりHOMOから真空準位以下の空軌道へと励起され，光電子のE_kがその分ΔE_{su}だけエネルギー損失する過程はシェークアップとよばれる(**図 2.1.21**)．また，真空準位以上へと励起されるときにも光電子はΔE_{so}をエネルギー損失し，励起された電子は表面から脱出できるのでシェークオフとよばれる．$\Delta E_{so} > \Delta E_{su}$なので，主ピークの高$E_B$側にシェークアップによるサテライトピーク，それに引き続いてシェークオフによるサテライト構造が現れることになる(図 2.1.21)．固体でも同様に高E_B側にサテライトがみられるが，その原因としてはシェークアップだけでなく電荷移動や多重項分裂などの可能性を考慮する必要がある．固体でのシェークアップ・サテライトの例として，上で述べたグラファイトのC 1s光電子スペクトルでみられるπ–π^*損失ピークがある．

(5)電荷移動

遷移金属ハライドや希土類金属ハライドの内殻準位の光電子スペクトルにおいては高E_B側にサテライトピークがみられる．NiF_2のNi 2p光電子スペクトルでは，$\Delta E_{sat} = 5.9$ eVにサテライトがみられる(**図 2.1.22**)．NiF_2ではエネルギーバンドギャップがあるので，Ni 3d電子の空の4s軌道への遷移にともなうシェークアップ・サテライトとしての説明も考えられる．しかし，光学吸収から求めた3d→4s遷移エネルギーは6.8 eVであり，$\Delta E_{sat} = 5.9$ eVと大きく異なっている．さらに3d電子を10個もつZnF_2ではサテライトがまったくみられないことからも，3d→4s遷移モデルの適用は難しい．ここでCuF_2でも顕著なサテライトピークが観察され，Cu原子では3d電子を10個もつものの，CuF_2では3d電子は9個となっている．これに加え銅ハライドの価電子帯は2つのバンドに分かれ，高エネルギーのバンドはd電子，低エネルギーのバンドはp電子からなることが光電子分光測定から明らかにされたので，内殻準位に正孔が生成したことによりdバンドがクーロン引力により引き下げられ，dバンドの空きにpバンドから電子が移動するモデルが提案された[34)]．このような電荷移動により遷移金属の内殻準位のE_Bは小さくなるので，低E_Bの主ピークは電荷移動にともなうもので，高E_Bのサテライトピークは電荷移動がないものになる．CuF_2ではそれぞれ$2p^5 3d^{10}$と$2p^5 3d^9$の終状態に対応する．このモデルでは10個の3d電子をもつZnでは電荷移動がないので実験データと一致する．また，Cu金属とCu_2Oではサテライトがみられないが，CuOではサテライトがみられることも説明できる[35)]．なぜならCu_2Oの始状態では$2p^6 3d^{10}$

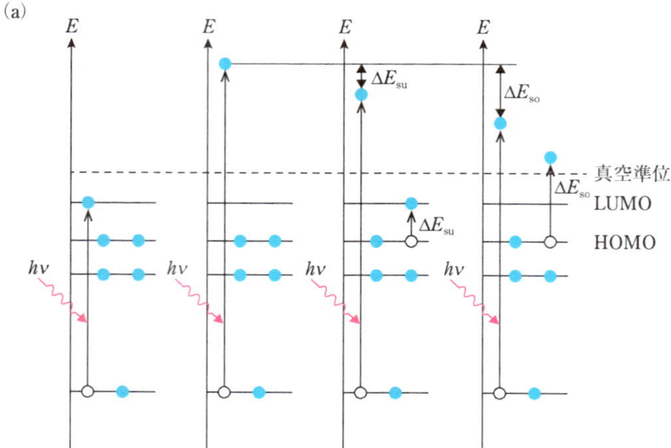

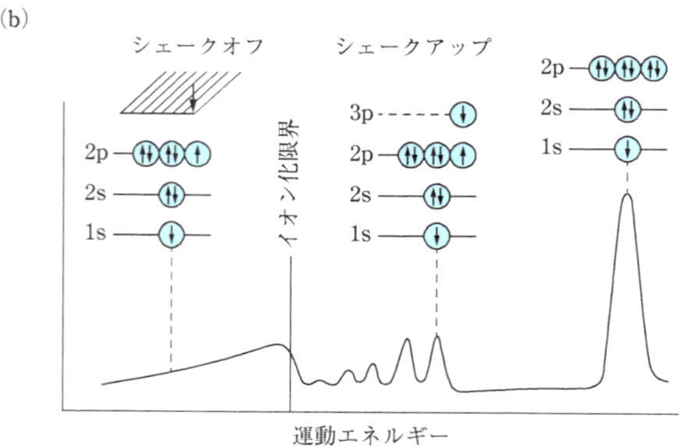

図 2.1.21　(a)束縛状態への励起(内部光電効果)，イオン化(外部光電効果)，束縛状態への励起をともなうイオン化(シェークアップ)，外部への電子放出をともなうイオン化(シェークオフ)の模式図，(b)Ne 1s 光電子スペクトルにみられるシェークアップとシェークオフの模式図
［(b)は日本化学会 編，電子分光，学会出版センター(1977)，p.106，図 10］

であるが，CuO では $2p^6 3d^9$ だからである．La と Ce ハライドの 4d 光電子スペクトルにおいて，ΔE_{sat} は Br＜Cl＜F の順で大きくなり，それにともない主ピークとサテライトピークの強度比が大きく変化する[36]．La ハライドの場合，空の 4f 準位が 4d 空孔により引き下げられ，配位子から 4f 軌道への電荷移動によりサテライトが生じるためである．

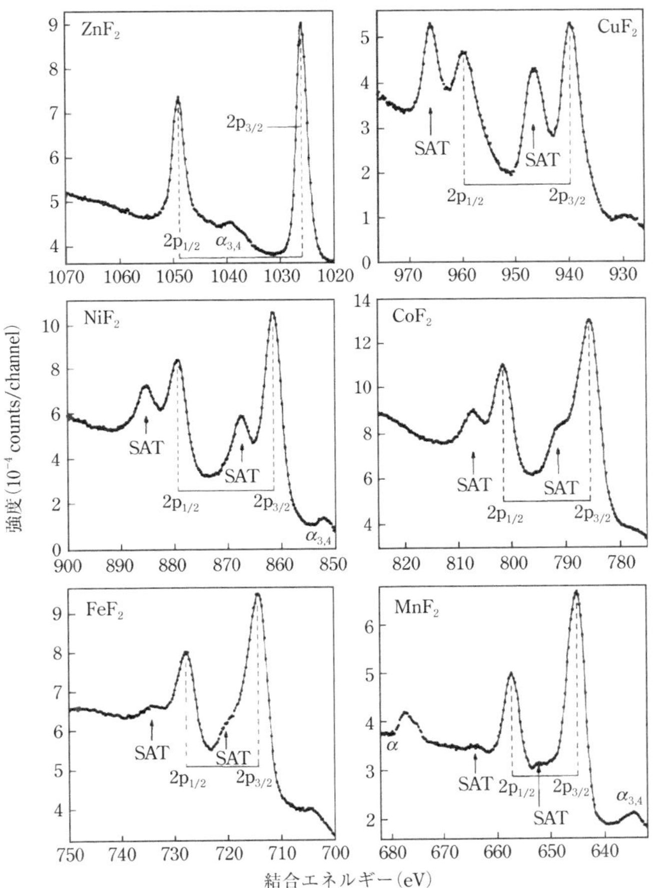

図 2.1.22　遷移金属フッ化物の 2p 光電子スペクトル（Al Kα：$h\nu$ = 1486.6 eV）
SAT は電荷移動によるサテライト，$\alpha_{3,4}$ は Al K$\alpha_{3,4}$ によるサテライトを示す．
［A. Rosencwaig *et al.*, *Phys. Rev. Lett.*, **27**, 479（1971）, Fig. 1］

(6)交換分裂と多重項分裂

N_2 分子の N 1s 光電子スペクトルは 1 つのピークであるが，O_2 分子の O 1s には分裂がみられる（図 1.4.1）．1s 軌道は $l = 0$ なのでスピン軌道相互作用による分裂はなく，O 1s のスペクトル形状は終状態における交換分裂によるものである[34]．N_2 分子の HOMO は一重項の σ_g 軌道であり，アップとダウンスピンをもつ 2 個の電子が入っている．そのため 1s 軌道からアップもしくはダウンスピンの電子が光励起されても，1s 軌道に残された電子のスピンの向きにかかわらず終状態エネルギーは両者で同じである．これに対して O_2 では HOMO が $\pi_g{}^*$ 軌道で二重に縮退している．そのため，フントの規則によりスピンを平行にして別々の軌道に 2 個の電子が入り三重項状態となり（**図 2.1.23**），O_2 は常磁性を示す．このように不対電子をもつ原子の内殻から光電子が放出されるとき，不対電子との相互作用のために複数の終状態が生じる．そのエネルギーは空孔と不対電子との相互作用により与えられる．内殻に空孔がないときの原子・イオンの基底状態における合成スピンを S とすると，空孔はスピン 1/2 をもつので合成スピンが $(S+1/2)$ と $(S-1/2)$ の励起状態が現れる．それらのスピン縮退度は $2(S+1)$ と $2S$ となり，交換相互作用によるエネルギー ΔE_{ex} だけ離れて現れる．O_2 分子では $S=1$ なので，四重項と二重項が現れる．二重項では不対電子の合成スピンと空孔スピンが平行，四重項では反平行となっているので，四重項に比べて二重項のエネルギーが高く光電子の E_k は小さい，つまり E_B が大きい方が二重項となる．二重項と四重項の強度比は理論的に予測された 1 : 2 となっている．

遷移金属ハライド化合物 MnF_2 は不対電子として 3d 軌道に 5 個の電子が詰まっており，基底状態の合成スピンは $S=5/2$，合成軌道角運動量は $L=0$ である．その Mn 2s と 3s 光電子スペクトルでみられる五重項と七重項の分裂幅は，それぞれ 5.9 eV と 6.5 eV である[34]．不対電子の 3d 軌道と空孔の 3s 軌道の波動関数の重なりが大きいために，2s 軌道に比べて大きな分裂幅となっている．

s 軌道の空孔では 2 つに分裂するだけであるが，p，d，f 軌道では数多くの励起状態が生まれ，複雑なスペクトル形状となるので，多重項分裂とよばれる．Yb 金

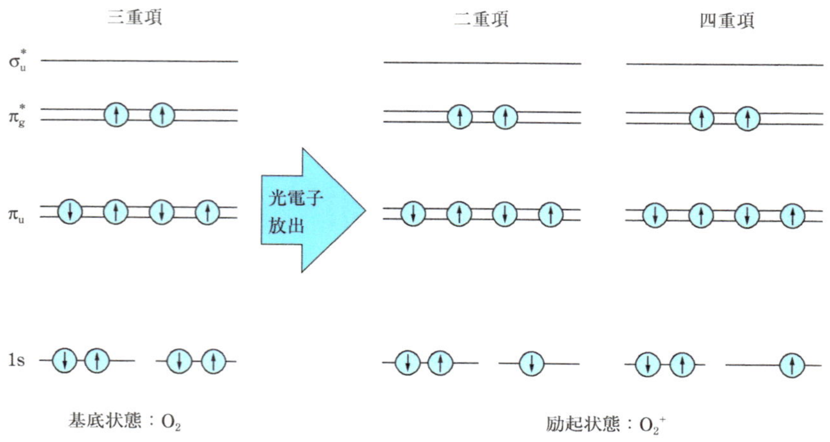

図 2.1.23　O_2 分子の O 1s 光電子放出により生じる $O_2{}^+$ イオンの終状態の電子配置

属では Yb^{2+} となり 4f 軌道に 14 個の電子が充填し不対電子はないので，その光電子スペクトルにはスピン軌道分裂がみられるだけである．しかし，Ce から Tm までの希土類金属イオンでは 4f 軌道に不対電子が存在するので，光電子スペクトル形状は複雑となる．希土類金属フッ化物では 2 つの特徴的な構造が現れ，4f 軌道に 7 個の不対電子をもつ GdF_3 まではブロードながら 1 つのピーク，8 個の不対電子をもつ TbF_3 以上では新しいピークが低 E_B 側に出現する[37]．フントの規則により Tb の基底状態は 7 個の電子がアップスピンをもち，残り 1 個がダウンスピンをもつ．この状態からの $4f_\downarrow$ もしくは $4f_\uparrow$ 光電子放出により，それぞれ $(4f_\uparrow)^7$ と $(4f_\uparrow)^6(4f_\downarrow)^1$ の電子配置の励起状態が出現する．空孔スピンと不対電子の交換相互作用により後者の方が前者よりもエネルギーが高いので，$4f_\uparrow$ 光電子ピークの低 E_B 側に $4f_\downarrow$ ピークが出現するとして説明できる．単色化 Al Kα($h\nu = 1486.6$ eV, $\Delta h\nu = 0.25$ eV)を用いると $4f_\downarrow$ 光電子ピークは 1 つの鋭い形状となるだけであるが，$4f_\uparrow$ 光電子ピークは 3 つのグループに分離されるだけでなく，それぞれが肩構造をもつ複雑な形状となっている[38]．これは励起状態の不対電子の合成軌道角運動量が $L=0$ 以外も現れ，多くの組み合わせの交換相互作用による分裂が生じるからである．これが多重項分裂であり，多重項の強度比(coefficient of fractional percentage)の理論計算[39]と多重項のエネルギー間隔の実験値[40]を用いて定量的に議論できる．

SmB_6 は Sm^{2+} イオンと Sm^{3+} イオンの間で価数揺動しており，4f 光電子放出後にそれぞれ $(4f_\uparrow)^5$ と $(4f_\uparrow)^4$ の電子配置となる．この電子配置について理論計算された多重項に基づく光電子スペクトルと実測スペクトルとはたいへん良い一致がみられる(図 2.1.20)．それぞれの電子配置の合成スピン $S=5/2$ と $4/2$ となるので，Sm^{2+} イオンと Sm^{3+} イオンでは六重と五重に縮退した多重項となる．このように多重項分裂において不対電子の合成軌道角運動量が $L=0$ の場合，交換分裂となる．

(7)配置間混合

MnF_2 の 3s 光電子スペクトルにおいて ^7S と $^5S(1)$ ピークの強度比は 1.9 : 1 と求まり，交換分裂から予測される 7 : 5 から大きくずれているだけでなく，^7S ピークから 20.7 eV の位置に $^5S(2)$，37.8 eV の位置に $^5S(3)$ がみられる[34]．3s 光電子放出後の電子配置は $(3s)^1(3p)^6(3d)^5$ で，空孔も入れた合成スピンは $T=6/2$ もしくは $4/2$，$L=0$ である．これに対して 3p 電子が 3s と 3d に遷移した電子配置 $(3s)^2(3p)^4(3d)^6$ も同じ合成スピンと合成軌道角運動量をもつ．このように同じ対称性をもつ電子配置のエネルギー差が小さいとき，終状態は複数の電子配置が混ざり合ったものとなる．これは配置間混合とよばれ，これによりサテライトが出現する．3s, 3p, 3d 準位間の遷移による電子配置は，それらの軌道間の重なりが大きいために強く混ざり合うことが知られており，3s–3p そして 3p–3d 遷移に相当するエネルギー間隔でのサテライトが現れる．

(8) オージェ遷移と共鳴光電子放出

光電子放出後の内殻正孔の緩和にともなうオージェ遷移に価電子帯および伝導帯が関与すると，価電子帯の光電子スペクトルに多様な変化をもたらす．高分子の簡単な電子状態を用いて，オージェ遷移の寄与について述べる（**図 2.1.24**）．ポリ（α–メチルスチレン）薄膜の C K 吸収端近傍 X 線吸収微細構造（near edge X-ray absorption fine structure, NEXAFS）スペクトルにおいては $h\nu$ ～ 285 eV から C 1s による X 線吸収が起こる．C＝C π^* 軌道への光吸収までは内部光電効果であり，C＝C σ^* 軌道への光吸収からは外部光電効果となる．外部光電効果にともなって生じる内殻正孔が価電子帯からの遷移により緩和し，価電子帯からオージェ電子が放出されるのが通常のオージェ遷移である．この C KVV オージェ電子の E_k は $h\nu$ によらず一定である．このように内殻正孔に遷移する軌道とオージェ電子が飛び出す軌道の主量子数 n が同じとき，オージェ遷移の確率は高く，コスター–クローニッヒ遷移とよばれる．そのため光電子スペクトルで主にみられるオージェ遷移は KLL，LMM，MNN，NOO である．さらに内殻正孔の主量子数が同じとき，さらに高い確率でオージェ遷移が生じ，超コスター–クローニッヒ遷移とよばれる．

内部光電効果にともなって生じる内殻正孔が価電子帯からの遷移で緩和し，価電子帯からオージェ電子が放出されるとき，どちらの過程にも励起された光電子が関与せずに非占有準位に残ったままである．この光電子は観察者のようであるので，スペクテータ・オージェ電子とよばれる．スペクテータ・オージェ電子の E_k は通常のものより大きくなる．なぜなら非占有準位に電子が残っているので，その遮蔽効果により価電子帯の E_B が小さくなるためである．また，金属以外のほとんどの物質において $E_B > 1$ keV の内殻電子が励起されるとき，スペクテータ・オージェ電子の E_k が $h\nu$ とともに増加することが見出されている[41]．この原因は非占有準位に励起された光電子が分子軌道の LUMO もしくは固体の CBM に遷移するときのエネルギーをスペクテータ・オージェ電子が受け取るためであると考えられている．なぜなら，(1) スペクテータ・オージェ電子のエネルギー分散 E_k–$h\nu$ は同一元素でも化合物で変化する，(2) 絶縁体では E_g が大きいほど広い範囲の $h\nu$ でエネルギー分散がみられる，(3) 導電性物質ではエネルギー分散が起こらないか，あってもきわめて小さい，(4) $h\nu$ の増加分と E_k の増加分はほぼ比例するからである．ここでイオン化ポテンシャル以下の非占有準位の光吸収ではエネルギー分散をもつスペクテータ・オージェ電子が観測され，イオン化ポテンシャル以上の光吸収では光

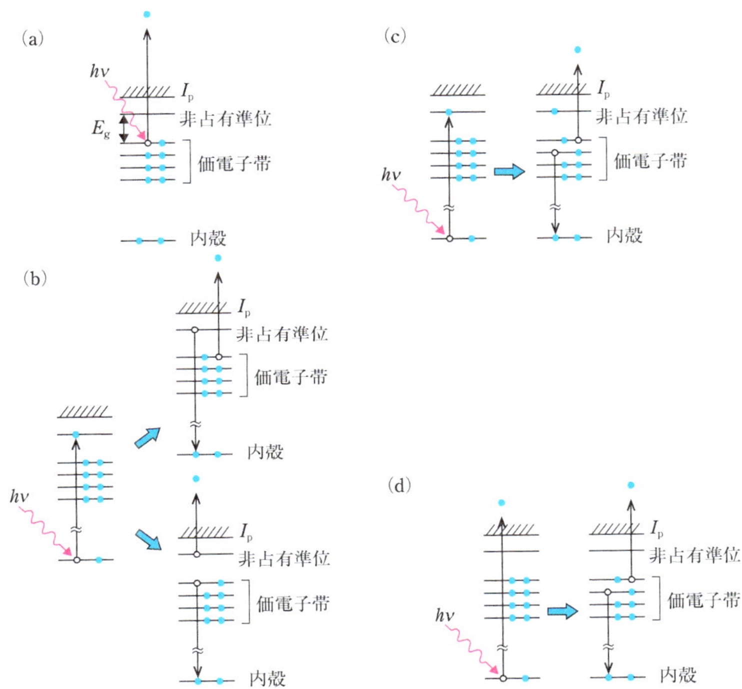

図 2.1.24　(a)占有軌道からの光電子放出，(b)内部光電効果にともなう内殻正孔のパティシペータ・オージェ遷移，(c)内部光電効果にともなう内殻正孔のスペクテータ・オージェ遷移，(d)外部光電効果にともなう内殻正孔のオージェ遷移の模式図
I_p はイオン化ポテンシャル．
［菊間 淳，表面科学，**18**, 711(1997), Fig. 1］

電子が表面から放出されるときは通常のオージェ電子，そして LUMO や CBM に遷移するときはスペクテータ・オージェ電子の 2 種類が現れることになる．したがって，通常のオージェ電子の E_k は $h\nu$ によらず一定なので，イオン化ポテンシャルに等しい $h\nu$ で 2 種類のオージェ電子は分離され，その分離幅は $h\nu$ の増大とともに大きくなる[41]．

内部光電効果にともなう内殻正孔が非占有軌道の光電子からの遷移で緩和し，価電子帯からオージェ電子が放出されるとき，光電子が関与するのでパティシペータ・オージェ遷移とよばれる．このときオージェ電子が受け取るエネルギーは $h\nu$ に等しいので，価電子帯から直接光励起された光電子と区別がつかない．つまり，パティシペータ・オージェ遷移が起こると価電子帯の光電子スペクトルが著しく増強される．そのため，共鳴光電子放出とよばれる．共鳴光電子放出は価電子帯だけでなく，希土類金属の4f内殻準位の光電子スペクトルでも観察される(図2.1.14)．共鳴光電子放出を調べるためには価電子帯もしくは内殻準位の着目するE_Bの光電子強度を$h\nu$と同期して，E_kを追跡する定始状態分光法(constant initial state spectroscopy, CIS)が有効である．軟X線領域のCISでは浅い内殻準位が励起され，GaSe表面からのCISスペクトル(Se 4s : $E_B = 12.8$ eV)において$h\nu = 57$ eVにSe 3d ($E_B = 54.0$ eV)の励起にともなう光電子強度の極大が観察される[42]．これはSe 3d軌道の空孔が光電子により消滅し，そのエネルギーもらってSe 4s軌道から飛び出したパティシペータ・オージェ電子が引き起こしたものである．$h\nu = 57$ eV(共鳴光電子放出あり)と$h\nu = 54$ eV(共鳴光電子放出なし)での光電子スペクトル間の差分をとると，Se 4sバンドを明瞭に識別できる．しかし，$h\nu = 54$ eVの光電子スペクトルでは価電子帯の構造とそれにともなうバックグラウンドに埋もれて，Se 4sバンドを識別することは難しい．

ポリ(α-メチルスチレン)薄膜の価電子帯光電子スペクトルの励起光エネルギー依存性においては，オージェ遷移と共鳴光電子放出のためにスペクトル形状だけでなく強度も著しく変化する(**図2.1.25**)．$\hbar\omega \sim 285$ eVではC 1sから非占有のC=C π^*への光吸収が可能となり，パティシペータ・オージェ遷移を通した共鳴光電子放出のために光電子強度が著しく増強されている．$h\nu \sim 300$ eVで得られたものと比べると，共鳴光電子放出の寄与の大きさを理解できる．$h\nu$の増大に対応してE_Bが大きい方向に移動している構造は通常のオージェ遷移によるものであり，それらのE_kは$h\nu$によらず一定であるために移動する．$h\nu = 290$ eV付近でみられるブロードな構造は，強度増大はあるもののE_Bがほぼ同じ位置を占めているのでスペクテータ・オージェ遷移によるものである．そして，$h\nu$に依存してフェルミ準位を横切る小さな構造は分光器からの$2h\nu$をもつ二次光によるC 1s光電子である．

(9)内殻正孔の遮蔽

光励起による内殻正孔の出現にともない非占有の局在軌道がフェルミ準位以下まで引き下げられ，価電子帯から移動した電子により内殻正孔が遮蔽されるために，内殻準位の光電子ピークは低E_B側にシフトする．例えば，Ce金属の$3d_{5/2}$光電子スペクトルにおいては低E_B側に肩構造がみられる(**図2.1.26**)．CeはXeの閉殻構造の電子配置[Xe]に電子が加わった[Xe]$4f^1(5d6s)^3$となっている．非占有の$4f^2$軌道は$\Delta^+ = 3 \sim 7$ eVだけフェルミ準位の上に位置している．光電子放出後のCeでは内殻準位のE_Bは原子番号が1つ大きいPrと類似していると考えられ，Prの占有軌道である$4f^2$準位は$E_B = 3.3$ eVにある．つまり，クーロン引力の増大により

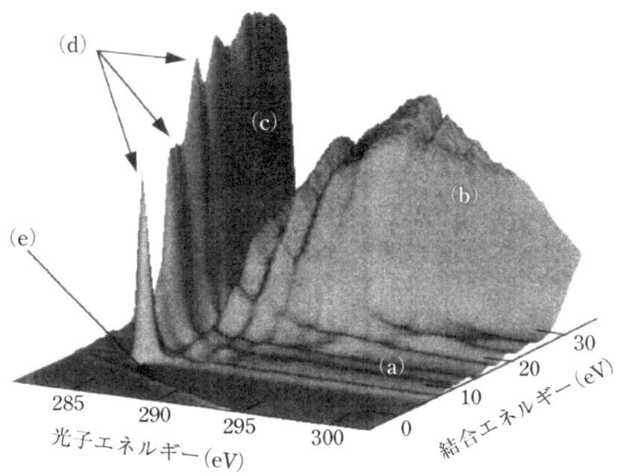

図 2.1.25　ポリ(α-メチルスチレン)薄膜の価電子帯光電子スペクトルの励起光エネルギー依存性
(a)通常の光電子放出過程，(b)通常のオージェ電子放出過程，(c)スペクテータ型緩和過程，(d)パティシペータ型緩和過程，(e)放射光分光器からの二次光による C 1s 光電子ピーク．
［菊間 淳，表面科学，**18**, 711(1997), Fig. 4］

フェルミ準位以下まで $4f^2$ 準位は引き下げられている．Ce の非占有 $4f^2$ 準位は局在しており，非局在軌道の波動関数との混成の度合いは小さく，その幅は $W_s = 0.1$～1.0 eV 程度である．つまり，引き下げられた非占有 $4f^2$ 準位への価電子帯からの電荷移動の確率は低いので，2 個の 4f 電子で遮蔽された光電子ピーク(強い遮蔽)は弱く，引き下げられた非占有 $4f^2$ 準位への電荷移動をともなわないときの光電子ピーク(弱い遮蔽)は強くなる．Th 金属では終状態での遮蔽に関与するのは非占有の $5f^1$ 準位であり，$\Delta^+ = 3$～5 eV である．これに加え 5f 軌道は 4f 軌道よりも広がっており，価電子帯の非局在軌道と混成の度合いが大きい．そのため Th $4f_{7/2}$ 光電子スペクトルでみられるように，強い遮蔽ピークが弱い遮蔽ピークよりも強く現れることになる．そして Ti では非占有の d^{n+1} 軌道が遮蔽に関与し，その Δ^+ は小さく，3d 軌道と非局在軌道の混成はたいへん大きいので電荷移動が容易に起こり，強い遮蔽ピークが主になり，弱い遮蔽ピークはほとんどみられない．遮蔽効果による光電子スペクトル形状はションハマー−グナーソン(Schönhammer–Gunnarsson)モデルに基づいてシミュレーションされ，実験データとのたいへん良い一致が得られている(図 2.1.26)．ここで，U_{ac} は非占有の局在軌道が内殻正孔によりフェルミ準位以下まで引き下げられるときのエネルギー差分である．実験値を参考にして，シミュレーションでは $U_{ac} = 1.5\Delta^+$ とした．

Sm 金属の 3d 光電子スペクトルにも低 E_B 側に顕著なサテライトが見出され，価

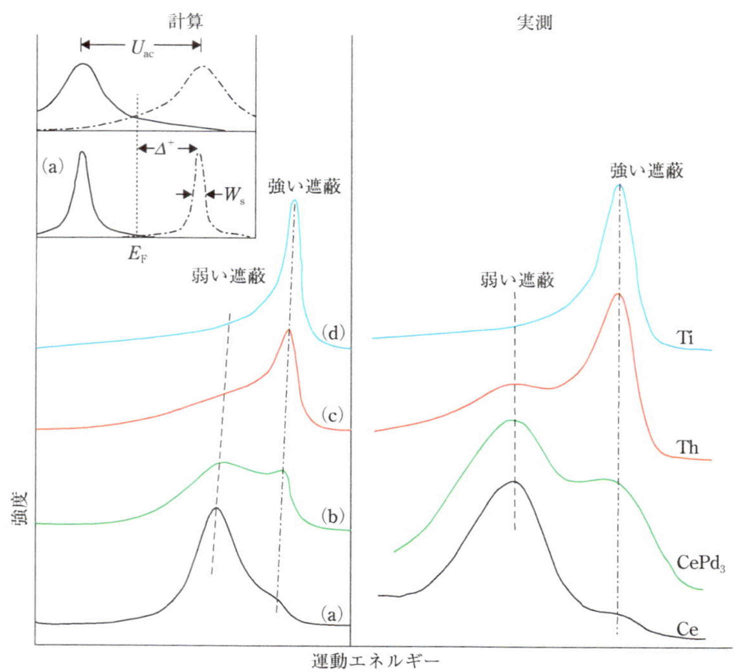

図 2.1.26　Ce 金属間化合物($CePd_3$)，Ce 金属，Th 金属，Ti 金属の Ce $3d_{5/2}$(E_B～883 eV)，Th $4f_{7/2}$(E_B～333 eV)，Ti $2p_{3/2}$(E_B～454 eV)光電子スペクトル(Al Kα：$h\nu$ = 1486.6 eV)と Schönhammer–Gunnarsson モデルに基づくシミュレーション
シミュレーションにおいて，W_s/Δ^+ = (a) 0.94, (b) 0.75, (c) 0.56, (d) 0.38，$U_{ac} = 1.5\Delta^+$ である．実験データは弱い遮蔽ピークの位置でそろえてある．
[J. C. Fuggle *et al.*, *Phys. Rev. Lett.*, **45**, 1597 (1980), Fig. 1]

電子帯から非占有の $4f^6$ 軌道への電荷移動による遮蔽効果で説明された[43]．しかし，θ_p を変えて測定した光電子スペクトルの変化から，低 E_B 側のサテライトは表面成分であると同定された．つまりバルクにおける $4f^5$ 配置をもつ Sm^{3+} イオンからの強い遮蔽と弱い遮蔽ではなく，表面での SCLS により非占有 $4f^6$ 準位がフェルミ準位よりも下へ移動し，価電子帯からの電荷移動により Sm^{2+} イオンとなったために出現したサテライトであることがわかった．つまり，終状態の効果ではなく，始状態での SCLS により生じた内殻準位のシフトである．これは Sm の非占有の $4f^6$ 準位が Δ^+ = 0.1～0.3 eV と小さく[38]，SCLS により容易にフェルミ準位以下まで引き下げられ，Sm^{3+} から Sm^{2+} へと価数が変化できるからである．そして内殻正孔により非占有 $4f^6$ 軌道が引き下げられたとしても，4f 軌道は大きく局在しているために価電子帯の軌道との混成が弱いことが，バルクでは強い遮蔽ピークはほとんどみられない原因と考えられる．

(10)フォノンブロードニング

内殻正孔の出現により原子間の結合距離が変化し，格子振動が励起されて光電子スペクトルの形状変化がもたらされる．CH_4 分子の C 1s 光電子スペクトルは，等間隔で同じ形状をもつ 3 本のピークから構成されている[1)]．その間隔は 0.43 eV で強度比が 0.62，0.31，0.06 となっており，4 個の H の C まわりでの対称な伸縮振動が励起されたためである．分子では振動エネルギーが大きいために，多くの種類の分子について内殻準位の光電子スペクトルでは振動構造を分離して観察することができ，価電子帯の光電子スペクトルでは結合距離の変化に応じて多様な振動構造が観察される[1)]．固体において格子振動の励起効果は，内殻準位の光電子スペクトルの FWHM が温度上昇とともに広がることで観察でき，フォノンブロードニングとよばれる．光電子スペクトル形状への寄与はガウス関数で表すことができ，その FWHM は次式で与えられる．

$$\Gamma = 2.35(\hbar\omega_{\mathrm{LO}}\Delta E)^{1/2}\left\{\coth\left(\frac{\hbar\omega_{\mathrm{LO}}}{2k_{\mathrm{B}}T}\right)\right\}^{1/2} \tag{2.1.15}$$

ここで，ω_{LO} は縦光学フォノンの角振動数，ΔE は原子核の緩和エネルギーである．ヨウ化カリウムの K 2p 光電子スペクトルにおいて，300 K から 500 K まで加熱すると FWHM が 0.13 eV 大きくなっている(**図 2.1.27**)．K $2p_{3/2}$ の FWHM は温度とともにほぼ直線的に増加している．KCl と KF では低温域で減少した後に増加に転じているが，低温域での増大は光電子放出にともなう試料の帯電効果によるものである．帯電効果と装置のエネルギー分解幅の寄与を取り除くと，いずれの試料でも直線的に増加し，式(2.1.15)による計算の傾きと良く一致している．フォノンブロードニングによる FWHM の大きさが KF＞KCl＞KI の順となっているのは，質量が大きくなると ω_{LO} は小さくなるからである．

(11)二次電子によるバックグラウンド

XPS においては光電子を一次電子，エネルギー損失したものを二次電子とよぶ．二次電子は電子−正孔対生成とプラズモン励起を繰り返してエネルギー損失するため，低 E_{k} 側の光電子強度は増大する．これらのすべての二次電子を含めて光電子スペクトルのバックグラウンドとよぶ．内殻準位近傍における電子−正孔対生成によるバックグラウンドは金属では非対称なピーク形状をもたらすだけでなく，光電子ピーク位置から強度増加が始まるバックグラウンドとなり，他方，半導体や絶縁体ではピーク形状は対称なピーク形状を保ったままで E_{g} 以上からバックグラウン

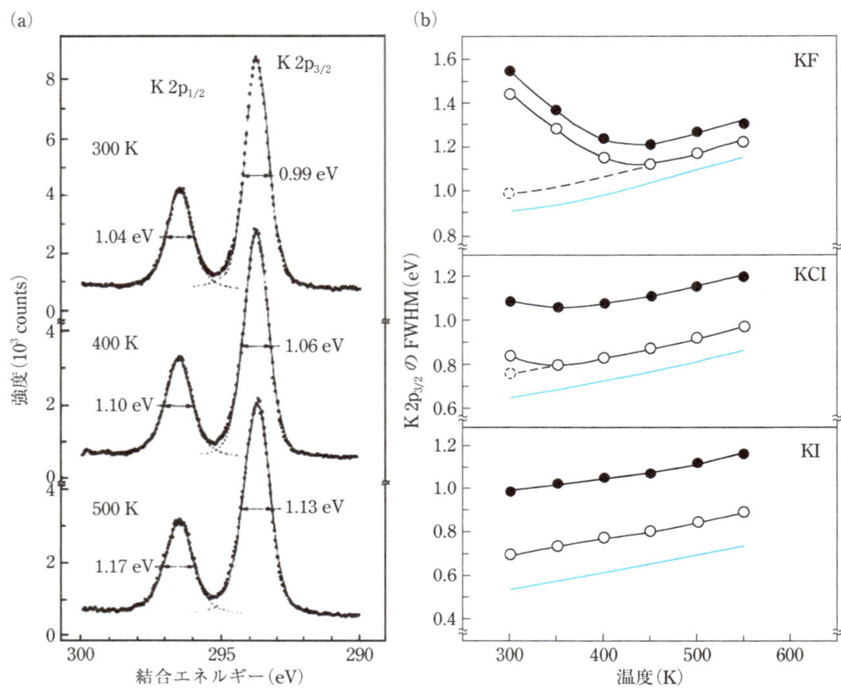

図 2.1.27　(a)KI の K 2p 光電子スペクトルの温度依存性(Al Kα：$h\nu = 1486.6$ eV)，(b)KI, KCl, KF の K $2p_{3/2}$ 光電子ピーク半値幅の温度依存性
(b)の黒丸は実測値，白丸は実測値から装置のエネルギー分解幅とライフタイムブロードニング幅を差し引いたもの，破線は帯電効果を差し引いたもの，青色の実線は理論計算を表す．
[P. H. Citrin *et al.*, *Phys. Rev. Lett.*, **33**, 965 (1974), Fig. 1, 2]

ドが現れてくる(図 2.1.5)．このような違いは，Ti 金属と TiO_2($E_g = 3.4$ eV)からの Ti 2p 光電子スペクトルにおいて明瞭に見ることができる(図 2.1.6)．Ti 2p 光電子ピーク位置ですでにバックグラウンドが存在するのは，Ti 2p よりも小さな E_B をもつ Ti 2s や Ti 2p，そして価電子帯からの光電子による二次電子が加わっているからである．

広い E_k 範囲でのバックグラウンド生成過程を知るためには，サーベイ測定で取得した光電子スペクトルが有用である(図 2.1.2)．ここでサーベイ測定には一定通過エネルギーモード(constant analyzer energy, CAE)と一定比率阻止電位モード(constant retarding ratio, CRR)の 2 つがある．一般に広く用いられている半球型エネルギー分析器では内球と外球の間に加えた電圧 V_p と通過できる光電子の運動エ

ネルギー E_p は次式で示すように比例関係にある(**図 2.1.28**).

$$E_p = \frac{V_p}{\dfrac{R_2}{R_1} - \dfrac{R_1}{R_2}} \tag{2.1.16}$$

ここで，R_1 は内球電極の半径であり R_2 は外球電極の半径なので，比例係数は半球型エネルギー分析器の形状のみで決まる定数である．また，E_p で半球型エネルギー分析器を通過する電子のエネルギー分解幅 ΔE_{FWHM} は次式で与えられる．

$$\frac{\Delta E_{FWHM}}{E_p} = \frac{w}{2R} + (\Delta\alpha)^2 \tag{2.1.17}$$

ここで，w は入射と出射スリット幅，$R = (R_1 + R_2)/2$ は電子の平均軌道半径，$\Delta\alpha$ は入射スリットに飛び込むときの半径方向の角度広がり(単位はラジアン)であり，ダイアフラムを用いて制限される．V_p を掃引して光電子スペクトルを得るとき，式(2.1.17)から E_p に比例して ΔE_{FWHM} が増大し，光電子スペクトル形状が著しく広がってしまい，化学シフトなどの観測が難しくなることがわかる．そのため内殻準位や価電子帯を詳しく調べるときは，E_p をできるだけ小さくする CAE モードにより ΔE_{FWHM} を小さくして光電子スペクトルを測定することが有効になる．このとき

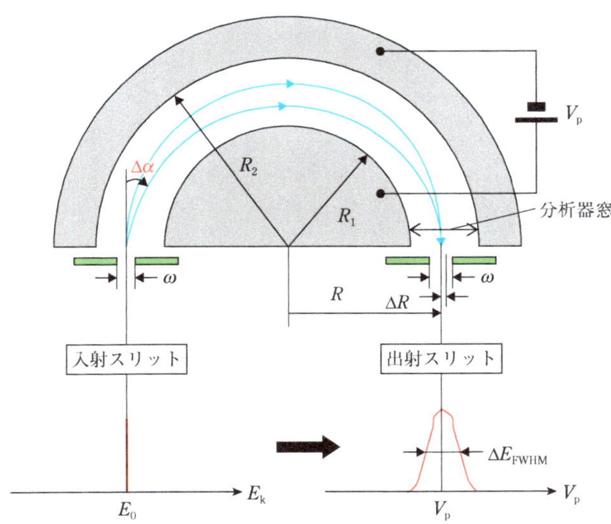

図 2.1.28　半球型エネルギー分析器の構造と動作の模式図
入射電子はデルタ関数型 E_k 分布をもつ．入射電子の半径方向の角度広がりを $\Delta\alpha$，紙面に垂直な動径方向の角度広がりを $\Delta\beta$ とする．

E_p と E_k の差分だけ光電子を減速もしくは加速することが必要となり，試料と半球型エネルギー分析器の入射スリットの間に電位 V_R が印加され，$E_k'=eV_R+E_p$ となる．つまり，CAE モードでは V_R を掃引して光電子スペクトルの EDC を測定することになる．しかし，V_R により光電子の軌道が発散してしまい強度が著しく減少してしまうので，減速・加速しながら広い E_k 範囲で集束できる電子レンズが必要である．現在は，円筒電極を多段に組み合わせた静電偏向レンズが広く用いられている．他方，10 : 1 の CRR モードでは $E_k'=1000$ eV とすると $E_p=100$ eV($V_R=-900$ V)，$E_k'=500$ eV とすると $E_p=50$ eV($V_R=-450$ V)となる．

CAE モードで測定した Be 表面のサーベイ測定光電子スペクトルでは，E_k' の減少とともにバックグラウンドが著しく増加している(**図 2.1.29**)．約 200 eV 以下で二次電子発生が増え，約 50 eV 以下ではさらに急増していることがわかる．これは固体中の電子の平均自由行程が $E_k=50\sim200$ eV で極小となっており，エネルギー損失による二次電子発生が頻繁に生じるからである．光電子とオージェ電子のピークをすぎるごとに，その強さに依存してバックグラウンドが階段状に増加している．

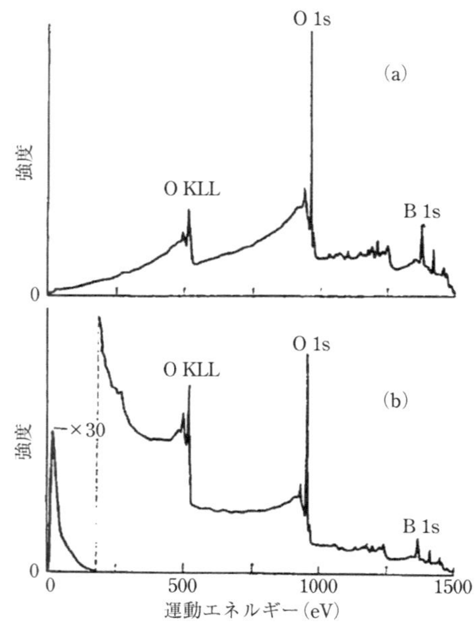

図 2.1.29　Be のサーベイスキャン光電子スペクトル
(a)CRR モード，(b)CAE モード(Al Kα : $h\nu=1486.6$ eV)．
［高柳俊暢，物性，**14**, 166(1973)，図 1］

E_k ～0 eV 付近で急速に強度が減少するのは真空準位のためではなく，電子エネルギー分析器内での電子の通過確率が E_p の減少とともに急激に低下するからである．

CRR モードで測定すると，バックグラウンド形状だけでなく光電子強度も大きく変化し，O 1s 光電子強度で約 30 倍の増加となっている（図 2.1.29）．CRR モードにおいては E_k の増大とともに E_p が大きくなっており，電子エネルギー分析器の透過確率は $\sqrt{E_p}$ で増大するため，右上がりのバックグラウンドとなる．光電子ピーク強度を N とすると統計誤差は $1/\sqrt{N}$ で与えられるので，CRR モードで測定することにより測定時間を短縮して信頼性の高いデータを得ることができる．そのため，化学組成や不純物を定性的に事前確認するときには CRR モードが有用である．光電子スペクトルの定量解析ではこのようなバックグラウンドを除去しなければならない．除去の方法について詳しくは付録 B.1 で述べる．

C. 実験装置による要因

(1) 光源

XPS に用いられる X 線管ではフィラメントからの熱電子を 15 keV 程度まで加速し，水冷された Al や Mg 対陰極に入射させて X 線を発生させる．X 線には内殻空孔の緩和にともない放出される離散的な特性 X 線，原子核と電子のクーロン相互作用による連続的な制動輻射，多重イオン化によるサテライトが含まれる（**図 2.1.30**）．特性 X 線もライフタイムブロードニンクによる広がりをもつので，光電子ピークがブロードになるだけでなく，制動輻射による大きなバックグラウンドをともなうことになる．通常の X 線管では数 μm の Al 箔を通して X 線を試料に照射するので，制動輻射の高エネルギー成分はカットされている．それにもかかわらず Au 薄膜の 4f 光電子スペクトルにはいくつかの構造がみられ，主ピークは Al K$\alpha_{1,2}$($h\nu$ = 1486.7 eV, 1486.3 eV)，サテライトは Al Kα'($h\nu$ = 1492.3 eV) と Al K$\alpha_{3,4}$($h\nu$ = 1496.3 eV, 1498.2 eV) によるものである．Al K$\alpha_{1,2}$ は 1s 内殻空孔への，それぞれ $2p_{3/2}$ と $2p_{1/2}$ 準位からの電子遷移により生じる．Al Kα' と Al K$\alpha_{3,4}$ は 1s と 2p 準位に 2 つの空孔がある多重電離の励起状態であり，2p 準位から 1s 準位への遷移により，2p 準位に 2 つの空孔をもつ終状態となる．励起状態の多重項は ^{1}P と ^{3}P，終状態では ^{1}S，^{1}D，^{3}P となり，選択則 $\Delta S = 0$（異重項結合の禁制）から許される遷移は Kα'(^{1}P → ^{1}S)，Kα_3(^{3}P → ^{3}P)，Kα_4(^{1}P → ^{1}D) となり，それらの強度比は 1 : 9 : 5 となる．

制動輻射とサテライトの X 線を除去するだけでなく Al K$\alpha_{1,2}$ の FWHM を狭くするために，結晶分光器が用いられる[44]．結晶による X 線反射率はきわめて低く試料表面に集光する必要があるので，ローランド円とよばれる円周上に X 線源（対陰

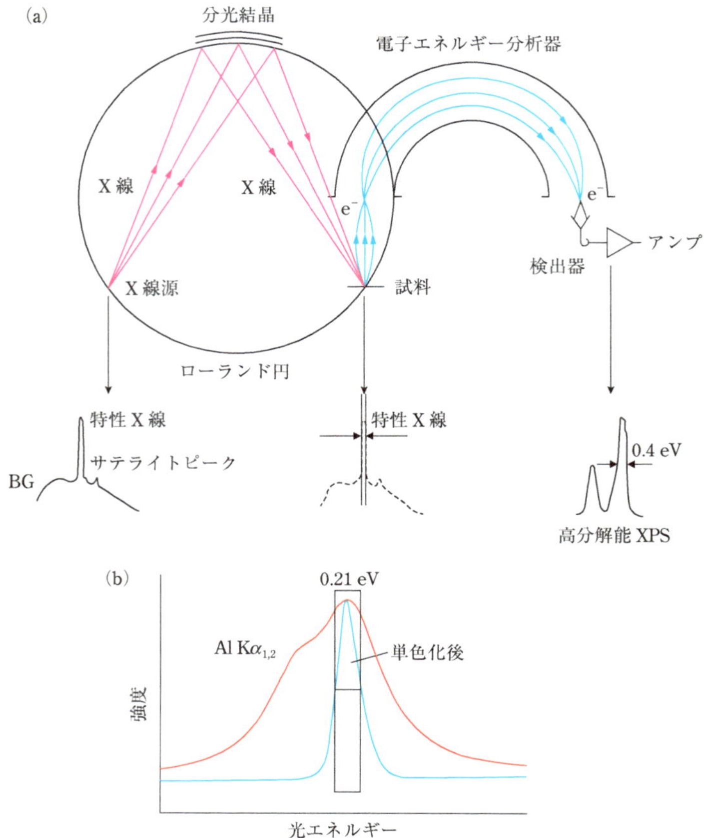

図 2.1.30　(a) 単色化 X 線源を用いた光電子分光測定の配置図，(b) 非単色化と単色化 Al Kα 線スペクトル (Thermo 社，XR5 型) の比較

[F. Reniers and C. Tewell, *J. Electron Spectrosc. Relat. Phenom.*, **142**, 1 (2005), Fig. 5 および http://www.ph.unito.it/dfs/solid/Strumentazione/XPS/micro-focus.PDF, Fig. 4]

極の電子照射位置)，試料表面の XPS 観察領域，そして分光用の曲撓結晶を配置する (図 2.1.30)．この配置により曲撓結晶のどの位置でも入射角 θ は等しくなり (出射角 θ についても同様)，次式のブラッグ条件を満たした波長 λ の X 線が試料表面に集光されることになる．

$$2d\sin\theta = n\lambda \quad (n = 1,\ 2,\ 3, \cdots) \tag{2.1.18}$$

ここで，Al Kα に対して用いられる α–石英 (001) 面の格子定数は $d = 0.425444$ nm

であり，Al Kα_1 の中心波長は 0.833934 nm である．分光器の出射スリットで θ を制限することにより，Al Kα'，Al K$\alpha_{3,4}$，Al Kα_2 を完全にカットするだけでなく，Al Kα_1 の FWHM も狭くできる．Thermo 社の XR5 型単色化 X 線源では，Al K$\alpha_{1,2}$ の自然幅 0.9 eV を 0.21 eV の FWHM まで小さくできる（図 2.1.30）．

連続光源である放射光では，結晶（$h\nu > 2$ keV）もしくは回折格子（$h\nu < 2$ keV）を用いた分光器が不可欠である．通常は $n=1$ の一次光を光電子分光測定に用いるが，$n=2$ 以上の高次光も同じ出射角 θ で試料表面に照射される．このことは一次光の 2 倍のエネルギー 2 $h\nu$ をもつ X 線が試料表面に入射することを意味し，これによる光電子放出が $h\nu$ で励起された光電子スペクトルに重なって現れることになる（図 2.1.25）．

真空紫外光源（vacuum ultraviolet, VUV）としては，多段の差動排気付き希ガス放電管が用いられる[45,46]．例えば，He では 1s 準位を占有している 2 個の電子が，冷陰極直流放電もしくはマイクロ波放電により非占有の 2p 準位へ励起され，再び 1s 準位に遷移するときに $h\nu=21.22$ eV（He Iα）の VUV が放出される．同じ準位間で励起・緩和が起きるので，放出される VUV は He 共鳴線とよばれる．He Iα 線の FWHM は数 meV とたいへん小さく，高エネルギー分解能で価電子帯の光電子スペクトルを得ることができる．He^+ イオンの場合には 1s 準位の占有電子は 1 個のみなのでクーロン引力が強くなり準位間のエネルギー差が大きくなるので，放出される VUV の $h\nu$ は 40.8 eV（He IIα）となる．放電時の He ガス圧力は 10～1000 Pa であり光電子分光装置は 10^{-8}～10^{-9} Pa としなければならないが，10 eV 以上の VUV に対して光学窓を圧力隔壁として利用できない．そのため光は通すが He は流れにくい（真空コンダクタンスが小さい）アスペクト比の大きな細い石英パイプと真空排気を組み合わせて圧力差を設ける差動排気を多段で繰り返すことにより，10 桁以上の圧力差を設けて VUV を試料表面に照射することになる[45]．

He 原子の励起では He Iα だけでなく，3p から 1s への遷移で $h\nu=23.08$ eV（He Iβ），4p から 1s への遷移で $h\nu=23.74$ eV（He Iγ）が放出される[1]．He Iα の強度を 100 とすると，それぞれの相対強度は～2 と～0.2 となる．このような強度比のため，Ni(111) 表面の光電子スペクトルにおいて He Iα による $E_k(E_F)$ を決めるときには，フェルミ準位は急峻なので，He Iβ と He Iγ によるサテライトの影響はない．しかし，半導体の価電子帯光電子スペクトルにおいて E_k(VBM) を決めるとき，光電子強度は VBM から緩やかに非線形で増加するので，とりわけ He Iβ によるサテライトの影響が無視できない[33]．この影響を除くために回折格子を用いた分光器により，He Iα のみを選別する必要がある．

(2)電子エネルギー分析器

電子エネルギー分析器による光電子スペクトルへの影響では，(1)通過エネルギー E_p，(2)電子レンズ動作の E_p/E_k 依存性，(3)検出角度 θ_p 依存性がある．式(2.1.17)で示すように ΔE_{FWHM} は E_p に比例して増加する．Si 基板の通電加熱のための Ta 電極のフェルミ準位の光電子スペクトルから求めたガウス関数の FWHM(光とエネルギー分析器の寄与を含む：ΔE_I)は 0.12 eV($E_p = 5$ eV)，0.21 eV($E_p = 10$ eV)，0.41 eV($E_p = 20$ eV)と増加した(付録 B の図 B.4.4)．He Iα の FWHM は数 meV で無視できるので，E_p と ΔE_I が直線関係から少しずれているのは，Ta の価電子帯のフェルミ準位近傍の状態密度により，データ解析が影響を受けたためと考えられる．

電子エネルギー分析器に静電偏向型電子レンズを取り付けると，広い範囲で加速・減速して光電子を集束できる．電子レンズ特性は像倍率と角度倍率で表され，倍率はともにレンズへの入射と出射におけるエネルギー比，つまり E_p/E'_k の関数である．多段の電子レンズでは，各段での個別のエネルギー比で考える必要がある．広い E_p/E'_k 範囲で像倍率と角度倍率が一定であれば，電子レンズの透過率は一定であり，サーベイ測定光電子スペクトルにおいて大きく離れた E'_k の 2 つのピークを用いて定量分析ができる．しかし，実際の透過率は E_p/E'_k に依存して緩やかに変化し，E_p に比べて大幅に低い E'_k，もしくは高い E'_k では著しく変化する．試料表面の X 線もしくは VUV 照射領域が電子エネルギー分析器の入射スリット幅 ω よりも大きいとき，光電子を効率的に集めるために像倍率を小さくする必要がある．このとき光電子は大きく広がりながら集束する(角度倍率が大きい)ので式(2.1.17)において$(\Delta\alpha)^2$ が大きくなり ΔE_{FWHM} を劣化させてしまう．そのため，入射スリットの後ろにダイアフラムを設置して $\Delta\alpha$ を制限するので，必ずしも強度の増加とならない．また，内殻準位や価電子帯の光電子スペクトルにおいて測定範囲が数 10 eV と狭いとき，電子レンズの透過率は一定と考えることができる．

θ_p を変えて表面平坦な試料の光電子スペクトルを測定する場合，電子レンズの測定領域よりも X 線照射された面積が十分に大きいときには光電子強度は θ_p に依存しないが，θ_p が大きくなるにつれて照射領域が見込む大きさが減少し，測定領域と同じになる角度以上では $\cos\theta_p$ の因子で強度が減少する[47]．単色化 Al Kα 線を用いるときには X 線照射領域の直径は数 100 μm まで集光されているので(図 2.1.30)，θ_p が 0° からの広い範囲において $\cos\theta_p$ の因子で変化することになる．このことが，SiO_2(8 nm)/Si(001)からの Si 2p 光電子強度が θ_p の減少とともに減少する原因である(図 2.1.7)．試料表面が平坦でない場合，凹凸の形状に対応して特徴

的な光電子強度の θ_p 依存性がみられる[47]．

2.1.3 ■ 検出深さ

A. 光エネルギー依存性

光電子分光法による固体表面・界面分析では，測定対象により検出深さを変えることが求められる．もっとも浅い検出深さ(1 nm 以下)が求められる表面吸着状態の解析から，できるだけ深い検出深さ(数 10 nm 以上)が必要とされる実用 MOSFET デバイスの界面観察まで，検出深さは広範囲にわたる．検出深さは固体中での光電子の E_k だけでなく，θ_{in} にも依存して変化する．同じ内殻準位については $h\nu$(放射光)を変えるか，同じ $h\nu$(X 線管，希ガス放電管)のときには着目する内殻準位を変えることにより，検出深さを変えられる．前者の例として清浄 Ti(0001)表面の光電子スペクトルにおいて，$h\nu = 1551.3$ eV のバルク敏感では O 1s と S 2p 光電子強度は検出限界以下であるが(図 2.1.2)，$h\nu = 661.4$ eV の表面敏感では O 1s は同様に検出できないものの S 2p がみられる(図 2.1.4)．これは Ar^+ イオンスパッタリングと高温加熱の繰り返しで表面清浄化するときに，バルク Ti に溶存した硫黄が表面析出したものである．S 2p 光電子の E_k は～498 eV($h\nu = 661.4$ eV)と～1388 eV($h\nu = 1551.3$ eV)となり，それぞれの検出深さは～0.5 nm と～2.5 nm と見積もられる．また，$h\nu = 1551.3$ eV で得られた光電子スペクトルにおいて，E_k の大きな Ti 3p や S 2p はバルク敏感であるが，E_k が小さい LMM オージェ電子は表面敏感条件となる(図 2.1.3)．

これに加えて同じ検出深さで化学組成分析するために，内殻準位の E_B に対応して $h\nu$ を変える方法がある．InAs(011)表面への Au と Al 蒸着における界面反応を調べるために，In 4d(E_B～11 eV)と As 3d(E_B～41 eV)をそれぞれ 80 eV と 130 eV の $h\nu$ で励起するとき，それぞれの E_k' は～57 eV および～84 eV と近くなり，ほぼ同じ表面感度での観察ができる[48]．電子エネルギー分析器で観察する E_k' を一定として $h\nu$ を変化させる測定モードを定終状態分光法(constant final state spectroscpy, CFS)もしくは部分収率分光法(partial yield spectroscopy, PYS)とよび，同じ表面感度で光電子スペクトルが得られる．

B. 検出角度依存性

(1) 有効検出深さ

表面垂直方向で光電子を検出するときの検出深さが λ のとき，検出角 θ_p を大きくするにつれて有効検出深さ d_{eff} は $\lambda \cos \theta_{in}$ で減少する(**図 2.1.31**)．したがって，

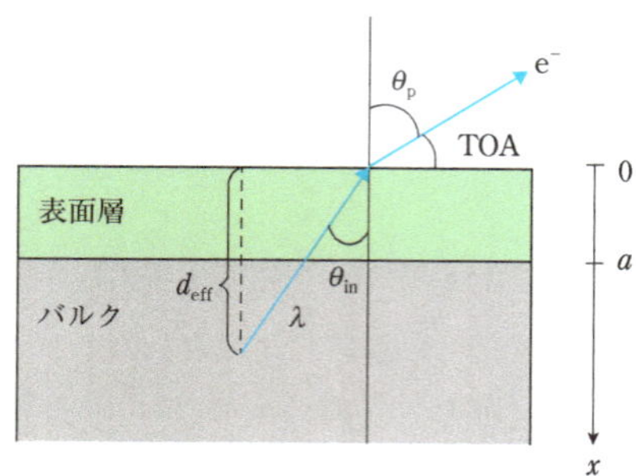

図 2.1.31　光電子の有効検出深さ d_{eff} と検出角度 θ_p の関係
θ_p は表面垂直方向からの角度，TOA (take-off-angle) は表面からの角度.

理論的には角度分解光電子分光法 (angle-resolved photoelectron spectroscopy, ARPES) の検出深さは無限小まで浅くできるが，式 (2.1.9) の表面屈折のために有限の値にとどまる．θ_p を変えるには電子レンズ付きの大型エネルギー分析器の場合には試料を回転させ，電子レンズなしの小型エネルギー分析器の場合は分析器を試料のまわりで回転させる．前者では試料表面への X 線入射条件が変化し，単色化 X 線を用いるときには θ_p に依存して X 線エネルギーが $h\nu \pm \Delta h\nu$ へと変化するだけでなく，直線偏光した放射光を用いるときには試料表面での s/p 偏光の割合が変化し，電子レンズの取り込み角制限のためのアパーチャーの影響を受けるので注意が必要である．LaB_6(001) と SmB_6(001) 表面については θ_p が 0° から 90° まで ARPES 測定が行われ，光電子強度比 I(La 4d)/I(B 1s) と I(Sm 4d)/I(B 1s) の θ_p 依存性から LaB_6(001) 表面の最外層には La 原子が存在して仕事関数の低下に寄与しているが，SmB_6(001) 表面では Sm 原子がわずかにしか存在しないことが定量的に求められた[49]．また，Yb 金属の ARPES 測定から，SCLS を引き起こしているのは 1 原子層の表面 Yb であることが示された[7,19]．このように ARPES を用いることで，λ に比べて十分に薄い表面最外層の化学状態について高い信頼性をもって検討することができる.

(2) 電子エネルギー分析器のエネルギー分散と角度分散

ARPES においては，試料回転もしくは電子エネルギー分析器回転のどちらにおいても光電子スペクトルの θ_p 依存性を得るためには時間を要してしまい，化学反応キネティクスなどの時間分解を必要とする目的には適さない．そのため表面敏感とバルク敏感の光電子スペクトルを同時に測定することを目的として，2 つの電子エネルギー分析器を用いた表面分析装置が開発された[50]．試料を水平に置いたとき，それぞれの θ_p は 0° と 80° となる．試料を回転させることで，両者をともに θ_p = 40° として電子エネルギー分析器の特性を比較することができる．例えば，イオン液体の温度変化にともなう電子状態の変化が 2 つの表面感度で同時に測定され，その比較から表面成分が同定されている.

他方，1 つの電子レンズ付き半球型エネルギー分析器を用いただけでも，そのエネルギー分散と角度分散の機能を用いることにより広い角度範囲の光電子スペクトルを高速で測定できる．半球型エネルギー分析器においてデルタ関数型 E_k 分布をもつ入射電子に対して，有限の ΔE_{FWHM} のスペクトルしか得られない原因は，式(2.1.17)に示すようにスリット幅 ω と入射電子の半径方向の角度広がり $\Delta\alpha$ である(図 2.1.28)．つまり，スリットの中心位置よりも外側もしくは内側の軌道の電子に対して，それぞれ$(V_p+\Delta V_p)$もしくは$(V_p-\Delta V_p)$の電圧を印加したとき，同じ E_p の電子が出射スリットを通過できるために，スペクトルの形状が広がるのである．ここで式(2.1.17)には入射電子の動径方向の角度広がり $\Delta\beta$ は含まれていない．つまり，動径方向では $\Delta\beta$ を制限する必要がなく，いくら広くとっても ΔE_{HWHM} は増大しない．$\Delta\alpha$ により ΔE_{HWHM} は劣化するものの，$\Delta\alpha$ の広がりはエネルギー分析器の出口では集光するが(**図 2.1.32**)，$\Delta\alpha$ に依存して集光位置がシフトする．他方 $\Delta\beta$ については，集光位置は $\Delta\beta$ によらず一定である．

また，検出器面でエネルギー分散した電子について，R と E_0 からのずれをそれぞれ ΔR と ΔE とすると次式が得られる．

$$\Delta E = \frac{E_0}{2R}\Delta R \tag{2.1.19}$$

これより出射スリットを取り払うことにより，$(E_0/2R)(R_2-R_1)$のエネルギー幅の光電子スペクトルを同時に測定可能であることがわかる．そのためには3.1節で述べる位置敏感検出器が必要となる．図 2.1.32 に示すように試料表面の x_S 軸方向は入射スリットで制限する必要があるが，$\Delta\beta$ と同様に y_S 軸方向には何ら制限は必要ない．このとき縦長の試料表面から放出された光電子は光学レンズと同様に倒立像を検出器面に結ぶ．そして，上下が逆転した位置でエネルギー分散を示し，同じ ΔE は同じ x_D に並ぶことになる．つまり，一次元方向での光電子イメージを測定で

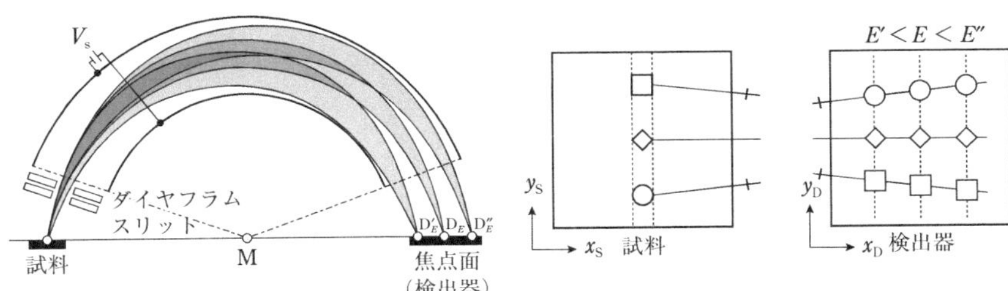

図 2.1.32　部分半球型エネルギー分析器のエネルギー分散とイメージングの動作原理
試料表面で x_S 軸がエネルギー分析器の半径方向，y_S 軸が動径方向である．検出器面では，それぞれ x_D と y_D である．
[N. Gurker *et al.*, *Surf. Interf. Anal.*, **5**, 13(1983), Fig. 4, 5]

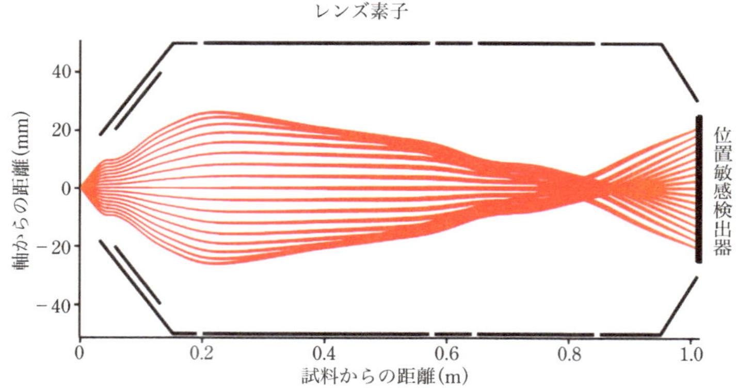

図 2.1.33　角度分解飛行時間型エネルギー分析器における電子軌道の θ_p 依存性のシミュレーション
［G. Öhrwall *et al.*, *J. Electron Spectrosc. Relat. Phenom.*, **183**, 125(2011), Fig. 1］

きることになる．このとき試料表面の各 y_S 位置から動径方向に $\Delta\beta$ で広がって放出された光電子は，同様に検出器面のそれぞれの y_D 位置で集光する．

図 2.1.33 に角度分解飛行時間型エネルギー分析器の光電子の軌道の θ_p 依存性を示す．このエネルギー分析器では電子レンズをドリフトチューブとして使用し，光電子の E_k' は飛行時間(time of flight, TOF)から測定する．θ_p が ±15° まで広がった光電子を検出器面上に角度分散して集光できるので，電子レンズの結像面に位置敏感検出器を置くことになる．電子レンズの中心軸(試料表面の垂直方向)からずれた軌道，つまり大きな θ_p をもつ光電子に対して球面収差が大きく作用するために角度分散(θ_p が大きくなるとレンズ焦点距離が短くなり，結像位置の検出器面での位置ずれが大きくなる)が大きくなる．この装置は広範囲の(θ_p, ϕ, E_B)について光電子スペクトルを同時測定できる特徴をもつが，TOF に差が出る遅い光電子に限られ，また TOF を計算している間は測定できないので(dead time)，サンプリング速度が 1 MHz 程度に制限される．ここで ϕ については，試料表面と検出面で対応するが，θ_p に依存して飛行距離が異なるので，TOF は光電子の E_k' だけでなく θ_p(検出面での座標)に依存する．電子エネルギー分析器に付属した通常の電子レンズでも θ_p = 0.2° までの角度分解が達成できており，イメージングモードでも高い空間分解を実現できており，顕微観察への展開も可能である[51]．

電子レンズの結像面に一次元に並んだ角度分散した光電子が，電子エネルギー分析器の入射スリットの y_S 方向に位置するときは，角度分散情報を保持したまま検出器面でのイメージングができる．この場合，位置ではなく角度がイメージングされることになる．通常の電子レンズでは θ_p の検出範囲が ±5° 以下と狭いので，その前段に対物レンズを設けて θ_p の範囲を ±35° まで広げることで，広範囲の角度についての ARPES 測定において角度分解約 0.5° を可能とした[52]．この広角対物レンズの中心軸について θ_p を 27° とすると，SiO_2(4.1 nm)/Si(001) の Si 1s 光電子スペクトルを $\theta_p = 2 \sim 54°$ の範囲で同時に測定できる．さらにはこの広角対物レンズと方位角方向での試料回転を組み合わせることにより，ZnO の結晶性や極性を XPS で評価するとき，XPS 光電子回折パターン (θ_p, ϕ) を迅速に測定できる．

2.2 ■ X 線光電子分光法で得られる情報

2.2.1 ■ 元素分析

XPS による元素分析では (1) 薄膜の化学組成，(2) 薄膜の不純物，(3) 表面の汚染物／吸着物，(4) 界面反応などの情報が得られる．深さ x にある体積要素 $S\Delta x$ からの光電子強度 ΔI は次式で与えられる．

$$\Delta I = F(\theta_X) g(\theta_p) \sigma n(x) \exp\left(-\frac{x}{\lambda \cos\theta_{in}}\right) S\mathrm{d}x \qquad (2.2.1)$$

ここで，$F(\theta_X)$ は入射 X 線強度，$g(\theta_p)$ は電子エネルギー分析器の応答関数，σ はイオン化断面積，$n(x)$ は濃度，λ は平均自由行程，θ_{in} と θ_p は固体内と外での光電子検出角度，θ_X は X 線の入射角度であり，簡単のために S は単位面積について考える．λ に比べて十分に厚い数 10 nm 以上の薄膜では，無限大の近似で式 (2.2.1) を積分できる．深さ方向で均一な組成をもつ薄膜の 2 つの構成元素 A と B からの異なる E_k をもつ光電子強度の比をとることにより，未知の変数を減らすことができる．

$$\frac{I_A}{I_B} = \frac{\sigma_A n_A \lambda_A}{\sigma_B n_B \lambda_B} \qquad (2.2.2)$$

$\lambda_A \approx \lambda_B$ と近似できるとき，化学組成 n_A/n_B を決めるための変数は σ_A/σ_B のみとなる．化学組成が既知の試料から σ_A/σ_B を求めるか，理論計算（付録表 A.1.1）を用いることで化学組成を定量評価できる．例えば，窒素ドープしたダイヤモンドライクカーボン (diamond-like carbon, DLC) の光電子スペクトルにおいて，C 1s と N 1s 光電子の E_B は約 115 eV の差しかないので，$\lambda_{C\,1s} \approx \lambda_{N\,1s}$ と近似できる．理論計算から $\sigma_{N\,1s}/\sigma_{C\,1s} = 1.80$ なので，例えば $I_{N\,1s}/I_{C\,1s} = 0.089$ から窒素濃度 $(= n_N/(n_N + n_C))$ は 4.7% と求まった．

Fe(001) 表面に吸着した硫黄，酸素，炭素などの被覆率とイオン化断面積が XPS

とLEEDを組み合わせることで求められている[53]．ここで，表面被覆率は基板表面の原子密度(atoms/cm^2)と同じ数の原子もしくは分子が吸着したとき，1 monolayer(ML)と定義する．LEED観察から硫黄吸着ではc(2×2)-S，炭素吸着ではp(1×1)-C，カリウム吸着ではp(2×2)-Kの周期性が観察され，その構造モデルから各原子の表面被覆率が予測される．例えば，酸素吸着p(1×1)-O表面では飽和吸着して1 MLなので，$I_{\mathrm{O\,1s}}/I_{\mathrm{Fe\,2p_{3/2}}}=0.085$から$\sigma_{\mathrm{O\,1s}}/\sigma_{\mathrm{Fe\,2p_{3/2}}}$が実験的に見積もられた．その結果，$\sigma_{\mathrm{C\,1s}}$に対する相対値として$\sigma_{\mathrm{O\,1s}}=2.7(2.85)$，$\sigma_{\mathrm{S\,2p}}=1.9(1.74)$，$\sigma_{\mathrm{K\,2p}}=3.8(4.04)$と求められ，括弧内の理論値[54]と10%以下の誤差で一致することがわかった．

深さ方向で不均一分布する化学組成や界面反応を調べるとき，およそ3λ以内の深さであればARXPSによる非破壊分析，およそ3λ以上の深さであれば$\mathrm{Ar^+}$イオンエッチングと組み合わせた破壊分析が有用である．前者については硬X線光電子分光法と最大エントロピー法を組み合わせることが，実用半導体デバイスのゲートスタックの組成分布評価に有効である(3.2節)．

2.2.2 ■ 膜厚測定

膜厚測定では，数nmの薄膜から数μmの厚膜までの広い範囲にわたり分光エリプソメトリー法が有用である．これに対してXPSによる膜厚測定は，サブMLから数nmまでの極薄膜で有用である．二層モデル(図2.1.31)に基づくと，表面層とバルクからの光電子強度は次式で与えられる．

$$I_{\mathrm{S}}=\int_0^a F(\theta_{\mathrm{X}})g(\theta_{\mathrm{p}})\sigma_{\mathrm{S}}n_{\mathrm{S}}(x)\exp\left(-\frac{x}{\lambda_{\mathrm{S}}\cos\theta_{\mathrm{in}}}\right)\mathrm{d}x \tag{2.2.3}$$

$$I_{\mathrm{B}}=\int_a^\infty F(\theta_{\mathrm{X}})g(\theta_{\mathrm{p}})\sigma_{\mathrm{B}}n_{\mathrm{B}}(x)\exp\left(-\frac{x}{\lambda_{\mathrm{B}}\cos\theta_{\mathrm{in}}}\right)\mathrm{d}x \tag{2.2.4}$$

簡単な例としてYb 4f準位のSCLSを考えると(図2.1.14)，濃度は深さによらず一定であるために$n_{\mathrm{S}}=n_{\mathrm{B}}$と近似でき，表面とバルクの$E_{\mathrm{B}}$シフトは0.67 eVと小さいので$\sigma_{\mathrm{S}}=\sigma_{\mathrm{B}}$，$\lambda_{\mathrm{S}}=\lambda_{\mathrm{B}}$と近似できる．したがって，強度比は次式となる．

$$\frac{I_{\mathrm{S}}}{I_{\mathrm{B}}}=\exp\left(\frac{a}{\lambda\cos\theta_{\mathrm{in}}}\right)-1 \tag{2.2.5}$$

Yb 4f準位のARPESから求めた表面とバルクの光電子強度比($\mathrm{S_1/B_1}$, $\mathrm{S_2/B_2}$)について式(2.2.5)を用いてフィッティングすると，$\lambda=0.5$ nmとしたとき$a=0.25$ nmで良い一致が得られた[19]．ここでは内部ポテンシャルV_0を7.3 eVとして，式(2.1.9)を用いてθ_{p}からθ_{in}を計算した．

SiO_2/Si 表面での SiO_2 膜厚の評価では，Si 2p 光電子スペクトルにみられる Si 基板(Si^0)と SiO_2(Si^{4+})による化学シフト成分を用いる(付録の図 B.2.2)．Si 密度は深さ方向では一定であるが，$n_{Si}=5.00\times10^{22}$ atoms/cm^3 と $n_{SiO_2}=2.28\times10^{22}$ atoms/cm^3 で異なる．Si^0 と Si^{4+} の 2p 準位は 4 eV 程度しかシフトしていないので $\sigma_{Si}\approx\sigma_{SiO_2}$ と近似できるが，$E_g(Si)=1.1$ eV と $E_g(SiO_2)\sim 9$ eV は大きく異なるので $\lambda_{SiO_2}=\lambda_{Si}$ と近似できず，$h\nu=120$ eV のとき $\lambda_{SiO_2}=0.85$ nm，$\lambda_{Si}=0.40$ nm である．λ_{SiO_2} と λ_{Si} の E_k 依存性は理論計算されており，計算値の間のデータは補間法で得られる(付録 A.2)．そのため，共通の $F(\theta_X)$ と $g(\theta_p)$ を除くと，次式が得られる．

$$I_{SiO_2}=\sigma_{SiO_2}n_{SiO_2}\int_0^a \exp\left(-\frac{x}{\lambda_{SiO_2}\cos\theta_{in}}\right)dx \tag{2.2.6}$$

$$I_{Si}=\sigma_{Si}n_{Si}\exp\left(-\frac{a}{\lambda_{SiO_2}\cos\theta_p}\right)\int_0^\infty \exp\left(-\frac{x}{\lambda_{Si}\cos\theta_{in}}\right)dx \tag{2.2.7}$$

ここでは Si^0 からの Si 2p 光電子が Si 基板中を λ_{Si} で移動した後に，SiO_2 膜中では λ_{SiO_2} で移動するとしている．これらから光電子強度比は次式となる．

$$\frac{I_{SiO_2}}{I_{Si}}=\frac{n_{Si}\sigma_{Si}\lambda_{Si}}{n_{SiO_2}\sigma_{SiO_2}\lambda_{SiO_2}}\left\{\exp\left(\frac{a_{SiO_2}}{\lambda_{SiO_2}\cos\theta_{in}}\right)-1\right\} \tag{2.2.8}$$

ここで，$I_\infty=n_{SiO_2}\sigma_{SiO_2}\lambda_{SiO_2}$ と $I_0=n_{Si}\sigma_{Si}\lambda_{Si}$ は，それぞれ十分な厚さの SiO_2 膜と清浄 Si 表面の光電子強度に対応する．その比から SiO_2 膜厚は次式で与えられる．

$$a_{SiO_2}=\lambda_{SiO_2}\cos\theta_{in}\ln\left(\frac{I_{SiO_2}}{I_{Si}}\frac{I_0}{I_\infty}+1\right) \tag{2.2.9}$$

この式(2.2.9)からわかるように I_{SiO_2}/I_{Si} と I_0/I_∞ は実験から求められるので，a_{SiO_2} を求める精度と信頼性は λ_{SiO_2} の値に依存することになる．また，SiO_2 膜はアモルファスであり Si 基板はダイヤモンド構造をもつので，I_{Si} は θ_p に依存した光電子回折効果により強度変調を受ける(図 2.1.17)．その影響は θ_{in} だけでなく方位角 ϕ にも強く依存し，a_{SiO_2} が薄くなるほど顕著になる．この問題を解決するためには(1)光電子回折効果の影響が小さい角度(θ_{in}, ϕ)を選択する，(2)光電子取り込み角度を大きくする，(3)光電子回折シミュレーションを用いて影響を除くことが必要とされる．

SiO_2(90 nm)/Si 表面に CVD 成長したナノグラファイト膜の厚さ a_G を HAXPES ($h\nu=7.94$ keV)で評価するとき，$\theta_{in}=0°$ での C 1s と Si 2s 光電子強度には次式が用いられた[55)]．

$$I_{C\,1s}=\sigma_{C\,1s}n_G\int_0^a \exp\left(-\frac{x}{\lambda_G(C\,1s)}\right)dx \tag{2.2.10}$$

$$I_{\mathrm{Si\,2s}} = \sigma_{\mathrm{Si\,2s}} n_{\mathrm{SiO_2}} \exp\left(-\frac{a}{\lambda_{\mathrm{G}}(\mathrm{Si\,2s})}\right)\int_0^{\infty}\exp\left(-\frac{x}{\lambda_{\mathrm{SiO_2}}(\mathrm{Si\,2s})}\right)\mathrm{d}x \qquad (2.2.11)$$

ここで，$\lambda_{\mathrm{G}}(\mathrm{C\,1s})$は C 1s 光電子がナノグラファイト層を通過するとき，$\lambda_{\mathrm{G}}(\mathrm{Si\,2s})$は Si 2s 光電子がナノグラファイト層を通過するとき，$\lambda_{\mathrm{SiO_2}}(\mathrm{Si\,2s})$は Si 2s 光電子が SiO_2 膜を通過するときの平均自由行程である．ナノグラファイト層は多結晶であり SiO_2 基板はアモルファスなので，どちらからの光電子強度も a_{G} と関わりはなく光電子回折を考慮する必要はない．

$$\frac{I_{\mathrm{C\,1s}}}{I_{\mathrm{Si\,2s}}} = \frac{n_{\mathrm{G}}\sigma_{\mathrm{C\,1s}}\lambda_{\mathrm{G}}(\mathrm{C\,1s})\{1-\exp[-a_{\mathrm{G}}/\lambda_{\mathrm{G}}(\mathrm{C\,1s})]\}}{n_{\mathrm{Si\,2s}}\sigma_{\mathrm{Si\,2s}}\lambda_{\mathrm{SiO_2}}(\mathrm{Si\,2s})\exp[-a_{\mathrm{G}}/\lambda_{\mathrm{G}}(\mathrm{Si\,2s})]} \qquad (2.2.12)$$

この場合，λ, σ, n のすべてについて異なる値が必要とされ，ナノグラファイト膜についてはそれぞれ $\lambda_{\mathrm{G}}(\mathrm{C\,1s}) = 11.03$ nm，$\lambda_{\mathrm{G}}(\mathrm{Si\,2s}) = 11.21$ nm，$\sigma_{\mathrm{C\,1s}} = 0.80 \times 10^{-4}$ Mb，$n_{\mathrm{G}} = 11.2 \times 10^{22}$ atoms/cm^3 を用い，SiO_2 基板についてはそれぞれ $\lambda_{\mathrm{SiO_2}}(\mathrm{Si\,2s}) = 15.64$ nm，$\sigma_{\mathrm{Si\,2s}} = 0.30 \times 10^{-4}$ Mb，$n_{\mathrm{SiO_2}} = 2.28 \times 10^{22}$ atoms/cm^3 が用いられた．式(2.2.12)から解析的に a_{G} を求めることはできないので，ニュートン法を用いて数値的に a_{G} が求められた[56]．リソグラフィーと O_2 による反応性イオンエッチングを用いて 20×20 μm^2 のコンタクトホールを形成し，ステップ・プロファイラーを用いて測定した a_{G} は，上記のパラメーターを用いて光電子強度比 $I_{\mathrm{C\,1s}}/I_{\mathrm{Si\,2s}}$ から計算したものと実験誤差内で一致した．

2.2.3 ■ 化学結合状態

内殻準位の化学シフトから化学結合状態の情報が得られること，そして化学シフトは結合に関与する 2 つの元素の電気陰性度の差によって引き起こされ，化学シフト量はポーリング電荷を用いて定量的に説明できることを 2.1.2 項で述べた．ここでは，電気陰性度では説明できない例として，炭素原子のみで構成される DLC の sp^2/sp^3 混成におけるシフト，SiO_2/Si(001)界面での酸化誘起歪みによるシフトについて述べる．

レーザーアブレーションによる PVD で合成した DLC 膜の C 1s 光電子スペクトル形状はレーザーパワーに依存して変化し，2 つ以上の成分が含まれていることを示している(**図 2.2.1**)．DLC の結晶構造モデルに基づいたシミュレーションから sp^2 よりも sp^3 混成の E_{B} が深く，両者の差は 0.7 eV と見積もられた．レーザーパワーを上げるにつれて sp^2/sp^3 比が小さくなり，帯電効果によるピークシフトも生じている．もし帯電効果があったとしても両者のピークは同様にシフトするので，E_{B} 差は影響を受けない．このような sp^2 と sp^3 の E_{B} 差は，sp^3 は σ 結合が 4 つあ

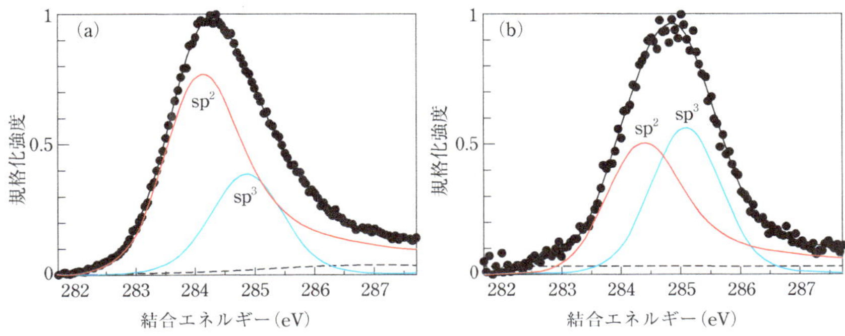

図 2.2.1　レーザーアブレーションで合成した DLC 膜の C 1s 光電子スペクトル(Al Kα：$h\nu$ = 1486.6 eV)
レーザーパワーは(a)1 J/cm^2, (b)12 J/cm^2.
[R. Haerle *et al.*, *Phys. Rev. B*, **65**, 045101(2001), Fig. 1]

るが，sp^2 では 3 つの σ 結合に加え孤立電子(DLC)もしくは π 結合(グラファイト)をもつためである．その結果 sp^3 がエネルギー的に安定になり，E_B が大きくなるのである．また，ホウ素ドープ p 型ダイヤモンド C(111)の清浄表面の C 1s 光電子スペクトルにおいて，バルク C 原子に比べて表面 C 原子は − 0.80 ± 0.05 eV のシフトを示し，この表面成分は水素吸着により消失した[57]．このように C(111)表面と C(111)−H 表面でバンドベンディングによるシフトがあるものの，C−H 結合による成分は sp^3 混成によるものと重なり合って，実験誤差内で分離して観察することはできなかった．χ_C = 2.5, χ_H = 2.1 と電気陰性度の差はあるのだが，このように検出できる大きさの化学シフトを C(111)−H 表面では生じない．χ_F = 4.0 のフッ素吸着 C(111)−F 表面では，C−F 結合による + 1.85 ± 0.05 eV の化学シフトがみられた[57]．

SiO_2/Si(001)表面の Si 2p$_{3/2}$ 光電子スペクトルには基板と SiO_2 の化学状態に起因する Si^0 と Si^{4+} 成分に加え，界面に分布する不完全酸化状態からの成分(Si^{1+}, Si^{2+}, Si^{3+})，さらに Si^0 成分は 2 つの成分を低 E_B 側(Si^α)と高 E_B 側(Si^β)に含んでいる(付録 B 図 B.2.2)．Si^α と Si^β 成分は，それぞれ SiO_2/Si(001)界面の第 1 と第 2 Si 原子層に位置していることが XPS により決定された[16]．また，これらの成分は酸化誘起応力(~ GPa)により生じたものであり，第一原理計算により Si^α 成分は圧縮歪み，Si^β 成分は引っ張り歪みが原因であり，それぞれの大きさは ± 1.5% 程度であることが示された．圧縮歪みでは価電子帯の波動関数の重なりが強まり，遮蔽効果によるクーロン引力の減少のために Si^α 成分は低 E_B 側にシフト，Si^β 成分では引っ張り歪みにより逆の現象が生じる．

Si(001)表面酸化の初期にみられる O 1s 光電子強度の急増は式(2.1.11)を用いて良くフィッティングでき，約 1700 s 以降でずれがみられるのは SiO_2/Si(001)界面での酸化が緩やかに進行しているためである(**図 2.2.2**)．その強度の差分 I_{diff} を次式でフィッティングした．

$$I_{diff} = A_1[1-\exp(-k_1t_2)] + A_2[1-\exp(-k_2t_2)] \tag{2.2.13}$$

ここで，t_2 は SiO_2/Si(001)界面での酸化開始(～1700 s)からの時間である．k_1 と k_2 は反応係数，A_1 と A_2 は飽和強度である．この時間微分をとることにより，界面酸化速度 R_{int} が求められる．

$$R_{int} = \frac{dI_{diff}}{dt} = A_1k_1\exp(-k_1t_2) + A_2k_2\exp(-k_2t_2) \tag{2.2.14}$$

これより $t_2 = 0$ s での初期界面酸化速度 $R_{int}(0)$ は $(A_1k_1 + A_2k_2)$ となる．一方，図 2.2.2 に示すように Si^{β} は少し増加するが，酸化の進行にともない緩やかに減少する．Si^{α} は急増した後，緩やかな増加に転じる．これらの挙動から酸化膜被覆率の増加にともない，酸化誘起歪みが増加していることがわかる．ダイマーに起因する S と S′ 成分は，歪み成分が緩やかな変化へと転じる時間にほぼ消失している．酸化状態 Si^{1+}，Si^{2+}，Si^{3+}，Si^{4+} 成分は順次出現し，飽和している．

$t_2 = 0$ s で求めた $R_{int}(0)$ と歪み Si 原子量$(Si^{\alpha} + Si^{\beta})$の酸化温度依存性をまとめたところ，両者の間にはたいへん良い直線的な相関がみられた(**図 2.2.3**)．ここで重要なことは，酸化温度を上昇させるにつれて $R_{int}(0)$ は減速し，640℃ では酸化が停止していることである．これは通常の化学反応の熱励起では説明できず，直線的相関は酸化誘起歪みが界面酸化の律速反応であることを示唆している．この結果に基づいて酸化誘起歪みにより発生する点欠陥(放出 Si 原子＋空孔)は，それぞれが未結合手をもっているので O_2 解離吸着の活性サイトであるとする統合 Si 酸化反応モデルが提案された(図 2.2.3)．このモデルでは SiO_2/Si(001)界面での酸化反応を促進するためには歪み Si 原子として 0.32 ML の臨界量が存在し，これ以下であれば高温酸化でも酸化が進行しないことを説明してくれる．640℃ で酸化した SiO_2/Si(001)界面を 700℃ 以上に昇温すれば酸化が進行するが，その原因は酸化誘起歪みに加えて，Si と SiO_2 の熱膨張係数の差により生じる熱歪みの寄与が大きくなるためである[58]．

次に Si 2p 光電子スペクトルにみられる Si^{4+} 成分のシフト量 ΔE_B(Si 2p)は SiO_2 膜厚が増加するにつれて大きくなり，Si 1s 光電子スペクトルにおいても ΔE_B(Si 1s)

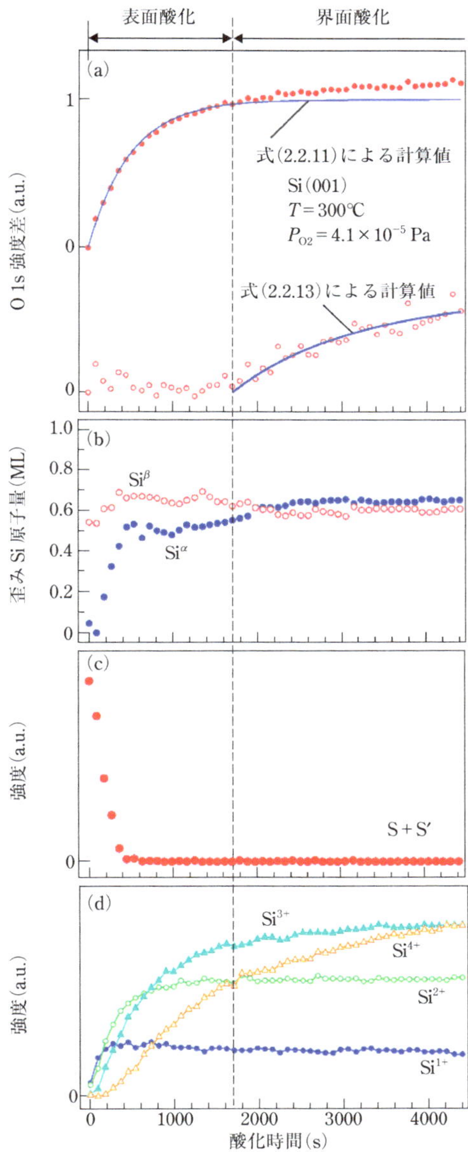

図 2.2.2　(a)O 1s 光電子強度，(b)Si^{α} と Si^{β}，(c)S + S′，(d)Si^{1+}，Si^{2+}，Si^{3+}，Si^{4+} の Si $2p_{3/2}$ 光電子強度の酸化時間依存性
n 型 Si(001)表面を O_2 圧力 4.1×10^{-5} Pa，温度 300°C で酸化した．
[S. Ogawa *et al.*, *Jpn. J. Appl. Phys.*, **52**, 110128(2013), Fig. 3]

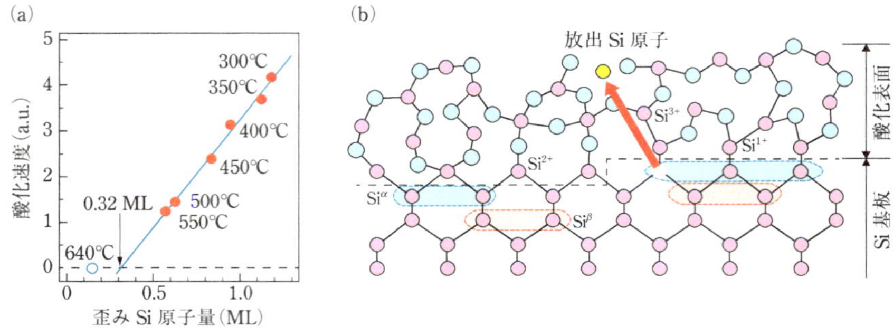

図 2.2.3　(a)初期界面酸化速度と歪み Si 原子量($Si^{\alpha}+Si^{\beta}$)の相関，(b)SiO_2/Si(001)界面の構造モデル
［S. Ogawa *et al.*, *Jpn. J. Appl. Phys.*, **52**, 110128(2013), Fig. 3］

に同様の傾向が観察される(**図 2.2.4**)．両者の差は SiO_2 膜厚に依存せず 0.62 eV で一定である．ΔE_B(Si 2p)と ΔE_B(Si 1s)の原因として(1)帯電効果，(2)始状態における Si^{4+} の E_B の変化，(3)終状態における遮蔽効果の変化が考えられる．SiO_2/Si 表面に Pt を堆積させて金属–酸化膜–シリコン構造として XPS 観察したとき，約 2 nm 以上の SiO_2 膜厚では ΔE_B(Si 2p)の変化がみられないことから，約 2 nm 以上の SiO_2 膜の XPS 観察では帯電効果が生じていることが明らかにされた[59]．

絶縁物の帯電効果に影響されずに状態分析するには，光電子とオージェ電子の E'_k の差であるオージェパラメーター(Auger parameter)α が有用である[60]．

$$\alpha = E'_k(i,j,k) - E'_k(l) \tag{2.2.15}$$

ここで，$E_k(i, j, k)$ は i 準位の空孔に j 準位の電子が遷移し，k 準位から放出されたオージェ電子，$E'_k(l)$ は l 準位の光電子の運動エネルギーである．この定義式では負の値をとることもあるので，次式の修正オージェパラメーター(modefiled Auger parameter)α' が用いられる．

$$\alpha' = E'_k(i,j,k) + E_B(l) \tag{2.2.16}$$

ここで，$E_B(l)$ は l 準位の結合エネルギーである．この変化量 $\Delta\alpha'$ は終状態における 1 つの空孔状態(光電子放出)と 2 つの空孔状態(オージェ遷移)の緩和エネルギー差の変化に対応する．光電子放出後の緩和エネルギーの変化を ΔR とするとき，$\Delta\alpha' = 2\Delta R$ となる[60]．

さらに，次式で定義される一般化オージェパラメーター(generalized Auger parameter)β が，物理的意味が明らかであり理論とも比較できる．

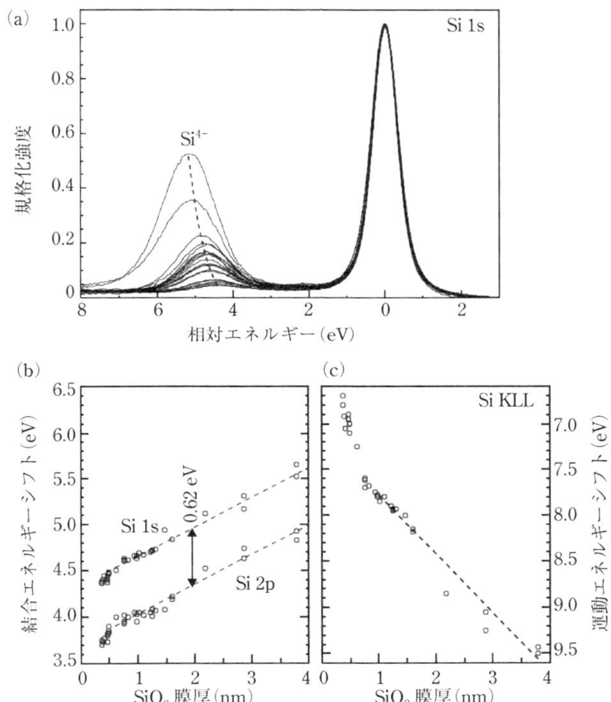

図 2.2.4　(a)Si 1s 光電子スペクトルと，(b)Si 1s と Si 2p 光電子スペクトルにおける Si^{4+} 成分のシフト量および(c)KL_2L_3 オージェ電子の E'_k シフト量の SiO_2 膜厚依存性(放射光：$h\nu=3000$ eV)
[Th. Eickhoff *et al.*, *J. Electron Spectrosc. Relat. Phenom.*, **137–140**, 85(2004), Fig. 2, 3]

$$\beta = E_B(i) - E_B(j) - E_B(k) - E'_k(i,j,k) \tag{2.2.17}$$

これに加えて *kii* オージェ電子を介して，$\Delta\beta(i)$ と $\Delta R(i)$ は次式で結びつけられることが報告された[61]．

$$\Delta\beta(i) = \Delta E'_k(k,i,i) + 2\Delta E_B(i) - \Delta E_B(k) = 2\Delta R(i) \tag{2.2.18}$$

$h\nu=3000$ eV の励起光を用いたときは Si 1s と Si 2p 光電子を同時に観察できることに加え，Si $KL_{2,3}L_{2,3}$ オージェ電子も放出されるので，$\Delta\beta$(2p) を用いて緩和過程 ΔR(2p) を議論できる．

$$\Delta\beta(2p) = \Delta E'_k(KL_{2,3}L_{2,3}) + 2\Delta E_B(2p) - \Delta E_B(1s) = 2\Delta R(2p) \tag{2.2.19}$$

また，始状態におけるエネルギー変化 $\Delta\varepsilon(2p)$ は次式となる[61]．

$$\Delta\varepsilon(2\mathrm{p}) = -\Delta E_{\mathrm{B}}(2\mathrm{p}) - \Delta R(2\mathrm{p}) - \Delta W \tag{2.2.20}$$

ここで，ΔW は仕事関数の変化量である．KL_2L_3 オージェ電子の E_k' の変化量 ΔE_A は SiO_2 膜厚 1 nm 程度まで急増し，その後は緩やかに増えている(図 2.2.4)．式(2.2.19)を用いて得られた $\Delta R(2p)$ は，SiO_2 膜厚の増大とともに −1.9 eV から −2.6 eV へと大きくなっている．このように緩和が負の値で増加することは，遮蔽が減少して強い遮蔽から弱い遮蔽となり Si^{4+} のシフト量の増加をもたらすことになる．一方，$\Delta W = 0$ と仮定して求めた $\Delta\varepsilon(2p)$ は 2 nm 程度までほぼ一定であり，その後に緩やかな増加がみられる．つまり，始状態について 2 nm 程度までの SiO_2 膜では変化がなく，それ以上では SiO_2 膜中の欠陥に電荷がトラップされて変化したと指摘された．このように SiO_2 膜の Si 2p 光電子スペクトルでは，終状態での緩和過程が $\Delta E_B(2p)$ へ顕著な影響を及ぼすことがわかった．

また，銅酸化物についても E_B(Cu $2p_{3/2}$) が 932.4 eV(Cu)，932.5 eV(Cu_2O)，933.8 eV(CuO) なので光電子スペクトルの化学シフトからは Cu 金属と Cu_2O を区別することは難しい[35]．しかし，E_k'(Cu L_3VV) は 918.5 eV(Cu)，916.8 eV(Cu_2O)，917.8 eV(CuO) となっており，それぞれの化学結合状態を識別できる．このように内殻準位の XPS で化学状態が分離できない場合でも，オージェ遷移の大きな緩和エネルギーにより化学シフトが異なり AES で識別できる場合がある．

2.2.4 ■ スピン・電子状態

光電子分光法によるスピン・電子状態観察では(1)バルク価電子帯のバンド分散と不連続，(2)表面電子状態，(3)価電子帯のスピン，(4)欠陥準位，(5)E_g などの情報が得られる．

直接遷移モデルにおいて光電子強度分布 $N(E, h\nu)$ は次式で示すように，遷移確率にエネルギーと運動量の保存則をかけ合わせたもので与えられる[62]．

$$\begin{aligned} N(E, h\nu) = &\int_{k^{\mathrm{i}}}\int_{k^{\mathrm{f}}} \mathrm{d}^3k^{\mathrm{i}}\mathrm{d}^3k^{\mathrm{f}} \left|\langle \phi^{\mathrm{f}}(r)|A\cdot\nabla|\phi^{i}(r)\rangle\right|^2 \\ &\times\delta(k^{\mathrm{f}} - k^{\mathrm{i}} - k_{h\nu} - g)\times\delta(E^{\mathrm{f}} - E^{\mathrm{i}} - h\nu)\delta(E - E^{\mathrm{i}}) \end{aligned} \tag{2.2.21}$$

ここで，k^f と k^i はそれぞれ終状態(拡張ゾーン形式)と始状態(還元ゾーン形式)での波数ベクトル，$k_{h\nu}$ は励起光の波数ベクトル，g は逆格子ベクトルである．また，光電子の波数ベクトルについて，固体内($k_\perp^f$, $k_\parallel^f$)と固体外($K_\perp^f$, $K_\parallel^f$)に関して表面平行と垂直方向で次式が成り立つ．

$$k_{\parallel}^{\mathrm{f}} = K_{\parallel}^{\mathrm{f}} \tag{2.2.22}$$

$$\left(\frac{\hbar^2}{2m}\right)\left|K_{\perp}^{\mathrm{f}}\right|^2 = \left(\frac{\hbar^2}{2m}\right)\left|k_{\perp}^{\mathrm{f}}\right|^2 - V_0 \tag{2.2.23}$$

角度分解光電子分光法において$(\theta_{\mathrm{p}}, \phi, h\nu)$を選択することにより，ブリルアンゾーン内における始状態の波数ベクトル$(k_x^{\mathrm{i}}, k_y^{\mathrm{i}}, k_z^{\mathrm{i}})$を指定できる．例えばCu(111)表面の場合，(40.7 eV, 90°, 0°)と(119.8 eV, 62.6°, 45°)において$(k_x^{\mathrm{i}}, k_y^{\mathrm{i}}, k_z^{\mathrm{i}})$はどちらもブリルアンゾーンのΓ点$2\pi/a(0, 0, 0)$となり，関与する$g$はそれぞれ$2\pi/a(0, 0, 2)$と$2\pi/a(1, 1, 3)$となる．ここで，$a$は格子定数である．$h\nu$を大きくするにつれて$g$が増加し，フォノンが関与する間接遷移の寄与が大きくなる．直接遷移が占める割合はデバイ–ワラー因子$\exp(-\langle U^2\rangle g^2/3)$で与えられる．ここで，$\langle U^2\rangle$は格子位置からの原子の二乗平均変位である．$g$が$2\pi/a(0, 0, 2)$と$2\pi/a(1, 1, 3)$のとき，$\exp(-\langle U^2\rangle g^2/3)$はそれぞれ0.929と0.812となる．間接遷移の割合が多くなると異なる$(k_x^{\mathrm{i}}, k_y^{\mathrm{i}}, k_z^{\mathrm{i}})$からの遷移が重なり合い，角度分解測定であるにもかかわらず光電子スペクトルはバンド分散を部分的に積分した状態密度を与えることになる．しかし，間接遷移の割合が上記のように少ないことは，室温においても十分にバンド分散の情報が得られることを示している．さらに，ブリルアンゾーン内を$\Delta k^{\mathrm{f}} = 0.05$ Å^{-1}で観察するためには，$h\nu = 1254$ eVを用いたときは0.157°の角度分解で十分であるが，$h\nu = 10$ keVでは0.055°の角度分解が必要とされる．VUV領域では，1°程度の角度分解能でも十分である．

角度積分で得られたダイヤモンドの価電子帯光電子スペクトルには，特徴的な3つの構造がみられる(**図 2.2.5**)．ダイヤモンドのエネルギーバンド分散から計算された全状態密度とピーク位置は良く一致しているが，相対強度が大きく異なっている．$h\nu = 1486.6$ eVにおけるC 2sのイオン化断面積はC 2pのものに比べて10倍以上も大きいので，p成分が多いピークIIIに比べてs成分が多い価電子帯底部のピークIが強くなっている．図中の破線は光電子スペクトルと状態密度の計算値の比から求めたイオン化断面積による強度変調の相対的割合である．検出角度が±5°の範囲で得られたGaAs(001)表面の価電子帯光電子スペクトルにおいて，$T = 300$ Kではバンド分散はほとんどみられず全状態密度を反映したものとなっている(**図 2.2.6**)．このとき$h\nu = 3.238$ keVであるのでgが大きくなりデバイ–ワラー因子が減少して，角度分解測定であるにもかかわらず間接遷移の寄与によりバンド分散がみられなくなったのである．ただし，検出角度に依存して光電子強度の増減がみられるのは，試料が単結晶であるため光電子回折効果が顕著だからである．これに

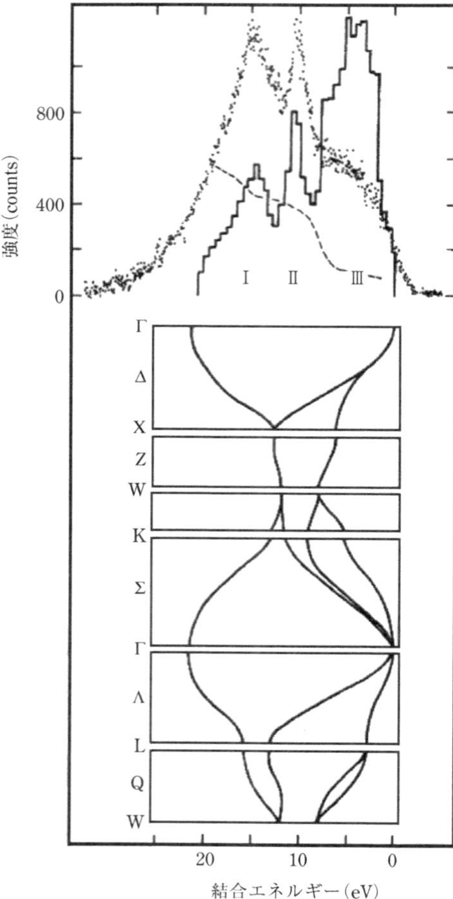

図 2.2.5　ダイヤモンドの価電子帯の光電子スペクトル (Al Kα：$h\nu$ = 1486.6 eV) と理論計算：状態密度 (上図) とバンド分散 (下図)
[R. G. Cavell *et al*., *Phys. Rev. B*, **7**, 5313 (1973), Fig. 3]

対して試料を T = 20 K まで冷却すると，GaAs のバンド分散が明瞭に観察される．このような角度分解 HAXPES によるバンド分散観察では表面汚染物の寄与は少ないので，表面清浄化なしでバルク電子状態の情報が得られる．これに対して VUV を用いた ARPES は高い表面感度とエネルギー分解をもつので，表面状態や超伝導体のエネルギーギャップ，そしてフェルミ面の形状などの情報を得るのに適している[9]．

異種材料の界面ではフェルミ準位が一致するため，CBM と VBM は不連続な接続となってしまう．半導体デバイスや有機デバイスの動作特性の制御のために，バンド不連続の知見は不可欠である．そのため半導体/半導体，有機材料/金属，半導体/絶縁物などの多くの界面において，バンド不連続の情報を得るために光電子分光法が有効に適用された．角度積分光電子分光法で得られる全状態密度の立ち上がりを直線で外挿することにより，VBM を決定できる．例えば，水素終端 Si(001) 表面の価電子帯光電子スペクトルから Si 基板の VBM の位置 $E_{\mathrm{VBM}}^{\mathrm{Si}}$ が決められている[63]．$E_{\mathrm{VBM}}^{\mathrm{SiO_2}}$ を求めるため，酸化 Si 表面と水素終端表面の光電子スペクトルの差分から，SiO_2 膜のみからの価電子帯光電子スペクトルを得る．同様に直線で外挿することにより $E_{\mathrm{VBM}}^{\mathrm{SiO_2}}$ が求まる．これより，$(E_{\mathrm{VBM}}^{\mathrm{Si}} - E_{\mathrm{VBM}}^{\mathrm{SiO_2}})$ は -4.4 eV ($a_{\mathrm{SiO_2}}$ = 1 nm) から -5.0 eV ($a_{\mathrm{SiO_2}}$ = 6 nm) まで増加することがわかった．

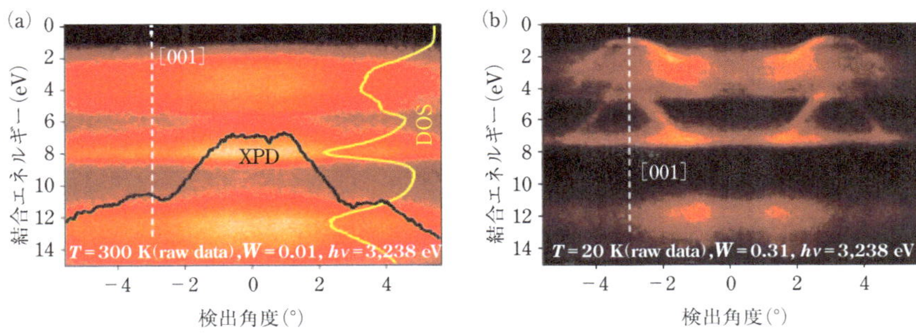

図 2.2.6　GaAs(001)表面の価電子帯バンド分散
(a)300 K, (b)20 K(放射光：$h\nu = 3238$ eV).
[A. X. Gray *et al.*, *Nat. Mater.*, **10**, 759(2011), Fig. 2]

固体表面ではバルク価電子帯のバンド分散を表面に投影したときのエネルギーギャップ領域に新たな電子状態が現れるものを表面準位(surface state)，重なっているものを表面共鳴(surface resonance)とよぶ．このような表面電子状態の観察のためには高い表面感度とエネルギー分解が必要とされるので，VUV を用いた ARPES が適している[64]．Cu(111)表面の価電子帯光電子スペクトルでは，2 つのピークの E_{B} が θ_{p} に依存して変化している(**図 2.2.7**)．$\theta_{\mathrm{p}} = 0°$ に固定して $h\nu$ を変化させたとき，$E_{\mathrm{B}} \sim 0.4$ eV のピークはまったく分散を示さないが，他の構造は顕著な分散を示すことから，前者は表面準位，後者はバルク価電子帯の d バンドと s/p バンドであることがわかる．表面準位ピークの(E_{B}, θ_{p})から式(2.1.7)により求めた $\boldsymbol{k}_{\parallel}$ に対してプロットした表面準位のバンド分散(図 2.2.7(b)の○と●)はバルクのバンド分散がない領域(図 2.2.7(b)の斜線)にあり，自由電子と類似の分散を示している．バンド分散の求め方について，詳しくは 3.5 節で述べる．

3d 遷移金属および化合物の磁性は価電子帯のアップスピンとダウンスピンの状態密度の差で与えられる．そのため通常の光電子分光装置の電子エネルギー分析器の検出器としてスピン検出器を用いることで，状態密度とスピンの情報を得ることができる．これをスピン偏極光電子分光法もしくはスピン分解光電子分光法とよぶ．スピンの検出には当初 Au 薄膜からのモット散乱(20～100 keV に光電子を加速)が用いられていたが，その後 Au 薄膜からの低エネルギー散乱(～150 eV)，W 単結晶からの低速電子回折(～105 eV)が利用されるようになった[65]．最近ではスピン検出感度の高い超低速電子回折(very low energy electron diffraction, VLEED)が開発され，$E_{\mathrm{k}} = 10$ eV の低速電子を強磁性体 Fe(001)表面に入射することでスピン分解を実現している(3.5 節)．Ni(011)表面でのスピン分解光電子スペクトルで

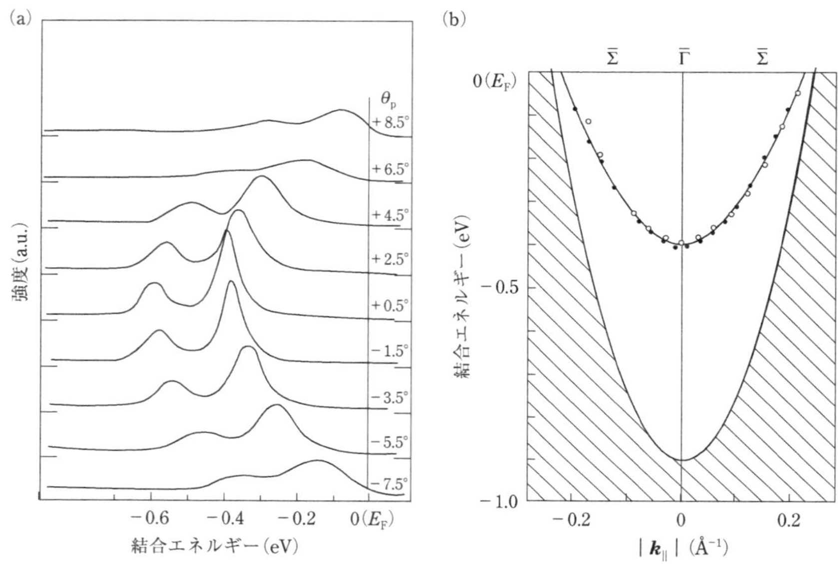

図 2.2.7　(a)Cu(111)表面の価電子帯光電子スペクトルの検出角度 θ_p 依存性(Ar I 共鳴線：$h\nu = 11.8$ eV) (a)と表面電子状態のエネルギーバンド分散(b) (○は $h\nu = 16.8$ eV, ●は $h\nu = 11.8$ eV)
[S. D. Kevan, *Phys. Rev. Lett.*, **50**, 526(1983), Fig. 1, 2]

は，フェルミ準位近傍にはダウンスピン電子の状態密度がアップスピンのものに比べて多いことが明瞭に示された[66]．

SiO_2/Si 界面には酸化誘起欠陥準位が E_g 中に存在し，バンドベンディングや電気特性に影響を与える．この欠陥準位を調べるために Pt 電極を蒸着して MOS 型ダイオードとし，印加するバイアス電圧 V_B を変えると，フェルミ準位が欠陥準位をすぎるときに電荷が蓄積され，それに対応して SiO_2 膜に加わる電圧が変化する(ΔV_{ox})．価電子帯と Si 2p 準位は一緒に動くので SiO_2 膜の Si 2p 光電子のピーク位置の変化から ΔV_{ox} を求め，これを解析して欠陥準位の状態密度分布を求めることができる[67]．通常の XPS における検出深さは 2 nm 程度であるが，この方法では Pt 膜を 3 nm まで薄くすることにより Si 2p 光電子スペクトルを測定可能とした．HAXPES では Ru 金属電極を 10 nm まで厚くしても，Si 2p 光電子を十分に検出できる．また，SiO_2/Si 表面を長時間 XPS 測定していると Si 2p 光電子ピーク位置が緩やかにシフトすることが観察される[68]．これは SiO_2 膜中の欠陥に電子もしくは正孔がトラップされて生じるものであり，そのシフトから欠陥の情報を得ることができる．

半導体や絶縁体材料において E_g はもっとも基本的な物理量であり，材料の電気および光学特性を決定する．バルク材料に加えて薄膜や表面の E_g 測定のためには全光電子放出率分光法(total photoelectron emission yield spectroscopy, TPYS)が有用である[69]．この方法ではキセノン／重水素ランプからのVUV光を，分光器を用いて波長掃引($h\nu=2\sim7.5$ eV)しながら試料表面に入射し，表面から放出されるすべての光電子をチャンネルトロン検出器で直接測定する．電子エネルギー分析器を用いないので簡便であり，8～10桁のダイナミックレンジで光電子放出率を測定でき，精密な E_g 測定が可能である．高温高圧合成ダイヤモンドC(001)表面において，バルクバンドギャップ($E_g=5.54$ eV)よりも小さなサブバンドギャップ($E_g=4.4\pm0.1$ eV)が水素吸着により形成されること，高温加熱による水素除去で電子親和力が正($\chi=+1.31$ eV)になることが明瞭に示されている[69]．

2.2.5 ■ 結晶構造

光電子回折法の結晶構造解析への適用として，(1)表面吸着原子・分子，(2)エピタキシャル成長，(3)表面・界面での局所構造とスピン，(4)バルク結晶中の格子位置と結晶方位などの情報が得られる．

光電子回折における散乱振幅は散乱角 θ と E_k に依存し，$E_k\gtrsim400$ eV のときは $\theta=0°$ での前方散乱が主になり，$E_k\lesssim400$ eV のときは $\theta=180°$ での後方散乱や $\theta>0°$ での側方散乱も顕著になる．そのためXPS領域での光電子回折パターンにおいては，光電子の放出原子と散乱原子を直線で結ぶ方向に主要な構造(前方収束(FF)ピーク)が現れる．光電子回折パターンは角度分解モードで測定され，そのパラメーターは(θ_p, ϕ, $h\nu$)である．θ_p と $h\nu$ を固定して ϕ を掃引するとき，表面感度を一定にした光電子回折パターンが得られるので，表面吸着系に適している．ϕ と $h\nu$ を固定して θ_p を掃引して得られる光電子回折パターンは，バルク結晶やエピタキシャル膜の構造解析に有効である．θ_p と ϕ を固定して $h\nu$ を掃引する測定はVUVから軟X線領域($E_k\lesssim400$ eV)で行われ，着目した電子状態の E_B に固定して $h\nu$ を掃引するのでCISスペクトルに対応する．このとき表面原子からの光電子回折パターンにおいても多重散乱効果が顕著となり，これにより表面吸着原子と基板原子の距離も決定できる．例えば，Ni(001)2×2–Se表面においてSe 3d光電子のCISスペクトル($\theta_p=0°$)からSe原子は4回対称の凹みに吸着しており，基板との距離 $d_\perp$ は0.155 nmであることが±0.01 nmの精度で決定された[70]．θ_p と ϕ を掃引するために試料もしくは電子エネルギー分析器を回転するのではなく広い範囲の(θ_p, ϕ)について光電子強度を同時に効率良く測定するために，二次元表示型電子エネル

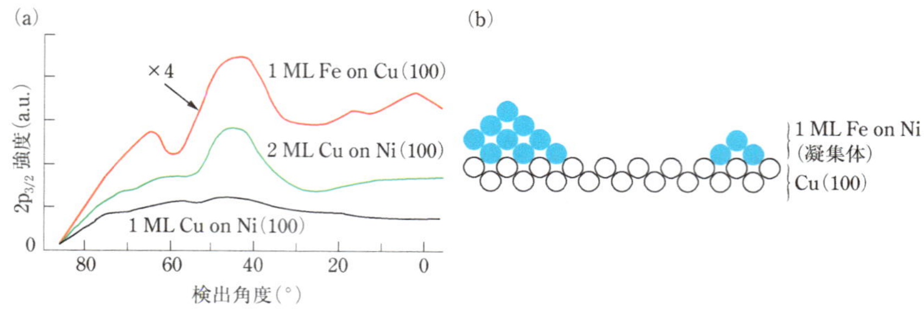

図 2.2.8　Ni(001)表面に Cu もしくは Fe をエピタキシャル成長させたときの Cu $2p_{3/2}$ と Fe $2p_{3/2}$ 光電子強度の θ_p 依存性(Al Kα：$h\nu = 1486.6$ eV)
［W. F. Egelhoff, Jr., *Crit. Rev. Solid State Mater. Sci.*, **16**, 213(1990), Fig. 15］

ギー分析器が開発された(3.4 節).

エピタキシャル成長への XPS の適用例として，Cu 薄膜(面心立方構造:$a = 0.3615$ nm)を Ni(001)表面(面心立方構造：$a = 0.3524$ nm)に堆積したとき，θ_p 掃引の Cu $2p_{3/2}$ 光電子回折パターンにおいて 1 ML ではどの θ_p でも構造はみられないが，2 ML では 45° に顕著なピークが現れる(**図 2.2.8**)．これは最表面に 1 ML の Cu 原子が堆積しているときにはどの θ_p でも FF ピークはみられないが，2 ML では面心立方構造で最密充填しているので 45° 方向に FF ピークが生じるためである．これに対して Fe 薄膜(体心立方構造：$a = 0.2867$ nm)を 1 ML 堆積したときには，45° だけでなく 0° と ～65° にもピークが現れている．これらのピークの存在は Fe 原子が表面拡散して集合し，4 ML 以上の高さの Fe 島ができていることを示している．

GaAs(011)表面の[$1\bar{1}0$]方位に沿う(001)断面には Ga もしくは As 原子のみが含まれ，[$00\bar{1}$]方位に沿う($1\bar{1}00$)断面には Ga と As の両方が含まれるが，互いの格子位置が等価ではない[71]．そのため，θ_p 掃引の Ga 3d と As 3d 光電子回折パターンは[$1\bar{1}0$]方位では同じであり，[$00\bar{1}$]方位ではピークの角度が互いに異なる．したがって，[$00\bar{1}$]方位で測定した光電子回折パターンから GaAs 結晶に拡散した原子の格子位置を同定できることになる．GaSb(011)表面に Au を蒸着した後に加熱処理して拡散させたとき，Au 原子は Ga の格子位置を占めることが XPS で明らかにされている[71]．

2.2.6 ■ 二次電子スペクトルからの情報

2.2.4 項で述べた TPYS で E_g を求める方法では，E_k に関係なくすべての光電子を集めるために電子エネルギー分析器は必要なく検出器のみでよいが，VUV 領域の分光器と集光系を必要とする．これに対して通常の XPS における内殻準位のエネルギー損失スペクトルからも E_g を求めることができる．半導体や絶縁体からの内殻光電子の電子–正孔対生成によるエネルギー損失は E_g から始まるので，エネルギー損失した二次電子のスペクトルは E_g から立ち上がる構造を示す．SiO_2/Si(001) 表面からの O 1s 光電子のエネルギー損失スペクトルにおいては，約 10 eV 付近で二次電子強度が立ち上がり，バンド間遷移による肩構造に引き続いてプラズモン損失ピークが 22 eV に現れている(**図 2.2.9**)．直線近似(図中の破線)により，SiO_2 膜厚(0.8～7.8 nm)によらず $E_g = 8.9 \pm 0.2$ eV と求まった．

二次電子スペクトルの低エネルギー・カットオフは真空準位により生じるものであり，その E_k(VL) と式(2.1.10)から試料表面の仕事関数 W_S を求めることができる．W_S が表面で不均一に分布するとき，真空準位による低エネルギー・カットオフ近傍で二次電子強度はもっとも強いので，W_S のわずかなシフトでも二次電子収率は大きく変化することになる．そのため二次電子収率の面内分布を拡大投影すれば，試料表面の W_S の不均一分布を顕微観察できる．これが光電子顕微鏡(photoemission electron microscopy, PEEM)の原理である．CO 酸化反応中の Pt(011) 表面の PEEM イメージにおいては渦巻き模様の時間発展が観察された[72)]．ここで，W_S は清浄 Pt(011) 表面では 5.5 eV，CO 吸着表面では 5.8 eV，酸素吸着表面では 6.5 eV なので，渦巻き模様の暗い部分が酸素吸着領域，明るい部分が CO 吸着領域であると同定された．Pt 表面での CO 酸化反応中には生成物の CO_2 圧力が振動現象を示すことが知られており，渦巻き模様の時間発展と関係することが PEEM 観察から示された．VUV 光を用いる PEEM の空間分解能は 10 nm 以下が達成されている．軟 X 線や硬 X 線を用いたときには内殻準位からの光電子・オージェ電子・二次電子放出を PEEM に利用でき，$h\nu$ を掃引することで不均一系の X 線吸収スペクトルの顕微観察ができることになる[73)]．この手法を XPEEM もしくは nano-XAFS とよび，X 線の集光系なしで数 nm から数 10 nm の高い空間分解能を得る

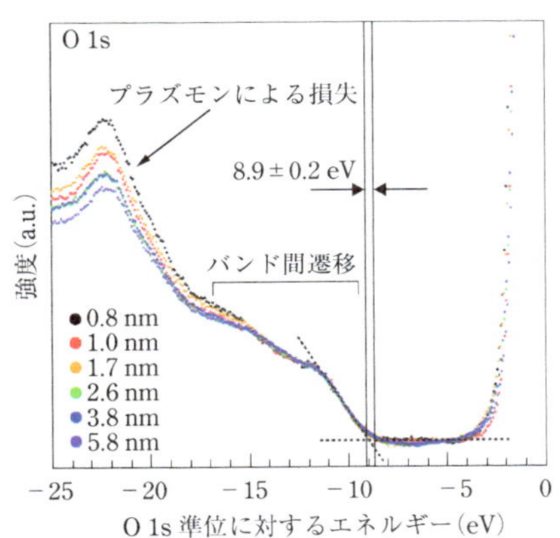

図 2.2.9　SiO_2/Si(001) 表面の O 1s 光電子のエネルギー損失スペクトル(放射光：$h\nu$ = 800 eV)

[S. Toyoda and M. Oshima, *J. Appl. Phys.*, **120**, 085306(2016), Fig. 2(b)]

ことができる．

2.3 ■ X 線光電子分光法の分類と特徴

光電子分光法は光源（*hν*，Δ*hν*，輝度，フラックス，偏光，パルス，集光），電子エネルギー分析器（エネルギー分解幅，エネルギー分散，角度分解幅，角度分散，イメージング，動作圧力），位置敏感検出器（感度，直線性，サンプリング速度，ダイナミックレンジ）の発達により多様な分析が可能となった．得られる情報と動作環境により区分すると，以下の 8 つの手法に分類される（**図 2.3.1**）[74]．ここでは，VUV，軟 X 線，硬 X 線を励起光とするときを光電子分光法，軟 X 線と硬 X 線を励起光とするときを X 線光電子分光法とよぶことにする．

（1）通常の光電子分光法

化学組成分析，膜厚測定，電子状態観察，化学結合状態解析などに広く使われており，この目的のために汎用の市販装置は機能が最適化されている．この手法では

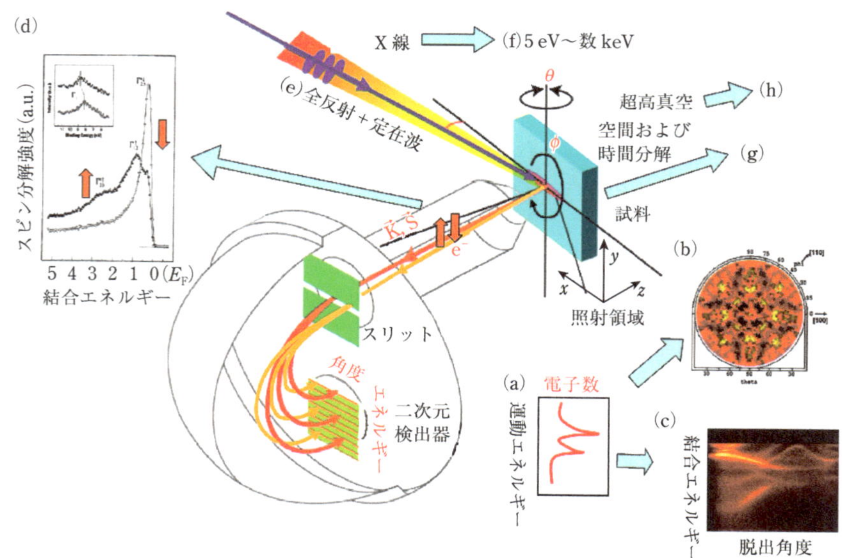

図 2.3.1　光電子分光法における励起光，試料，電子エネルギー分析器の配置図と測定パラメーター（a）通常の光電子スペクトル，（b）光電子回折／ホログラフィー，（c）価電子帯のエネルギーバンド分散，（d）スピン分解光電子分光法，（e）全反射光電子分光法／定在波光電子分光法，（f）硬 X 線光電子分光法，（g）光電子顕微鏡／高速光電子分光法，（h）準大気圧光電子分光法．
［C. S. Fadley, *Nucl. Instrum. Methods Phys. Res. A*, **601**, 8 (2009), Fig. 1］

エネルギー分解幅 ΔE を小さくする必要があるが，電子エネルギー分析器のエネルギー分解幅 ΔE は通過エネルギー E_p に依存して十分に小さくできるので，光源の $\Delta h\nu$ が課題である．軟 X 線領域の高輝度放射光では $h\nu/\Delta h\nu = 10000$（SPring-8, BL23SU）が達成されており，Xe-電子サイクロトロン共鳴（ECR）放電管を用いて Xe I（$h\nu = 8.437$ eV）で $\Delta h\nu = 20$ μeV が得られている[46]．化学組成／化学結合状態の深さ分布測定については，3.2 節で詳しく述べる．

(2)内殻準位に関する角度分解 X 線光電子分光法

内殻準位の（θ_p, ϕ）に依存した光電子回折パターンから，結晶構造や局所構造などの情報を得る方法である．光電子回折パターンのフーリエ変換により実空間における原子配列の情報が得られるので，光電子ホログラフィーともよばれる．この方法では $\Delta\theta_p$ と $\Delta\phi$ の向上が必要とされる．3.4 節で詳しく述べる．

(3)価電子帯の角度分解光電子分光法

価電子帯の光電子強度の（θ_p, ϕ）依存性からバンド分散だけでなく，フェルミ面形状や超伝導体のエネルギーギャップなどを求めることができる[9]．3.5 節で詳しく述べる．

(4)スピン分解光電子分光法

電子エネルギー分析器にスピン検出器を取り付けることで，磁性材料の価電子帯の状態密度もしくはバンド分散についてアップスピンとダウンスピンを識別して情報を得る方法である．通常の光電子測定の効率に比べてスピン偏極光電子測定の効率は $10^{-4} \sim 10^{-2}$ と低いので，高感度のスピン偏極検出器の開発が必要とされている．3.5 節で詳しく述べる．

(5)全反射 X 線光電子分光法と定在波 X 線光電子分光法

試料表面への X 線入射角を小さくするとき，ある臨界角で全反射が生じ X 線の侵入深さが著しく短くなる[75]．このとき得られる光電子スペクトルでは，固体内部での光電子発生が抑制されるので二次電子によるバックグラウンドが顕著に減少し，表面近傍での X 線強度が増すので表面原子からの光電子強度が増加する[76]．一方，Si/Mo 多層膜を用いて X 線定在波を生じさせ，X 線入射角もしくは $h\nu$ を変えて定在波の強度分布を調節することにより任意の深さでの情報を得る方法が定在波 X 線光電子法である[77]．この方法では多層膜表面に試料を作製するので，試料ごとに多層膜が必要とされる．非破壊での化学組成／化学結合状態の深さ分布分析法として有用である．

(6)バルク敏感光電子分光法

通常の光電子分光測定では，高い表面感度（浅い検出深さ）のために表面清浄化が必要とされる．清浄表面ではSCLSなどの表面効果，もしくは清浄化による損傷や組成変化が生じるが，光電子分光法をバルク敏感とすることで，これらの課題をある程度避けることができる．バルク敏感とするためには光電子のE_kを数eVまで下げるか，数keV以上まで大きくする必要がある．前者のためにXe I($h\nu=8.437$ eV)を用いることで，Yb 4f光電子スペクトルにおいてHe I($h\nu=21.22$ eV)に比べてSCLS成分が約1/6まで減少している[46]．また，後者のために$h\nu=3000\sim8000$ eVの高輝度放射光を用いるHAXPESが開発されている[78]．低$h\nu$と高$h\nu$での測定方法と特徴については，それぞれ3.5節と3.3節で詳しく述べる．

(7)光電子顕微鏡と高速光電子分光法

実用試料では不均一組成，構造，電子状態を調べるためには顕微観察が必要とされ，光電子顕微鏡が開発された．詳しくは4.1節で述べる．一方，入射X線を数100 nmまでミラーやゾーンプレートで集光し，試料を移動させながら光電子スペクトルを得ることにより顕微観察する三次元ナノX線光電子分光法もあり[79]，4.2節で詳しく述べる．また，表面反応キネティクスやダイナミクスを追跡するために高速光電子分光法が開発され，500 μs程度の時間分解能で光電子スペクトルを得ることに成功している[80]．放射光とレーザーを組み合わせたポンプ-プローブ法により測定したSi 2p光電子スペクトルから，60 ps程度の時間分解能で電子とホールのキャリア拡散・再結合が追跡されている[81]．ポンプ-プローブ法による高速光電子分光法については，6.2節で詳しく述べる．

(8)準大気圧光電子分光法

触媒や半導体プロセス，燃料電池などでは大気圧に近いガス雰囲気中での表面・界面の光電子分光測定が求められる．23℃での飽和水蒸気圧は2811 Paなので，3000 Paまで測定圧力を上げることができれば，氷表面での反応や生体物質を光電子分光法で測定できる．電子エネルギー分析器の入射レンズに前段レンズを取り付け，それらに4段の差動排気システムを組み合わせることにより，反応槽の圧力を2000～3000 Paまで上昇させても電子エネルギー分析器の圧力を$10^{-6}\sim10^{-7}$ Paに保持でき，これを利用した光電子分光法を準大気圧光電子分光法(ambient pressure X-ray photoelectron spectroscopy, APXPS)とよぶ[82]．反応槽のX線入射はSiN_x膜を通して行い，VUV光のときには多段の差動排気を行う．入射電子レンズの入口にはグラフェン膜を用いて圧力を遮断して差動排気系を簡単にする方法が開発されている[83]．APXPSについては，6.1節で詳しく述べる．

2.4 ■ X線光電子分光測定における問題

2.4.1 ■ 表面クリーニング

試料の調製方法については，文献[3]に詳しく述べられている．ここではすでに作製済みの試料を分析槽に搬入する場合，分析槽もしくは分析槽に接続された試料準備槽で試料を作製する場合について要点を述べる．前者については(1)高温加熱処理，(2)Ar^+イオンスパッタリング，(3)劈開，(4)ヤスリがけ，(5)前処理，(6)その場処理，後者については(7)蒸着に関して述べる．

試料表面に付着した汚染物や酸化膜は，高温加熱で蒸発させて除去できる．試料へ直接電流を流してジュール熱で加熱する方法，Mo金属やセラミックスヒーターに試料を取り付けるか，試料の後ろに置いたTaヒーターの輻射熱で加熱する方法，熱フィラメントからの電子を試料に当てる電子ビーム衝撃法，赤外線照射により加熱する方法がある．この場合，試料温度は熱電対もしくは試料に接触しない放射高温計/光高温計を用いて測定する．このような高温加熱方法の課題として，合金や化合物では表面偏析や蒸気圧の相違による化学組成の変化，バルク中の不純物の表面析出があげられる．

Ar^+イオンスパッタリングは高融点の酸化物が除去できる，室温での清浄化なので熱損傷がない，除去効率が高いなどの特徴をもつ．しかし，スパッタリング収率が元素の種類に強く依存することに加え，入射イオンによるミキシングとノックオンが生じるので，イオン誘起拡散や偏析が引き起こされる．また，1～5 keVのイオン照射では，入射希ガスイオンが試料中に残留する．さらに金属酸化物へのイオン照射では選択的スパッタリングにより酸素が抜け，還元が進行する．2 keVのイオンを単結晶TiO_2へ照射したときは，Ti 2p光電子スペクトルにおいてTi^{4+}成分が急速に減少し，Ti^{3+}さらにはTi^{2+}まで還元が進行する[84]．このようにAr^+イオンスパッタリングでは，化学組成が変化するだけでなく，結晶構造が乱されるので加熱処理を組み合わせることが必要である．

劈開法では化学組成の変化はないが，劈開面に多くのステップやファセットが現れやすく，特定の低指数面でしか劈開できない．しかし，グラファイトや雲母などの二次元層状物質においては容易に清浄面が得られるので，劈開は適した方法である．化学組成がずれない表面清浄化方法としてダイヤモンドヤスリがけは優れており，高温超伝導体や機能性酸化物に適している．処理表面に損傷は残るものの，ダイヤモンドヤスリは洗浄により何度でも再利用できる．

ウェット法での前処理により安定な保護膜を試料表面に形成して大気中を搬送し，分析槽に搬入した後に比較的低温での加熱により保護膜を除去する方法がある．例えば，pHが調整されたフッ酸でSi基板を処理することにより，水素終端Si表面を作製できる[85]．Siの酸化に対して水素終端表面は大気圧下でも保護膜として有効に機能し，300°C以上の加熱でSi表面から水素を除去できる．しかし，水素終端Si表面は疎水性であり，大気中の油粒子などが付着しやすいので，加熱処理後にSiC粒子を形成しやすくなる．また，$(NH_4)_2S_x$処理で作製される硫黄終端GaAs表面も保護膜として機能し，GaAs表面に構造欠陥をもたらさない[86]．硫黄も加熱により容易に除去できる．

3C–SiC(001)表面は加熱温度と時間によりSiリッチな(3×2)から(5×2)，そして(7×2)→(2×1)/c(4×2)→(1×1)→c(2×2)→(1×1)とCリッチな表面へと変化する[87]．Si_2H_6ビームに曝露しながら加熱することにより，Cリッチなc(2×2)からSiリッチな(3×2)へと制御できる．C_2H_2ビームへの曝露により逆の過程での構造変化も制御できる．さらに，O_2ビームに曝すとSiO脱離によりCリッチとなるので，(3×2)→(1×1)への構造変化が制御できる．このように化合物の組成に関連した分子線を用いることにより，表面組成と構造を精密制御できる．

金属や化合物薄膜などは分析槽もしくは試料準備槽で，蒸着，スパッタリング，レーザーアブレーションなどを用いて作製できる．この場合には表面清浄化は必要ない．コンビナトリアル法では，試料作製のときに移動マスクを用いて多くの組成の試料を一緒に準備することで，電子状態や構造の組成依存性を系統的に高速で解析することができる[88]．

2.4.2 ■ 帯電

絶縁体に光照射したとき，内部光電効果では伝導帯のキャリアが増加するので光導電性が現れ，試料の帯電はみられない．外部光電効果では光電子放出にともない電荷が蓄積するので，試料は帯電することになる．光もしくは電子をプローブとし，電子を検出粒子とする表面分析法では，帯電効果によりスペクトル形状が著しく変化して正しい情報を得られなくなる[89]．この問題を解決するために，種々の電荷中和方法が開発された．低速電子の照射が一般的であるが，照射電子のE_kとフラックスに依存して帯電とバランスするのが難しく，完全には帯電効果を除去できない．中和用の電子源として試料近傍に金属を設置することにより，金属からの光電子・二次電子を用いて中和する方法がある．サファイア試料に接して2枚の金属

板を距離 d で設置したとき，Al 2p 光電子ピークの高 E_B 側へのシフトは距離とともに増加し，最短の $d=2$ mm でも約 10 eV もシフトしている[90]．このように帯電によるシフトを完全には除去できないものの，FWHM は $d=5$ mm までほぼ一定であり，それ以上で急増している．試料表面での不均一な帯電により FWHM は増加するので，金属板を用いることにより帯電の不均一性は除かれる．

帯電によるシフト量を見積もるためには，試料表面の炭素付着物からの C 1s 光電子ピークが使用できる．炭素付着物の化学結合状態に依存して化学シフトが存在するが，その量は帯電によるシフトに比べて十分に小さいので無視できる．

2.4.3 ■ 表面光起電力と空間電荷／鏡像電荷

2.1.2 項で述べたように半導体表面・界面ではバンドベンディングが生じており，光励起で生じた電子と正孔のキャリア分離が起きる．この現象はアバランシェ・フォトダイードや太陽電池で利用されている．p 型半導体の場合，価電子帯と伝導帯は表面に向かって下方にバンドベンディングしている(**図 2.4.1**)．キャリア分離により表面側に電子，バルク側に正孔が蓄積するとバンドベンディングの平坦化が

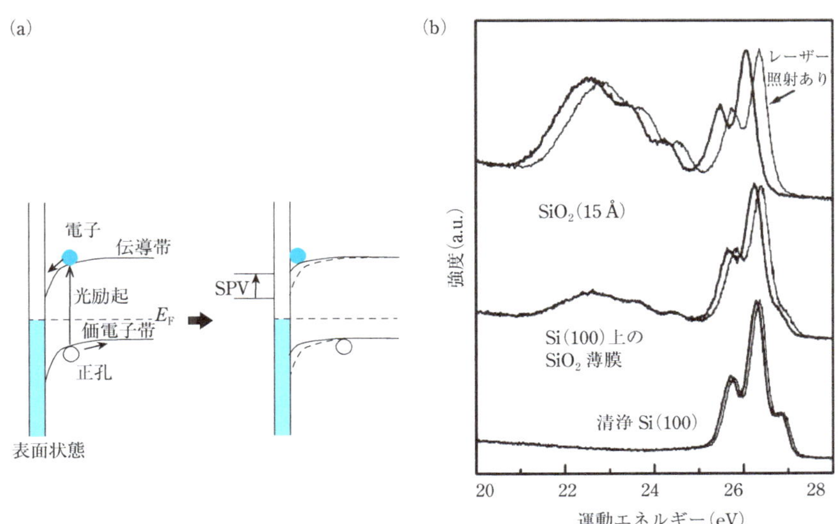

図 2.4.1　(a)p-Si 表面でのバンドベンディングと光起電力のモデル，(b)清浄 p-Si(001)表面と SiO_2/p-Si(001)表面からの Si 2p 光電子スペクトルへのレーザー照射効果(放射光：$h\nu=130$ eV)
レーザー照射は $\lambda=1064$ nm, 10 μJ/cm^2 で行った．
[W. Widdra *et al.*, *Surf. Sci.*, **543**, 87(2003), Fig. 4]

生じる．このとき VBM はフェルミ準位に近づき，Si 2p 準位も同じ量だけシフトする．この変化量を表面光起電力(surface photovoltage, SPV)とよぶ．清浄 p–Si(001)表面と SiO_2/p–Si(001)表面のレーザー照射有無での Si 2p 光電子スペクトルを比較すると，予想されたようにレーザー照射により高 E_k 側へシフトする，つまり Si 2p はフェルミ準位に近づく(図 2.4.1)．清浄 p–Si(001)表面よりも SiO_2/p–Si(001)表面で大きなシフトがみられる．このように半導体や絶縁体では光電子分光法のための VUV や X 線照射により SPV が生じ，p 型と n 型の相違，照射時間，光強度に依存して変化するので，光電子ピークのシフトを議論するときには SPV を考慮する必要がある．

また，高輝度放射光やフェムト秒レーザーなどのように大出力のパルス光源を用いた光電子分光法では光電子放出直後，試料表面に光電子のクラスターが形成され(**図 2.4.2**)，これらの光電子間のクーロン相互作用により影響を受けることになる．クラスターの中で速い光電子は遅い光電子からの反発力を受けて加速され，遅い電子は逆に減速される．実際，多結晶 Au 表面からの光電子スペクトルにおいて，フェルミ準位の位置が試料電流を増加するにつれて高 E_k 側にシフトしている．放射光パワーの増加による温度上昇であればフェルミ準位の位置は動かず，その幅が広がるだけである．また，試料表面での放射光スポットサイズを集光により小さくすると，同じ試料電流でもフェルミ準位のシフトが増大する．したがって，フェルミ準位のシフトは光電子クラスターでのクーロン反発力によるもので，この現象を空間電荷効果とよぶ．空間電荷効果によりフェルミ準位幅のブロードニングも引き起こされる．試料電流を絞り込むことでフェルミ準位幅を 18 meV(放射光の $\Delta h\nu$＋電子エネルギー分析器の ΔE)まで小さくできるが，150 nA 程度まで試料電流を大きくすると 26 meV 程度となり約 44％も増加する．フェルミ準位のシフトよりもブロードニングの方が試料電流への依存性が大きくなっている．ここで金属表面からの光電子放出では，光電子と試料の電子との間のクーロン相互作用により，試料表面からの光電子までの距離と同じ深さに正孔が形成され，光電子との間に引力が働く．これを鏡像電荷効果とよぶ．この引力により，空間電荷効果とは逆方向にフェルミ準位のシフトを引き起こす．そのため，両者の寄与の差分が観測されるフェルミ準位のシフトを与えることになる．これに対してブロードニング幅は両者の寄与の和となる．いずれにしても，フェルミ準位のブロードニングが 10 meV に達するので，高エネルギー分解が必要とされる超伝導体などの観察では空間電荷，鏡像電荷の効果に注意する必要がある．

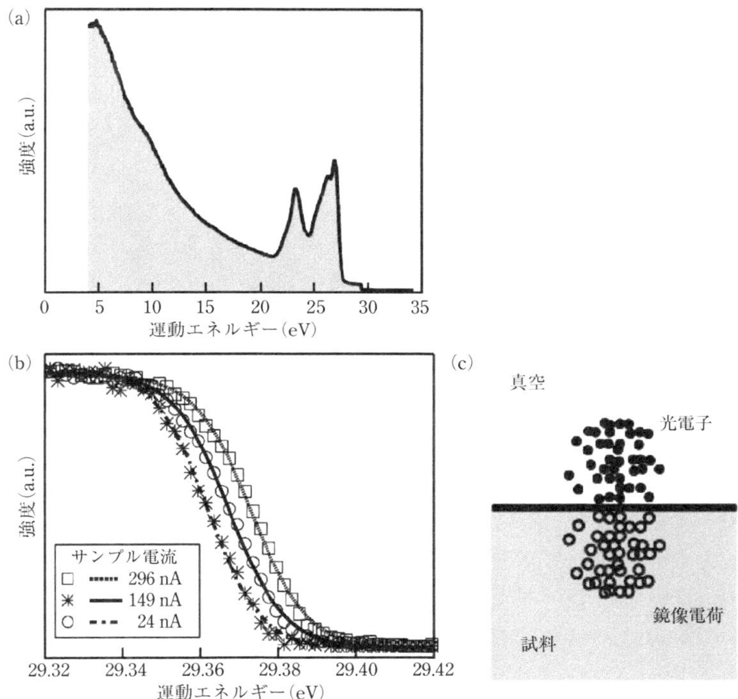

図 2.4.2　(a)多結晶 Au 表面の光電子スペクトル，(b)フェルミ準位近傍の光電子スペクトルの試料電流依存性(放射光：$h\nu = 34$ eV，試料温度は 20 K)，(c)光電子放出における空間電荷と鏡像電荷

[X. J. Zhou *et al.*, *J. Electron Spectrosc. Relat. Phenom.*, **142**, 27(2005), Fig. 2]

2.4.4 ■ 固体表面での光・電子励起反応

固体表面への光照射により化学結合は切断され，原子・分子やイオンは脱離する．これは光刺激脱離(photo-stimulated desorption, PSD)とよばれる．電子照射のときには電子刺激脱離(electron-stimulated desorption, ESD)とよばれる．いずれも熱的効果ではなく，電子励起による原子移動現象である．PSD/ESD は価電子励起と内殻励起に分けられ，前者は反結合性軌道への励起に基づく MGR(Menzel–Gomer–Redhead)モデル，後者はオージェ遷移を通した緩和に基づく KF(Knotek–Feibelman)モデルで説明されている[91]．CO 吸着 CdS(001)表面では CO^+ イオンの脱離が $h\nu = 1.77$ eV(CO の反結合性軌道への励起)で立ち上がり，$h\nu = 2.48$ eV(CdS の E_g)で急増する(MGR モデル)．これに対して CO 吸着 Ru(001)表面では O KLL

オージェ電子収率の $h\nu$ 依存性に対応して，CO^+ イオン収率が変化している(KFモデル)．NH_3 吸着 Ni(011) 表面では，物理吸着 NH_3 層が十分に厚いとき N 1s 吸収($h\nu$～400 eV)にともなう H^+ イオン脱離はみられるが，Ni 2p 吸収($h\nu$～860 eV)にともなう構造はまったくみられない．しかし，薄くなるにつれて Ni 2p 吸収による H^+ イオン収率が増加する．この変化は Ni 基板から放出された Ni 2p 光電子が NH_3 層を通り抜けるときに NH_3 の電子励起を引き起こし，H^+ イオン脱離をもたらしたためと考えられる．つまり，光照射による PSD だけでなく，励起された光電子・二次電子による表面吸着原子の ESD が引き起こされることを示している．

実験室光源の X 線管を用いてニトロセルロースを XPS 測定したとき，測定開始直後には側鎖のニトロ基($-ONO_2$)によるピークがみられるが 120 min 後には消失し，低 E_B 側に新たな結合が現れている[92]．これは側鎖のニトロ基が光励起で解離・脱離していることを意味し，N 1s/C 1s 光電子強度比は観測時間とともに指数関数的に減少しており，X 線管の出力を大きくすると減少速度が増大した．300 W での測定では約 80 min で N 1s/C 1s がほぼゼロまで減少しており，XPS の検出深さの範囲で試料損傷が生じていることがわかる．

低圧水銀ランプからの紫外線照射($h\nu = 4.8$ eV)により CuO/Cu_2O が還元されることが報告されており[93]，光電子分光法のプローブによる影響には注意する必要がある．

2.4.5 ■ 気相での光・電子励起反応

気相での光・電子励起反応は準大気圧光電子分光(APXPS)測定で考慮する必要がある．N_2 ガス中で電子が散乱するまでの平均自由行程 $\lambda_{e\text{-}N_2}$ は $P_{N_2} = 1$ Pa で 50 mm 程度である．$\lambda_{e\text{-}N_2}$ は圧力に反比例するので，$P_{N_2} = 10^{-3}$ Pa では 5×10^4 mm 程度となり，試料表面から放出された光電子が電子エネルギー分析器の検出器に到達するまでに N_2 分子と衝突する確率は無視できる．他方，$P_{N_2} = 1000$ Pa では 0.05 mm となり，APXPS における試料と前置レンズ入口との距離(～1 mm)と比べて十分に短いため，前置レンズの低圧力部(1～0.1 Pa)に飛び込む前に頻繁な非弾性衝突により光電子強度が減少してしまう．他方，プローブ光の紫外線や X 線により雰囲気ガスの解離やイオン化が生じる．生じたイオンやラジカルがガス分子と衝突する平均自由行程は $\lambda_{e\text{-}N_2}$ の 1/4 と短い．そのため 1000 Pa での光電子分光測定中にラジカルやイオンが生じたとしても，高い頻度での衝突によるラジカルの失活，電子捕捉によるイオン中性化により試料表面まで届かず，表面状態への影響は少ないと考えられる．

他方，試料表面から放出される光電子・二次電子の E_k が数 10 eV 以上のとき，気相中でラジカルやイオンが生成する．また，光励起に比べて電子衝突による断面積は大きいので，ラジカルやイオンは高い確率で生成する．このとき 10^3 Pa で λ_{e-N_2} が十分に短いとしても，イオンやラジカルが試料表面のごく近傍で生成するので，十分に試料表面に到達し影響を与えることが考えられる[94)]．例えば，O_2 ガスによる Si 表面の酸化において，光電子・二次電子により O_2 が解離して酸素ラジカルが生成した場合，O_2 に比べて酸素ラジカルは Si との高い反応性をもつので SiO_2 成長キネティクスが大きく変化してしまう．このように光電子・二次電子が引き起こす気相反応も注意すべきである．

［引用文献］

1）相原惇一，井口洋夫，里子允敏，菅野 暁，中村正年，石井武比古，原田義也，関一彦，電子の分光，共立出版(1977)

2）日本化学会 編，電子分光，学会出版センター(1977)

3）日本表面科学会 編，X 線光電子分光法(表面分析技術選書)，丸善出版(1998)

4）M. Campagna and R. Rosei eds., *Proceedings of the International School of Physics "E. Fermi", Photoemission and Absorption Spectroscopy of Solids and Interfaces with Synchrotron Radiation*, North-Holland, Amsterdam(1990)

5）W. E. Spicer, *J. Chem. Phys. Solids*, **59**, 527(1998)

6）L. I. Johansson and I. Lindau, *Solid State Commun.*, **29**, 379(1979)

7）F. Offi, S. Iacobucci, L. Petaccia, S. Gorovikov, P. Vilmercati, A. Rizzo, A. Ruocco, A. Goldoni, G. Stefani, and G. Panaccione, *J. Phys.: Condens. Matter*, **22**, 305002(2010)

8）C. Westphal, *Surf. Sci. Rep.*, **50**, 1(2003)

9）高橋 隆，光電子固体物性，朝倉書店(2011)

10）F. Müller and K. Stöwe, *Z. Anorg. Allg. Chem.*, **629**, 1805(2003)

11）S. Kono, S. M. Goldberg, N. F. T. Hall, and C. S. Fadley, *Phys. Rev. B*, **22**, 6085(1980)

12）吉武道子，表面科学，**28**, 397(2007)

13）T. Yokotsuka, S. Kono, S. Suzuki, and T. Sagawa, *Jpn. J. Appl. Phys.*, **23**, L69(1984)

14）山本恵彦，表面科学，**29**, 70(2008)

15）河野省三，表面科学，**29**, 173(2008)

16）高桑雄二，小川修一，石塚眞治，吉越章隆，寺岡有殿，*J. Surf. Anal.*, **13**, 36(2006)

17）S. Ogawa, J. Tang, and Y. Takakuwa, *AIP ADVANCES*, **5**, 087146(2015)

18）吉武道子，表面科学，**29**, 64(2008)

19）Y. Takakuwa, S. Suzuki, T. Yokotsuka, and T. Sagawa, *J. Phys. Soc. Jpn.*, **53**, 687（1984）
20）C. Bandis and B. B. Pate, *Phys. Rev. B*, **52**, 12056（1995）
21）J. N. Eckstein, C. Webb, S. L. Weng, and K. A. Bertness, *Appl. Phys. Lett.*, **51**, 1833（1987）
22）高桑雄二，遠田義晴，坂本仁志，宮本信雄，日本物理学会誌，**53**, 758（1998）
23）F. Gerken, A. S. Flodström, J. Barth, L. I. Johansson, and C. Kunz, *Phys. Scr.*, **32**, 43（1985）
24）E. Bruninx and A. van Eenbergen, *Spectrochim. Acta B*, **38**, 821（1983）
25）D. M. Riffe and G. K. Wertheim, *Phys. Rev. B*, **47**, 6672（1993）
26）J. F. van der Veen, P. Heimann, F. J. Himpsel, and D. E. Eastman, *Solid State Commun.*, **37**, 555（1981）
27）吉武道子，表面科学，**22**, 831（2001）
28）B. Batlogg, E. Kaldis, A. Schlegel, G. von Schulthess, and P. Wachter, *Solid State Commun.*, **19**, 673（1976）
29）T. Ishii, S. Kono, S. Suzuki, I. Nagakura, T. Sagawa, R. Kato, M. Watanabe, and S. Sato, *Phys. Rev. B*, **12**, 4320（1975）
30）C. Nicolas and C. Miron, *J. Electron Spectrosc. Relat. Phenom.*, **185**, 267（2012）
31）F. Sette, G. K. Wertheim, Y. Ma, G. Meigs, S. Modesti, and C. T. Chen, *Phys. Rev. B*, **41**, 9766（1990）
32）W. Kuch, M. Schulze, W. Schnurnberger, and K. Bolwin, *Surf. Sci.*, **287/288**, 600（1993）
33）S. Ogawa, T. Yamada, S. Ishidzuka, A. Yoshigoe, M. Hasegawa, Y. Teraoka, and Y. Takakuwa, *Jpn. J. Appl. Phys.*, **51**, 11PF02（2012）
34）柿崎明人，分光研究，**35**, 241（1986）
35）G. Panzner, B. Egert, and H. P. Schmidt, *Surf. Sci.*, **151**, 400（1985）
36）S. Suzuki, T. Ishii, and T. Sagawa, *J. Phys. Soc. Jpn.*, **37**, 1334（1974）
37）G. K. Wertheim, A. Rosencwaig, R. L. Cohen, and H. J. Guggenheim, *Phys. Rev. Lett.*, **27**, 505（1971）
38）J. K. Lang, Y. Baer, and P. A. Cox, *J. Phys. F: Metal Phys.*, **11**, 121（1981）
39）P. A. Cox, *Struct. Bonding*, **23**, 59（1974）
40）W. T. Carnall, P. R. Fields, and K. Rajnak, *J. Chem. Phys.*, **49**, 4424（1968）
41）佐々木貞吉，放射光，**9**, 233（1996）
42）G. P. Williams and G. J. Lapeyre, *Phys. Rev. B*, **20**, 5280（1979）
43）G. K. Werthiem and M. Compagna, *Solid State Commun.*, **26**, 553（1978）
44）岩井秀夫，大岩 烈，P. E. Larson，工藤正博，表面科学，**16**, 592（1995）

45）藤原賢三，尾形仁士，真空，**22**, 274（1979）

46）S. Souma, T. Sato, T. Takahashi, and P. Baltzer, *Rev. Sci. Instrum.*, **78**, 123104（2007）

47）C. S. Fadley, *Prog. Solid State Chem.*, **11**, 265（1976）

48）N. G. Stoffel, A. D. Katnani, and G. Margaritondo, *Phys. Rev. Lett.*, **46**, 838（1981）

49）M. Aono, R. Nishitani, C. Oshima, T. Tanaka, E. Bannai, and S. Kawai, *Surf. Sci.*, **86**, 631（1979）

50）I. Niedemaier, C. Kolbeck, H. P. Steinrück, and F. Marier, *Rev. Sci. Instrum.*, **87**, 045105（2016）

51）N. Mårtensson, P. Baltzer, P. A. Brühwiler, J. O. Forsell, A. Nilsson, A. Stenborg, and B. Wannberg, *J. Electron Spectrosc. Relat. Phenom.*, **70**, 117（1994）

52）K. Kobayashi, *Nucl. Instrum. Methods Phys. Res. A*, **601**, 32（2009）

53）J. B. Benziger and R. J. Madix, *J. Electron Spectrosc. Relat. Phenom.*, **20**, 281（1980）

54）J. H. Scofield, *J. Electron Spectrosc. Relat. Phenom.*, **8**, 129（1976）

55）尾白佳大，小川修一，佐藤元伸，二瓶瑞久，高桑雄二，表面科学，**35**, 420（2014）

56）P. Deuflhard, *Newton Methods for Nonlinear Problems : Affine Invariance and Adaptive Alogorithms*, Springer Series in Computational Mathematics Vol. 35, Springer, Berlin（2004）

57）J. F. Morar, F. J. Himpsek, G. Hollinger, J. L. Jordan, G. Hoghes, and F. R. McFeely, *Phys. Rev. B*, **33**, 1340（1986）

58）S. Ogawa, J. Tang, A. Yoshigoe, S. Ishidzuka, and Y. Takakuwa, *J. Chem. Phys.*, **145**, 114701（2016）

59）H. Kobayashi, T. Kubota, H. Kawa, Y. Nakato, and M. Nishiyama, *Appl. Phys. Lett.*, **73**, 933（1998）

60）文珠四郎秀昭，素材物性学雑誌，**18**, 1（2006）

61）G. Hohlneicher, H. Pulm, and H. J. Freund, *J. Electron Spectrosc. Relat. Phenom.*, **37**, 209（1985）

62）Z. Hussain, S. Kono, L. G. Perterson, C. S. Fadley, and L. F. Wagner, *Phys. Rev. B*, **23**, 724（1981）

63）S. Toyoda and M. Oshima, *J. Appl. Phys.*, **120**, 085306（2016）

64）匂坂康夫，分光研究，**35**, 337（1986）

65）木下豊彦，放射光，**7**, 1（1994）

66）柿崎明人，真空，**41**, 561（1998）

67）小林 光，表面科学，**16**, 251（1995）

68）K. Hirose, K. Sakano, K. Takahashi, and T. Hattori, *Surf. Sci.*, **507–510**, 906（2002）

69）竹内大輔，山崎 聡，表面科学，**29**, 151（2008）

70）S. D. Kevan, D. H. Rosenblatt, D. Denley, B. C. Lu, and D. A. Shirley, *Phys. Rev. Lett.*, **41**, 1565（1978）
71）N. Koshizaki, M. Kudo, M. Owari, Y. Nihei, and H. Kamada, *Jpn. J. Appl. Phys.*, **19**, L349（1980）
72）朝倉清高，表面科学，**17**, 194（1996）
73）小野寛太，谷内敏之，尾嶋正治，脇田高徳，小嗣真人，鈴木基寛，河村直己，高垣昌史，秋永広幸，表面科学，**28**, 704（2007）
74）C. S. Fadley, *Surf. Interf. Anal.*, **40**, 1579（2008）
75）B. L. Henke, *Phys. Rev. A*, **6**, 94（1972）
76）J. Kawai, S. Hayakawa, Y. Kitajima, K. Maeda, and Y. Gohshi, *J. Electron Spectrosc. Relat. Phenom.*, **76**, 313（1995）
77）K. Hayashi, S. Kawato, T. Horiuchi, K. Matsushige, Y. Kitajima, H. Takenaka, and J. Kawai, *Appl. Phys. Lett.*, **68**, 1921（1996）
78）K. Kobayashi, M. Yabashi, Y. Takata, T. Tokushima, S. Shin, K. Tamasaku, D. Miwa, T. Ishikawa, H. Nohira, T. Hattori, Y. Sugita, O. Nakatsuka, A. Sakai, and S. Zaima, *Appl. Phys. Lett.*, **83**, 1005（2003）
79）堀場弘司，尾嶋正治，表面科学，**34**, 568（2013）
80）D. Höfert, C. Gleichweit, H. P. Steinrück, and C. Rapp, *Rev. Sci. Instrum.*, **84**, 093103（2013）
81）W. Widdra, D. Bröcker, T. Gießel, I. V. Hertel, W. Krüger, A. Liero, F. Noack, V. Perov, D. Pop, P. M. Schmidt, R. Weber, I. Will, and B. Winter, *Surf. Sci.*, **543**, 87（2003）
82）M. Salmeron and R. Schlögl, *Surf. Sci.* Rep., **63**, 169（2008）
83）J. Kraus, R. Reichelt, S. Günther, L. Gregoratti, M. Amati, M. Kishinova, A. Yulaex, I. Vlassiouk, and A. Kolmakov, *Nanoscale*, **6**, 14394（2014）
84）橋本 哲，表面科学，**25**, 198（2004）
85）森田行則，徳本洋志，表面科学，**20**, 680（1999）
86）南日康夫，表面科学，**17**, 523（1996）
87）原 史朗，吉田貞史，電子技術総合研究所彙報，**58**, 25（1994）
88）組頭広志，表面科学，**25**, 684（2004）
89）一村信吾，表面科学，**24**, 207（2003）
90）尾山貴司，西澤真士，照喜名伸泰，谷 広次，山本 宏，表面科学，**20**, 530（1999）
91）高桑雄二，東北大学科学計測研究所報告，**49**, 9（2000）
92）當麻 肇，表面科学，**25**, 192（2004）
93）T. H. Fleisch and G. J. Mains, *Appl. Surf. Sci.*, **10**, 51（1982）
94）高桑雄二，小川修一，精密工学会誌，**80**, 429（2014）

第3章　X線光電子分光法の実際

3.1 ■ X線光電子分光装置の構成

光電子分光装置は(1)電子エネルギー分析器，(2)光源，(3)解析真空槽，(4)試料マニュピレータ，(5)試料準備および試料搬入槽，(6)真空排気系から構成される．各構成機器については，文献[1)]に詳しく述べられている．解析真空槽の到達真空度は 10^{-7} ～ 10^{-9} Pa であり，取り付ける機器は超高真空(UHV)対応となっている．そのため，光電子分光装置の開発・運用においてはUHV技術の理解は不可欠である．真空槽および分析機器の材質にはガス放出率が低いことだけでなく，150～200°Cでのベーキングへの対応，非磁性であることが求められるので，ステンレス(SUS304, SUS316)もしくはアルミニウム合金が広く用いられている．とりわけ地磁気(0.2～0.7ガウス)により光電子の軌道が曲げられて光電子検出効率が低下するので，電子エネルギー分析器は鉄-ニッケル-クロム合金である高透磁率のミューメタルを用いた磁気シールドが必要とされる[2)]．具体的には，真空槽をミューメタルで製作するか，ステンレス製真空槽の内部にミューメタル容器が設置される．一重の磁気シールドにより地磁気を約1/10まで低減できる．電子エネルギー分析器には二重の磁気シールドが施され，約1/100まで地磁気を低減しているだけでなく，油回転ポンプからの磁場や着磁ドライバーなどからの影響を防いでいる．試料マニュピレータには三軸の並進移動と二軸の回転の自由度(x, y, z, θ, ϕ)に加え，加熱・冷却の機能が求められる．試料準備槽は表面清浄化だけでなく金属薄膜などの蒸着機能も備え，AESやLEEDなどで表面組成および表面構造を分析できる場合もある．試料搬入槽はロードロック槽ともよばれ，大気中から入れた試料を短時間で試料準備槽に導入するために用いられる．

光電子分光法は光源と電子エネルギー分析器の組み合わせにより，多様な特徴と機能が実現できる．3.2節以降で具体的な組み合わせと適用例について述べる．光源としては，(1)X線管，(2)希ガス放電管，(3)レーザー，(4)プラズマ軟X線源の実験室光源に加えて，(5)高エネルギー加速器研究機構やSPring-8などにおける放射光が利用できる[3)]．X線管と希ガス放電管については，文献[1,4)]に詳しく述べら

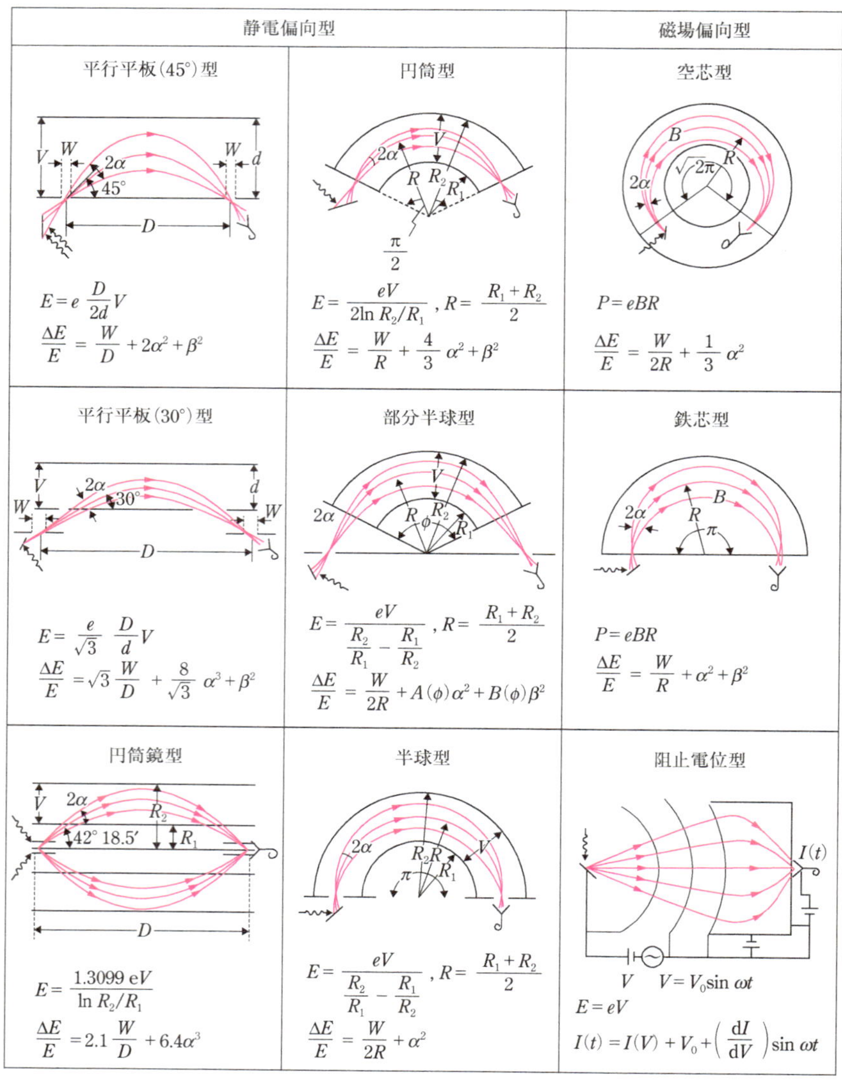

図 3.1.1　電子エネルギー分析器の分類と性能

電子の入射角度の広がりについては紙面に沿う方向が α，紙面に垂直な方向が β であり，単位はラジアンである．E_p は電子の通過エネルギー，ΔE_{FWHM} はエネルギー分解幅である．D は入射位置と検出位置の距離，d は平行平板間のギャップ，R_1 は内円筒もしくは内球の半径，R_2 は外円筒もしくは外球の半径，R は電子の平均軌道，P は電子の運動量，B は磁場，W は入射と出射スリットの幅．

［佐川 敬，応用物理，**41**, 849(1972), Fig. 2］

れている．電子エネルギー分析器は磁場偏向型と静電偏向型に分けられ，磁場偏向型には空芯型と鉄芯型がある(**図 3.1.1**)．磁場偏向型は高エネルギー(10^4～10^6 eV)の原子核実験用に開発されたもので，低エネルギー(10～10^3 eV)の光電子分光測定では数ガウスの弱磁場での偏向を用いるので，地磁気を数ミリガウスまで抑制する必要がある．そのため，ヘルムホルツコイルを用いて外部磁場を精密に補償する．磁場偏向型は高いエネルギー分解が得られるものの，現在は光電子分光装置に用いられていない．静電偏向型には平行平板(45°, 30°)型，円筒鏡型，円筒型，部分半球型，半球型がある[5)]．これに加えてメッシュ電極を用いた阻止電位型，パルス光源を用いた飛行時間型，一次元および二次元表示型がある．以下では，光源の発生原理と特徴，平行平板型，円筒鏡型，半球型電子エネルギー分析器の特性，検出器の原理と応用について述べる．

3.1.1 ■ 光源

A. X線管

X線管としてはY Mζ($h\nu$ = 132.3 eV)，Zr Mζ(151.4 eV)，Mo Mζ(192.3 eV)，Cr Lα(572.8 eV)の軟X線源，Na Kα(1041.0 eV)，Mg Kα(1253.6 eV)とAl Kα(1486.6 eV) のX線源，Si Kα(1739.9 eV)，Ag Lα(2984.4 eV)，Cr Kα(5414.9 eV)，Cr Kβ(5946.7 eV)，Cu Kα_1(8047.8 eV)の硬X線源が利用できる．X線管は熱フィラメント(接地電位)，電子ビームを集束させるためのウエネルト(接地電位)，水冷された銅ブロックに対陰極物質を10～100 μm堆積された陽極(＋HV)，そして静電シールドケース(接地電位)から構成される．Wフィラメントと陽極が向かい合う構造(図1.4.2)では，フィラメントから昇華したWにより表面汚染されて目的の特性X線が弱くなるだけでなく，堆積W膜からのサテライトが強くなる．そのためWフィラメントが対陰極表面を見込まない構造が開発された(ヘンケ型)．ヘンケ型ではツイン対陰極，例えばMgとAlの組み合わせとし，2つのWフィラメントを切り替えることで，機械的な操作なしでMg Kα(1253.6 eV)とAl Kα(1486.6 eV)を選択できる．X線出力は励起電子の電流よりも加速電圧を大きくすることで，効果的に増大できる．これは内殻正孔の生成確率が加速電圧に依存して急速に高くなるためで，X線領域では10～15 keV，硬X線領域では30～45 keVまで電子を加速する．また，得られるX線出力は電子ビームの加速電圧だけでなく入射角度にも強く依存する．これは入射電子ビームの侵入深さとX線発生領域の体積，そしてX線の吸収係数に依存した脱出深さが原因である[6)]．

発生するX線にはXPSに使用する特性X線だけでなく，サテライトや連続的なエネルギー分布をもつ制動輻射が含まれる(図 2.1.30)．電子ビームの入射方向に対して制動輻射は直角方向に極大をもち，これに対して特性 X 線は等方的である．汎用の Mg/Al ツイン対陰極 X 線管では厚さ数 μm の Al 箔を用いることにより制動輻射とサテライト成分を抑制しているが(ローパスフィルター)，Al K$\alpha_{3,4}$ 線などのサテライトは除去するのが難しい．これに加えて硬 X 線領域では特性 X 線の自然幅がライフタイム・ブロードニングにより広くなるので，曲撓結晶を用いて分光する必要がある[1)]．Al Kα 線には α–石英(001)面，Cr Kα 線には Ge(224)面を用いると，Al Kα_1 線を 0.21 eV まで狭くでき(図 2.1.30)，Cr Kα_1 線は Au フェルミ端の立ち上がりで 0.59 eV まで狭くできる[7)]．実験室での X 線源の出力は限られているので，長時間測定でも実用的な光電子スペクトルが得られない場合があり，イオン化断面積と表面感度の X 線エネルギー依存性を考慮し，目的に合わせて X 線エネルギーを選択する必要がある．

B.　希ガス放電管

希ガス放電管を用いることにより真空紫外線(VUV)が利用できる．中性原子からの共鳴線である He I($h\nu$ = 21.22 eV)，Ne I(16.85 eV, 16.67 eV)，Ar I(11.83 eV, 11.62 eV)，Kr I(10.64 eV, 10.03 eV)，Xe I(9.57 eV, 8.44 eV)，イオンからの共鳴線である He II(40.8 eV)，Ne II(26.8 eV)などがあり，それぞれの FWHM は数 meV とたいへん狭い．希ガス放電管は，冷陰極直流放電型と ECR マイクロ波放電型に分類される．いずれにしても VUV 領域での光学窓は存在しないので，差動排気(小さな真空コンダクタンスのキャピラリーと真空ポンプの多段での組み合わせ)を用いて放電部と解析真空槽の間で 10^8 倍程度の圧力差を設けることになる．さらに電子エネルギー分析器が検出している領域と VUV 照射領域を合わせるために，放電部と差動排気部の全体を並進・傾斜移動する必要がある．さらに希ガス放電管と移動機構に加えて希ガス供給系と差動排気系ポンプ・真空ゲージが組み合わされ，複雑なシステムとなる[8)]．

He 原子では 1s 軌道から 2p 軌道に電子が励起され，その逆過程の 2p→1s 遷移で放出される He Iα(21.22 eV)に加え，3p と 4p 軌道への励起にともなう 3p→1s と 4p→1s 遷移もある．それぞれ He Iβ(23.08 eV)と He Iγ(23.74 eV)線に相当する．希ガス圧力が高いときには原子からの発光が主であるが，希ガス圧力を下げるにつれてイオンからの発光が強くなる．これは希ガス圧力を下げると電子の平均自由行程が長くなり，中性化までのイオンの寿命が長くなるからである．したがって，希ガス放電管からの VUV には原子とイオンからのものが混合しており，Xe の ECR

マイクロ波放電の場合，Xe I と Xe II からの VUV があわせて 8 種類もみられる[9]．原子とイオンからの VUV の分離，さらにサテライトや連続光の利用のために回折格子による分光器が利用できる[10]．希ガス放電管からの VUV の選択においても光イオン化断面積と表面感度を考慮することが必要である．また，希ガスの種類を交換するだけで広範囲の VUV 領域($h\nu = 10 \sim 40$ eV)をカバーできるので，光電子スペクトルの表面感度とイオン化断面積を変化できるだけでなく，浅い内殻準位と関係した共鳴光電子放出が利用できる．

C.　レーザー

レーザーを光電子分光法の光源として用いる場合，その光エネルギーが固体表面の仕事関数よりも大きい必要がある．これに加えてパルスレーザーにおいてパルス出力が大きすぎるときには，空間電荷効果によるエネルギーシフトやブロードニングが生じてしまうので[11]，パルス出力を抑えて繰り返し周波数を増加させて光フラックスを大きくする必要がある．これら 2 つの条件を満たす光源として，Nd:YVO_4 レーザー(1064 nm, 1.165 eV)の 6 倍高調波($h\nu = 6.994$ eV，$\Delta h\nu = 260$ μeV，光フラックス $= 2.2 \times 10^{15}$ photons/s)が選択されている[12]．繰り返し周波数は 80 MHz，光フラックスは He 放電管からのものと比べて約 100 倍強い．2.7 K に冷却した Au 表面のフェルミ準位から求めたエネルギー分解幅は VUV と電子エネルギー分析器の両者による寄与を含み，360 μeV に達している[12]．また，レーザーは直線偏光あるいは円偏光しているので，スピン検出器と組み合わせることによりスピン・角度分解光電子分光法が可能となる．

D.　プラズマ軟 X 線源

高強度のパルスレーザーを固体表面に照射したとき，表面近傍に高温・高密度プラズマが生成する．このプラズマの冷却過程において，多価イオンの中性化や励起状態からの緩和により軟 X 線が発生する．その X 線エネルギーは 0.1 ～ 1.5 keV に及び，連続光源となっている．フェムト秒レーザーで Al ターゲットを励起したとき，発生した軟 X 線のパルス幅は約 6 ps と報告されている[13]．このパルス特性を用いて，X 線励起のポンプ–プローブ実験などが可能である．

他方，フェムト秒レーザーを気体に照射することでも，多価イオンの中性化や励起状態からの緩和によって軟 X 線を発生できる．このときの X 線エネルギーは連続ではなく離散的なので，多層膜ミラーを用いたバンドパスフィルターにより，容易に分光と集光ができる．O_2 ガス($P_{O_2} \sim 10$ Pa)からの軟 X 線を Al/Mo 多層膜ミラーで分光することにより，O^{5+} イオンから軟 X 線（$h\nu = 71.7$ eV）が取り出され，光電子顕微鏡の光源として利用されている[14]．このように光電子分光法のための実験室光源として，フェムト秒レーザーを照射したガスからの極端紫外光が利用できる．

E.　放射光

電子蓄積リングからの放射光は赤外線／可視光／紫外線／真空紫外線／軟 X 線／X 線／硬 X 線にわたる連続光であり，高輝度，直線偏光あるいは円偏光，真空光源などの特徴をもつ[15]．そのため，光電子分光法の光源として放射光を用いるとき，放射光を回折格子（$h\nu \lesssim 2$ keV）[16]もしくは結晶（$h\nu \gtrsim 2$ keV）[17]を用いて分光する必要がある．電子はバンチとなって蓄積リング内を周回しているので，放射光はパルスとなって放出される．高エネルギー加速器研究機構のフォトンファクトリーでは間隔 624 ns（約 500 MHz），パルス幅 100 ps となっている．挿入光源のアンジュレータからの放射光の輝度は偏向電磁石のものに比べて約 10^4 倍も高いので，放出された光電子へ作用する空間電荷，鏡像電荷の効果が無視できなくなる．とりわけ数 10 meV 以下の高エネルギー分解での光電子分光観察では注意が必要である．

また，線形電子加速器とアンジュレータを組み合わせることで X 線領域での自由電子レーザー（X-ray free electron laser, XFEL）の発振が可能である．XFEL は（1）従来の放射光光源に比べて 9 桁も輝度が高い，（2）空間的コヒーレンスが完全に近い，（3）数 10 fs の超短時間パルスであるという特徴をもち，SPring-8 の SACLA では波長 0.15 nm 以下の X 線の発振に成功している[18]．XFEL からの X 線（$h\nu = 8$ keV）と赤外線レーザー（$h\nu = 1.55$ eV）を組み合わせたポンプ-プローブ法を用いた XPS により，La:$SrTiO_3$ のキャリア再結合過程が調べられている[19]．

3.1.2 ■ 電子エネルギー分析器

A.　平行平板型

静電偏向型である平行平板型電子エネルギー分析器は構造がもっとも簡単で製作が容易なので，1960～70 年代に数多く試作された（図 1.4.2）．小型軽量なので二軸回転機構（θ_p, ϕ）に取り付けて移動することにより，試料表面を固定したままで角度分解光電子スペクトルを得ることができる．入射角が 45° の場合，電子の通過エネルギー E_p とエネルギー分解幅 ΔE_{FWHM} の関係は次式で与えられる[5]．

$$\frac{\Delta E_{FWHM}}{E_p} = \frac{W}{D} + 2\alpha^2 + \beta^2 \tag{3.1.1}$$

エネルギー分散方向の α だけでなく，それと垂直方向の β にも依存する．式（3.1.1）

にはαとβについての一次の項が含まれず，集束作用があることを意味している．しかしエネルギー分解幅の低下を防ぐため，αだけでなくβについてもダイアフラムを用いて制限しなければならず，検出効率は低下することになる．また，2つの電極板の端部において電場の乱れがあるので，ガードリングとよばれる補償電極の工夫が必要である．

B.　円筒鏡型

平行平板型電子エネルギー分析器を試料と検出器を結ぶ軸で回転させたものが，円筒鏡型電子エネルギー分析器(cylindrical mirror analyzer, CMA)である．この場合，内円筒と外円筒に印加する電圧Vと電子のE_kが一義的に対応するのは入射角が42°18.5′のときのみである．仮に平行平板型でβの広がりを1°に制限したときと比較すると，CMAではβが360°の範囲で取り込めるので，360倍明るいことになる．これに加えて内円筒の内部に電子銃を設置すればAES測定が可能であるため，現在でも電子銃内蔵CMAはAESによる簡便な組成分析法として広く普及している．ただし，$\Delta E_\mathrm{FWHM}/E_\mathrm{p}$は次式で与えられるように式(3.1.1)に比べて$W/D$の項が2.1倍，$\beta$は含まれないものの$\alpha$について三乗になるとともに係数も2から6.4に増加しているので，$\Delta E_\mathrm{FWHM}/E_\mathrm{p}$は著しく低下する．

$$\frac{\Delta E_\mathrm{FWHM}}{E_\mathrm{p}}=2.1\frac{W}{D}+6.4\alpha^3 \tag{3.1.2}$$

そのため，印加電圧Vを掃引して電子のエネルギー分布曲線を求めるとき，E'_kの増大とともにΔEは増大することになる．この課題を解決するために試料と内円筒の間に半円型の2枚メッシュ電極を設け，阻止電位V_Rを印加する改良がなされた[20]．この方法では$(eV_\mathrm{R}+E_\mathrm{p})$が$E_\mathrm{k}$となり，$\Delta E$一定の下で$V_\mathrm{R}$を掃引してエネルギー分布曲線を得る．

また，CMAに対して試料位置が近づくもしくは遠ざかることにより，電子のE'_kは見かけ上大きくもしくは小さくなる．AESでは内蔵電子銃からの既知のエネルギーE_0の入射電子の弾性散乱ピークを用いて試料位置調整ができる．これに対してCMAを2段組み合わせた二重円筒鏡型(double cylindrical mirror analyzer, DCMA)では，2つのピンホールスリットが検出器前と2段目のCMA入口に設けられているので試料位置が固定されてしまう[21]．そのため，試料位置に依存したE'_kの見かけ上の変化はなく，規定された試料位置からずれると信号がまったく得られなくなってしまう．DCMAでも初段CMA入口に2枚メッシュ電極が設置されており，V_RによりE_pを調節できる．DCMAを用いた光電子分光法では回転対称軸の直角方向からX線もしくは放射光などを入射することになり，360°の取り込み角のうち，半分程度しか利用できなくなってしまう．いずれにしてもCMAもしくはDCMAにおいては減速を2枚メッシュ電極で行っているので，高エネルギー分解で光電子スペクトル測定をすると阻止電位によるレンズ効果で強度が減少し，検出感度が著しく低下する．この課題を解決するためには電子エネルギー分析器の性能に加えて，加速・減速ができる入射レンズを用いた集束が不可欠となる[22]．

C.　半球型

半球型電子エネルギー分析器(hemispherical analyzer, HSA)の $\Delta E_{\mathrm{FWHM}}/E_{\mathrm{p}}$ は式(2.1.17)で与えられる．式(3.1.1)と比べて α^2 による寄与は半分になるだけでなく，β^2 の項が含まれていない．β について集束作用があるともに，原理的に±90°までの角度広がりで電子を取り込んでも $\Delta E_{\mathrm{FWHM}}/E_{\mathrm{p}}$ の低下はなく，HSAはたいへん明るい電子エネルギー分析器であることがわかる．これに加えて半径方向では入射スリットとダイアフラムで α を制限するが，直交する円周方向では何ら制限がなく，この軸に沿う試料表面の情報が検出器面に反転して結像することになる(図2.1.32)．つまり，HSAを用いることでエネルギー分散とイメージングが同時に可能になる．さらに入射レンズを用いて検出角度 θ_{p} で分散した電子が入射スリットの円周方向に沿って結像するときには(図2.1.33)，角度分散とエネルギー分散を同時に測定可能となる．このような性能は他の種類の電子エネルギー分析器では得られない．そのため，光電子分光法の電子エネルギー分析器としては平行平板型やCMA，DCMAは現在まったく用いられず，HSAが支配的となっている．

HSAは内球と外球が同軸で組み立てられる簡単な構造であり，両球に印加する電圧 V と E_{p} の関係は式(2.1.16)で与えられるように，内径と外径だけで決まるので設計が容易である．検出器面でのエネルギー分散 ΔE は式(2.1.19)で示すように，平均軌道半径 R からのずれ ΔR に比例する．そのためイメージングと角度分散において，エネルギー分散は歪まない二次元情報として得られることになる．V_{p} を固定して得られる光電子スペクトルの E_{k}' 幅は $E_{\mathrm{p}}(R_2-R_1)/R$ で与えられ，(R_2-R_1) は分析器窓とよばれる．このような測定モードをスナップショットとよぶ．HSAの高エネルギー分解で明るいという特性は，加速・減速できる入射レンズの集束作用により実現され，さらにはイメージングと角度分散と合わせたエネルギー分散も入射レンズの特性に支配される．現在，多くのメーカーからHSAが市販されているが，HSA本体の性能の優劣差はほとんどなく，入射レンズの設計で性能が決まっている．

また，HSAの優れた性能を引き出すためには出口スリットを取り払う必要があり，さらには二次元の位置敏感検出器が不可欠となる(図2.3.1)．位置敏感検出器は電子増倍のためのマイクロチャンネルプレート(micro channel plate, MCP)[23]と組み合わせて用いられる．位置敏感検出器としては(1)蛍光スクリーン／CCDカメラ，(2)抵抗型陽極，(3)ディレイライン検出器(delay line detector, DLD)がある．現在は，蛍光スクリーン／CCDカメラが構造と座標演算システムが簡単なので支配的である．

エネルギー分散方向の一次元の位置敏感検出器としてチャンネルトロンを複数個配列する方法と，サファイアなどの絶縁性基板にAu電極を多数配置する方法(分割陽極)がある．前者では3～9個配列したものが実用化されており，光電子スペクトルの測定効率が3～9倍向上するが，スナップショットで光電子スペクトルを得るにはチャンネル数が不足しており，V_pを掃引する必要がある．後者ではMCPと組み合わせて96個のAu電極(0.32 mm幅で0.15 mm間隔)[24]，768個のAu電極(0.03 mm幅で0.018 mm間隔)[25]を配列したものが開発されている．96電極からの信号は大気中に設置された96系統のプリアンプなど用いて処理される．他方，768電極では真空内にプリアンプ／リニアアンプ／ディスクリミネータ／カウンタ／タイマー／メモリが設置され，外部へはシリアルリンクを通してデータが読み出される．96電極ではAr 2p光電子スペクトルが1 s，768電極ではMn 2p光電子スペクトルがV_pを固定して50 msでスナップショット測定できている．このような一次元位置敏感検出器ではAu電極の幅と間隔は狭いものの細長い形状となっているので，角度分散もしくはイメージングの情報は積分されてしまう．

二次元位置敏感検出器の一部を開口してスピン検出器を取り付けることにより，スピン・角度分解光電子分光測定が可能となる．現在，MgO(001)表面に形成したFe(001)p(1×1)-O表面が，高効率の超低速電子線回折(VLEED)型スピン検出器として有用である[26]．

以上では代表的な電子エネルギー分析器の性能の概要について述べたが，光電子分光法で使用されてきた電子エネルギー分析器の開発の歴史と今後の展望については，文献[27～29]に詳しく述べられている．電子エネルギー分析器と電子レンズ，そして位置敏感検出器の動作原理については，文献[22]に詳しく述べられている．

3.1.3 ■ 検出器

表面分析における荷電粒子検出システムについては，文献[30]に詳しく述べられている．HSAの入射スリットと出射スリットがある場合，ΔE_{FWHM}を一定に保ってV_R

を掃引しながら単一チャンネルの光電子強度測定を繰り返すことで EDC を得る．このときに用いられるのが二次電子増倍管（secondary electron multiplier, SEM）もしくはチャンネルトロンである．SEM は光計測で広く用いられている光電子増倍管の光電変換面を除去したものである．CuBe 合金からなるダイノードが多段で組み合わされており，最終段に陽極が設置され，それらの間は分割抵抗で直列に接続されている（**図 3.1.2**）．初段ダイノードに入射した 1 個の光電子により 2～3 個の二次電子が放出され，約 100 V で加速されて第 2 段ダイノードに入射して二次電子放出を繰り返す．20 段のダイノードから平均で 2 個の二次電子放出が繰り返されるとき，陽極に達する二次電子数は 1.06×10^{6} 個となる．したがって，陽極抵抗 R には約 10^{-13} A の電流が流れることになる．陽極抵抗が 1 MΩ のとき約 10^{-7} V の電圧降下が生じ，このパルスは＋HV に重なっているので，コンデンサ C で＋HV をカットした後にプリアンプで増幅・インピーダンス変換し，信号処理される．20 段 SEM は直径が約 50 mm，長さが約 150 mm と大きいが，二次電子放出面と分割抵抗の別々なので，ガス吸着やベーキングなどによる特性劣化は少ない．

これに対してチャンネルトロンはアスペクト比の大きなガラスパイプであり，両端に電極が取り付けられ，ガラスパイプの内面が二次電子放出面と分割抵抗の 2 つの役割を果たしている（図 3.1.2）[23]．二次電子の衝突頻度を増すために直線だけでなく湾曲，さらにはスパイラル形状のものもある．ガラスパイプ内面は二次電子放

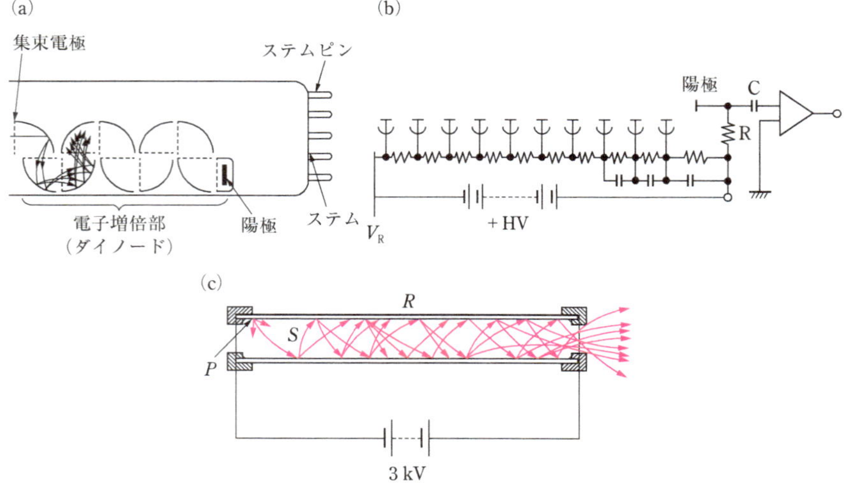

図 3.1.2　(a)光電子増倍管の構造と動作，(b)二次電子増倍管の回路，(c)チャンネルトロンの構造と動作

出効率を上げるためにSb含有SnO_2膜，Al_2O_3膜，炭素被覆Al_2O_3膜などでコーティングされる．チャンネルトロンの直径は1～2 mmで，長さは30～50 mm程度と小型である．1個の入射電子により発生した二次電子はSEMと同様に繰り返し増幅して陽極に達し，SEMと同程度の10^6倍の増倍率が得られる．チャンネルトロン内壁にガス吸着すると導電性が増して電圧分配が適切にできなくなり，増倍率が急激に低下する．

チャンネルトロンの内径を数10 μmまで小さくすると，長さが1 mm程度でも同程度の増倍率を維持できる(**図3.1.3**)．これを多数束ねたものがMCPである．増倍率は印加電圧に依存して変化するものの，1 kVで約10^4倍が達成されている．そのため2枚のMCPを組み合わせて，約10^6倍の増倍率で使用することが多い．MCPは(1)位置敏感で一次電子を10^6倍程度まで増幅できる，(2)数10 μmの空間分解能，(3)パルスの立ち上がりと立ち下がりが数100 psと短い，(4)動作面積が0.5～5インチまでの広範囲で作製できるなどの特徴をもつ．

HSAの二次元位置敏感検出器として用いられる抵抗型陽極では，四隅に取り付けられたリード線に流れる電荷(q_A, q_B, q_C, q_D)から，光電子の入射した位置(x, y)を計算する[30]．一方，二次元ディレイライン検出器は細いワイヤを繰り返し巻きつけたものを2つ直交して組み合わせた構造をもつ．それぞれは1本のワイヤなので，ある位置に入射した二次電子は両端に向かって流れる．両端で計測するのは電荷量ではなく到着時間なので，抵抗型陽極に比べてサンプリング速度が向上できる．実際には到着時間差から二次電子が入射した座標(x, y)が計算される[31]．この方法に

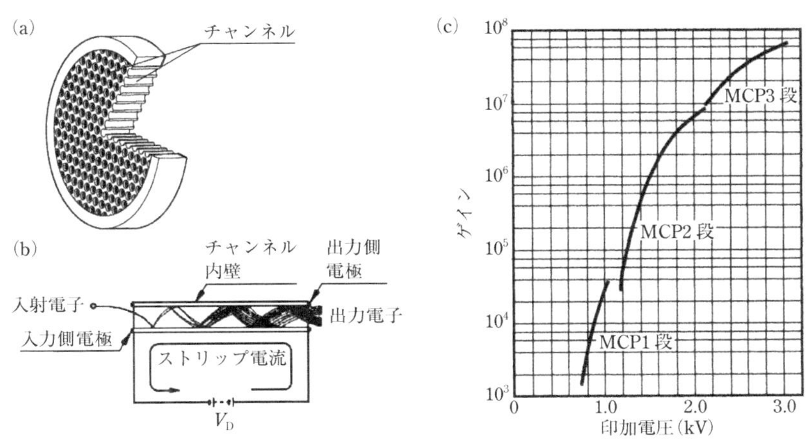

図3.1.3　(a)マイクロチャンネルプレートの構造と動作，(b)動作特性

よる位置分解は約0.1 mmである．この検出器では到着時間差から座標を計算できるだけでなく，到着時間を約100 psの時間分解で観測できる．そのため角度分解飛行時間型電子ネルギー分析器の検出器として用いられている(図2.1.33)．

3.1.4 ■ 装置のエネルギー分解幅評価と結合エネルギー較正

どの形式の静電偏向型電子エネルギー分析器においても，2つの電極間に印加する電圧 V_p と通過エネルギー E_p は原点を通る比例関係にあり，傾きは幾何学的形状で決まる(図3.1.1)．しかし，組み立て誤差や残留磁場，漏れ電場などにより傾きがずれることがある．この場合，E_p を変えて光電子スペクトルを測定すると，光電子ピークがシフトする．このようなシフトがみられた場合でも E_p–V 関係の傾きを精密に求める必要はなく，多くの場合，光電子スペクトルはCAEモード(E_p は固定で，V_R を掃引)で測定されているため，光電子スペクトルの E'_k，つまり E_B は V_R の精度で決まる．そのためAuなどの金属のフェルミ準位近傍を測定し，使用するすべての E_p で $E_k(E_F)$ を求めて E_B の基準とする．フェルミ準位近傍が明瞭に測定できないとき，Au $4f_{7/2}$($E_B = 83.96$ eV)，Ag $3d_{5/2}$(368.21 eV)，Cu $2p_{3/2}$(932.62 eV)が校正のために使用できる[32]．

光電子分光装置の性能はエネルギー分解幅と強度で評価される．両者は相反し，エネルギー分解幅を大きく(E_p を大きく)すると強度は増加する．実際の測定ではどちらを優先するかによって，E_p を選択する．一般的な指標として，Ag $3d_{5/2}$ 光電子ピークのFWHMと1秒あたりの強度が用いられる[33]．光電子分光装置のエネルギー分解幅を評価するためには，Auのフェルミ準位近傍の光電子スペクトルが用いられる(付録B.4.1)．その形状はフェルミ分布関数について装置のエネルギー分解幅 ΔE_I をもつガウス関数で合成積をとったもので表される．励起光のエネルギー幅 $\Delta h\nu$ と電子エネルギー分析器の ΔE_{FWHM} のスペクトル形状はそれぞれガウス関数で近似でき，ΔE_I とは次式の関係となる．

$$\Delta E_I = \sqrt{(\Delta h\nu)^2 + (\Delta E_{FWHM})^2} \qquad (3.1.7)$$

ΔE_{FWHM} は E_p により小さくできるが，この式からわかるように $\Delta h\nu$ 以下まで小さくしてもエネルギー分解幅 ΔE_I を小さくできず，強度低下により測定時間が長引くだけである．そのため，$\Delta h\nu$ をどこまで小さくできるかが重要となる．例えば，励起光を希ガス共鳴線からレーザーに変更することにより，$\Delta h\nu$ を数meVから数100 μeVまで向上できる．また，光電子スペクトルを測定するときのステップ・エネルギーは ΔE_I の1/10程度で行うのが適切である．

[引用文献]

1) 日本表面科学会 編，X線光電子分光法(表面分析技術選書)，丸善出版(1998)
2) 依田 潤，古賀保喜，応用物理，**45**, 874(1976)
3) 村上洋一，表面科学，**36**, 286(2015)
4) 相原惇一，井口洋夫，里子充敏，菅野 暁，中村正年，石井武比古，原田義也，関一彦，電子の分光，共立出版(1977)
5) 鈴木洋，脇谷一義，吉野益弘，分光研究，**19**, 18(1970)
6) M. Green, *Proc. Phys. Soc.*, **83**, 435(1964)
7) 小畠雅明，岩井秀夫，I. Piš，吉川英樹，田沼繁夫，田中彰博，鈴木峰晴，小林啓介，表面科学，**31**, 487(2010)
8) 高桑雄二，疋田智弘，佐野正浩，須山智史，浅野光宏，岩淵健二，斎藤俊郎，伊藤栄一, 三浦和浩，東北大学科学計測研究所報告，**46**, 21(1997)
9) S. Souma, T. Sato, and T. Takahashi, *Rev. Sci. Instrum.*, **78**, 123104(2007)
10) W. Pong and J. A. Smith, *Phys. Rev. B*, **9**, 2674(1974)
11) S. Hellmann, K. Rossnagel, M. Marczynski-Bühlow, and L. Kipp, *Phys. Rev. B*, **79**, 035402(2009)
12) 木須孝幸，冨樫 格，辛 埴，渡部俊太郎，表面科学，**26**, 716(2005)
13) 上杉 直，中野秀俊，西川 正，後藤良則，表面科学，**20**, 160(1999)
14) C. Schmitz, D. Wilson, D. Rudolf, C. Wiemann, L. Plucinski, S. Riess, M. Schuck, H. Hardtdegen, C. M. Schneider, F. S. Tautz, and L. Juschkin, *Appl. Phys. Lett.*, **108**, 234101(2016)
15) 渡辺 誠，佐藤 繁 編，放射光科学入門，東北大学出版会(2010)
16) 小貫英雄，分光研究，**42**, 325(1993)
17) 新井智也，庄司 孝，分光研究，**42**, 400(1993)
18) 登野健介，矢橋牧名，初井宇記，田中 均，石川哲也，表面科学，**32**, 433(2011)
19) L. P. Oloff, A. Chainani, M. Matsunami, K. Takahashi, T. Togashi, H. Ogawa, K. Hanff, A. Quer, R. Matsushita, R. Shiraishi, M. Nagashima, A. Kimura, K. Matsuishi, M. Yabashi, Y. Tanaka, G. Rossi, T. Ishikawa, K. Rossnagel, and M. Oura, *Sci. Rep.*, **6**, 35087(2016)
20) R. L. Gerlach, *J. Vac. Sci. Technol.*, **10**, 122(1973)
21) P. M. Palmberg, *J. Vac. Sci. Technol.*, **12**, 379(1975)
22) 日本化学会 編，第5版 実験化学講座 10—物質の構造 II:分光(下)，丸善出版(2005)
23) 泉谷徹郎，浅原慶之，固体物理，**8**, 211(1973)
24) L. Gori, R. Tommasini, G. Cautero, D. Giuressi, M. Barnaba, A. Accardo, S. Carrato,

and G. Paolucci, *Nucl. Instrum. Methods Phys. Res. A*, **431**, 338(1999)
25) J. M. Bussat, C. S. Fadley, B. A. Ludewigt, G. J. Meddeler, A. Nambu, M. Press, H. Spieler, B. Turko, M. West, and G. J. Zizka, *IEEE Trans. Nucl. Sci.*, **51**, 2341(2004)
26) 奥田太一，表面科学，**30**, 312(2009)
27) J. G. Jenkin, R. C. G. Leckey, and J. Liesegang, *J. Electron Spectrosc. Relat. Phenom.*, **12**, 1(1977)
28) K. Siegbahn, *J. Electron Spectrosc. Relat. Phenom.*, **137–140**, 3(2004)
29) F. Reniers and C. Tewell, *J. Electron Spectrosc. Relat. Phenom.*, **142**, 1(2005)
30) 一村信吾，後藤敬典，表面科学，**12**, 367(1991)
31) 間 久直，粟津邦男，応用物理，**77**, 1425(2008)
32) 橋本 哲，表面科学，**24**, 227(2003)
33) P. M. Th. M. van Attekum and J. M. Trooster, *J. Electron Spectrosc. Relat. Phenom.*, **18**, 135(1980)

3.2 ■ 化学組成／化学結合状態の深さ方向分析

材料の特性を調べるうえで表面層内の化学組成，化学結合状態の測定は重要であるが，表面層の厚さはたいへん薄く，かつ測定深さに対して化学組成・化学結合状態の分布を有している．しかしXPSで得られる光電子スペクトルは**図3.2.1**に示すように測定深さ領域で各深さからの情報を積算したスペクトルとして観測される[1)]．このため，観測された光電子スペクトルを正確に解析するためには表面から内部への化学組成・化学結合状態の分布を求めなくてはならない．このような試料表面から内部への組成濃度分布を調べる分析法が深さ方向分析(depth profiling)である．特に化学的構造成分の深さ方向分析は，表面の垂直方向への三次元的な分析

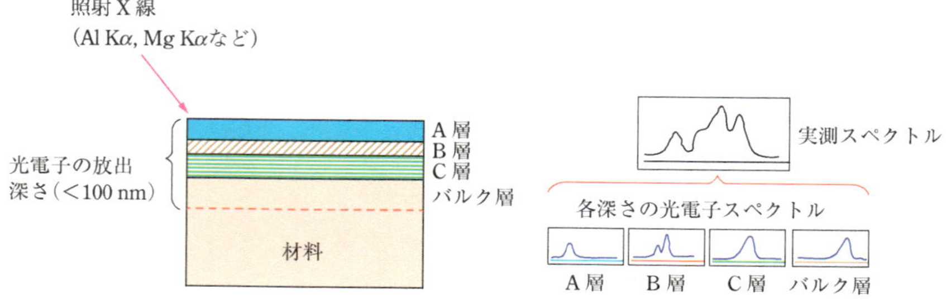

図3.2.1　測定光電子スペクトル

を行う局所的分析法の特殊な場合であるといえる．

XPS における深さ方向分析は以下のように分類される[2)]．

(1)破壊法による深さ方向分析

- イオンスパッタエッチング法(5～1000 nm)
- 試料斜め研磨法(1～50 μm)
- 化学エッチング法(5～1000 nm)

(2)非破壊法による深さ方向分析

- 角度分解 X 線光電子分光法(最表面～10 nm)
- 励起 X 線エネルギーを変化させて光電子の脱出深さを変える方法(最表面～30 nm, 3.3 節参照)

これらの深さ方向分析手法は対象とする測定深さに応じて使い分けられる．特に，スパッタエッチング法と角度分解法は容易に測定でき，かつ連続的に情報が得られることから，XPS の深さ方向分析手法として広く普及している．

3.2.1 ■ 破壊的方法

A. イオンスパッタエッチング法

イオンスパッタエッチング法は数 100 eV～数 keV に加速した Ar^+ イオンなどの単原子希ガスイオンを試料面に照射し，目的とする層上の表面原子層を順次除きながら，露出した面を XPS 測定することで，試料内部の情報や，表面から内部への連続的な元素濃度分布，化学結合状態の変化を深さ方向プロファイルとして得る方法である．またイオンスパッタエッチング法は深さ方向分析以外に試料表面の汚染物を除去する方法としても広く用いられている．

Ar^+ イオンを用いたスパッタエッチング法は照射に使用されるイオン銃が機器に容易に装着でき，取り扱いが簡便であるため，XPS などの表面分析法での深さ方向分析用ツールとして普及している．Ar^+ イオンの加速エネルギーは数 100 eV～3 keV で，そのときのエッチング速度は 1～数 10 nm/min となることから，表面から数～数 100 nm までの深さ方向分析が可能である．しかしイオンスパッタエッチング法はイオンを高速で試料面に照射し，順次試料面をエッチングする破壊分析である．そのためエッチングされた面において化学結合状態の変化などの試料損傷が生じる場合がある[1)]．

XPS による深さ方向プロファイルの測定例を**図 3.2.2** に示す．Si 基板上に SiO_2 と Si をそれぞれ 25 nm の厚さで 5 層積層した多層膜試料に対し，加速電圧 500 eV の Ar^+ イオンでのスパッタエッチングと XPS 測定を交互に行うことで得られた深

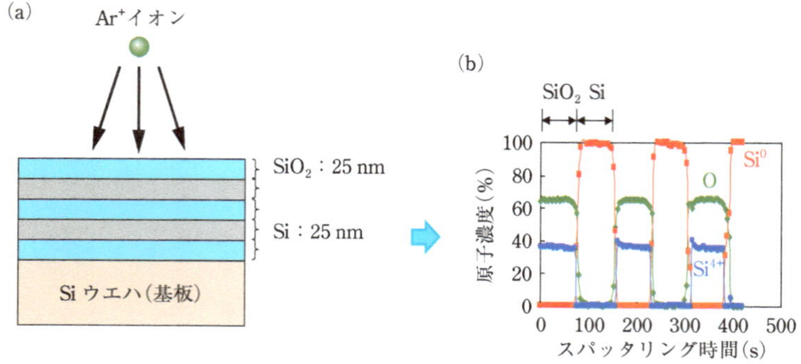

図 3.2.2　XPS による深さ方向プロファイルの測定例

さ方向プロファイルである．図に示すように O と Si の原子濃度比より，第 1 層，第 3 層，第 5 層が SiO_2 層，それ以外の層は Si 層であることがわかる．このように，深さ方向プロファイルは化学組成，化学結合状態の分布を深さ方向で表すことができる．

しかし図 3.2.2 の横軸はスパッタエッチングした深さではなく，スパッタリング時間で表示されている．各層の厚さを知るためには横軸を深さ情報に校正しなくてはならない．そのためにはスパッタリング速度を正確に見積もる必要がある．

上記以外に深さ方向分析の測定条件を選ぶ際に留意しなくてはならない事項として，スパッタエッチング時間を含めたデータ収集時間がある．スパッタエッチング時の試料および機器の経時的変動にともなうスパッタリング速度変化の把握も重要である．

深さプロファイルでの深さ方向分解能(Δz)は物理的あるいは装置的効果で引き起こされる界面の広がりの程度であり，通常**図 3.2.3** に示すように深さ方向分解能は出現する界面での最大強度の 16% から 84% まで変化する深さの幅として定義される[3]．この定義は測定プロファイルの微分が標準偏差 σ の正規分布で近似されることに基づいており，深さ方向分解能 Δz を $-\sigma$ と $+\sigma$ の幅として規定している．

深さ方向分析では可能な限り試料界面をプロファイル上に正確に示すことが求められる．しかし，固体表面にイオンを入射すると，イオンは固体の原子と衝突を繰り返しながらそのエネルギーに応じた深さまで侵入する(ミキシング)．衝突の際にエネルギーを受け取った固体中の原子は位置を変え(ノックオン効果)，またエネルギーが十分に大きい場合，近隣の原子との繰り返し衝突の連鎖現象(衝突カスケード，collision cascade)が起こる[4]．これらの現象により試料内部の原子の表面への

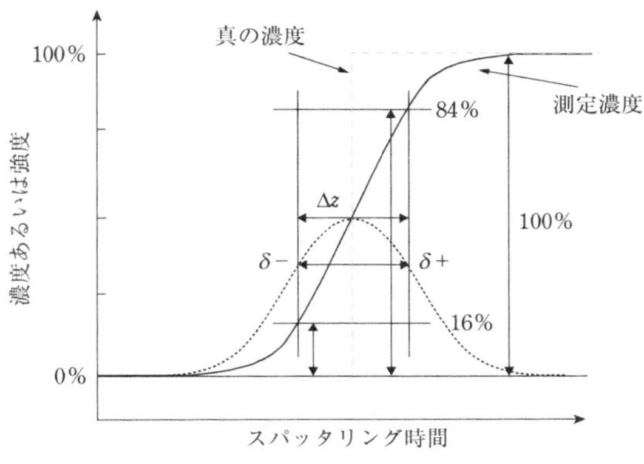

図 3.2.3　深さ分解能の定義

移動や，内部への拡散が発生し，この結果表面粗さやリップル形成が試料損傷現象として生じる．これらの試料損傷を抑え，深さ分解能を低下させず急峻性をもつ深さプロファイルを得るための方法として，以下の手法が開発されてきた[5]．

(1) 界面での原子の拡散の抑制

低エネルギーイオン照射，低入射角度イオン照射，重イオンでの照射

(2) 表面粗さの抑制

試料回転

これらの手法を用いることにより深さ分解能の向上が図られ，最先端装置では深さ分解能が 1 nm まで達している．

しかしながら単原子イオン照射では選択エッチングによる組成変化，還元の発生や化合物の分解による結合形態の変化などの試料損傷が生じる．これらの試料損傷は XPS 測定の特徴である正確な化学結合状態の深さ方向分析を困難としている．イオン照射時の化学結合変化を低減する方法としては前述の界面での原子の拡散抑制法と同様な低エネルギー照射，低入射角度によるスパッタエッチング法が使用されている．しかしこれらのスパッタエッチング法を用いても遷移金属酸化物や有機化合物は化学結合状態に変化が生じるため，これらの試料の化学結合状態について深さ方向の情報を得ることは困難である．

近年，スパッタエッチングにともなう遷移金属酸化物の還元や有機化合物の分解などの損傷を抑制する手法としてクラスターイオンを用いるスパッタエッチング法が普及してきている．

B. クラスターイオンエッチング法

クラスターイオンは数100～数1000個からなる原子・分子の集合体をイオンとしているため，単原子イオンとは異なり非常に大きな質量のイオンとなっている．そしてクラスターイオンがもつ運動エネルギーは構成原子に分配されるため，等価的に低エネルギーのイオンとなる．このため，単原子イオンでは実現困難である低エネルギー大電流イオン照射が可能である．さらに，イオン照射の影響深さが単原子イオンと比較してたいへん浅く，低損傷で材料表面をエッチングできるという特徴を有している[10～12]．また，クラスター構成原子数が多いほどエッチング時の損傷が小さくなる．スパッタリング現象においても単原子イオンとクラスターイオンとでは大きく異なる(**図3.2.4**)．単原子イオン照射ではスパッタリングされた固体原子が全方位に等方的に脱離するが，クラスターイオン衝撃では基板表面に対して水平方向に脱離する原子の割合が多い．この現象は「ラテラルスパッタリング」とよばれ，クラスターイオン衝撃に特徴的な現象で，試料表面を平滑にエッチングすることができる．さらにこの特徴以外にも(1)表面クリーニング，(2)照射時の損傷低減(有機化合物，遷移金属酸化物)，(3)高二次イオン収率，(4)高スパッタリング率，(5)表面改質(反応性スパッタリング)などの特徴を有している[6]．これらの特徴のうち，ラテラルスパッタリングおよび(1)，(2)の特徴はXPSなどの表面分析の深さ方向分析時に生じるイオン照射による試料損傷を軽減できる．

クラスターイオンの表面分析への適用は二次イオン質量分析法(secondary ion mass spectroscopy, SIMS)の一次イオン源として$Cs^+(CsI)_n$, SF_5^+, Au^+, Au_2^+, Au_3^+の研究から始まり[7]，C_{60}^+[8]，錯体イオン，そしてArガスクラスターイオン(gas

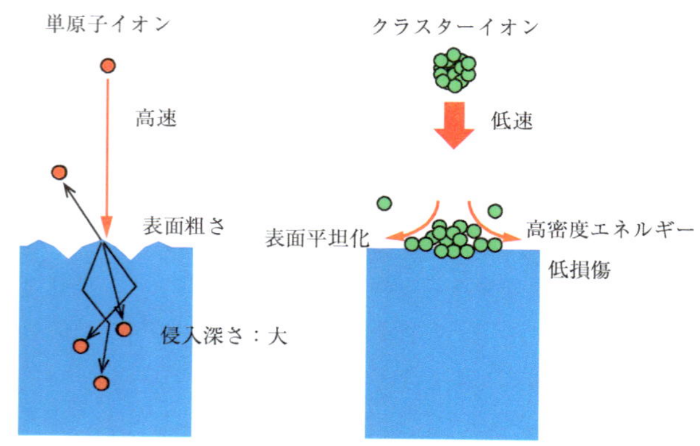

図3.2.4　単原子イオンとクラスターイオンによるスパッタ現象の模式図

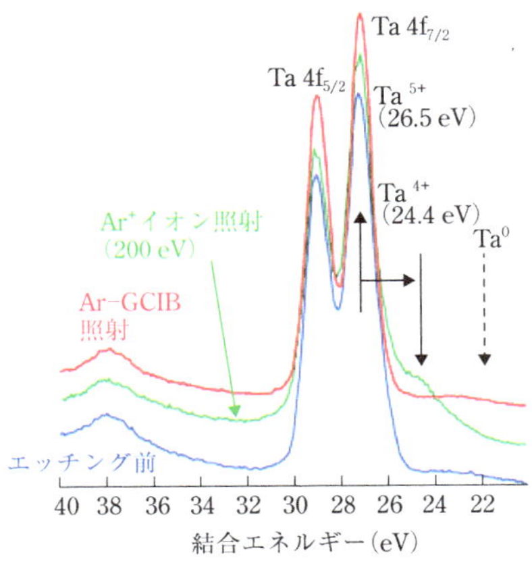

図 3.2.5 Ar–GCIB と Ar^+ イオン照射で Ta_2O_5 表面を清浄化した後の Ta 4f スペクトル
［C. Deeks and P. Mack, Thermo Fisher Scientific, Application Note, 52606］

cluster ion beams, GCIB）（Ar_n^+ : $n = 1000 \sim 2000$ 以上）や巨大クラスターである帯電液滴（$[(H_2O)_{90000} + 100H]^{100+}$）へと発展している[9]．これらのクラスターイオンビームのうち Ar–GCIB や帯電液滴を XPS の深さ方向分析のスパッタエッチング源として用いた有機化合物の測定が報告されている[10]．特に Ar–GCIB は超高真空での取り扱いが容易なことから XPS や SIMS で深さ方向分析用イオン銃として分析機器に装着されており，試料損傷の低減，表面平滑化などの効果が報告されている[11]．

XPS への適用例として**図 3.2.5** に Ta_2O_5 膜を 200 eV の低エネルギーでの Ar^+ イオン照射，4 keV のエネルギーでの Ar_{1000}^+ ガスクラスターイオン（Ar–GCIB）照射した際の Ta 4f スペクトルを示す．単原子イオン照射では選択スパッタエッチングにより Ta_2O_5 が $Ta^{5+} \to Ta^{4+} \to Ta^{2+} \to Ta^0$ へと還元されることが報告されている．照射エネルギーを 200 eV の低エネルギーとした単原子 Ar^+ イオンでスパッタエッチングを行っても，図に示すように Ta^{5+} (26.5 eV) $\to Ta^{4+}$ (24.4 eV) の還元が生じている．一方，Ar–GCIB 照射では還元によるピークの出現はなく，スパッタエッチング前の Ta_2O_5 のピーク位置，スペクトル形状を保っている．

3.2.2 ■ 非破壊的方法

A. 角度分解 XPS

角度分解 XPS では光電子の検出角度（脱出角度との関係は図 2.1.31 参照）を変え

て深さ方向分析を行うため，非破壊で元の試料の化学結合状態を維持したまま深さ方向の情報を得ることが可能である．この方法は光電子の検出深さ以下の薄い層の深さ方向分析に対して有効な分析法で，XPSの特徴的な深さ方向分析法として古くから用いられている[12]（詳細な原理については2.2節および2.3節を参照）．

図2.1.31から光電子の検出角度を大きくすることにより，有効検出深さは$\theta=0°$のときに比べ，$\cos\theta$倍になる．例えば，$\theta=80°$にすれば，有効検出深さは試料面に対して垂直の場合に比べ1/6倍となり，ごく表面層の情報が得られるようになる．**図3.2.6**のSiO_2/Si試料表面のSi 2pスペクトルにおいて，99.5 eVの主ピークはSi^0で，103.6 eVのピークは表面に形成されたSiO_2(Si^{4+})成分である．式(2.2.9)より表面SiO_2膜の厚さは～1.2 nmと見積もられる．

このように角度分解XPS測定は表面近傍を非破壊で深さ方向分析，厚み測定が可能であることから，金属酸化物や高分子の表面改質層，偏析などの解析に広く利用されている．しかし，得られる角度プロファイルは定性的な解釈を与えるのみで，表面層の厚みなどの深さ方向の定量的なプロファイルは示していない．このため，材料開発・評価では角度分解XPS測定から深さ方向の定量的なプロファイルへの変換が重要となる．

一般に光電子強度Iは次式で表すことができる．

$$I(\theta)=J\times K\int C(z)\exp\left(-\frac{z}{\lambda\cos\theta}\right)\mathrm{d}z \tag{3.2.1}$$

ここで，Jは光子のフラックス，Kは電子エネルギー分析器の透過関数などの装置

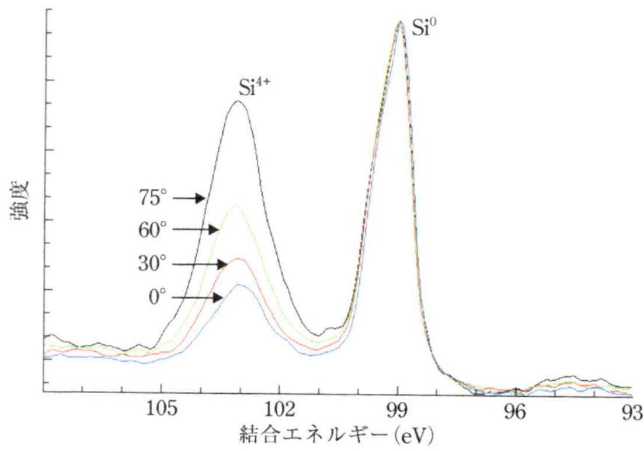

図3.2.6　角度分解XPSで測定したシリコン酸化物(SiO_2)／シリコンのSi 2pスペクトル
光電子の検出角度θ_pは0°, 30°, 60°, 75°．光電子の検出角度が大きくなるのにともない（より表面側の測定），SiO_2の増加が観測される．

に関わる係数，$C(z)$は深さzにおける元素濃度分布を示す関数である．式(3.2.1)は強度Iがθの関数で示されているため，このままの表示では強度の角度依存性を示すプロファイルとなり，深さz方向に対する濃度$C(z)$を示すことができず，深さ方向プロファイルとはならない．

角度分解XPS測定の結果を深さ方向の濃度プロファイルとする方法として，式(3.2.1)でIとθを逆ラプラス変換し，深さzに対する濃度関数で表示する方法があるが[13)]，計算過程がたいへん複雑であるためほとんど行われていない[14)]．

通常は注目すべき元素あるいは化学結合の層内プロファイル関数を仮定し，測定結果と比較することで，深さ方向プロファイルへ変換する方法が用いられている．この方法で重要なのは光電子のIMFPの見積もりとプロファイル関数の設定である．測定精度を高めるためにはこれらをより正確に見積もらなくてはならない．

一方，プロファイル関数が事前にわかっていない場合や，単純なプロファイル関数など精度が不十分な場合などには最大エントロピー法(maximum entropy method, MEM)によるデータ処理が有効である[15)]．MEM法は通常次のような計算で行う．

(1)任意の深さ分布を仮定する．

(2)この分布から得られるARXPSの角度プロファイルをシミュレートし，測定結果である角度プロファイルとの相関を最小二乗法(χ^2)により評価する．

$$\chi^2 = \sum \frac{(I_k^{\mathrm{calc}} - I_k^{\mathrm{obs}})^2}{{\sigma_k}^2} \tag{3.2.2}$$

ここで，I_k^{calc}およびI_k^{obs}はそれぞれk番目の測定角度における光電子強度の計算値および測定値，σ_kはk番目の標準偏差である．

(3)次式(3.2.3)のエントロピー項Sは仮定した深さ方向プロファイルから計算される．

$$S = \sum_j \sum_i c_{ji} - c_{ji}^0 - c_{ji} \log\left(\frac{c_{ji}}{c_{ji}^0}\right) \tag{3.2.3}$$

c_{ij}は深さiでの元素jの濃度，c_{ij}^0はデータがない深さiでの元素jの濃度の初期推定値である．最大エントロピーの解はχ^2の最小化，エントロピーの最大化から導き出される．

(4)式(3.2.4)に示される節点確率関数Qが最大になるまで(1)～(3)を繰り返す．

$$Q = \alpha S - 0.5\chi^2 \tag{3.2.4}$$

ここで，αは最小二乗項とエントロピー項間で安定的な均衡を与える規則性

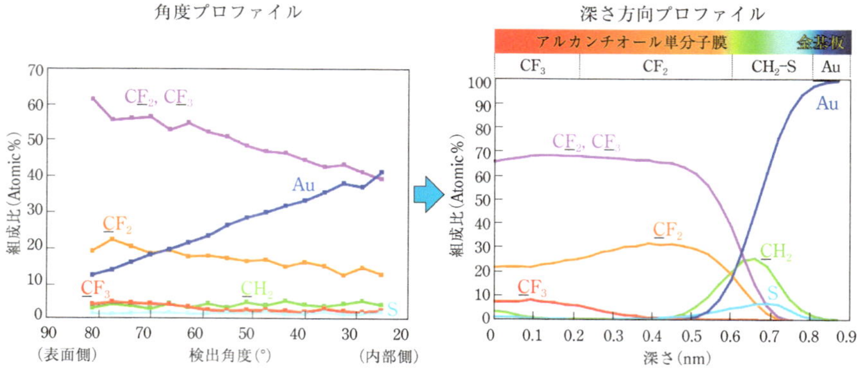

図 3.2.7　最大エントロピー法による角度プロファイルの深さ方向プロファイルへの変換
［株式会社 住化分析センター，Technical News TN413］

を示す定数である．

図 3.2.7 に角度プロファイルを最大エントロピー法で深さ方向プロファイルへ変換した例を示す．試料は金基板上のフッ素系アルカンチオールの自己組織化膜(self-assembled monolayer, SAM)で，深さ方向プロファイルへ変換することで，金基板上での S, CH_2, CF_2, CF_3 の深さ方向での分布が示されている．

このように，最大エントロピー法は測定された角度プロファイルと矛盾しない範囲でもっとも単純な深さ構造を解として与えており，さらにプロファイルを単純化することにより，試料の深さ構造・薄膜の厚さの決定が可能である．

B.　硬X線励起エネルギーの利用

一般的な実験室系XPSでの励起源としてのX線は主に低励起エネルギーのAl Kα線(1486.6 eV)またはMg Kα線(1253.6 eV)である．このような低励起エネルギーX線を用いるXPSでは，固体内部における光電子のIMFPが短く，検出深さが浅い．これに対し，5〜10 keVの硬エネルギーX線を励起源とする硬X線光電子分光法では光電子のIMFPが5〜20 nmと市販されている実験室系XPSに搭載されている低エネルギーX線源に比べて2〜3倍長い[33]．これにより試料表面層上の汚染物層の影響をほとんど受けず，非破壊でバルク情報が得られるという特徴を有している(詳細な原理などは3.3節を参照)．

スパッタエッチング法と角度分解測定法は簡便で連続的に測定できることから，XPSで界面やバルク特性を測定するうえで必須な深さ方向分析手法である．特に角度分解測定法はXPS独自の深さ方向分析手法であり，原子・分子レベルでの深さ方向分析に欠かせない手法で，解析法も進歩してきている．

一方，界面・バルクでの化学結合状態を正確に測定するためのクラスターイオンビームエッチング法や硬X線の利用は，XPS深さ方向分析の適用材料範囲の広がりにつながる技術であり，今後の深さ方向分析を発展させる手法として期待される．

[引用文献]

1) B. D. Ratner and D. G. Castner (J. C. Vickerman and I. S. Gilmore eds.), *Surface Analysis, The Principal Techniques, 2nd Edition*, John Wiley & Sons, Chichester (2009), Chapter 3 Electron Spectroscopy for Chemical Analysis
2) J. F. Watts and J. Wolstenholme, *An Introduction to Surface Analysis by XPS and AES*, John Wiley & Sons, Chichester (2003), Chapter 4 Compositional depth profile
3) 橋口栄弘(志水隆一，吉原一紘 編)，実用オージェ電子分光法，共立出版(1989)，第7章　深さ方向の分析
4) 黒河 明，*J. Surf. Anal.*, **3**, 653 (1997)
5) A. Zalar, E. W. Seibt, and P. Panjan, *Vacuum*, **40**, 71 (1990)
6) 山田 公，クラスターイオンビーム—基礎と応用，日刊工業新聞社(2006)
7) N. Winograd, Z. Postawa, J. Cheng, C. Szakai, J. Kozole, and B. J. Garrison, *Appl. Surf. Sci.*, **252**, 6836 (2006)
8) N. Sanada, A. Yamanmoto, R. Oiwa, and Y. Ohashi, *Surf. Interf. Anal.*, **36**, 280 (2004)
9) K. Hiraoka, D. Asakawa, S. Fujimaki, A. Takamizawa, and K. Mori, *Eur. Phys. J. D*, **38**, 255 (2006)
10) 飯島善時，成瀬幹夫，境 悠治，平岡賢三，X線分析の進歩，**41**, 107 (2010)
11) 豊田紀章，*J. Vac. Soc. Jpn.*, **59**, 121 (2016)
12) A. M. Taylor, J. F. Watts, J. Bromley-Barratt, and G. Beamson, *Surf. Interf. Anal.*, **21**, 697 (1994)
13) P. J. Cumpson, *J. Electron Spectrosc. Relat. Phenom*, **73**, 25 (1995)
14) C.-U. Ro, *Surf. Interf. Anal.*, **25**, 867 (1997)
15) K. Macak, *Surf. Interf. Anal.*, **43**, 1581 (2011)

3.3 ■ 硬X線光電子分光法

光電子分光法は基本的に表面敏感な分析手法であるが，検出深さを大きくするた

めには，より高エネルギーの励起光を利用し，光電子の運動エネルギーをより高くする必要がある．約3 keV以上の硬X線を入射光とした硬X線光電子分光法(HAXPES)は，1970年代から開始されている．1972年にLindauのグループがスタンフォード・放射光研究施設(Stanford synchrotron radiation laboratory, SSRL)の偏向電磁石からの放射光X線を使った実験を行っているが，光強度が弱いためAu 4f内殻の測定にとどまっており，テスト実験の域を越えないものであった．その後，HASY研究所のDrubeのグループが，ドイツ電子シンクロトロン(Deutsches Elektronen-Synchrotron, DESY)の電子蓄積リングDORISにおいてウィグラー光源を利用し，主に内殻スペクトルを比較的良い分解能で測定している．しかし，当時は高耐圧の電子エネルギー分析器が利用できなかったため，試料にバイアスをかけて光電子を減速し，通常の電子エネルギー分析器によってエネルギー分析していたため，高い分解能とスループットを同時に実現することは困難であった．HAXPESのそれ以上の発展は，第三世代高輝度放射光施設が広く利用されるようになる2000年代まで待たなければならかった．

世界最大の第三世代高輝度放射光施設であるSPring-8では，硬X線アンジュレータから得られる非常に強いフラックスの単色硬X線を利用することが可能であり，さらに微小なスポットサイズで試料表面上に集光することができる．SPring-8では2002年以来，高輝度アンジュレータ光源と高耐圧型電子エネルギー分析器を利用した高分解能HAXPESの開発が進められた[1~3]．ほぼ同じ時期に欧州シンクロトロン放射光研究所(ESRF)やベルリン電子シンクロトロン研究所(BESSY II)などの海外の放射光施設においても同様のHAXPESが試みられ，2003年にはESRFで第1回の国際ワークショップが開催されるに至った．現在では世界中の放射光施設で多様な分野に応用されている．本節では，HAXPES実験の詳細と応用例について述べる．

3.3.1 ■ 光イオン化断面積と光電子の非弾性散乱

試料表面状態による影響を排除するためには，電子の非弾性散乱の平均自由行程(IMFP)が大きい条件で光電子分光測定を行う必要がある．固体中での電子のIMFPは**図3.3.1**(a)に示したように電子の運動エネルギーの関数であり，50 eVあたりに1 nmを切る極小をもつ[4]．この極小の低エネルギー側の10 eV以下の領域においてIMFPは運動エネルギーの減少とともに大きくなるが，この領域における光電子分光測定ではフェルミ準位近傍の状態しか観測することができないため，用途が限られる．一方で，高エネルギー側においてIMFPは運動エネルギーの平方根

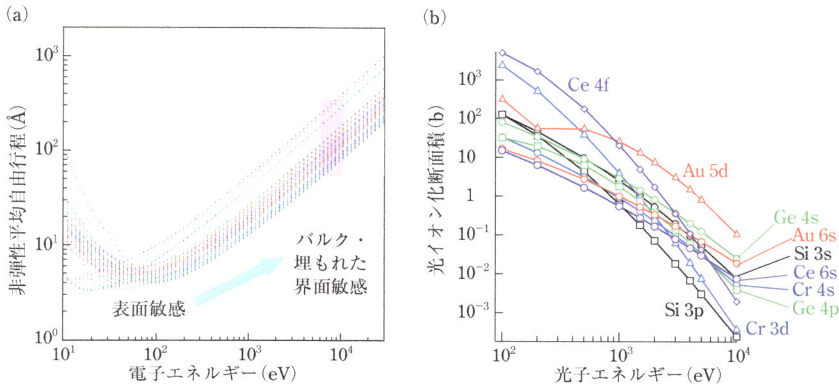

図 3.3.1　(a)固体中での電子の非弾性平均自由行程(IMFP)の運動エネルギー依存性．(b)光イオン化断面積のフォトンエネルギー依存性[9]．断面積は急激な減少関数となっている．
［(a)は NIST Standard Reference Database 71, NIST Electron Inelastic-Mean-Free-Path Database: Ver. 1.1. http://www.nist.gov/srd/ nist71.htm］

程度の依存性で増加する．例えば軽い元素では，5～10 keV の領域において 10 nm 程度以上の値になる．

光電子放出過程の第 1 段目は光吸収によるイオン化過程であるが，光イオン化断面積は図 3.3.1(b)に示すように励起フォトンエネルギーの急激な減少関数である[5~7]．したがって，むやみに励起エネルギーを上げることは光電子信号の減少をもたらすため，得策ではない．また，光電子の運動エネルギーが高くなるに従って静電半球型電子エネルギー分析器に高い耐圧特性が必要になり，技術的な問題が生じる．これらの実験的な制限のバランスを考慮すると，10 keV 以下の励起エネルギーによる測定が適切である．この際の光電子の IMFP は 20 nm 前後であり，通常の XPS 測定の 3 倍程度となる．

3.3.2 ■ 放射光を利用した硬X線光電子分光測定の実験装置

図 3.3.2 に SPring-8 のビームラインにおける HAXPES の実験配置を示す．アンジューレータからのX線は 2 結晶分光器で単色化される．その後，チャンネルカット後置分光器を用いて単色X線のバンド幅をさらに狭くする．同じチャンネルカット後置分光器の配置で，ビームライン分光器の調整により Si(333)反射で 6 keV，Si(444)反射で 8 keV，Si(555)反射で 10 keV のX線を利用することができる[8]．標準的には，Si(444)反射を使ってエネルギーが 8 keV で 40 meV 程度のバンド幅のX線が利用されている．一方，リボルバ式にヘリカルアンジュレータに切り替えがで

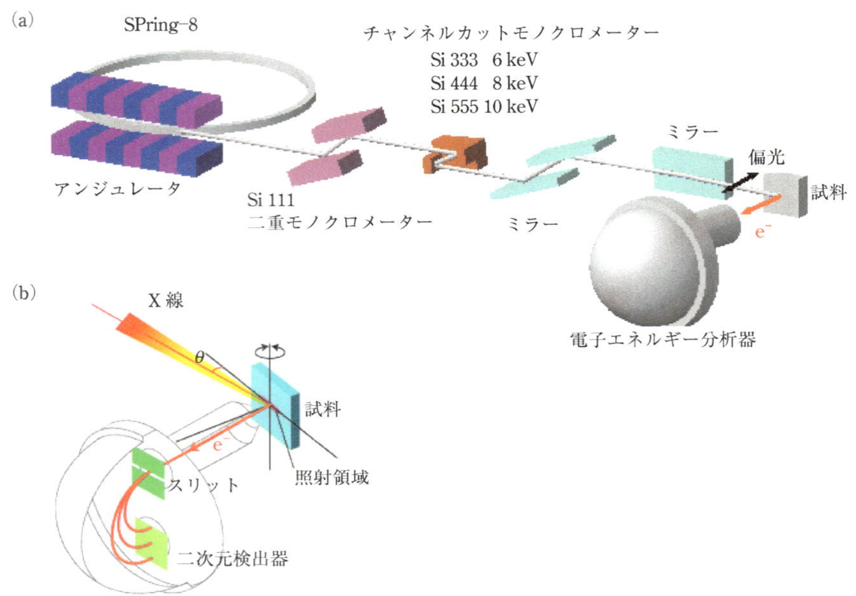

図 3.3.2　(a) SPring-8 の硬X線ビームラインにおける硬X線光電子分光測定用エンドステーションの配置の模式図．アンジュレータから取り出されたX線はビームライン分光器，およびチャンネルカット後置分光器でバンド幅を狭くし，集光ミラーで分析槽内におかれた試料表面に集光して斜入射させる．(b) 試料表面に全反射角度に近づけて斜入射させたX線スポットのフットプリントは入射方向に長く伸びる．このX線照射領域から放出される光電子をできるだけ多く取り込めるように，電子エネルギー分析器が配置されている．

きる BL15XU では，より低エネルギーのX線が利用可能であり，Si(220) および Si(311) チャンネルカットを利用して 3.2 keV および 3.9 keV のX線が得られている．後置分光器から出たX線は水平および垂直方向の集光ミラーで反射され，Be 窓を通して真空チャンバー内に導かれ，試料表面に集光照射される．

一方で図 3.3.1 (b) に示したように，光イオン化断面積はフォトンエネルギーが大きくなるにつれて減少するので，光電子信号は弱くなる．そこでX線による励起効率および放射された光電子の利用効率が最大となるように，入射X線，試料，および電子エネルギー分析器の位置関係を決めることが重要である．10 keV 程度以下の領域ではX線の侵入深さは光電子の脱出深さより大きいため，X線を試料表面に直入射させると試料内で発生した大部分の光電子は散乱されて試料表面に到達せず，光電子強度に寄与することができない．そこで，図 3.3.2 (b) に示すように，X線を斜入射にしてX線の侵入長と光電子脱出深さを合わせることによって，効率化を図っている．特に入射角度を全反射角度に近づけると光電子信号強度は急激に増加する．平滑な表面をもった試料の場合には3°前後まで入射角度を低くするのが理想的である．X線領域での標準アンジュレータは水平方向に偏光しているため，試料にX線を斜入射で照射するとX線の偏光ベクトルは試料表面にほぼ垂直になる．光イオン化断面積の角度依存性の計算結果をみると，X線領域ではほとんどのサブシェルで偏光ベクトルの方向への光電子放出が最大になることがわかる．したがって，電子エネルギー分析器は試料表面に垂直に放出される光電子を取り込むように配置する．X線は試料表面に対して斜入射となる配置であるため，X線のフットプリントは試料表面上で水平方向に長く伸びる．この長く伸びた発生源からの光電子を電子エネルギー分析器に最大限取り込むために，入口スリットがX線のフットプリントと平行になるように電子エネルギー分析器を配置する．また，X線の試料上でのスポットサイズをできるだけ小さくすることが信号強度，エネルギー分解能を高くするうえで重要である．

3.3.3 ■ 実験室光源を利用した硬X線光電子分光測定の実験装置

HAXPESは強い光強度を必要とするため，アンジュレータ放射光X線の利用が基本となるが，放射光の利用は一般の物質・材料分野の研究者にとって容易ではない場合もある．HAXPESをさらに広い分野で利用されるようにするためには，実用的なスループットをもった実験室におけるHAXPES装置の開発が必要となる．

JST先端分析技術開発プロジェクト(3次元化学状態解析硬X線光電子分光装置，(平成17年採択)チームリーダー：小林啓介)によって開発されたプロトタイプ実験室HAXPES装置とその光学系を**図3.3.3**(a),(b)にそれぞれ示す[9]．この装置では，集束電子銃で励起したCr Kα線(5.4 keV)をローランド型結晶モノクロメーターで単色化し，試料表面上に集光している．電子銃は最小10 μmの集束が可能であるが，実用的には100～70 μmのスポットサイズで利用している．通常の実験では，電子銃の加速電圧20 keV，ビーム電流2 mA程度の出力で利用している．試料面から放出された光電子をできるだけ多く捕捉し電子エネルギー分析器に取り込むために，図3.3.3(c)に示す広角対物レンズ[10]を電子エネルギー分析器の前に挿入している．広角対物レンズの第1段目は，図3.3.3(d)に示す回転楕円体のメッシュ電極によって接地されている．この対物レンズは1：5の拡大率で±45°の範囲で受け入れた光電子を±9°で出射するが，この対物レンズは0.5°の角度分解能をもっている．この光電子は耐圧が10 keVの電子エネルギー分析器でエネルギー分析される．Auのフェルミ準位の測定からエネルギー分解能は0.56 eVと評価されており，十分実

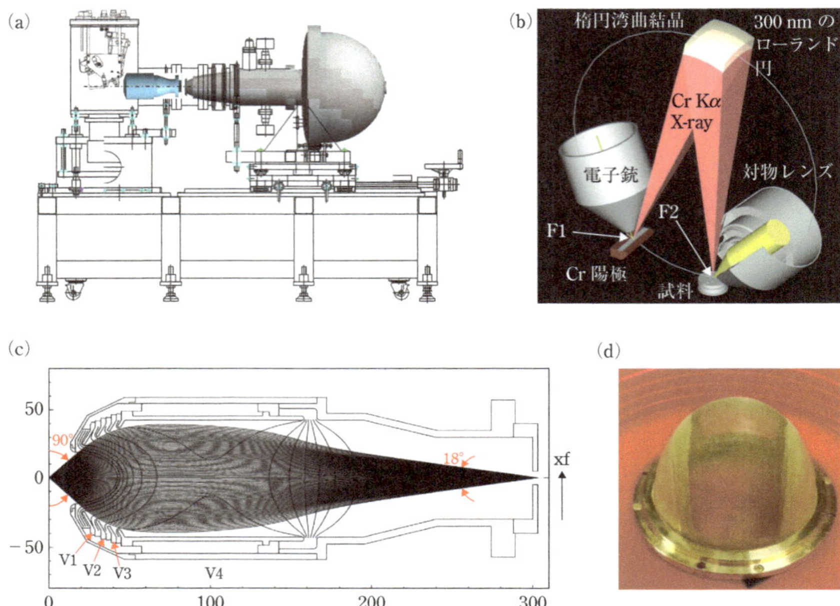

図 3.3.3　(a)実験室硬X線光電子分光装置．X線源は Cr Kα 線(5.4 keV)を Ge 湾曲結晶分光器で単色化し，電子エネルギー分析器の前に広角対物レンズを置いている．(b)ローランド分光器による単色X線源と試料，電子エネルギー分析器のインプットレンズの配置の模式図．(c)広角対物レンズの断面と電子軌道のレイトレース．(d)広角対物レンズの初段のメッシュ電極[9]．

用的であることがわかる．

3.3.4 ■ 硬X線光電子スペクトルの測定と解析

HAXPES はバルク敏感性が高いため，表面処理が困難なデバイスや表面近傍層とバルクで電子状態が大きく異なる薄膜材料などに対する測定を行うことが可能である．HAXPES は特に内殻スペクトルから化学状態，電子状態，磁性などを調べるプローブとして有用である．

表面処理が困難な材料に対する研究例として，$(GeTe)_{1-x}(Sb_2Te_3)_x$(GST とよばれる)に対する HAXPES 測定の結果について示す[11]．GST は，準安定な結晶相(NaCl 構造)–アモルファス相の間を速い速度で可逆的に変化させることが可能であり，特に $Ge_2Sb_2Te_5$($x=1/3$)（GST225）は，結晶相とアモルファス相の反射率の違いを利用した標準的な光学記録材料として DVD に応用されている．組成を系統

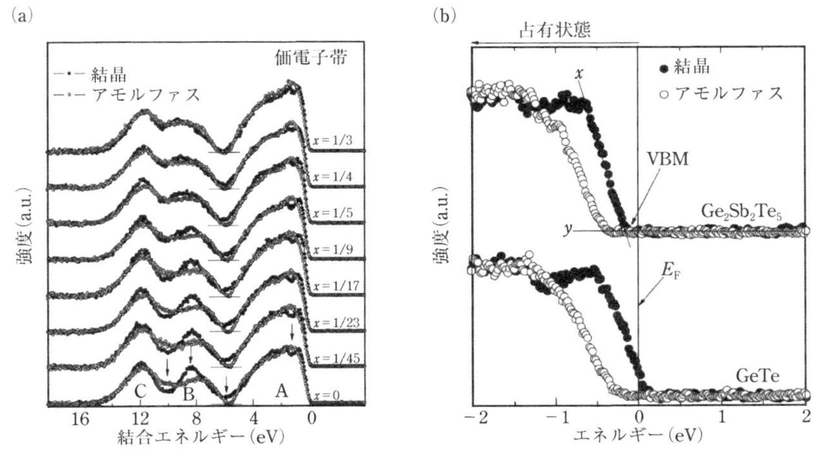

図 3.3.4 (a)結晶(黒色)およびアモルファス(グレー) $(GeTe)_{1-x}(Sb_2Te_3)_x$ $(x=0\sim1/3)$の価電子帯スペクトル. (b)GeTe および GST225 の結晶およびアモルファス相の価電子帯上端付近のスペクトルの比較[11].

的に変えて調べられた価電子帯光電子スペクトルの変化を**図 3.3.4**(a)に示す.試料は成膜後に2〜3 nmのカーボン膜を積層して保護膜としているが,この厚さのカーボンキャッピング層は価電子帯光電子スペクトルには影響を与えておらず,HAXPESのバルク敏感性が非常に有効であることがわかる.価電子帯スペクトルは結晶とアモルファスで大きな変化はなく,全体的にはA,B,Cの3つのバンドから構成されている.Sb_2Te_3 組成 x が大きくなるに従って結晶相のスペクトルの細かい構造が消失し,GST225ではアモルファス相と結晶相のスペクトル構造が同一となることがわかる.この結果は,x が大きくなると結晶相においても空孔が増加し,結晶中に局所的な不規則性が生じるためであると考えられる.この局所的な不規則性によって,融点に達して急冷した際には容易に長距離秩序が消失し,速い速度でアモルファス化する原因となると考えられる.また,図 3.3.4(b)に GeTe および GST225 のフェルミ準位近傍のスペクトルを示す.GeTe 結晶は価電子帯上端にフェルミ準位が位置しており p 型半導体であるが,アモルファス相ではエネルギーギャップが開いており,同じく GST225 においてもアモルファス相ではフェルミ準位はエネルギーギャップの中に移動していることがわかる.両相におけるフェルミ準位の状態密度によって光学定数および伝導率は大きく変化するため,光学記録材料としての応用が可能となる.

次に HAXPES の高いバルク敏感性を利用した薄膜材料の研究例を示す.ナノス

ケールの厚さの薄膜材料では基板と成長層の格子のミスマッチによる歪みを利用して，薄膜の物性を制御することができる．例えば，強相関物質の $La_{1-x}Sr_xMnO_3$ や $La_{1-x}Ba_xMnO_3$ は低温において金属（強磁性）–絶縁体（反強磁性）転移を起こすが，格子定数にミスマッチがある基板上に成長させると，その膜厚に応じて強磁性転移温度（T_c）が変化する[12]．特に $SrTiO_3$（STO）上に成長させた $La_{0.85}Ba_{0.15}MnO_3$ 膜は 20 nm 程度の膜厚では転移温度が室温付近となり，磁性を電界効果制御できる新しいデバイス材料として興味深い薄膜材料である．膜厚 20 mm と転移温度が室温よりも低い膜厚 300 nm 程度の $La_{0.85}Ba_{0.15}MnO_3$ 膜に対し，1.44 keV の軟 X 線と 6 keV の硬 X 線でそれぞれ励起した場合の Mn 2p 光電子スペクトルを**図 3.3.5**（a）に示す．硬 X 線励起の光電子スペクトルでは，低温において Mn $2p_{3/2}$ の主ピークの低結合エネルギー側に明瞭な肩構造が観測されており，特に 20 nm 膜厚のスペクトルでは鋭いピークを形成している[13]．このサテライトは，フェルミ準位付近に Mn が形成するコヒーレントな t_{2g} 状態を占有するキャリアが，光電子発生時に生じた Mn $2p_{3/2}$ の正孔を非局所的にスクリーニングすることに起因するものである[14]．一方で，バルク敏感性が低い 1.44 keV で励起したスペクトルにおいては，20 nm の膜厚でも低エネルギー側のサテライト強度が弱いことがわかる．これは，表面下数 nm 程度では低温においても強磁性相転移が起こらないためであり，HAXPES によって初めてバルク磁性層の観測が可能となる．さらに 20 nm 膜厚の試料について光電子スペクトルの温度依存性を測定すると，T_c より低温側でサテライトの強

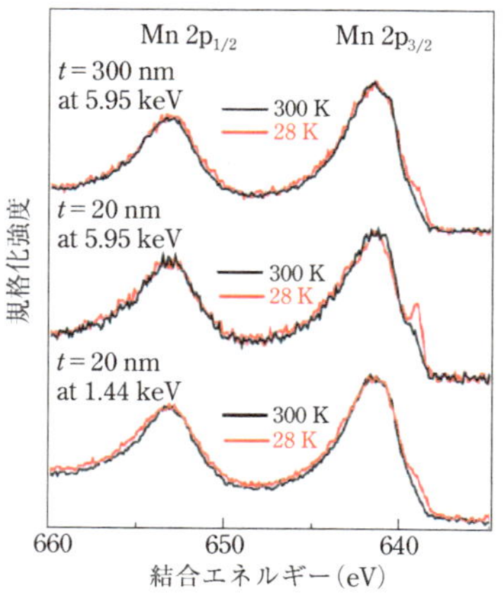

図 3.3.5　$La_{0.85}Ba_{0.15}MnO_3$ 薄膜試料の Mn 2p 光電子スペクトル[15]
低エネルギー側のサテライトの強度は膜厚，温度，および励起 X 線エネルギーに依存している．

度が増加しており，その強度はバルクの磁化率と比例していることが明らかとなった[15]．この t_{2g} 状態の非局所性を表すパラメーター V^* はフェルミ準位における占有状態の密度に比例しているが，磁化の大きさも V^* の関数であるため，このサテライトの強度によりフェルミ準位における状態密度および磁化の大きさを評価することが可能である．

次に，円偏光二色性(magnetic circular dichroism, MCD)を利用したHAXPESにより，材料の磁気的な性質を明らかにした例を示す．強磁性体の内殻光電子スペクトルはMCDを示すことが知られており，硬X線領域ではUedaらによって Fe_3O_4 および $Fe_{2.5}Zn_{0.5}O_4$ ナノ薄膜に対する実験結果が報告されている[16]．硬X線領域ではダイヤモンド移相子を利用することができるため，移相子が使えない軟X線に比べて容易に偏向切り替えを行うことが可能である．Uedaらは単結晶MgO(100)基板上に積層した10 nm厚の薄膜試料に対し，永久磁石で0.3 Tの磁場をかけて面内に磁化させて測定を行った．測定配置を**図3.3.6**(a)に示すが，磁化方向は試料によって反転で切り替えている．偏光ベクトルが磁化と平行および反平行のときのFe 2p光電子スペクトルおよびそのMCDスペクトルを**図3.3.6**(b)に示す．光電子スペクトルはスピン軌道相互作用によりFe $2p_{3/2}$ および $2p_{1/2}$ の2つの成分に分裂しており，それぞれ高結合エネルギー側の Fe^{3+} ピークと低結合エネルギー側の

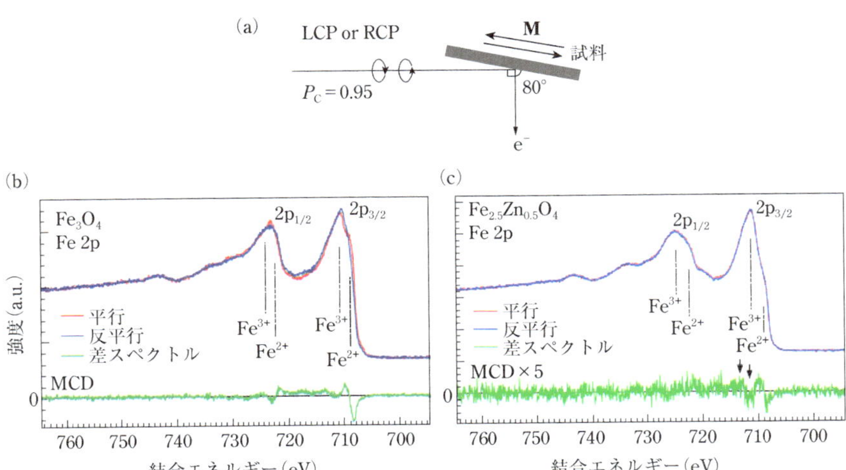

図3.3.6　(a)硬X線光電子MCDスペクトルの測定配置の模式図．(b)上段は Fe_2O_3 薄膜の左(LCP)および右円偏光(RCP)で測定したFe 2p光電子スペクトル．下段はその差分スペクトル．(c)上段は $Fe_{2.5}Zn_{0.5}O_3$ 薄膜を左および右円偏光で測定したFe 2p光電子スペクトル．下段はその差分スペクトル[16]．利用した励起光エネルギーは $h\nu = 7.94$ keV.

Fe^{2+}ピークから構成されている．MCD スペクトルをみると，Fe^{2+}に対応する肩構造に強い信号が観測されているが，その符号は Fe $2p_{3/2}$ と Fe $2p_{1/2}$ では反転していることがわかる．一方，図 3.3.6(c)に Fe の一部を Zn に置き換えた $Fe_{2.5}Zn_{0.5}O_4$ に対する測定結果を示すが，Fe^{2+}成分が減少し，さらに MCD 信号も弱くなっている．$Fe_{2.5}Zn_{0.5}O_4$ では Fe^{2+} の強度が減っていることから Zn イオンが Fe^{2+} に置き換わっており，MCD スペクトルが Fe_3O_4 に比べて弱くなっているのは，主にこの Fe^{2+} の数の減少が原因であると理解される．以上の結果は，Fe_3O_4 が$[Fe^{3+}(\downarrow:5\mu_B)]_AO\ [Fe^{3+}(\uparrow:5\mu_B)Fe^{2+}(\uparrow:4\mu_B)]_BO_3$で表される磁気構造をもつと考えることによって説明できる．すなわち，Fe イオンはスピネル構造に A, B 2 種類のサイトをもっているが，Fe^{3+} は A サイトと B サイトで磁気モーメントが反対方向で打ち消し合い，Fe^{2+} は B サイトのみに存在するため Fe^{2+} のみが MCD に寄与している．以上のように，この光電子 MCD は強磁性薄膜の磁性研究に有用であり，多層膜スピントロニクス素子の埋もれた強磁性層の磁化のモニタリングなどに応用されている[17]．

以上，HAXPES の歴史に簡単に触れ，原理的，基本的な事柄について述べた後，放射光および実験室光源における測定配置の詳細について述べた．HAXPES における角度分解測定については，①フォノンを放出する確率が増加して光電子の運動量保存が破られやすい，②電子エネルギー分析器の二次元検出面上でのブリルアンゾーンのサイズが小さい，などの欠点があるためバンドマッピングに応用するには制限がある[18]．一方で，内殻光電子スペクトルには光電子回折効果による回折パターンが観測されており，バルクの原子識別可能な局所構造解析の手法としての利用可能性が示唆されている[19]．また酸素や炭素などの軽元素に対しては，光電子による反跳効果によってピークのシフトや幅の増加が起こる[20]などの点に十分に留意する必要がある．HAXPES はこのような制限を抱えているものの，その高いバルク敏感性によって従来の光電子分光法の限界を超えて，非常に広い応用分野が開かれている．本節では，このような HAXPES の多様多彩な応用の一端も紹介した．現時点では，HAXPES は主に第三世代放射光施設のアンジュレータ・ビームラインにおいて世界的に広く使われているが，将来的には実験室光源を使った HAXPES 装置の普及が，さらに応用分野を広げる役割を果たすものと期待される．

[引用文献]

1) 小林啓介，日本物理学会誌，**60**, 624(2005)

2) K. Kobayashi, *Nucl. Instrum. Methods Phys. Res. A*, **547**, 98(2005)

3) K. Kobayashi, *Nucl. Instrum. Methods Phys. Res. A*, **601**, 32(2009)

4) NIST Standard Reference Database 71, "NIST Electron Inelastic-Mean-Free-Path Database: Ver. 1.1". http://www.nist.gov/srd/ nist71.htm, and references therein

5) J.-J. Yeh and I. Lindau, *Atomic Data Nucl. Data Tables*, **32**, 1(1985)

6) M. B. Trzhaskovskaya, V. I. Nefedov, and V. G. Yarzhemsky, *Atomic Data Nucl. Data Tables*, **77**, 97(2001), *ibid*, **82**, 257(2002)

7) M. B. Trzhaskovskaya, V. K. Nikulin, V. I. Nefedov, and V. G. Yarzhemsky, *Atomic Data Nucl. Data Tables*, **92**, 245(2006)

8) T. Ishikawa, K. Tamasaku, and M. Yabashi, *Nucl. Instrum. Methods Phys. Res. A*, **547**, 42(2005)

9) K. Kobayashi, M. Kobata, and H. Iwai, *J. Electron Spectrosc. Relat. Phenom.*, **190**, 210 (2013)

10) H. Matsuda, H. Daimon, M. Kato, and M. Kudo, *Phys. Rev. E*, **71**, 066503(2005)

11) J.-J. Kim, K. Kobayashi, E. Ikenaga, M. Kobata, and S. Ueda, *Phys. Rev. B*, **76**, 115124 (2007)

12) K. Horiba, A. Maniwa, A. Chikamatsu, K. Yoshimatsu, H. Kumigashira, H. Wadati,. Fujimori, S. Ueda, H. Yoshikawa, E. Ikenaga, J. J. Kim, K. Kobayashi, and M. Oshima, *Phys. Rev. B*, **80**, 132406(2009)

13) H. Tanaka, Y. Takata, K. Horiba, M. Taguchi, A. Chainani, S. Shin, D. Miwa, K. Tamasaku, Y. Nishino, T. Ishikawa, E. Ikenaga, M. Awaji, A. Takeuchi, T. Kawai, and K. Kobayashi, *Phys. Rev. B*, **73**, 094403(2006)

14) K. Horiba, M. Taguchi, A. Chainani, Y. Takata, E. Ikenaga, D. Miwa, Y. Nishino, K. Tamasaku, M. Awaji, A. Takeuchi, M. Yabashi, H. Namatame, M. Taniguchi, H. Kumigashira, M. Oshima, M. Lippmaa, M. Kawasaki, H. Koinuma, K. Kobayashi, T. Ishikawa, and S. Shin, *Phys. Rev. Lett.*, **93**, 236401(2004)

15) S. Ueda, H. Takami, T. Kanki, and H. Tanaka, *Phys. Rev. B*, **89**, 035141(2014)

16) S. Ueda, H. Tanaka, J. Takaobushi, E. Ikenaga, J.-J. Kim, M. Kobata, T. Kawai, H. Osawa, N. Kawamura, M. Suzui, and K. Kobayashi, *Appl. Phys. Express*, **1**, 077003 (2008)

17) X. Kozia, G. H. Fecher, G. Stryganyuk, S. Ouardi, B. Balke, C. Felser, G. Schönhense, T.-i Taira, Uemura, M. Yamamoto, H. Sukegawa, W. Wang, K. Inomata, and K. Kob-

ayashi, *Phys. Rev. B*, **84**, 054449 (2011)

18) A. X. Gray, C. Papp, S. Ueda, B. Balke, Y. Yamashita, L. Plucinski, J. Minár, J. Braun, E. R. Ylvisaker, C. M. Schneider, W. E. Pickett, H. Ebert, K. Kobayashi, and C. S. Fadley, *Nat. Mater.*, **10**, 759 (2011)

19) I. Píš, M. Kobata, T. Matsushita, H. Nohira, and K. Kobayashi, *Appl. Phys. Express*, **3**, 056701 (2010)

20) Y. Takata, Y. Kayanuma, M. Yabashi, K. Tamasaku, Y. Nishino, D. Miwa, Y. Harada, K. Horiba, S. Shin, S. Tanaka, E. Ikenaga, K. Kobayashi, Y. Senba, H. Ohashi, and T. Ishikawa, *Phys. Rev. B*, **75**, 233404 (2007)

3.4 ■ 光電子回折・光電子ホログラフィー法

回折は，波が障害物で散乱され，波面が回り込んで伝搬していく現象である．X線や電子が平面波として結晶格子に入射すると，整然と並んだ原子で回折される波どうしが干渉し，特定の方向で強め合う．X線回折や電子回折は結晶やその表面の周期的な構造を調べる手法の名称でもある．他方，試料にX線を照射すると，原子核近傍に局在した準位から放出される光電子やオージェ電子が球面波として放出され，その波の一部が励起原子の周囲の原子で回折される．励起原子からの直接波と回折された波とが干渉し回折模様が形成される．光電子回折は元素固有の内殻励起が関与する現象であるため，元素選択的な局所構造解析手法である[1)]．運動エネルギー 100 eV～1 keV の電子の非弾性平均自由行程は 1～2 nm 程度であり[2)]，脱出深さは数～10 原子層に相当するため，光電子回折は非常に表面敏感な手法となる．光電子回折には，励起原子の周囲の局所構造の情報が回折模様(ホログラム)として記録されている．ここから励起原子を中心とした立体的な原子配列を再構成する技術が光電子ホログラフィー法である[3,4)]．

図 3.4.1 に示すようにX線回折では，入射波が単結晶の格子面で散乱され，回折条件 $2d\sin\theta=n\lambda$ を満たす方位に回折スポットが現れる．他方，光電子回折では，励起原子からの出射波 Ψ_0 と隣接原子での散乱波 ψ^S とが干渉し，回折条件 $kR(1-\cos\theta)=2\pi n+\delta_l$ を満たす極角方向に回折リングが現れる．δ_l は散乱を引き起こす隣接原子(以下，散乱原子)のポテンシャルによる位相シフトである．X線回折では平面波どうし，光電子回折では球面波どうしが干渉する．光電子の運動エネルギーが数 100 eV 以下の領域では，$\theta>90°$ の後方散乱が優勢となる．表面上の吸着種の原子からの回折模様には吸着サイトや基板表面からの距離などの情報が反映され

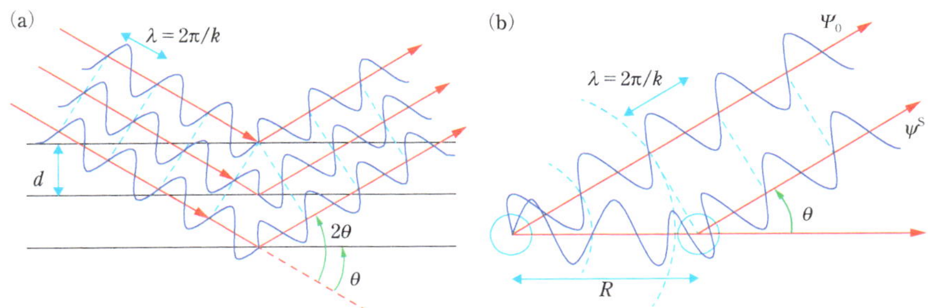

図 3.4.1 回折の模式図

(a) X 線回折の場合．面間隔 d の格子面で散乱される波どうしの光路差が波長 λ の整数倍となる方位に回折スポットが現れる．(b) 光電子回折の場合．出射波 Ψ_0 と散乱波 ψ^S との位相差が 2π の整数倍となる極角方向に回折リングが現れる．

る[5,6]．他方，運動エネルギーが数 100 eV 以上の場合，光電子を放出した励起原子と散乱原子とを結ぶ $\theta = 0°$ の方向に顕著な前方収束ピークが現れる．前方収束ピークとそれを取り囲む回折リングから散乱原子の方向と距離を推定できる[7]．

光電子回折の対象は励起原子のまわりの散乱原子が配向していれば十分で，X 線回折や電子回折と異なり，長周期構造を前提としない．したがって，結晶中にまばらに埋め込まれた異種原子や結晶表面に吸着した配向分子の局所構造を調べることができる．異種原子の内殻光電子の回折模様を母結晶のそれと比較することで，異種原子の周囲の原子配列や局所的な歪みを解析できる[9,10]．特に表層下の埋もれた領域の原子構造の三次元解析は光電子回折の独壇場となっている．光電子回折は既存の角度分解光電子分光装置でも測定できる間口の広い手法である．本節ではまず光電子ホログラフィーの測定装置について述べた後，光電子回折・ホログラフィーの原理と解析について解説し，局所的な表面構造に関する応用事例を紹介する．

逆に各々の原子配列に対応した固有の回折模様から，特定の原子サイトから放出された光電子を選択することもできる．こうしたサイト選択局所プローブとしての光電子回折と表面の電子・磁気構造の有力な分析手段である光電子分光法や軟 X 線吸収分光法とを組み合わせた回折分光法は，表層下領域の原子サイト選択的な電子・磁気構造の原子レベル解析手法となる[10]．5.2 節に，垂直磁化薄膜の磁気構造と原子構造の関係を解明した例[11]について記述した．

3.4.1 ■ 光電子回折・光電子ホログラフィーの測定装置

A. 試料方位走査型の測定

光電子ホログラム測定には角度分解能に優れた電子エネルギー分析器が必須である．角度分解光電子分光法で広く使われている同心半球分析器(concentric hemispherical analyzer, CHA)では，試料の極角と方位角両方を走査して二次元角度分布を測定する．分析器の入口の減速レンズでエネルギーの高分解能化が実現できる．同心半球分析器は分析器部分が軸対称であるので，蛍光スクリーンなどの二次元検出器を取り付けると，分析器の軸方向・直交方向がそれぞれエネルギー分散と角度分散となる二次元強度分布を一括して測定できる．通常，同心半球分析器は真空槽に据え付けられ，入射光の電場ベクトルとの関係が固定されるため，遷移行列要素の効果が除去される．最近では入口レンズに角度補正機構(ディフレクタ)を設け，二次元角度分散を短時間で測定する方式が広まってきている．

B. 二次元角度分布表示型エネルギー分析器

同心半球型エネルギー分析器では入口スリットと点対称の出口の位置に検出器を設置し，電子を内外の同心球面電極間の球状電場中に通す．内側の電極をメッシュ構造とし，入口と出口をその内側に設置したのが表示型球面鏡エネルギー分析器である[12]．特定の運動エネルギーの電子だけが出口を通り抜け，二次元角度分布がスクリーンに投影される．光電子やオージェ電子の60°の立体角(1π sr)のホログラムを一度に取り込むことができる．偏光依存性を最大限利用した測定ができるのが特徴である．

図 3.4.2(a)はSPring-8 BL25SUに設置されている表示型球面鏡エネルギー分析器である．光はエネルギー分析器の外球に設けられた孔を通して導入する．孔は分析器の中心軸から45°ずれた方向にある．試料表面を分析器に正対させると，光は法線から45°ずれた方向から入射することになる．試料表面から放出される電子はエネルギー分析器内の球状電場により軌道を曲げられ，特定の運動エネルギーをもったものだけが出口アパーチャーに収束する．**図 3.4.2**(c)に示すように蛍光スクリーンには面直方向が中心となる1π srの光電子ホログラムが心射投影される．法線方向から光を入射すると極角45±60°の範囲がスクリーンに投影される．法線方向を軸に試料を1回転させ，光電子角度分布を貼り合わせると表面からの全立体角(2π sr)の角度分布が得られる[10]．

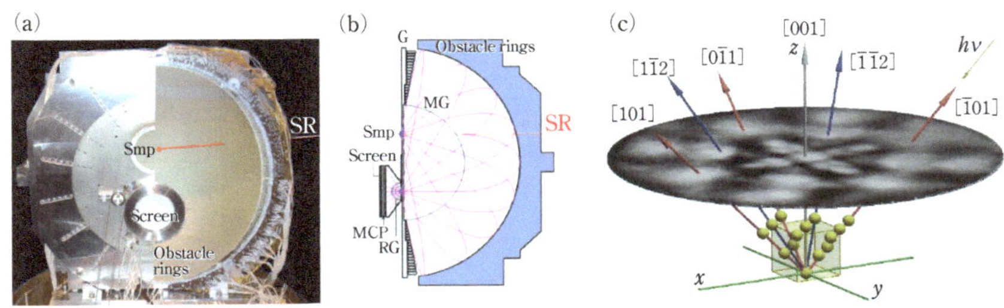

図 3.4.2 (a) 表示型球面鏡エネルギー分析器の写真．(b) 断面図．SR：放射光軟 X 線，Smp：試料，RG：阻止電位グリッド，MCP：マイクロチャンネルプレート，obstacle rings：障害リング（電極）．(c) 試料とスクリーンとの関係．スクリーンには 1π sr の光電子ホログラムが心射投影される．

3.4.2 ■ 光電子回折・光電子ホログラフィーの原理と応用例

A. 光電子の波動関数

まず原子から放出される光電子の波動関数について考える．具体例として 13 個の炭素原子からなるグラフェンクラスターを用いて光電子の散乱過程を計算した結果を示す[13]．**図 3.4.3** (a) は Ψ_0（赤）と散乱波 $\Psi^{\mathrm{S}} = \sum_i \psi_i^{\mathrm{S}}$（青）の波動関数の実部である．中央の白丸で示す励起原子から放出された光電子の波動関数は $\Psi_0 = \exp(\mathrm{i}kr)/r$ で表され，この波面が四方八方に拡がっていく．k は波数ベクトル $\mathbf{k}$ の大きさ，r は励起原子からの距離である．距離 r をかけて見やすくしている．ここで光電子の波動関数 Ψ_0 は単純な s 波，運動エネルギーは 500 eV とした．ψ_i^{S} は i 番目の原子による散乱波である．波動関数 Ψ_0 と周囲の原子がつくるポテンシャルで生じる散乱波 Ψ^{S} との干渉の結果が光電子放出強度角度分布 $I(\theta, \phi) = |\Psi_0 + \Psi^{\mathrm{S}}|^2$ となる．

電子の散乱問題は，球ハンケル関数 $h_l^{(1)}$（外に拡散する波）と $h_l^{(2)}$（内に向かう波）を使って解く．内向波 $h_l^{(2)}(kr)$ が球対称ポテンシャルで弾性散乱されると，強度・対称性は保存されたまま，位相が δ_l だけずれた外向波 $h_l^{(1)}(kr)$ として拡散していく．この例のシミュレーションの場合，まず Ψ_0 を散乱原子の位置で軌道角運動量 l が 13 程度までの部分波に展開し，それぞれの位相シフトを計算した．散乱原子がつくるポテンシャルの半径を a とすると実質的に回折に関与するのは $l \leq ka$ の部分波である．軌道角運動量 $l=0$ に対する位相シフト δ_0 は $-79°$，$l=1$ に対する位相シフト δ_1 は 51°，$l=2, 3, 4, \cdots$ については正の小さな値となる．位相シフトを考慮し部分波を足し合わせると，散乱波 ψ_i^{S} の形状が決まる．散乱波 ψ_i^{S} は単純な球面波ではなく，前方に強度が集中する平面波に近い形状をしている．光電子を放出した原

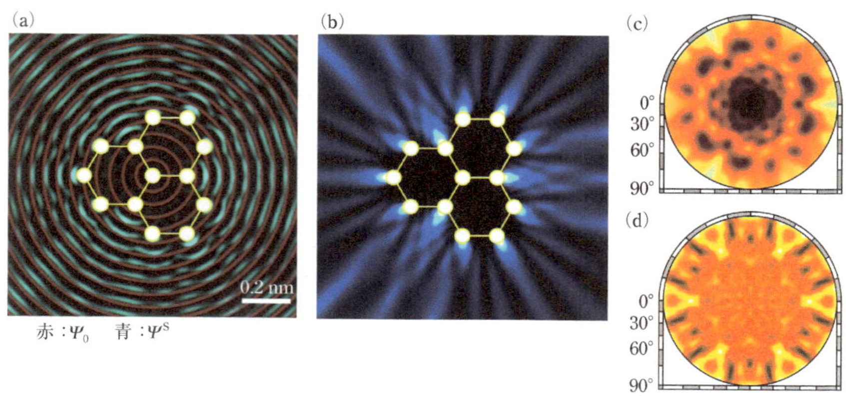

図 3.4.3　C_{13} クラスターの中央原子からの光電子の(a)実空間での波動関数の実部．(b)光電子回折強度 $\chi(r)$．(c)C_{13} クラスターからの光電子回折模様 $\chi(\theta, \phi)$ のシミュレーション．(d)4 層グラファイトからの場合．鏡面対称操作した．

子と散乱を引き起こす原子を結ぶ方向にこうした前方収束の効果が現れる．**図 3.4.3**(b)は実空間での光電子回折強度 $\chi(\mathbf{r}) = (I - \Psi_0^{\,2})/\Psi_0^{\,2}$ である．散乱原子から彗星のように光電子強度が尾を引いているが，これが前方収束ピークとなる．前方収束ピークは光電子の運動エネルギーが 500 eV 以上になると顕著になる．また，ψ_i^{S} と Ψ_0 の位相差が 2π の整数倍の方向で両者の波動関数が強め合い，前方収束ピークのまわりに回折リングが形成される．**図 3.4.3**(c)に示した回折模様は十分離れた位置における $\chi(\mathbf{r})$ の角度分布 $\chi(\theta, \phi)$ で $10^{-1} \sim 10^{-2}$ 程度である．**図 3.4.3**(d)は 4 層グラファイトからの光電子回折模様である．多重散乱も取り込んだ計算となっている．最小二乗法を用いて実験データとシミュレーションとを比較することで，原子配列構造の詳細を定量できる．

B.　励起光の偏光特性

真空中を伝わる電磁波はマクスウェル方程式の解 $\mathbf{A} = A\mathbf{e}\ \exp[\mathrm{i}(\mathbf{k}\cdot\mathbf{r} - \omega t)]$ として記述される．A はベクトルポテンシャル $\mathbf{A}$ の強度である．波数ベクトル $\mathbf{k}$ と角振動数 ω にプランク定数 $\hbar$ をかけるとそれぞれ運動量 $\mathbf{p}$ とエネルギー E になる．偏光ベクトル $\mathbf{e}$ の成分に虚数を含めると円偏光が表現できる．例えば，伝搬方向を z 軸とすると，電場ベクトル $\mathbf{e} = (1/\sqrt{2}, \pm\mathrm{i}/\sqrt{2}, 0)$ の y 軸成分は x 軸成分に対して $\pm\pi/2$ だけ位相がずれる．これは偏光(ヘリシティー)$\sigma = \pm 1$ の円偏光に対応する．直線偏光は両円偏光の線形結合として表すことができる．

原子から放出された光電子の波動関数 Ψ_0 は励起準位の原子軌道と励起光のエネ

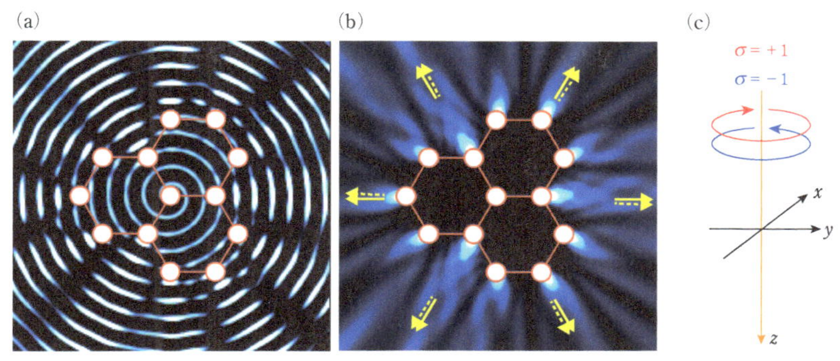

図 3.4.4　円偏光励起の場合の光電子の実空間での波動関数の実部(a)と強度分布(b). 運動エネルギーは 500 eV.（c)円偏光のヘリシティの定義.

ルギー・偏光特性によって決まる. 励起過程前後では系全体の角運動量が保存される. 光の角運動量は「偏光 σ」, 電子の角運動量は「軌道量子数 m」という物理量に対応している. 直線偏光による内殻準位からの励起過程では方位量子数は 1 増減するが($\Delta l = \pm 1$), 軌道量子数は変化しない($\Delta m = 0$). 例えば直線偏光で s 軌道を励起した場合, 光電子の波動関数は入射光の電場ベクトルの方向に軸をもつ p 軌道状の放出強度角度分布となる. 電場ベクトルと垂直の方向には節が生じる. この節方向に検出器を置くことで, 前方収束ピークの強度を抑制し, 回折リングの情報に注目することができる. 節近傍光電子ホログラフィーという方法が提案されている[14].

円偏光で励起すると, 光がもつ角運動量が光電子に受け渡され, **図 3.4.4**(a)に示すように Ψ_0 の等位相面が螺旋状になる. 散乱原子に波面が励起原子と散乱原子を結ぶ結合軸からずれて当たるため, 前方収束ピークの方向が円偏光の回転の向きにシフトする. **図 3.4.4**(b)の点線は励起原子から散乱原子への方向, 実線の矢印は前方収束ピークの方向で, このシフトは原子間距離に反比例し, 近いものほど大きな視差角シフトが観測される[15].

図 3.4.5 にグラファイトからの光電子回折模様を示す[16]. 赤と青は左右の円偏光励起による円二色性を示している. $[11\bar{2}0]$方向を中心とした特徴的な 6 回対称の円弧状の模様は面内の第 2 近接炭素原子に由来する回折リングである. 図 3.4.3(d)に示した計算結果が実験をよく再現していることがわかる. ただし, 面内の C–C 結合に由来する前方収束ピークは地平線に隠れてしまっている. そこで微傾斜 SiC 基板に 2 層のグラフェンを成長させて地平線すれすれの回折模様を観測した[10].

$[11\bar{2}0]$方向に 8° 傾斜した 4*H*–SiC(0001)微傾斜面を真空中で加熱すると, ステッ

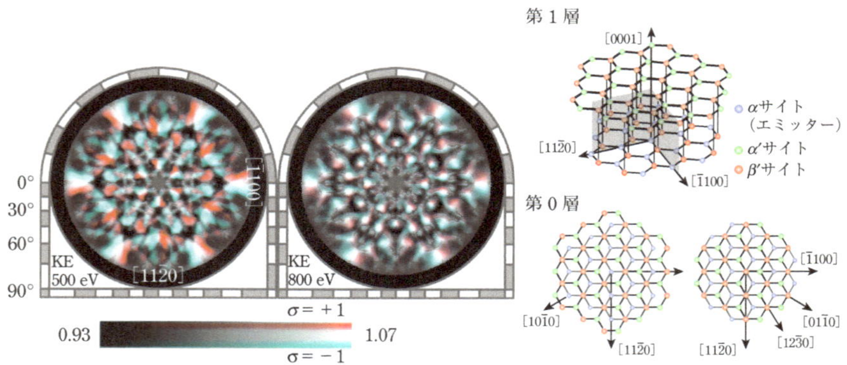

図 3.4.5　グラファイトからの光電子回折模様
赤・青はそれぞれ σ= ±1 の直入射円偏光励起で強度が大きい方向である．[11$\bar{2}$0]方向を中心とした円弧は第2近接の炭素原子による回折リングである．

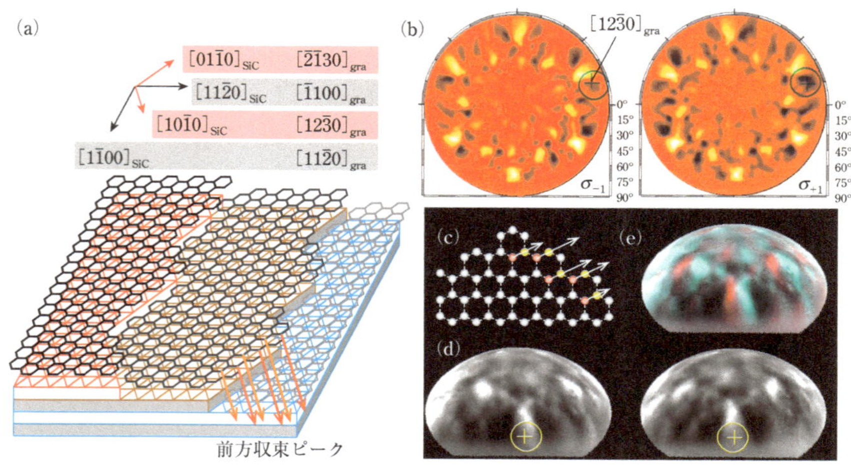

図 3.4.6　(a)4*H*–SiC 微傾斜面上に成長したグラフェンの模式図．(b)円偏光励起による C 1s 光電子回折模様．(c)グラフェンの端部からの光電子放出．(d) [12$\bar{3}$0]$_{gra}$ 方向を中心に座標変換を行った．◯で囲った領域に(c)の矢印で示したグラフェン面内の最隣接原子の方向の前方収束ピークが現れる．(e)立体写真．

プ部から Si が蒸発し，[10$\bar{1}$0]$_{SiC}$ と[01$\bar{1}$0]$_{SiC}$ に沿ったステップが優勢に現れるとともに，階段を覆う絨毯のようにグラフェンがエピタキシャル成長する．**図 3.4.6**(a)に示すように基板の[11$\bar{2}$0]$_{SiC}$ 方位に対し，[11$\bar{2}$0]$_{gra}$ 方位が直交する関係となっている．SiC のステップ方向に沿ってアームチェア型端部ないしは褶曲部分が現れる．

図 3.4.6(b)に2層グラフェンからの左右の円偏光励起による C 1s 光電子回折模様を示す．円弧状のパターンは図 3.4.5 で確認した面内の炭素原子どうしでの光電子の干渉によって現れる回折リングである．上半分が階段を降りる方向に地平線付近の回折模様が現れている．回折リングは主にグラフェンのテラスの部分からの光電子が寄与するのに対し，地平線すれすれの前方収束ピークは**図 3.4.6**(c)で示すように端部領域の黄丸の散乱原子による寄与が主となる．上が天頂方向，下部中央がグラフェンの面内の C–C 結合の1つの方向に対応するように座標変換し直したのが**図 3.4.6**(d)および(e)である．前方収束ピークの視差角シフトが確認できる．それぞれ左右の目で見ると立体写真となる．これは図 3.4.6(c)に示すように，端部領域の原子(赤印)から最外原子(黄印)を見たことに対応している．回折効果を使うと回折リング方向からグラフェンのテラス部分の，前方収束ピーク方向から端部のサイト選択的なスペクトルが得られる．実際に，アームチェア型の褶曲部の価電子帯光電子スペクトルを測定し，フェルミ準位付近でギャップが開く様子が確認できる[10]．

C. 光電子ホログラフィーの原子再構成アルゴリズム

回折リングは励起原子からの光電子の波と隣接の原子で散乱された波との位相差が 2π のときに強め合うことによって生じる．回折リングの開き角 θ は原子間距離が長くなるにつれて，また光電子の運動エネルギーが大きくなるにつれて小さくなる．回折リングと原子間距離の関係をもとに光電子回折模様をフィッティングすると，三次元的な原子配列の情報が得られる[13]．従来の光電子ホログラフィー法では光電子回折模様をフーリエ変換することで実空間像を得る試みがなされてきたが，「前方収束ピークでの位相情報の欠落」による実空間での原子像の歪みや鏡像といった問題が発生していた．このフィッティング法をベースにした変換法では，従来の問題を回避することができる．

ここではグラファイト層間化合物の劈開表面の構造解析の例を紹介する[17]．単結晶グラファイトを熔けた Ca/K 合金に入れ，数日間煮込むことで金色に輝くグラファイト層間化合物が得られる．KC_8 は 136 mK，CaC_6 は 11.5 K で超伝導状態に転移する．合金系では Ca を少量入れただけで高い転移点を示すような興味深い挙動を示すことがわかってきているが[18]，局所構造に関してはまだわからないことが多い．

図 3.4.7 に C 1s と K 2p の全半球光電子角度分布を示した．C 1s にはグラファイトの蜂の巣格子に由来する回折リングが現れている．K 2p には K 原子から見た C 原子の方向に帰属される前方収束ピークと回折リングが観測された[17]．表面敏感な

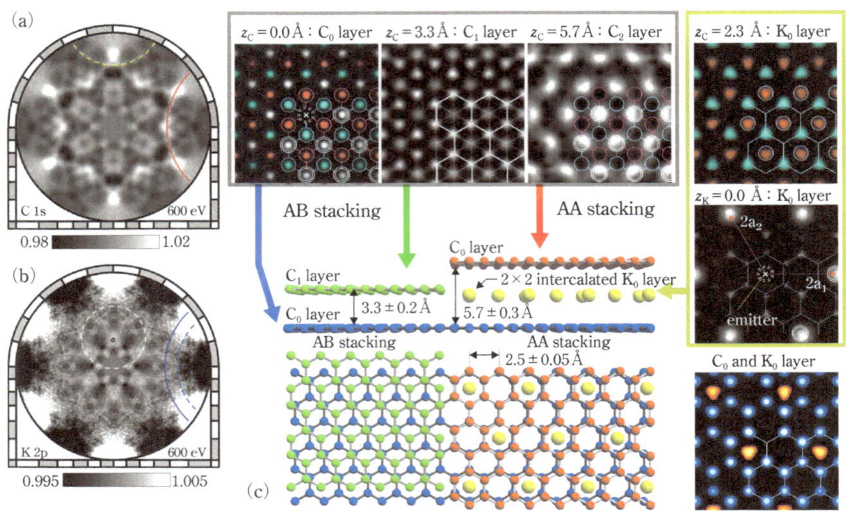

図 3.4.7　$(Ca,K)C_y$ からの(a)C 1s と(b)K 2p の光電子角度分布．(c)ホログラフィー変換によって得られた実空間の原子配列像．

XPS の Ca 2p のピーク強度は K 2p のそれの 1% 以下であった．図 3.4.7(c)にホログラフィー変換により得た実空間の原子配列像を示した．励起原子から *xy* 断面までの高さ *z* の添え字 C と K はそれぞれ C 1s，K 2p の回折模様から得たことを表す．励起 C 原子を含む C_0 層では第 2 近接の原子像が明るくなっているが，これは蜂の巣格子の像が 2 種類の炭素原子から見たときに重なる位置に対応するからである．ちょうど，グラファイトの層間距離にある C_1 層ではこの像のコントラストが逆になり第 1 近接原子が明るくなっている．これは両層が AB 積層の関係にあることを示す．0.57 nm 上にある C_2 層では第 1 近接原子の像がうまく再現されていないが，第 2 近接原子の位置が明るくなっており，AA 積層構造の関係にあることを示唆する．ちょうど C_0 層と C_2 層の間の 0.23 nm の位置に原子像が再生された．これは上下の 6 員環の中央に位置する K 原子に対応する．すべての C 原子から見た K 原子が重ね合わされた原子像となる．K 2p から再生した K_0 層では K が 2×2 の長周期構造を形成していることが示された．$(Ca,K)C_y$ の 2 元系グラファイト層間化合物の場合，組成分布が不均一で，特に結合の弱い K 原子が偏った部分が選択的に劈開されることがわかった．

円二色性を用いた原子立体写真法や回折模様から直接実空間像を得る光電子ホログラフィー法により，元素選択的な構造初期モデルが得られる．XPS で得られる化学組成の情報とあわせ，散乱原子のポテンシャルの原子番号依存性から励起原子だけでなく，散乱原子の元素識別を行った光電子ホログラフィー法[19]も開発されている．局所構造のゆがみや複数の構造が混合している場合などの詳細な構造解析については，多重散乱計算による光電子回折のシミュレーションを用いて進める．

D.　エネルギー損失電子のコントラスト反転回折模様

光電子やオージェ電子のピークの低運動エネルギー側には**図 3.4.8** に示すようにプラズモンエネルギー損失ピークや多電子励起・非弾性散乱によるなだらかなバックグラウンドが現れる．これまでエネルギー損失電子はスペクトル解析に際して邪魔な除去すべき対象と位置づけられ，実用的な非弾性平均自由行程の定式化[20]や，電子エネルギー損失スペクトルの解析に基づいた普遍的なバックグラウンドスペクトルの定式化が進められた[21]．微量元素について解析する場合，こうしたエネルギー損失電子の正確な評価と除去が重要な課題となる．他方，エネルギー損失電子も結晶中の原子と相互作用する．こうしたエネルギー損失電子から何か情報を得て有効利用できないだろうか，ということで最後に発展的な話題として取り上げる．

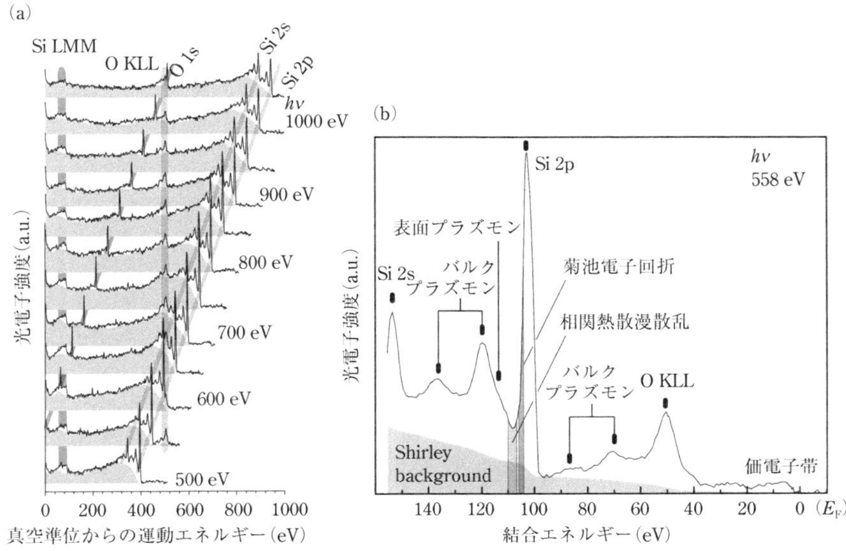

図 3.4.8　(a)酸素が吸着したSi表面からの光電子スペクトルの光エネルギー($h\nu$)依存性．グレーの部分がエネルギー損失電子．光電効果の「主成分」であるのにかかわらず，ほとんど関心が向けられてこなかった．(b)価電子帯，O KLL オージェ電子，Si 2p 内殻準位光電子ピーク付近のスペクトル．さまざまなエネルギー損失過程を反映している．$h\nu = 558$ eV.

二次元角度分布に関しては，電子・電子相互作用で生じた準弾性散乱(菊池)電子による菊池電子ホログラフィー[22,23]，フォノン励起による振動相関熱散漫散乱法[24,25]，プラズモン励起による非弾性光電子回折[26~29]が提唱されている．これらは電子や光電子の主(弾性散乱)ピーク近傍のエネルギー損失機構が特定できるエネルギー損失電子に関するものである．主ピークから十分離れたエネルギー損失電子(以下，背景電子とよぶことにする)ついては，回折模様はプラズモンによるエネルギー損失で消失するとされてきた．Osterwalder と Hüfner らは Mg Kα 線を用い Al(001)表面の光電子回折について研究した[26,30]．彼らは，Al 2s 主ピークから 15 eV ごとに現れるプラズモンエネルギー損失ピークの角度分布を測定したところ，徐々に前方収束ピークの強度が減少し，回折模様が破壊されることを報告し，これは非弾性プラズモン励起によるデフォーカス効果によるとしている．彼らはさらに Al 2s 内殻準位の主ピークから 300 eV 離れた背景電子の角度分布が前方収束ピークの鏡面像に似ていると指摘し，前方収束ピークの強度が逆に落ち込む現象を報告している．その原因として原子鎖のブロッキング機構などが検討されてきたが[30]未解決であった．

そこで上述の表示型球面鏡エネルギー分析器を用いて，Ge(111)表面の 3p からの光電子およびその背景電子の角度分布を測定した[31]．**図 3.4.9** (a)～(d)はさまざまな運動エネルギーで測定した Ge 3p の全半球の光電子回折模様である．図 3.4.9 (a)に高対称軸方向の位置を示した．点線と破線はそれぞれ {1$\bar{1}$0} と {110} 面を示す．Ge 3p の光電子回折模様中に⟨11$\bar{1}$⟩，⟨110⟩，⟨001⟩方向に 3 種の明るい前

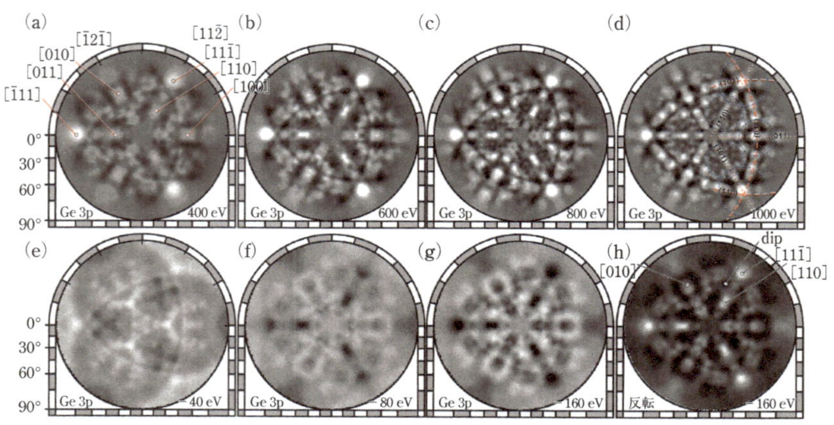

図 3.4.9　Ge(111)表面からの光電子回折模様(a)～(d)と背景電子模様(e)～(g)．(h)(g)のコントラストを反転したもの．(b)とほぼ一致している．両円偏光励起のデータを加算した．

方収束ピークが観測された．これらはそれぞれ第 1，第 2，第 4 近接 Ge 原子の方向に対応する．光電子回折模様は運動エネルギーに依存して大きく変化する．図 3.4.9(d)に示すように⟨11$\bar{1}$⟩，⟨110⟩，⟨001⟩方向のまわりに円状の回折リングが現れている．これらの半径は運動エネルギーが大きくなるにつれて小さくなる．また，運動エネルギーが大きくなるにつれて{1$\bar{1}$0}と{110}面に沿った方向の菊池バンドの幅が狭くなり，コントラストがよりはっきりとなる．

図 3.4.9(e)～(g)は運動エネルギー 600 eV での全半球二次電子角度分布である．それぞれ Ge 3p の主ピークからのエネルギー損失の大きさが 40, 80, 160 eV となるように光エネルギーを設定した．Osterwalder らが指摘したように光電子回折模様が内殻準位の主ピークから 40 eV 離れたところで消失している．図 3.4.9(f)および(g)では図 3.4.9(b)で示した前方収束ピークの場所に暗い領域が現れている．**図 3.4.9**(h)は図 3.4.9(g)のコントラストを反転して表示したもので，運動エネルギー 600 eV の図 3.4.9(b)の回折模様とほとんど似ている．回折リングと菊池バンド状の模様までそっくりである．600 eV の回折のネガ模様は主ピークから 160 eV 離れた背景電子パターンで観測され，さらに 350 eV 離れても確認することができる．このときの元の主ピークの光電子運動エネルギーはこれらのエネルギー損失電子よりもずっと大きい．しかしながら背景電子模様が異なる光エネルギー励起にもかかわらず，同じ運動エネルギー 600 eV の光電子回折模様の反転模様と似ており，それよりも高いあるいは低い運動エネルギーの光電子回折模様とは異なる．これは励起光エネルギーに依存する非弾性プラズモン励起によるデフォース効果や原子鎖

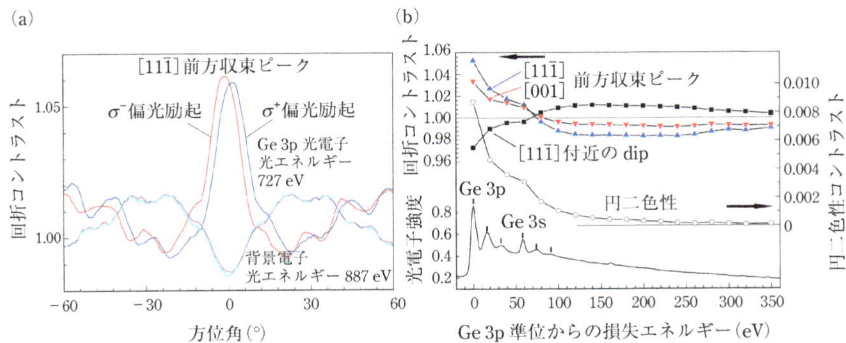

図 3.4.10　(a)Ge(111)表面からの[11$\bar{1}$]方向の前方収束ピークの形状．円偏光励起による運動エネルギー 600 eV の Ge 3p 内殻準位光電子の場合と同じ運動エネルギーでの背景電子の場合．(b)前方収束ピークとその付近の回折コントラストおよび円二色性コントラストの損失エネルギー依存性．光電子スペクトルをあわせて示した．

による電子ブロック機構では説明できない点である[32].

図 3.4.10 (a)は 3p 光電子と背景電子の$[11\bar{1}]$方向の場合の前方収束ピークのまわりの方位角依存性についての比較である．3p 光電子の光電子回折強度のピークと谷は，背景電子模様の谷とピークに一致する．背景電子模様のコントラストは元の光電子回折模様の約 1/4 であった．$\sigma = \pm 1$ の円偏光励起により前者の前方収束ピークには視差角シフトが観測されるが，後者の視差角シフトはほぼ消滅している．

図 3.4.10 (b)は回折と円二色性のコントラストの光エネルギー依存性をまとめたものである．横軸は Ge 3p 内殻準位からの相対的な結合エネルギーである．1を上回る（下回る）光電子回折模様のコントラストは強め合う（弱め合う）干渉に対応する．$[11\bar{1}]$と[001]方向の前方収束ピーク強度は結合エネルギーが増大するにつれて急激に減少し，Ge 3d 主ピークから 80 eV のところでは 1 よりも小さくなる．120 eV を超えるとコントラストはほとんど定常になる．他方，打ち消し合って暗いコントラストであった$[11\bar{1}]$前方収束ピーク付近の領域の強度は 1 より小さいが，結合エネルギーが増大するにつれて 1 を超え大きくなる．ここでは円偏光コントラストを $|I(\sigma_+) - I(\sigma_-)|$ と定義した．$I(\sigma_\pm)$はそれぞれ σ_+，σ_-で励起したときの光電子回折コントラストである．図 3.4.10 (b)に示すように，円偏光コントラストは減少し，160 eV でほぼ消失する．この急激な減少は元の光電子回折模様の消失に対応している．このような円二色性コントラストは光電子回折のネガ模様には現れなかった．回折と円二色性コントラストの異なるエネルギー依存性は光電子回折ネガ模様の発生が励起源の偏光と独立であることを示唆する．

光エネルギーを 780 eV に固定して測定した光電子スペクトルもあわせて示した．スペクトルは Ge 3d の強度で規格化している．0 と 58 eV の光電子ピークは Ge 3p と 3s 内殻準位からのものである．プラズモン損失ピークがどちらのケースでも 16 eV 間隔でいくつか観測されている．回折と円二色性コントラストで 40 eV に観測されている肩構造は Ge 3s 内殻準位励起によるものである．Ge 3p から 92 eV 離れたところにある Ge 3d 内殻準位からの背景電子もバックグラウンドとして存在する．Ge 3p とバックグラウンドの強度はそれぞれ 0.6，0.2 である．Ge 3d からの回折のネガ模様は Ge 3p の回折コントラストの約 1/12 と見積もられた．バックグラウンド強度に対して小さな光電子ピーク強度について取り扱うときには，こうした背景電子の効果について気を付けることが大事である．

この現象は電子後方散乱回折でも観察されている[33]．電子が結晶中を透過する過程で，上述の吸収過程が散乱過程を上回るとネガ模様が発生する．また，同様の現象を利用した内部検出器型電子ホログラフィーが提唱されている．この場合，外部から入射する電子線が逆光電子回折現象によって吸収され，特性X線を発生させる時間反転光電子回折である．実際に得られたホログラムから三次元原子像再生にも成功している[34)]．走査電子顕微鏡などの集束電子ビームを用い，背景電子のネガ模様を測定すれば，微小領域の原子構造の情報が得られる．

[引用文献]

1) S. Hüfner, *Photoelectron Spectroscopy, 3rd Edition*, Springer, Berlin (2003), p. 597

2) S. Tanuma (D. Briggs and J. T. Grant eds.), *Electron Attenuation Lengths in Surface Analysis by Auger and X-ray Photoelectron Spectroscopy*, IM Publications, Chichester and Surface Spectra, Manchester (2003), pp. 259-294

3) A. Szöke (D. T. Attwood and J. Baker eds.), *Short Wavelength Coherent Radiation: Generation and Applications* (AIP Conf. Proc. No.147), AIP, New York (1986), p. 36

4) J. J. Barton, *Phys. Rev. Lett.*, **61**, 1356 (1988)

5) T. Greber, J. Wider, and J. Osterwalder, *Phys. Rev. Lett.*, 81 1654 (1998)

6) D. P. Woodruff, *Surf. Sci. Rep.*, **62**, 1 (2007)

7) H. C. Poon and S. Y. Tong, *Phys. Rev. B*, **30**, 6211 (1984)

8) Y. Kato, F. Matsui, T. Shimizu, H. Daimon, T. Matsushita, F. Z. Guo, and T. Tsuno, *Appl. Phys. Lett.*, **91**, 251914 (2007)

9) N. Maejima, F. Matsui, H. Matsui, K. Goto, T. Matsushita, S. Tanaka, and H. Daimon, *J. Phys. Soc. Jpn.*, **83**, 044605 (2014)

10) F. Matsui, T. Matsushita, and H. Daimon, *J. Electron Spectrosc. Relat. Phenom.*, **195**, 347 (2014)

11) F. Matsui, T. Matsushita, Y. Kato, M. Hashimoto, K. Inaji, and H. Daimon, *Phys. Rev. Lett.*, **100**, 207201 (2008)

12) H. Daimon, *Rev. Sci. Instrum.*, **59**, 545 (1988)

13) T. Matsushita, F. Matsui, H. Daimon, and K. Hayashi, *J. Electron Spectrosc. Relat. Phenom.*, **178-179**, 195 (2010)

14) J. Wider, F. Baumberger, M. Sambi, R. Gotter, A. Verdini, F. Bruno, D. Cvetck, A. Morgante, T. Greber, and J. Osterwalder, *Phys. Rev. Lett.*, **86**, 2337 (2001)

15) H. Daimon, *Phys. Rev. Lett.*, **86**, 2034 (2001)

16) F. Matsui, T. Matsushita, and H. Daimon, *J. Phys. Soc. Jpn.*, **81**, 114604 (2012)

17) F. Matsui, R. Eguchi, S. Nishiyama, M. Izumi, E. Uesugi, H. Goto, T. Matsushita, K. Sugita, H. Daimon, Y. Hamamoto, I. Hamada, Y. Morikawa, and Y. Kubozono, *Sci.*

Rep., **6**, 36258(2016)
18) H. T. L. Nguyen, S. Nishiyama, M. Izumi, L. Zheng, X. Miao, Y. Sakai, H. Goto, N. Hirao, Y. Ohishi, T. Kagayama, K. Shimizu, and Y. Kubozono, *Carbon*, **100**, 641(2016)
19) T. Matsushita, F. Matsui, K. Goto, T. Matsumoto, and H. Daimon, *J. Phys. Soc. Jpn.*, **82**, 114005(2013)
20) S. Tanuma, C. J. Powell, and D. R. Penn, *Surf. Interf. Anal.*, **43**, 689(2011)
21) A. Cohen Simonsen, F. Yubero, and S. Tougaard, *Surf. Sci.*, **436**, 149(1999)
22) G. R. Harp, D. K. Saldin, and B. P. Tonner, *Phys. Rev. Lett.*, **65**, 1012(1990)
23) H. Zhao, S. P. Tear, and A. H. Jones, *Phys. Rev. B*, **52**, 8439(1995)
24) T. Abukawa, C. M. Wei, T. Hanano, and S. Kono, *Phys. Rev. Lett.*, **82**, 335(1999)
25) T. Abukawa, C. M. Wei, K. Yoshimura, and S. Kono, *Phys. Rev. B*, **62**, 16069(2000)
26) J. Osterwalder, T. Greber, S. Huefner, and L. Schlapbach, *Phys. Rev. B*, **41**, 12495(1990)
27) G. S. Herman and C. S. Fadley, *Phys. Rev. B*, **43**, 6792(1991)
28) E. Puppin, C. Carbone, and R. Rochow, *Phys. Rev. B*, **46**, 46(1992)
29) W. L. O'Brien, J. Zhang, and B. P. Tonner, *Phys. Rev. B*, **48**, 10934(1993)
30) S. Hüfner, J. Osterwalder, T. Greber, and L. Schlapbach, *Phys. Rev. B*, **42**, 7350(1990)
31) F. Matsui, T. Matsushita, M. Hashimoto, K. Goto, N. Maejima, H. Matsui, and H. Daimon, *J. Phys. Soc. Jpn.*, **81**, 013601(2012)
32) A. Winkelmann, *J. Electron Spectrosc. Relat. Phenom.*, **195**, 361(2014)
33) A. Winkelmann, *J. Microsc.*, **239**, 32(2010)
34) A. Uesaka, K. Hayashi, T. Matsubara, and S. Arai, *Phys. Rev. Lett.*, **107**, 045502(2011)

3.5 ■ スピン・角度分解光電子分光法

角度分解光電子分光法(ARPES)では，試料から放出された光電子の運動エネルギーとともに試料からの放出角度を測定することにより，物質中の電子のエネルギーと同時に，その波数 $\mathbf{k}$ を決定することができる．波数(運動量)にまで分解して電子状態を測定できるという点は，他の手法に比べてユニークかつ強力な特徴である．これにより，価電子のバンド構造やフェルミ面を，計算に頼らず実験のみで決定することができる．さらに，近年の光電子分光装置の分解能の大幅な向上と先端光源の進歩によって，超伝導ギャップの対称性(波数依存性)のような，物性に直接関わる数meVオーダーの微細な電子構造についても精密な測定ができる[1]．

また電子は，内部自由度として大きさ1/2のスピン量子数をもつ．角度分解光電子分光装置に電子スピン検出器を組み込むことで，物質中の電子がもつすべての自由度，すなわち「エネルギー」「運動量」「スピン」を分解した完全な光電子分光測定が可能となる．近年，スピンの向きが運動量に依存した「スピンテクスチャ」というスピン構造を示す物質が，スピントロニクス素子やトポロジカル絶縁体などで相次いで発見されている[2]．これらの物質を用いて，電気によるスピンの生成や制御，それを利用した新たな集積回路の作製が可能となることから，その電子・スピン状態の解明が基礎と応用の両面で大きく注目されている．電子のスピンテクスチャを直接的に決定できる実験手段は，スピン・角度分解光電子分光法が唯一であり，スピンの関わる新たな物性やデバイス研究の著しい進展に後押しされ，より高い性能を目指した光電子分光装置やスピン検出器の開発が進められている[1,2]．

本節では，スピン・角度(運動量)を分解した光電子分光法について，その測定の原理について解説し，測定に用いられる実験装置と，得られたスペクトルからどのような情報を得ることができるのか，実際のデータを示しながら説明する．

3.5.1 ■ スピン・角度分解光電子分光法の原理

A.　運動量測定の原理

図 3.5.1 (a)に示すように，角度分解光電子分光法では，単結晶表面から放出された光電子について，結晶表面法線(ここでは z 軸)からの極角 θ と，結晶表面内の偏角 ϕ の関数として，電子のエネルギー分析を行う．ある運動エネルギー E_k をもつ光電子の波数ベクトル $\mathbf{K}$ は，結晶表面に対して平行または垂直な成分に分けて

$$\hbar K_{\parallel} = \sqrt{2mE_\mathrm{k}}\,\sin\theta \tag{3.5.1}$$

$$\hbar K_{\perp} = \sqrt{2mE_\mathrm{k}}\,\cos\theta \tag{3.5.2}$$

と書ける．これらは，測定で直接得られる物理量である．実際に求めたいのは，光

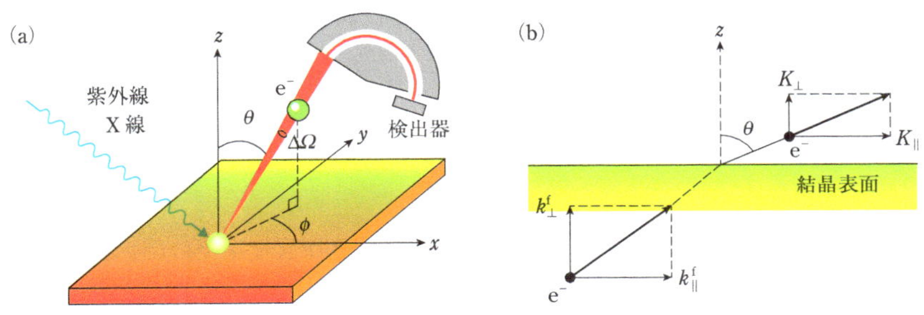

図 3.5.1　角度分解光電子分光法の原理

励起される前の電子の波数ベクトル $\mathbf{k}^{\mathrm{i}}$ であり，これと光電子の波数ベクトル $\mathbf{K}$ との関係は光電子励起過程における２つの運動量保存則から導かれる．１つ目の保存則は光励起に関するものであり，次の関係式を満たす．

$$\text{運動量保存則 1：}\ \hbar\mathbf{k}^{\mathrm{i}} + \hbar\mathbf{Q} = \hbar\mathbf{k}^{\mathrm{f}} \tag{3.5.3}$$

ここで，$\mathbf{k}^{\mathrm{i}}$ と $\mathbf{k}^{\mathrm{f}}$ はそれぞれ光励起における電子の始状態と終状態の波数ベクトル，$\mathbf{Q}$ は光子（フォトン）の波数ベクトルである．励起光が紫外線領域（20～40 eV）のときは，光子の波数ベクトルの大きさ $Q = 2\pi/\lambda$（λ は光の波長）は 0.01～0.02 Å^{-1} 程度であり，ブリルアンゾーンの 1/100 程度であるのでたいていは無視される．しかし X 線を用いる場合，これが無視できなくなり，式(3.5.3)に立ち戻って波数 $\mathbf{k}^{\mathrm{i}}$ を求める必要がある[1]．

光励起によって高いエネルギーを得た終状態の電子は，結晶内を自由に運動する．その一部は，結晶表面へ移動した後，結晶の外部へと脱出して光電子となる（外部光電効果）．格子の並進対称性により，結晶内では運動量が保存されるが，**図 3.5.1**(b)に示すように，表面近傍の光電子の脱出過程においては，結晶表面に平行な方向の並進対称性だけが残るので，電子が脱出する前後で次式の保存則が成立する．

$$\text{運動量保存則 2：}\ \hbar k_{\parallel}^{\mathrm{f}} = \hbar K_{\parallel} \tag{3.5.4}$$

式(3.5.1)と(3.5.4)から，始状態の電子の運動量 $\mathbf{k}^{\mathrm{i}}$ の表面平行成分は

$$\hbar k_{\parallel}^{\mathrm{i}} = \sqrt{2mE_{\mathrm{k}}}\,\sin\theta \tag{3.5.5}$$

として求められる．簡単のため光子の運動量は無視している．

一方，図 3.5.1(b)から明らかなように，脱出する電子の運動量の垂直成分は，その方向の並進対称性が破れるため，保存しない．これを求めるため，電子の終状態に対して自由電子近似が用いられる．物質にもよるが，終状態のエネルギーが十分高ければ，この近似は妥当性をもつ．電子の終状態のエネルギーを E_{f} とすると，自由電子近似は次式のように表される．

$$E_{\mathrm{f}} = \frac{\hbar^2}{2m}\left|\mathbf{k}^{\mathrm{f}}\right|^2 - E_0 \tag{3.5.6}$$

ここで，m は自由電子質量，E_0 は自由電子バンドの底のエネルギーである．フェルミ準位をエネルギー原点にとると E_0 は正値となる．再び光子の運動量を無視して，式(3.5.1)と(3.5.5)から $k_{\parallel}^{\mathrm{i}}$ を消去して，$\mathbf{k}^{\mathrm{i}}$ の垂直成分 $k_{\perp}^{\mathrm{i}}$ を求めると，

$$\hbar k_\perp^{\mathrm{i}} = \sqrt{2m(E_\mathrm{k}\cos^2\theta + V_0)} \tag{3.5.7}$$

となる．ここで，V_0 は内部ポテンシャルとよばれるパラメーターで，真空準位を原点にとった自由電子バンドの底に対応し，$V_0 = E_0 + W$(仕事関数)である．V_0 の値を求めるには，励起光のエネルギーを系統的に変えて $\theta = 0°$ の ARPES スペクトルを測定する垂直放出(normal emission)実験を行う(後述)．

B.　スピン測定の原理

実験で得られるスピンの値は，スピン演算子 $\mathbf{S}$ の期待値である．その大きさが最大で 1 となるように規格化した物理量を，スピン偏極度 $\mathbf{P} = 2/\hbar\langle\mathbf{S}\rangle$ という．$\mathbf{P}$ は三次元ベクトルで，その i 方向の成分は $P_i = 2/\hbar\langle S_i\rangle$ である．すなわち，

$$\mathbf{P} = \frac{2}{\hbar}\langle\mathbf{S}\rangle = (\langle\sigma_x\rangle, \langle\sigma_y\rangle, \langle\sigma_z\rangle) \tag{3.5.8}$$

と書ける．パウリ演算子 σ の性質から $-1 \leq P_i \leq 1$ である．スピン偏極度ベクトルの大きさ $P = |\mathbf{P}| = (P_x^2 + P_y^2 + P_z^2)^{1/2}$ が 1 であるとき，スピンは完全に偏極しているという．固体中では原子核からのスピン軌道相互作用によりスピンが保存量でなくなるので，一般的に $0 \leq P \leq 1$ である．スピン分解光電子分光法では，放出された光電子の i 方向の成分のスピン偏極度 P_i について，そのエネルギー・角度依存性を測定する．すなわち，エネルギーと運動量の関数として，スピン偏極度 $P_i(E, \mathbf{k})$ を測定する．

スピン分解したバンド構造やフェルミ面の測定には，光電子のスピンアップとスピンダウンの検出強度 $I_\uparrow(E, \mathbf{k})$, $I_\downarrow(E, \mathbf{k})$ を求める必要がある．これをスピン偏極度 P_i から導出しよう．z 方向を量子化軸として，ある光電子のスピン状態が $\psi\rangle = \alpha|\uparrow\rangle + \beta|\downarrow\rangle$ であるとする．この光電子の全検出強度を I_0 とすれば，$I_\uparrow = I_0|\alpha|^2$, $I_\downarrow = I_0|\beta|^2$ である．$\langle\sigma_z\rangle = \langle\psi|\sigma_z|\psi\rangle = |\alpha|^2 - |\beta|^2$ から，偏極度 P_z は

$$P_z = \frac{I_\uparrow - I_\downarrow}{I_\uparrow + I_\downarrow} \tag{3.5.9}$$

と表せる．P_x, P_y についても同様の式が得られる．式(3.5.9)と $I_0 = I_\uparrow + I_\downarrow$ から，スピン分解光電子スペクトルの強度として，次式が得られる．

$$I_\uparrow(E,\mathbf{k}) = \frac{1}{2}I_0\{1 + P_i(E,\mathbf{k})\},\quad I_\downarrow(E,\mathbf{k}) = \frac{1}{2}I_0\{1 - P_i(E,\mathbf{k})\} \tag{3.5.10}$$

次に，電子のスピン偏極度の検出法について述べる．電子のスピンを弁別する方法としてもっとも古いのは，スピンの存在自体を初めて実験的に確認したシュテル

ン–ゲルラッハの実験である．この実験では，勾配をつけた磁場中に Ag の原子線を通過させ，Ag の 4s 電子のもつ電子スピンの向きによる磁気モーメントの違いから原子線をわずかに分裂させて，スピンを弁別した．シュテルン–ゲルラッハの実験は 100 %に近い効率でスピンを弁別できるが，Ag 原子に比べはるかに軽い質量しかもたない電子に対しては，ビームの分裂幅が不確定性原理による位置のぼけよりも短くなってしまう．そのためシュテルン–ゲルラッハの実験では電子のスピン分析ができない[3)]．これを理論的に指摘した Mott は，代案として電子散乱の際のスピン軌道相互作用を用いる方法を提案した[3)]．この方法はモット散乱法とよばれ，1950 年代に β 崩壊におけるパリティ非保存の実験的証明のために精力的に用いられ，今日に至るまで，高エネルギー物理学，光電子分光，表面物理などの多くの分野において代表的なスピン検出法として普及している[4)]．

図 3.5.2(a)に，モット散乱法の実験配置を示す．スピン軌道相互作用を大きくするため，ターゲットには Au などの重原子核を用い，入射電子は 20〜100 keV に加速する．電子は散乱される方向が左側か右側かで，散乱体である原子核のまわりでもつ角運動量 **L** の向きが逆転する(図 3.5.2 (a)の右下の挿絵)．スピン軌道相互作用は，**L** とスピン **S** の内積に比例するので，スピンの方向が **L** に対して平行か反平行かで，左側と右側の散乱電子強度に偏りが発生する．このことをスピンに依存した微分散乱断面積で表すと，

$$\sigma(\theta) = I(\theta)\{1 + S(\theta)\mathbf{P}\cdot\mathbf{n}\} \qquad (3.5.11)$$

と書ける．$I(\theta)$は電子スピンが無偏極の場合の微分散乱断面積である．散乱平面の法線ベクトル **n** の向きの符号は，式(3.5.11)では図の左側に散乱される電子に対して上向きをとる．$S(\theta)$はシャーマン関数とよばれ，散乱角度，ターゲット種，入射エネルギーに依存する．電子のスピン検出には，高いシャーマン関数が得られる実験配置をとる．**図 3.5.2**(b)からわかるように，Au ターゲットの場合は，$\theta =$

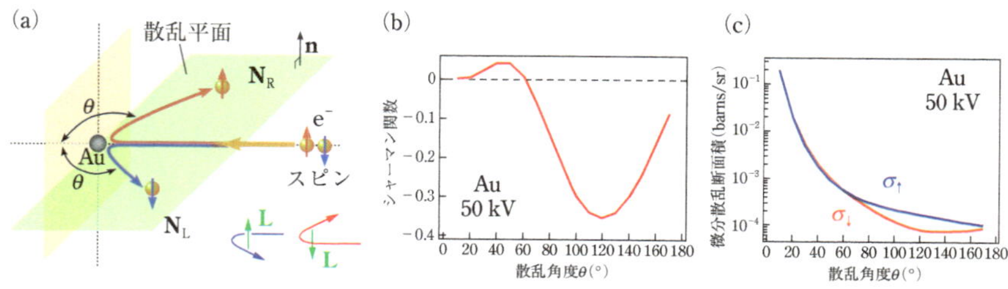

図 3.5.2　モット散乱法の原理

120° 付近のシャーマン関数がもっとも大きく，この角度に電子の検出器を左右に2つ配置する．**図 3.5.2** (c)から，$\theta = 120°$ 付近が散乱電子強度のスピン依存性がもっとも強くなることがわかる．実際のターゲットには固体を用いるので多重散乱の効果があり，さらに散乱電子はある程度の立体角を積算して検出されるため，実効的なシャーマン関数 S_{eff} は図 3.5.2 (b)より低くなる．

式(3.5.11)から，強度 I_0 でスピン偏極度 P をもつ入射電子に対して，左側の散乱強度は $N_L = I_0 I(1 + S_{\text{eff}} P)$ であり，回転対称性から右側の散乱強度は $N_R = I_0 I(1 - S_{\text{eff}} P)$ となる．したがって，求めるべきスピン偏極度 P は

$$P = \frac{1}{S_{\text{eff}}} \frac{N_L - N_R}{N_L + N_R} \tag{3.5.12}$$

となる．これから，電子のスピン検出には，強度 N_L と N_R の差分を精密に測定しなければならないことがわかる．これを統計誤差の点から評価してみよう．$N = N_L + N_R$ として，誤差の伝播公式を用いてスピン偏極度の統計誤差を $\Delta N_{L,R}$ で表すと，$(\Delta P)^2 = (2N_R/S_{\text{eff}}{}^2 N^2)^2 (\Delta N_L)^2 + (2N_L/S_{\text{eff}}{}^2 N^2)^2 (\Delta N_R)^2$ となる．ここで，$\Delta N_{L,R} = N_{L,R}{}^{1/2}$ であることを使うと，$(\Delta P)^2 = 1/S_{\text{eff}}{}^2 (4N_L N_R / N^3)$ と求まる．さらに，$N_{L,R} = N(1 \pm S_{\text{eff}} P)$ を用いれば，$4N_L N_R / N^2 = 1 - S_{\text{eff}}{}^2 P^2$ であり，$1 - S_{\text{eff}}{}^2 P^2 \sim 1$ であるとすれば，

$$\Delta P \cong \sqrt{\frac{1}{S_{\text{eff}}{}^2 N}} = \sqrt{\frac{1}{I_0 t} \frac{1}{\left\{S_{\text{eff}}{}^2 (I/I_0)\right\}}} \equiv \sqrt{\frac{1}{N_0 F}} \tag{3.5.13}$$

が得られる．ここで，t は測定時間，$N_0 = I_0 t$ は入射した電子のカウント数である．最後の式の $F = S_{\text{eff}}{}^2 (I/I_0)$ は，figure of merit とよばれるスピン検出器の性能指標である．式(3.5.13)の意味するところは，電子のカウント数 N_0 と同じ程度の統計精度を得るには，$1/F$ 倍の時間が必要ということである．図 3.5.2 (c)からわかるように，高速電子の散乱確率は低く，従来のモット検出器の figure of merit は 10^{-4}～10^{-5} であることが知られている．そのため，ARPES に応用する場合は，モット検出器のみならず光源や分析器など装置全体の効率を向上させる必要がある．一方で，高速電子を用いるモット散乱はシャーマン関数の絶対較正が可能であり，かつターゲットの寿命が数年と長いことから，スピン検出において高い信頼性が得られている．

スピン分析を行うには，スピン軌道相互作用の他に交換相互作用を用いることも可能である．また，スピン検出効率を上げるには，モット散乱法よりはるかに低いエネルギーで電子を散乱させることが有効である．この 2 点に着目して，ターゲットに磁性薄膜を用いる超低速電子線回折(VLEED)法という検出法が，1990 年代頃

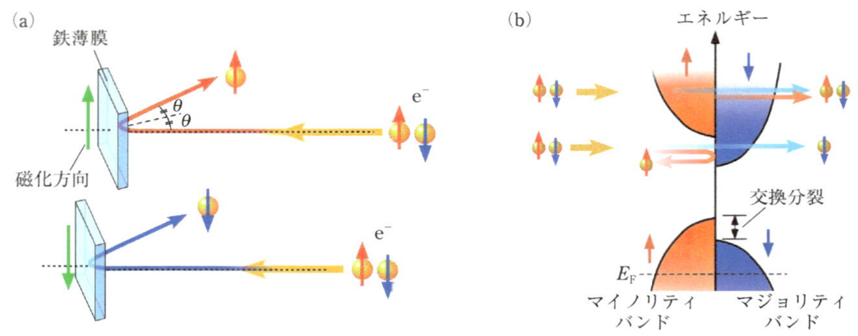

図 3.5.3　VLEED 法の原理

から精力的に研究されている[5]．この手法では，ターゲットに Fe や Co の磁性薄膜を用いて，数～10 eV の低速の電子をターゲットで反射させる(**図 3.5.3**(a))．VLEED 法は，このときの電子の反射率に有限のスピン依存性が生じることを利用している．そのしくみを**図 3.5.3**(b)に示した．真空中でターゲットに入射する電子のエネルギーは，フェルミ準位 E_F よりも上にある．磁性体の非占有のバンド構造には，交換相互作用のためにマジョリティバンドのみが存在するエネルギー領域がありうる．ここに電子が入射した場合，スピンダウンの電子がターゲットに吸収され，反対にアップの電子は反射される．これを利用すれば，ターゲットの磁化を反転させて電子の検出を繰り返すことで，入射した電子のスピンを検出できる．測定するスピン偏極度は磁化の方向に平行な成分であり，

$$P = \frac{1}{S_{\text{eff}}} \frac{N_{M\uparrow} - N_{M\downarrow}}{N_{M\uparrow} + N_{M\downarrow}} \tag{3.5.14}$$

として得られる．これは式(3.5.12)と同型であることから，性能指標についても同じ評価式 $F = S_{\text{eff}}^2(I/I_0)$ が用いられる．シャーマン関数 S_{eff} は磁性ターゲットの表面近傍の電子構造や入射エネルギー，反射角度に依存するが，概ね $S_{\text{eff}} = 0.2 \sim 0.4$ の高い値が得られている．また VLEED 法では，散乱ではなく反射された電子強度を検出するので，モット検出法に比べてはるかに高い検出強度が得られ，性能指標 $F = 10^{-2} \sim 10^{-4}$ のスピン検出器が報告されている．その一方，VLEED 法において高い反射強度とシャーマン関数を保つには，高品質な薄膜単結晶を準備し，その表面をきわめて清浄に保つ必要がある．Fe や Co などの磁性体は酸化しやすく，ターゲットとして寿命が大きな問題点であったが，意図的に表面を酸化させた Fe 薄膜において長寿命のターゲットが見出され[6]，これにより VLEED 法を用いたスピン

検出器が近年普及している[7]．

3.5.2 ■ スピン・角度分解光電子分光装置

光電子分光装置は，試料から放出された光電子のうち，あるエネルギー E の電子を，分解能幅 ΔE で検出する．角度分解を行う場合，さらに角度 θ, ϕ に放出された電子を立体角度幅 $\Delta\Omega$ でカウントする（図 3.5.1 (a)）．初期の角度分解光電子分光装置には，電子検出にチャンネルトロンが用いられ，エネルギーと角度が 1 つに指定された電子を順次検出していたため，バンド構造などの測定に大きな手間がかかっていた．近年になり，マルチチャンネルプレート（MCP）増倍器と，CCD カメラや抵抗型陽極（レジスティブ・アノード），ディレイライン検出器（DLD）などを組み合わせた二次元型電子検出器が使われ始めたことで，この状況が大きく変わり，装置の性能は劇的に改善した[8]．

図 3.5.4 に代表的な二次元検出型の角度分解光電子分光装置の模式図を示す．試料からの光電子は，まず「電子レンズ」で集められ，「静電半球型電子エネルギー

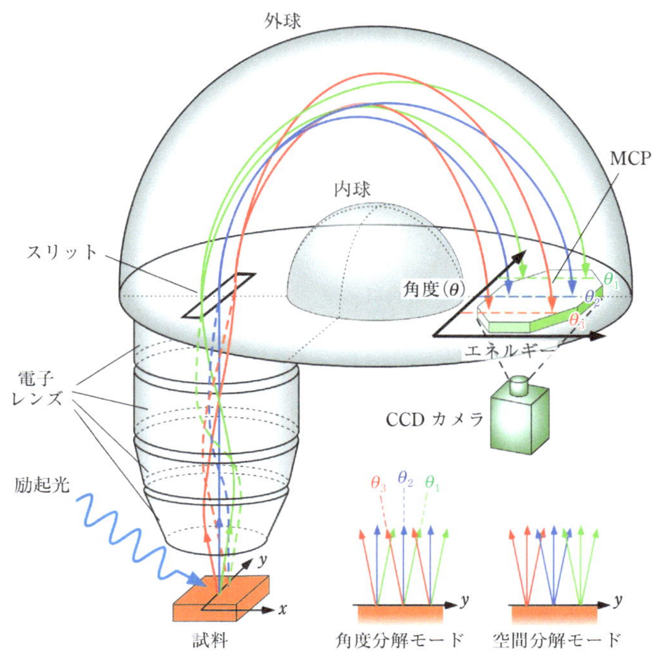

図 3.5.4　二次元電子検出型の静電半球型電子エネルギー分析器

分析器」のスリットに入射し，最後に「MCP検出器」において電子の二次元イメージ強度が増倍されてCCDカメラで検出される．光電子分光装置のエネルギー分析については，3.1節に解説があるので，本項ではスピン・角度分解測定に関わる光電子分光装置のイメージング(結像)機能について述べる．

電子レンズは隣り合うエレメント間の電位差により電子の軌道を屈折させ，その名の通り光学レンズのように動作して，レンズに入射する電子の分布イメージを静電半球型電子エネルギー分析器のスリットの直前で結像させる．試料から放出される光電子の強度分布には，試料のどの位置から放出されたかという空間的な分布と，どの角度で放出されたかという角度方向的な分布の，2種類のイメージがある(図3.5.4)．近年の光電子分光装置では，これら2つのイメージのどちらも電子レンズの結像モードとして選択できる．これらは電子顕微鏡でいう像観察モードと回折像モードに対応する．像観察モードは光学顕微鏡と同じく，試料上における光電子の空間的な強度分布を再び結像させる．一方，回折像モードは，電子レンズの中間の位置(光学レンズでいう後方焦点面)で生じる電子回折像を，レンズエレメントの電位を調整して電子レンズ後方で結像させる[8)]．したがって，角度分解モードでは，図3.5.4に示すように，試料上のどの点から飛び出した電子に対しても，放出角度が等しければスリット上の同じ点に集められる．この角度分解モードでは，光電子の脱出位置の違いが大きくなるほどレンズの収差が大きくなり，光電子の放出角度イメージにおいて，ぼけ(角度分解能)や歪みが増大する．このことは，試料から正確かつ高分解能の運動量分布を得るには，小さいスポットサイズで高強度の光源を用いるべきであることを意味している．

静電半球型電子エネルギー分析器は内球と外球の間に電位差をかけて，通過する電子に中心力場を作用させる．電子は二重焦点をもつケプラー軌道を描くので，スリットに入射した電子は180度反対に位置するMCPにおいて集束する．MCP上では高い(速い)エネルギーの電子ほど半球の動径方向に分散する(図3.5.4)．一方，動径と直交する方位角方向には電子軌道は完全な集束性をもち，スリットに沿った電子イメージは図3.5.4に示すようにMCP上においてそのままの大きさで結像する．したがって，電子レンズの角度分解モードと静電半球型電子エネルギー分析器，MCP検出器をあわせて用いれば，試料からの光電子のエネルギーと運動量(y方向の角度)を一挙に測定することができる．また，MCPに到達した電子の位置は数10 μmの精度で識別できる．これは典型的なスリット幅(0.1～1 mm)よりはるかに小さく，高エネルギー分解能にとって大きな利点となる．以上のように，MCPを用いた二次元電子検出は，測定の高効率化と高分解能化において優れてお

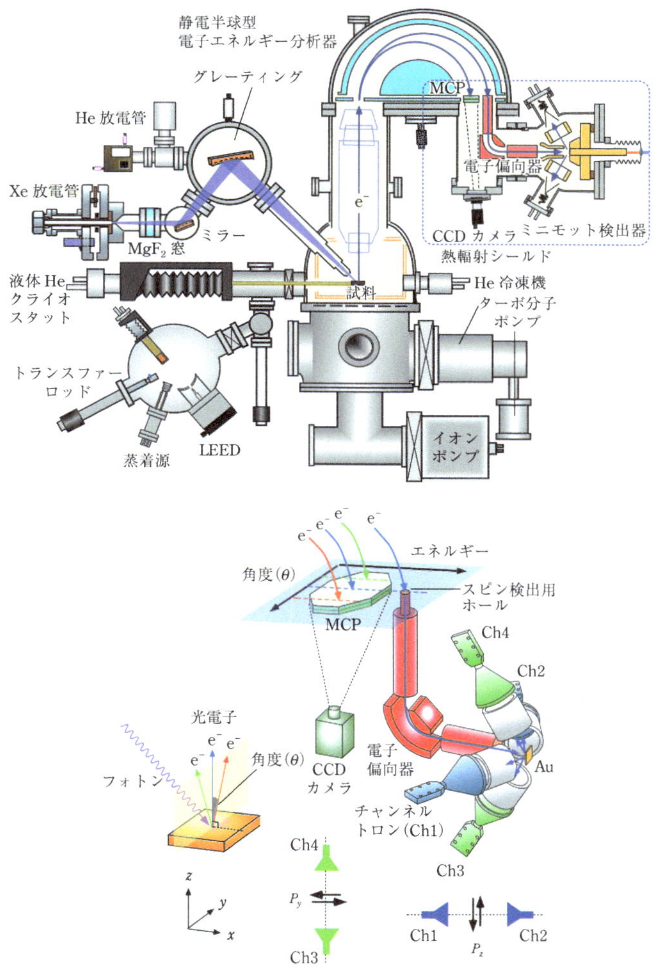

図 3.5.5　高分解能スピン分解 ARPES 装置の模式図

り，現在の角度分解光電子分光法において不可欠な手法となっている．

図 3.5.5 に高分解能スピン・角度分解光電子装置の例を示す[9]．この装置では二次元電子検出の利点を生かしながら電子のスピン分析を行うために，通常は内球と外球の中間に設置される MCP を内球側へ 1 cm ほどずらし，空いたスペースに電子をスピン検出器へ移送するための電子取り込み口(スピンホール)が設置されている．電子のエネルギー・角度は，静電半球型電子エネルギー分析器のどこに電子が

到着するかで決まるので，その電子をさらにスピン分析することで，電子のすべての自由度(エネルギー・運動量・スピン)を決定することができる．MCPと併用することで，スピン分解する電子のエネルギーと運動量を高い精度で測定できる．

スピン分解システムはミニモット検出器と電子偏向器の2つの要素により構成されている．スピンホールに取り込まれた光電子は，電子偏向器により90度進行方向を変えてモット検出器に入射する．90度偏向器が必要な理由は，MCPの電子イメージをCCDカメラで取り込む際にスピン検出器などと干渉させないためと，図3.5.5の下側に示すように，試料表面に平行な方向(y)のほかに，表面垂直な方向(z)のスピン偏極度を測定するためである．一般にスピン検出器が同時に測定できるスピンの成分は，電子の入射方向に直交する2成分までであるので，測定したいスピンの方向をよく考えて，スピン検出器を配置する必要がある．

電子スピンの測定を行うミニモット検出器の詳細を**図3.5.6**に示す．モット散乱のターゲットは，安定性と原子番号の大きさからAuターゲットが用いられている．このターゲットに正の高電圧を印加することで，入射する電子は高速でターゲットに衝突して散乱される．ミニモット検出器は，阻止型モット検出器ともよばれ，ターゲットのみを高電位(25～30 kV)に保ち，チャンネルトロンの電位は接地電位

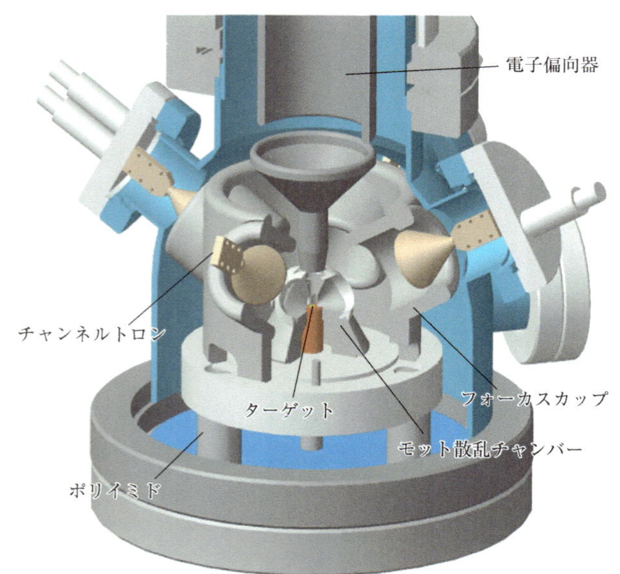

図3.5.6 ミニモットスピン検出器

の比較的近傍(0.5～1 kV)に保たれる．ターゲットに散乱された電子にはチャンネルトロンに達するまでに阻止電圧がかかるので，非弾性散乱によりスピン情報を失った電子をある程度の割合で取り除くことができる．2つの方位のスピンを決定するために，4つのチャンネルトロンがターゲットから見て120°の後方散乱の位置に取り付けられている．この検出器では散乱電子の検出効率を高めるために，±15°の立体角で散乱電子を取り込むことのできるフォーカスカップ電極が設置されている．モット検出器は高電圧部位のためにさまざまな原因で放電や暗電流が発生し，それらはすべてノイズとして検出される．外部光電子放出はカウント数がnA～pAのオーダーの現象であり，モット検出器においてカウントされる電子数はさらに数桁小さくなるので，このような暗電流もすべて取り除く必要がある．このモット検出器では動作電圧25 kV印加時でノイズを0.1 cps以下まで低減しており，10 meV以下のエネルギー分解能においても十分なデータ測定が可能である[9]．

3.5.3 ■ スピン・角度分解光電子スペクトルの測定と解析

角度分解光電子分光法では光電子の運動エネルギーと放出角度を掃引して試料の電子バンドの分散構造$E(k_x, k_y, k_z)$を得る．3.5.2項で述べたように，光電子放出では表面に垂直なk_z成分は不定であるが，単結晶薄膜や層状物質の内部の電子状態や，結晶の表面に局在した電子状態においては，電子はk_x, k_yの運動量のみをもつので，バンド分散の完全な決定が可能となる．まずは，そのような二次元電子系の角度分解光電子分光測定について述べる．

実際の測定では，図3.5.1(a)における放出角度θ, ϕを固定したうえでエネルギーを掃引して光電子スペクトルが得られる．ここでは簡単のために方位角$\phi = 0°$として偏角θを変えた測定を考える．それぞれの角度θ_iにおいて**図3.5.7**(a)に示すように，ピーク構造のエネルギー位置が角度によって変化するスペクトルが得られた場合，それは青線で示したようなバンド分散の存在を意味する．一連の角度分解光電子スペクトルにおいて，ピークの運動エネルギーE_kと角度θから，式(3.5.5)を用いて運動量kを求めることで，**図3.5.7**(b)のバンド分散のプロット(赤丸)が得られる．光電子分光法では占有側の電子状態を観測するので，フェルミ準位より下のバンド分散が得られる．前節で述べた光電子分光装置の発展により，現在では細かい角度ステップで一挙にスペクトルを測定することができるので，ピーク位置を1つ1つプロットせずとも，角度分解光電子スペクトルの強度をそのまますべてE(エネルギー)-k(運動量)空間にプロットすることでバンド分散を可視化できる．例として，Cu(111)表面のショックレー表面状態についての角度分解光電子スペク

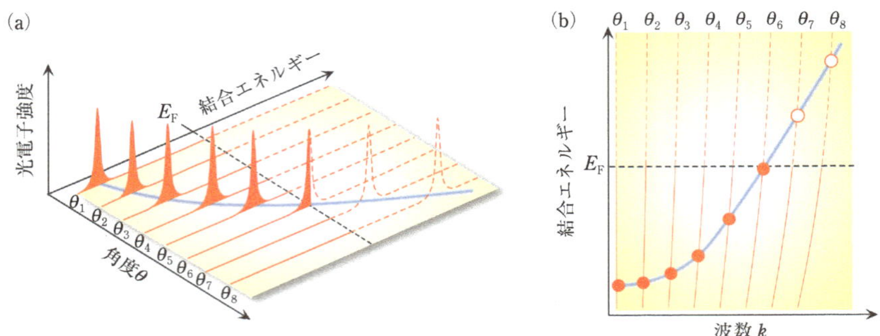

図 3.5.7　角度分解光電子スペクトルからエネルギーバンド分散を書き出す方法

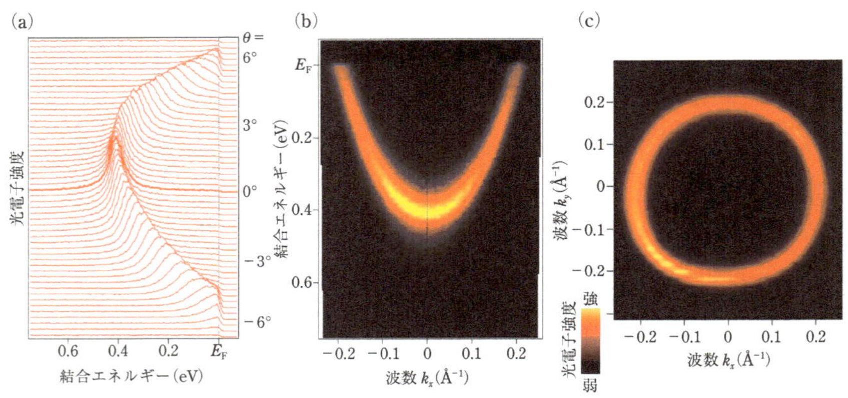

図 3.5.8　Cu(111)表面の(a)光電子スペクトル，(b)バンド分散，(c)フェルミ面

トル(**図 3.5.8**(a))とバンドマッピング(**図 3.5.8**(b))を示す．Cu(111)表面に局在した二次元自由電子状態が，放物線バンドとして明確に観測されていることがわかる．さらに，図 3.5.8(a)の θ と直交する角度方向に試料を少しずつ回転しながら同様の測定をして，フェルミ準位上の光電子強度を二次元の運動量の関数としてプロットすることで，二次元的にフェルミ面を得ることができる(**図 3.5.8**(c))．

三次元物質の場合は，k_z の不定性を考慮してデータを解析する必要がある．k_z の不定性のため，始状態の電子の運動量は垂直方向にぼけ $\Delta k_\perp$ をもつ．光励起において適当な終状態がない場合，$\Delta k_\perp$ はブリルアンゾーンの大きさに比するほど大きくなり，三次元的なバンド構造を表面方向に射影したようなスペクトルが測定される[1,2]．この場合，k_z の指定には意味がなくなるが，実験データは対称軸上のバンド

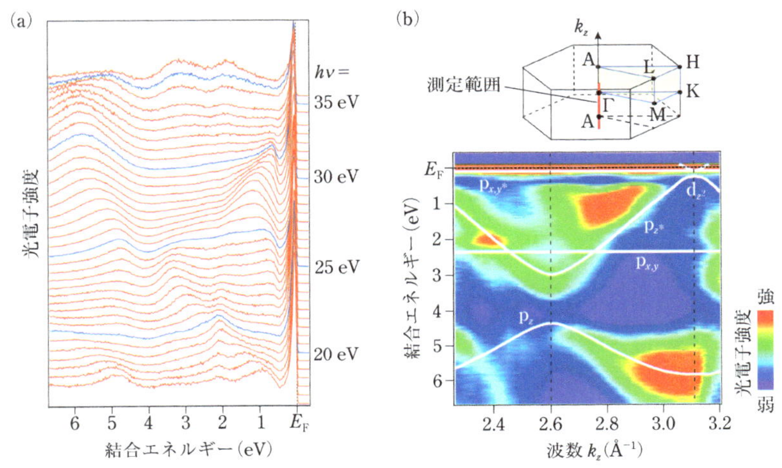

図 3.5.9 VSe_2 の(a)光電子スペクトルの励起光依存性と(b)垂直バンド分散

分散をよく反映する[1,2]．励起エネルギーが低く，終状態のバンドの数が少ないときに，このようなことがよく起こる．一方，$\Delta k_\perp$ が十分に小さくなると，k_z 方向のバンド分散が測定されるようになり，式(3.5.7)より終状態を自由電子で近似して k_z を求めることができる．式(3.5.7)において自由電子バンド近似のパラメーターである内部ポテンシャル V_0 を求めるには，励起光を変えた測定を行う．特に $\theta=0°$ として測定したものを垂直電子放出スペクトルとよび，式(3.5.7)より k_z 軸($k_x=k_y=0$)の電子のみが測定される．**図 3.5.9**(a)に VSe_2 の垂直電子放出スペクトルを示す．励起光の変化によりスペクトルのピーク位置が系統的に変わるのは，VSe_2 のバンドが垂直(k_z)方向に分散していくことを示している．これらのバンドの分散構造はブリルアンゾーンにおける Γ 点などの対称点において，**図 3.5.9**(b)のような折り返しを示す．そのような対称点の k_z は結晶構造から既知なので，これと励起光を比較することで V_0 が得られる．V_0 が求まれば，式(3.5.5)と式(3.5.7)により，励起光と角度を変えて角度分解光電子スペクトルを測定することで，三次元の運動量空間におけるバンド構造やフェルミ面を得ることができる．

次に，スピン分解スペクトルの導出について説明する．式(3.5.10)より，スピン分解スペクトル $I_\uparrow(E,\mathbf{k})$ と $I_\downarrow(E,\mathbf{k})$ を得るには，エネルギー E，運動量 $\mathbf{k}$ の電子のスピン偏極度 $\mathbf{P}(E,\mathbf{k})$ を測定する．スピン偏極度 $\mathbf{P}$ の各成分の大きさは，式(3.5.12)より求まる．ここでは，図 3.5.5 の装置でモット検出器により y 方向のスピン偏極度を測定することを考えてみる．仮に，**図 3.5.10**(a)に示すように，y 方向を量子

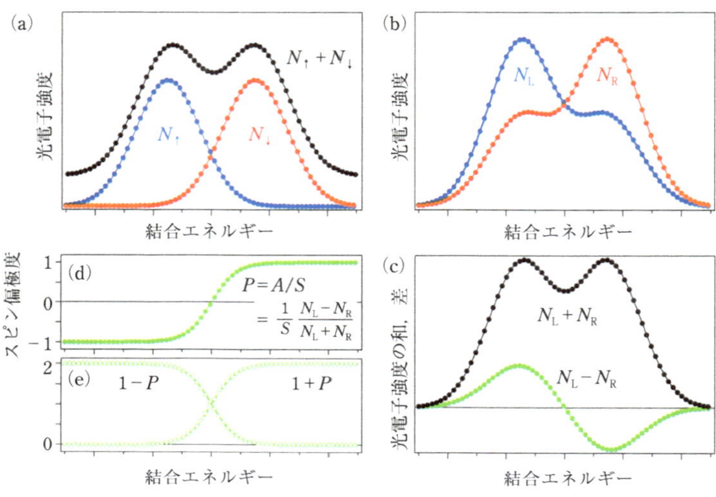

図 3.5.10　スピン分解光電子スペクトルの導出法

化軸としてスピン分裂した 2 つのピークがあったとする．スピン感度のない測定では，この 2 つのピークは重なり，二こぶのピーク構造が測定される(黒丸)．この電子状態についてスピン・角度分解光電子分光測定を行うと，モット検出器のチャンネルトロン(図 3.5.5 の Ch3 と Ch4)においては，**図 3.5.10**(b)のようなスペクトルが観測される．式(3.5.11)からわかるように，スピンのアップ/ダウンにより電子の散乱確率は，増加/減少もしくは減少/増加する．その増減の割合はシャーマン関数 S_{eff} に比例しており，ここでは $S_{eff}=0.3$ とした．左側の検出強度(N_L)はアップの電子の割合が増加してダウンの電子が減少する．また右側(N_R)ではその反対となる．式(3.5.12)を用いて，**図 3.5.10**(c)のように N_L+N_R と N_L-N_R を求め，その比から偏極度 P_y を得る(**図 3.5.10**(d))．式(3.5.12)より $1+P_y$ と $1-P_y$ を計算し(**図 3.5.10**(e))，これにスピン積分強度 N_L+N_R を乗ずれば，目的のスピン分解スペクトル $I_\uparrow$ と $I_\downarrow$ が得られる．ここまではモット検出器の場合について述べたが，VLEED 検出器の場合は，N_L と N_R の代わりに，磁性ターゲットの磁化方向を変えて $N_{M\uparrow}$ と $N_{M\downarrow}$ を測定すれば，あとは同様の手順でスピン分解スペクトルが得られる．

上記の説明で明らかなように，N_L と N_R の電子検出感度に差があると見かけ上の偏極度が得られてしまう．これを抑えるにはそれぞれのチャンネルトロンのゲインを調整して検出感度を等しくする必要があるが，それが難しいときは非磁性の試料

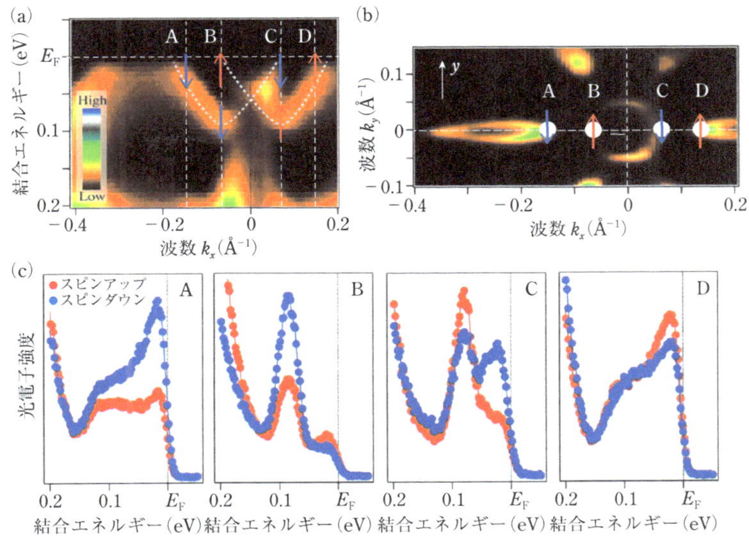

図 3.5.11 Bi(111)表面のスピン・角度分解スペクトル

のスペクトルを測定して，N_L と N_R が等しくなるような補正係数をかけてもよい[10]．より厳密には，磁性試料の磁化反転などを用いて光電子のスピン偏極度を逆転させたスペクトルをとることで装置の非対称性を求める[4]．また，スピン検出器内の微弱な放電などにより N_L や N_R にバックグラウンドが乗ると，その差分の $N_L - N_R$ と結果としての偏極度 P のスペクトルに，見かけのオフセットに加えて大きなノイズが乗ってしまう．ノイズの方はデータ解析で除きようがないので，バックグラウンドを徹底的に除去することがスピン検出にはたいへん重要である．

スピン・角度分解光電子スペクトルの例として，**図 3.5.11** に Bi(111)の表面状態についての実験結果を示す[9]．物質の表面や物質どうしの界面には空間反転対称性の破れにより電場 $\boldsymbol{E} = -\nabla V$($V$ は結晶のポテンシャル)が発生する．スピン軌道相互作用があると，表面や界面の電子には有効磁場 $\mathbf{B}_{\mathrm{eff}} \propto \boldsymbol{\sigma} \cdot (\mathbf{p} \times \mathbf{E})$ が作用する．Bi は強いスピン軌道相互作用をもつため，その表面バンドは図 3.5.11(a)に示すような大きなスピン分裂を示す[1,2]．この分裂したバンドは，$\bar{\Gamma}$ 点中心の六角形状の小さな電子面と，長細いホール面で構成されたフェルミ面を形成する(図 3.5.11(b))．これらのフェルミ面のスピンは有効磁場 $\mathbf{B}_{\mathrm{eff}}$ の方向に向けられるため，運動量と直交しており，図 3.5.11(b)に示すように $\bar{\Gamma}$ 点から見て周回方向を向く．k_x 軸上の A–D 点において測定したスピン分解スペクトルを図 3.5.11(c)に示す．運動量を変えていくと，y方向のスピンの向きが明確に切り替わる様子がよくわかる．この実験では，MCP検出器とスピン検出器を両立した高分解能スピン分解ARPES装置（図3.5.5）を用いているが，試料のゴニオ回転などにより任意の波数点のスピン偏極度の測定が可能である．また，放射光によるエネルギー可変の励起光を用いれば，三次元結晶で空間反転対称性をもたない物質についても，スピン偏極度の運動量空間マップが可能であり，スピントロニクス材料の研究開発に大きな威力を発揮する．

［引用文献］

1）高橋 隆，光電子固体物性（現代物理学シリーズ），朝倉書店（2011）

2）高橋 隆，佐藤宇史，ARPESで探る固体の電子構造―高温超伝導体からトポロジカル絶縁体（基本法則から読み解く物理学最前線），共立出版（2017）

3）N. F. Mott, *Proc. R. Soc. A*, **124**, 425（1929）

4）G. C. Burnett, T. J. Monroe, and F. B. Dunning, *Rev. Sci. Instrum.*, **65**, 1893（1994）

5）D. Tillman, R. Thiel, and E. Kisker, *Z. Phys. B*, **77**, 1（1989）

6）R. Bertacco, M. Merano, and F. Ciccacci, *Appl. Phys. Lett.*, **72**, 2050（1998）

7）T. Okuda, Y. Takeichi, Y. Maeda, A. Harasawa, I. Matsuda, T. Kinoshita, and A. Kakizaki, *Rev. Sci. Instrum.*, **79**, 123117（2008）

8）M. Mårtensson, P. Baltzer, P. A. Brühwiler, J.-O. Forsell, A. Nilsson, A. Stenborg, and B. Wannberg, *J. Electron. Spectrosc. Relat. Phenom.*, **70**, 117（1994）

9）S. Souma, A. Takayama, K. Sugawara, T. Sato, and T. Takahashi, *Rev. Sci. Instrum.*, **81**, 095101（2010）

10）T. Sato, K. Terashima, S. Souma, H. Matsui, T. Takahashi, H. Yang, S. Wang, H. Ding, N. Maeda, and K. Hayashi, *J. Phys. Soc. Jpn.*, **73**, 3331（2004）

11）J. Osterwalder（E. Beaurepaire, H. Bulou, F. Scheurer, J. P. Kappler eds.）, ***Magnetism : A Synchrotron Radiation Approach***（Lect. Notes Phys. 697）, Springer Berlin-Heidelberg（2006）, Chapter 5 Spin-polarized photoemission

第4章　X線光電子分光イメージング

4.1 ■ 光電子顕微鏡

ナノサイエンスやグリーンサイエンスの発展を背景に，ナノスケールの先端的な機能解析技術が求められている．これらの分野の新規材料では機能の担い手である電子状態がナノスケールの空間領域で微小変化し，全体の機能に大きく関わってくることが頻繁にみられる．このことから，ナノ領域の微細な電子状態変化を高い分解能で精密にとらえる解析技術が望まれている．

光電子顕微鏡(PEEM)はこれらの目的に対応可能なイメージングツールの1つであり，数10 nmの高い空間分解能で，物質の電子状態や化学組成，あるいはスピンのふるまいを詳細にとらえることが可能である．PEEMの光源としては現在放射光が広く用いられているが，これは放射光が高い輝度を有し，波長可変であること，また偏光制御が可能であり，短パルス光であることが大きな理由である．このような高輝度放射光との組み合わせによって，物質の化学組成や電子状態変化，あるいは磁区構造やダイナミクスといった多彩な情報をナノスケールの高い空間分解能で取得できるようになった．このような放射光PEEMを活用した物質材料研究は爆発的に広がり，今日ではグラフェンなどのナノデバイス材料を中心に，磁性材料を活用したスピントロニクス分野，さらには隕石などの地球惑星科学分野などの幅広い分野で活用が進んでいる．本節ではPEEMの基本原理や特徴，装置の概要や開発上の注意点，あるいは実際の利用研究例を紹介する．

4.1.1 ■ 実験技術

A.　光電子顕微鏡の原理と得られる情報

PEEMをごく簡単に説明すると，試料表面から放出される光電子の空間分布をスクリーンに拡大投影する電子顕微鏡の一種である(**図4.1.1**)．試料近傍に設置された対物レンズと，その後段に設置された投影レンズを用いて，電子軌道を拡大・縮小することで，高い空間分解能で物質の表面状態を観測可能である．基本的な光学系は電子顕微鏡の電子レンズに立脚しており，光電子の加速と減速を繰り返すこ

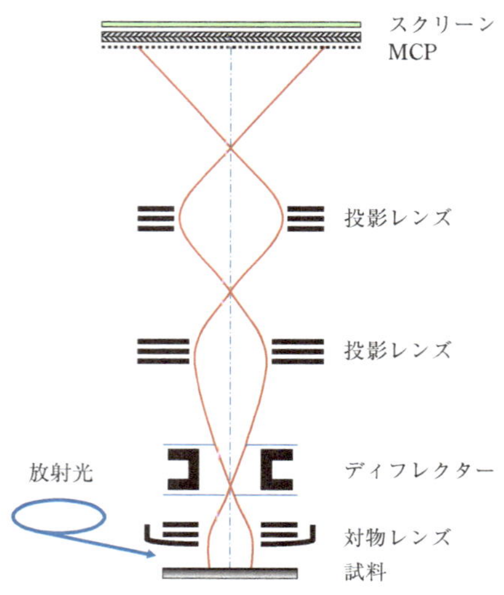

図 4.1.1　PEEM の原理
放射光で励起された光電子は対物レンズと投影レンズで拡大され，スクリーンに投影される．典型的な空間分解能は数 10 nm である．

とで，最終的に 10,000 倍に空間情報を拡大する．基本的には反射型電子顕微鏡あるいは低速電子顕微鏡(low energy electron microscope, LEEM)のレンズ系とほぼ同一の光学系を使用している[1,2]．

放射光を試料に入射すると，光電効果によって光電子が放出され，光エネルギーが仕事関数を超過する場合には，真空中に光電子が放出される．これらの光電子は，10～20 kV に印加された対物レンズによって一旦加速され，後段の投影レンズによって拡大された後，空間情報がスクリーンに投影される．レンズ鏡筒および投影レンズの両端には，同一のカラム電圧が印加されているため，レンズの間では均一な電場によって等速直線運動を行う．そしてレンズ近傍においてはレンズ電圧とカラム電圧の電位差によって減速と再加速が行われ，レンズ効果が生まれる．この過程が繰り返されることで，スクリーンには光電子の空間分布が拡大投影される．

スクリーンには光電子が一度に取り込まれるため，プローブ光を走査する必要がなく，空間情報を一度に取得することができ，またその時間情報が保存されていることは大きな特徴である．こうした理由から，空間分解だけでなく時間分解測定への適用が容易であり，時空間ダイナミクスの解析に有用である．この点は後述する走査型の放射光顕微鏡(4.2 節)とは趣が異なる要素である．

放射光を励起光源として用いる場合には，放射光の光エネルギーを連続的にス

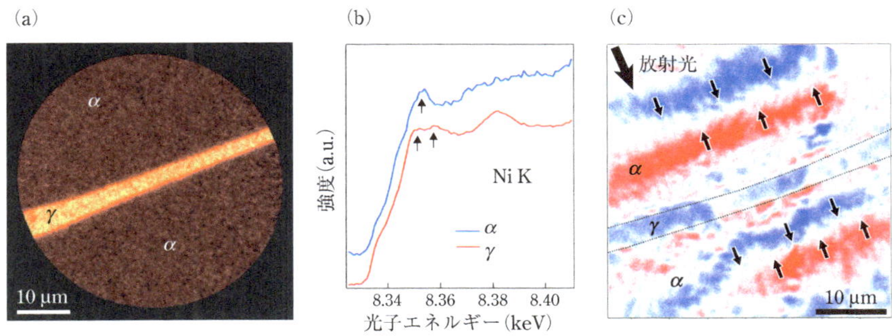

図 4.1.2　XAS–PEEM および MCD–PEEM による測定例
(a)鉄隕石の金属組織における Ni の組成分布，(b) (a)の α と γ の領域から抽出された XAS スペクトル，(c)円偏光放射光で取得した磁区構造.

キャンすることができるため，X 線吸収分光(XAS)測定をピクセルごとに行うことが可能である(**図 4.1.2**)[2]．これは XAS–PEEM とよばれ，現在の代表的な PEEM の利用法となっている．放射光による光電子励起では，フェルミ準位から二次電子までさまざまなエネルギーの光電子が含まれるが，PEEM の光学系にはすべての光電子が取り込まれる．それらの光電子は，非弾性散乱を起こした二次電子が大半を占めることから，得られる情報は光電子収量に相当し，X 線吸収量と比例関係を有する．X 線吸収量は X 線の波長および励起元素に依存し，吸収強度の高さから組成のマッピングが行える(図 4.1.2 (a))．また放射光では連続的に波長を変えることができるため，固有の元素を選択的に励起することができる．吸収量は元素の組成比に依存するだけでなく，結合状態にも大きく依存するため，化学組成および電子状態を測定することができる．取得データは画像として得られることから，各ピクセルごとに XAS スペクトルを取得することができる(図 4.1.2 (b))．標準試料やシミュレーションの XAS スペクトルと比較検討することで，結晶構造や電子状態の解析が行われている．

放射光は人為的に偏光を制御することが可能であり，直線偏光および円偏光放射光を利用できる．直線偏光では電場ベクトルが直線的に振動しており，その大きさが時間的にかつ光の進行方向に応じて増減する．一方，円偏光では電場ベクトルの大きさが常に一定で，方向が時間とともに変化する．偏光した放射光を磁性材料に入射した場合，光の電場ベクトルと磁気モーメントの相互作用に応じて，吸収強度に差異が生じる．これを磁気線二色性(magnetic linear dichroism, MLD)および磁気円二色性(MCD)とよび，物質の磁気状態の解析に活用できる[3~5]．もっとも単純には，励起元素の磁気モーメントの起源を解析することができ，スピン磁気モーメントや軌道磁気モーメントの解析に利用することができる．またMCD強度の空間分布を解析することで磁区構造を得ることができる(図4.1.2(c))．

またMCD強度は磁化ベクトルと光軸の方向の内積に比例することが知られている．このことから，試料の角度を連続的に回転させながらMCD画像を測定すれば，試料の磁化方向を同定することが可能となる．角度依存性が三角関数としてふるまう場合は，面内磁化成分を有しており，その位相から磁化方向を算出することができる．また角度に依存しない成分が観測された場合は面直成分を有することを意味する．これらをあわせることにより三次元的に磁化方向を同定することが可能である．

さらには分光学的観点から偏光特性を活用し，電子スピン状態の解析に利用することもできる．放射光のエネルギーを連続的にスキャンしながら，MCDスペクトルを測定し，磁気総和則とよばれる解析処理を施すことで，磁性体のスピン軌道相互作用を解析的に導き出すことが可能である[3,6)]．例えば，3d遷移元素のMCDでは2pから3dへの励起が起こり，偏光および始状態と終状態に応じて遷移確率が変化する．遷移確率はクレブシューゴルダン係数(Clebsch-Gordan coefficients)の二乗に比例するので，これを利用して始状態の軌道磁気モーメントとスピン磁気モーメントを解析することができる．具体的には，実験で得られるMCDスペクトルおよびXASスペクトルを積分し，その強度を磁気総和則に代入することで，励起元素の軌道磁気モーメントと，スピン磁気モーメントを導出している．この処理は画素ごとに実施できるので，局所スピン状態を詳細に解析することが可能となる．

B.　PEEMのさまざまな測定モード

次に分光機能を有するPEEMについて説明する．エネルギー分析器やトランスファーレンズを装備したPEEMでは，光電子の運動エネルギーや運動量を分析することができるため，エネルギー分解および運動量分解測定が可能である．実際にはエネルギースリットやアパーチャーを組み合わせて実験を実施しており，局所領域のXPSやARPES測定が可能となっている(**図4.1.3**)．

局所XPS測定を行うためには視野制限アパーチャーを用いて実空間上の観測領域を選別し，エネルギー分析器とスリットを用いて運動エネルギーを選別する．その後の投影モード(実空間上あるいはエネルギー空間上に投影するか)は任意に選択可能であり，目的に応じて使い分けることで，蛍光スクリーンに放出光電子の角度

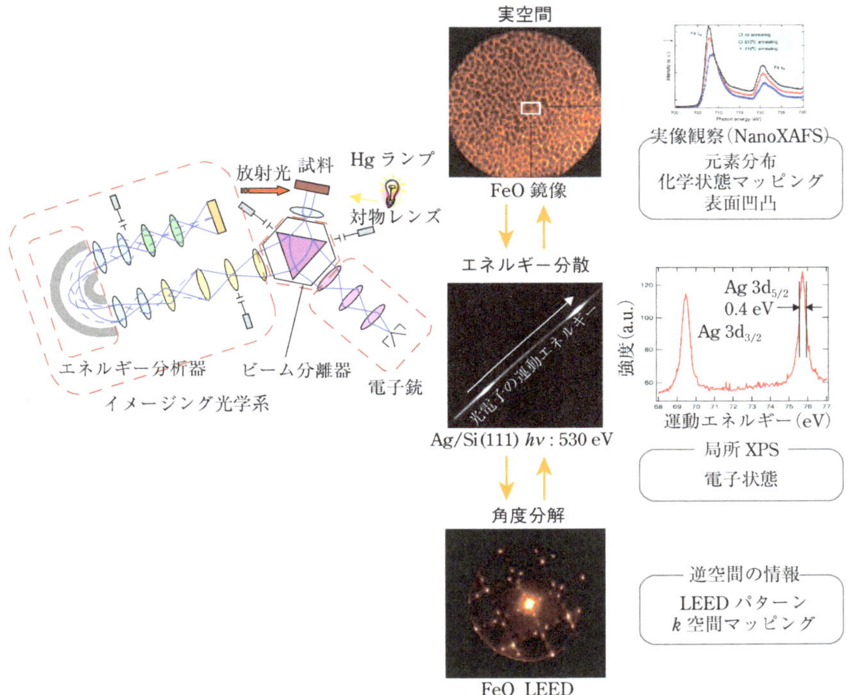

図 4.1.3　エネルギー分光型 PEEM の光学系
投影レンズのパラメーターを調整することで，実空間のみならずエネルギー分散，角度分解された光電子の情報を投影することができる．また光源として低速電子ビームを用いることもできる．

情報(運動量情報)，あるいは運動エネルギーの情報を投影することができる．このモードを利用することで，いわゆる角度分解光電子分光測定と光電子スペクトル測定の両方が実施できる．具体的な利用研究の一例として，グラフェンにおける C 1s 内殻準位に着目し，グラフェン層数に応じたピークシフトの観測に成功している[7]．このようなナノ構造材料では局所的に電子状態が異なることが散見されることから，ナノ材料のキャラクタリゼーションにおいて強力な威力を発揮している．

次に回折モードを用いた角度分解光電子分光モードについて解説する．PEEM のレンズ系は対物レンズ，トランスファーレンズ，投影レンズで構成されており，通常は実空間情報の拡大投影に使用される．その一方でトランスファーレンズを装備した PEEM では，トランスファーレンズの電場を調整することで，逆空間の情報をスクリーンに投影することが可能である．入射光源に電子銃を用いた場合は，電子線の回折画像を得ることができるため，低速電子線回折(LEED)測定を実施することができる．また入射光源に放射光を用いた場合は，いわゆる角度分解光電子分光測定を行うことができる．これらの測定では，制限視野アパーチャーを併用することで実空間上の情報もあわせて選別できるため，通常のマクロな回折像だけでなく，局所領域の回折情報を得ることができる．例えばグラフェンの場合では，層数に応じて構造やスタッキングが異なることから，実際にこのモードを用いて局所構造解析が実施されている[7]．

また電子銃を具備したPEEMでは表面における電子線の反射や回折現象を利用することで，表面物性のキャラクタリゼーションが可能である．これは低速電子顕微鏡(LEEM)としてよく知られており，広く利活用されている．このモードでは直径80 μm程度の低速電子線を試料表面に入射し，その反射電子の強度をPEEMと同じ電子レンズ光学系で拡大投影し，空間情報を取得している．またエネルギー分析器とあわせて活用すれば，飛来する電子のエネルギー分解ができるため，反射電子像や二次電子像を測定することができる．放射光では得られない表面のモルフォロジーや構造などの情報が得られることから，PEEMと相補的に利用することで多角的な物質機能解析が行える．特に同一の観測視野でLEEMとPEEMの解析が行えるため，きわめて詳細なその場観察が行える．例えばグラフェンでは，反射電子強度の入射ネルギー依存性を解析することで，グラフェンの層数を解析することに成功している．またLEEM測定で同定した異なる層数の領域に着目し，XAS-PEEM解析することで層数に応じた内殻スペクトルのシフトが観測できており，PEEM/LEEMの効果的な利用方法の1つと考えられる．

また実験室系でPEEM測定を行いたい場合は水銀ランプが利用できる．水銀ランプでは数気圧の高圧水銀蒸気からアーク放電によってUV光が放出される．光のエネルギーは4.9 eVで自然幅はおよそ1 eVである．放射光と比較すると用途は限られるが，表面の形状や仕事関数のマッピングに利用できることから，表面科学の有用なツールとして期待できる．また水銀ランプは光強度が弱いことが従来の問題点であったが，集光レンズの開発が進んでおり，これを利用することで観測領域に光を集光し，効率的な解析が近年可能となっている．

次は時間分解PEEMについて紹介する．最近では放射光のパルス性を活用した時間分解測定が活発に行われており，さまざまな物質のダイナミクス測定に利用されている[8]．放射光の蓄積リングにはバンチとよばれる電子の集団が周回運動しており，軌道放射によって放出される放射光は短パルスの時間構造を有する．これに同期して外場を印加すれば，ポンプ-プローブ技術を用いることができるため時間分解測定が実施可能となる．このような技術はPEEMのみならず広く実施されているが，典型的には放射光パルスをプローブ光として用い，励起パルスとのタイミング(遅延時間)を固定することで，任意の時間に「時を止めて」PEEM測定を実施することができる．また遅延時間を連続的に制御しながら測定することで，ダイナミクス測定を行うことができる．外場となるポンプは電場，磁場，レーザーなど多種多様であり，目的に応じて使い分けることができる．これにより電荷，スピン，構造などさまざまな超高速ダイナミクス現象を追跡することができる．時間分解能は放射光のバンチ幅およびジッターによって決定され，例えばSPring-8では50～100 psの時間分解能で測定が実施されている．

また最近話題となっているレーザーPEEMについて言及しておきたい．PEEMでは励起光源の光エネルギーは仕事関数以上にする必要があることは先述の通りである．これまではそのような光源として水銀ランプ(約4.9 eV)が広く用いられてきた．しかしながら水銀ランプは強度が弱く得られる情報が限定的であったことから，その利用研究は十分ではなかった．その一方で，近年のレーザー技術の発展を背景にエネルギーおよび輝度が向上してきており，この光源をPEEMの励起光源として活用したものがレーザーPEEMである．東京大学物性研究所に設置されたレーザーPEEMでは4.66 eVのCWレーザーを用いてSiおよびMo表面のPEEM測定が行われている[9]．上記のレーザーを利用することでフェルミ準位近傍の，仕事関数を乗り越えられる電子のみを励起することができ，比較的運動エネルギーのそろった光電子のみを対物レンズに届けられることから，エネルギー収差を抑制できる．またCWレーザーを用いることで，時間的構造が急峻でない光電子励起が可能となる．これはかねてから課題となっていた表面のスペースチャージ(帯電)を抑制するうえで効果的であり，同様に空間分解能の向上に寄与している．また本装置は後述する収差補正レンズを装備しており，球面収差を補正することができる．このように，スペースチャージの影響と球面収差の抑制およびエネルギー収差の抑制を同時に実現できるのが大きな特徴である．実際にMo表面を用いて空間分解能の評価を行った結果，2.6 nmの高い空間分解能を実現している．また，レーザーの偏光制御や光路の制御は放射光のそれに比べると飛躍的に容易であり，入射軸および偏光の依存性を簡便に切り替えながらPEEM測定が実施できる．最近では$SrTiO_3$(STO)薄膜における磁区構造の解析に利用されており[10]，今後の発展が期待される．

4.1.2 ■ 解析方法

A.　PEEMの顕微技術について

ここではPEEMの電子レンズの詳細について説明する．なおPEEMには静電レンズ型と磁場レンズ型の2種類があるが，簡単のため静電レンズ型を想定して解説を進める(図4.1.1)．ちなみに磁場レンズ型の方が収差が小さいことから高い空間分解能が得られる．

何らかの励起光源を用いて光電子を励起すると，試料表面から放出された電子は対物レンズへと導かれる．PEEMの対物レンズは試料より2 mm程度まで接近させる必要があり，また数10 kVのきわめて高い電圧を印加する．これにより強いレンズ効果が発生し，顕微画像の測定が可能となる．高電圧の印加は，試料側と対物レンズ側のいずれかでかまわないが，主として静電型では対物レンズ側に，磁場型では試料側に高電圧が印加される．また対物レンズの光軸と試料の垂直方向は精密に一致させる必要があるため，試料面の方位を微調整しながら，光軸調整を行う必要がある．

対物レンズを通過した光電子は，歪み補正レンズ(スティグメータ)と角度補正レンズ(ディフレクタ)によって電子軌道が整えられ，拡大レンズ系に導かれる．また機種によってはステアリングマグネットで電子軌道を60度ないしは90度曲げて，拡大レンズに導入する(図4.1.3)．拡大レンズでは，カラム電圧とレンズ電圧の電位差によって，空間情報の拡大を行っていく．機種によって異なるが，2～3段の拡大レンズで投影を行う．機種によっては，フォーカル面とイメージ面にそれぞれ絞りアパーチャーが設置されており，アパーチャー径と位置の調整により，取り込み角度の調整や取り込み空間領域の選択を行う．これらは空間分解能やエネルギー分解能，測定効率にも関連するため，必要に応じて設定を調整する必要がある[1,2)]．

また一部の機種では，エネルギー分析を行うための半球型電子エネルギー分析器が装備されている．このようなエネルギー分析器の利用により，光電子の運動エネルギーをエネルギースリットで選別することが可能となる．これによりエネルギー収差(色収差)を除去することができ，空間分解能を向上させることができる．なお空間分解能と測定効率はトレードオフの関係にあるので，上で述べたアパーチャーや，エネルギースリットの設定は注意深く行う必要がある．

これらのレンズ系は，電子の軌道を静電場および静磁場で拡大投影していることから，各々のレンズについて光軸調整を行う必要がある．正しい光軸調整を行わないと設計上の空間分解能が得られないので精密に調整する必要がある．

光電子はマルチチャンネルプレート(MCP)を用いて強度が増幅され，蛍光スクリーンに画像として投影される．これらのイメージングユニットは超高真空中に設置されていることから，CCD カメラを用いてスクリーンの画像を取得する必要がある．また近年ではディレイライン検出器(DLD)を活用したイメージングも行われている[11)]．DLD では空間情報のみならず時間情報をあわせて検出することができるため，時間分解計測への適用が行われている．

なお，PEEM の測定チャンバーは基本的に超高真空で保たれている．その一方でターボ分子ポンプやドライポンプは大きな振動源であり，空間分解能の劣化要因となりうる．このことからイオンポンプによる静的な排気を行う場合が多い．

B. 収差補正技術

空間分解能は PEEM の性能を決定づけるきわめて重要な要素である．近年のナノ材料は微細化の一途を辿っており，ナノスケールの微細な物性変化をとらえることは，これらのナノ材料の研究開発において重要な役割を担っている．PEEM の電子レンズ光学系では色収差と球面収差が発生するため，これらを抑えるためにはエネルギーフィルターによる光電子の単色化と，アパーチャーを用いた取り込み角度の制限が有効とされてきた．その一方でこれらの利用は，光電子強度の著しい低下をともなうことから，高分解能化は測定効率とのトレードオフの関係にあった．

このような問題を解決するため，ドイツの SMART 計画を代表例に収差補正ミラーの開発が長年にわたって進められている[12)]．このミラーは反射ミラーに十分高い負のポテンシャルを印加し，電子の軌道を逆側に反射するものである．従来の反射ミラーでは 2 枚の電極に個々の電圧を印加し，電極とミラーの物理的距離をその都度調節する必要があった．その一方で近年の計算機シミュレーションによって，4 枚の電極に電場を印加し，距離の移動なく電気的制御のみで反射鏡を構築可能であることが示された．その際の理論的な空間分解能は 1 nm であり，測定効率に相当する取り込み立体角は従来の 100 倍となる．このミラーの導入によって球面収差と色収差を同時に補正できるだけでなく，光電子強度を犠牲にする必要がないことから，高分解能化と高効率化が同時に実現できる．実験的にも LEEM モードでは 1.9 nm の空間分解能が確認されている．放射光との組み合わせにはまだ検討の必要があるが，先述の通りレーザー光源との組み合わせによる PEEM 測定が先行的に実施されており，2.6 nm の空間分解能が達成されている．以上が PEEM 本体の光学系に関する解説である．次項からは PEEM の付帯設備である試料ホルダーや表面修飾技術について解説する．

C. 周辺技術について

PEEMにおいては試料表面も対物レンズの一部として利用することから，試料周辺の加工設計も重要な要素である．単純に空間分解能を左右するだけでなく，オペランド計測を代表例に，試料周辺に工夫を施すことでさまざまな応用範囲が広がっている．

D. 試料ホルダー

PEEMは投影型のフルフィールド顕微鏡であり，スクリーンに投影される情報は基本的には同時刻の情報である．このことからPEEMは時間分解計測に適しており，外場を印加するためにさまざまな試料ホルダーが作製されている．一般的なPEEMでは試料ホルダーに電流導入端子を装備したものが利用されており，試料ホルダーの機構を工夫することで，加熱，電場，電流，磁場などさまざまな外場を印加することができる．試料ホルダー内にフィラメントや電極あるいはコイルなどを内蔵することとなり，このような設計工作はオペランド計測を実施するうえで基礎となる技術である．ただし磁場に関しては光電子の軌道を曲げる要因となるため注意を払う必要があり，漏れ磁場の少ない面内磁場か，弱い面直磁場環境下に制限されることに留意されたい．

E. 表面修飾による分解能の向上

空間分解能を向上させるための工夫として，まず，ダイヤモンドイド薄膜を用いた試料表面の修飾があげられる．PEEMでは放出光電子の色収差が空間分解能の向上に寄与することから，可能な限り単色化することが望ましい．その一方で二次電子の自然幅は典型的には数eVに及ぶため，色収差による空間分解能の劣化が課題となっていた．スタンフォード大学の石綿らは，試料表面にダイヤモンドイド薄膜を蒸着することで，光電子の色収差を低減させることに成功している[13]．ダイヤモンドイドは代表的なワイドギャップ半導体であり，真空準位がLUMOの下端に位置することから，二次電子を一旦LUMO下端に集約した後，光電子放出させることで運動エネルギーを単色化している．Co/Pdのドットパターンや，ポリ(L−リシン)を用いて蒸着されたAuナノ粒子を用いて分解能評価を行った結果，10 nmの空間分解能を実現している．本手法は蒸着による物性の変化が危惧されるものの，簡便に色収差を低減させるうえできわめて有用であることから，今後の展開が期待される．

F. 絶縁体測定

PEEMでは光電子を真空中に放出させる必要があることから，絶縁体の測定はこれまで困難とされてきた．導電性の低い試料では表面でチャージアップが発生するため，空間的な電場の乱れによりPEEM画像を適切に結像できないという問題を抱えていた．具体的にはピークエネルギーのシフトや，空間分解能の劣化があげられる．高輝度光科学研究センター(JASRI)の大河内らは，試料表面にAuなどの金属をストライプ状にマスク蒸着することでこの問題の解決に成功している(**図 4.1.4**)[14]．

本手法では観測領域を除いた試料全域に，十分な厚みを有する導電性薄膜(ここではAu)をあらかじめ蒸着することで，帯電効果を低減させることを狙いとしている．まず観測領域をマスキングするため，観測領域の露出幅に合わせた径のタングステンワイヤを試料直上に設置しAuを100 nm以上蒸着する．タングステンワイヤを取り除いた後にPEEMチャンバーに導入する．蒸着装置はきわめて簡便であり，真空引き，蒸着，大気開放まで1時間程度で実施できる．測定直前に放射光を観測領域に数10分間照射することで導電性の超薄膜を形成し，帯電の抑制を図っている．

本技術を用いてNiZnフェライト焼結体のPEEM解析が行われており，以下に

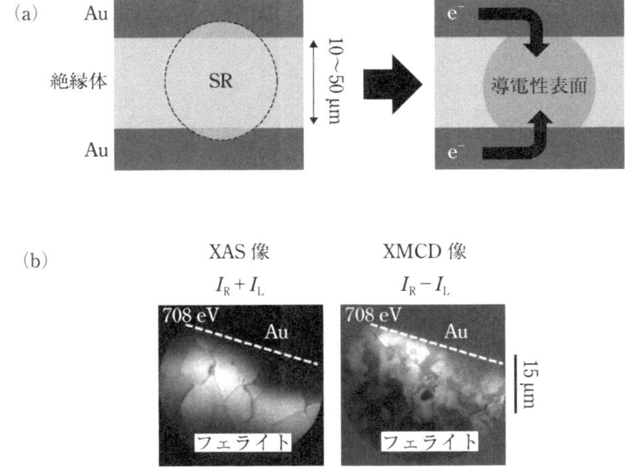

図 4.1.4 絶縁物のPEEM測定の結果

(a)Au薄膜をストライプ蒸着することで絶縁物のPEEM測定が行える．周囲のAuから電子を供給することで帯電を抑制できる．(b)セラミックス磁性体であるフェライトの組織構造と磁区構造．

結果を紹介する．フェライトは一般に電気抵抗率が 1 kΩ·cm^{-1} オーダーの導電性の低い磁性セラミックスとして知られる．図 4.1.4 に幅 30 μm のワイヤでマスキングし，観測領域以外を約 100 nm の Au 薄膜で覆った NiZn フェライトの PEEM 像を示す．放射光のエネルギーは Ni L 吸収端に合わせてあり，左右円偏光についてそれぞれ PEEM 像を取得している．2 枚の画像を足し合わせることで XAS–PEEM 像を得ることができ，Ni の組成分布や金属組織構造を観測できる．その結果，5〜10 μm の結晶粒と結晶粒界が帯電の影響なく明確に観測できている．また 2 枚の画像の差分をとることで MCD–PEEM 像(磁区構造)を取得でき，さらに細かいサイズの多磁区を確認することができる．これも帯電の影響がなく明瞭な磁区が得られている．従来のカー顕微鏡では結晶粒と磁区構造の分離が困難であったが，本技術では化学組成マップ，金属組織，磁区構造を個別に得ることができるのが大きな特徴である．

帯電解消のメカニズムは，高輝度の光照射により真空槽内の単離した C および O などの残留気体原子が表面に沈着し，原子層レベルの伝導性超薄膜が形成され，局所的な導電性が得られたためであると考えられている．現在は本技術を活用して，フェライト磁性材料のみならず，アルミナなどのガラス材料，二次電池の正極材料，岩石鉱物などさまざまな物質材料への展開が行われており，今後の期待がもたれる．

G.　他の顕微分光手法との比較

放射光を用いた顕微分光技術は PEEM のほかにも多種多様であり，数多くの技術開発が進められている．走査型軟 X 線顕微鏡(STXM)はフレネルゾーンプレートを用いて試料上に数 10 nm の集光ビームを作製し，試料位置をピエゾステージでラスタスキャンすることで，顕微画像を取得する方法である[15)]．エネルギー方向へのスキャンを行えば顕微分光測定が行える．STXM は photon-in–photon-out の測定手法であることから検出器の交換や外部印加装置の導入などの自由度が高い．また X 線検出器を用いていることからバックグラウンドを低減することが容易で，スペクトルの定量性が良い．またバルク敏感な情報が得られる．その一方で，時間情報が保存されないため，時間分解測定には工夫が必要と考えられる．空間分解能はフレネルゾーンプレートの最外幅で決定され，実質的には電子線リソグラフィーの加工精度によって決まっている．現在のところ 10 nm を切る分解能も得られており，注目すべき顕微分光技術である．

4.1.3 ■ 具体例

PEEMはナノスケールの空間分解能で測定試料の電子状態や磁区構造を観測できることが大きな特徴であり，また試料に特別な加工を必要としないことから，幅広い分野の物質機能解析に利用されている．ここではその代表例として，磁性材料，グラフェン，隕石など，さまざまな応用例について述べる．

A. 磁性材料

PEEMは表面敏感な解析手法であり，元素選択的に磁区構造の可視化が可能であることから，磁性多層膜の磁性研究を行ううえで強力なツールである．ここでは最近研究が進展している，レアメタルフリー磁性材料 $L1_0$–FeNiについて紹介する[16~20]．

昨今の希少資源枯渇の問題を背景に，レアメタルフリーで高機能な磁性材料の実現が社会的に望まれている．$L1_0$ 型FeNi規則合金は通常のFeNi相と比較してきわめて高い一軸磁気異方性を示すことが特徴の1つである．$L1_0$–FeNiは隕石に由来する希少磁性体として知られていたが[16]，構成元素であるFeとNiは資源が潤沢で安価であることから，レアメタルフリーの磁性材料として注目が集まっており，最近では分子線エピタキシーを用いたFeとNiの単原子層交互蒸着により人工創成が試みられている[17~20]．磁化容易軸を膜面垂直方向に配向させれば，垂直磁化膜となることが期待され，磁気メモリなどスピントロニクス分野への応用が期待されている．小嗣らは，$L1_0$–FeNiにおける磁化挙動の詳細を明らかにするため，PEEMを用いて微視的な磁区構造を解析した[18]．

PEEM測定で得られた磁区コントラストの放射光入射角度依存性を定量解析し，三軸の磁化成分を分離したものを**図4.1.5**下部に示す．中央の磁区構造(A)では，周囲のドメインと比較して面内成分が明らかに減少しており，その一方で，面直成分が増加していることが確認された．中央部の磁区構造(A)における磁気モーメントの仰角は約40°であった．また形成された磁壁はブロッホ磁壁であり，$L1_0$–FeNiの高い磁気異方性を反映してブロッホ磁壁が形成されたことが示唆された．また，この試料の磁気異方性の起源を明らかにするため，MCD解析を行ったところ，Feの3d軌道磁気モーメントが起源であることが示唆された[19]．

また工業的な観点から，バルクでの $L1_0$ 相の作製技術の確立も望まれている．巨大歪み(high pressure torsion, HPT)加工法は，バルクのFeNi合金に巨大な回転歪みを印加し，アニール処理をすることで，形状不変のまま大量の格子欠陥を導入

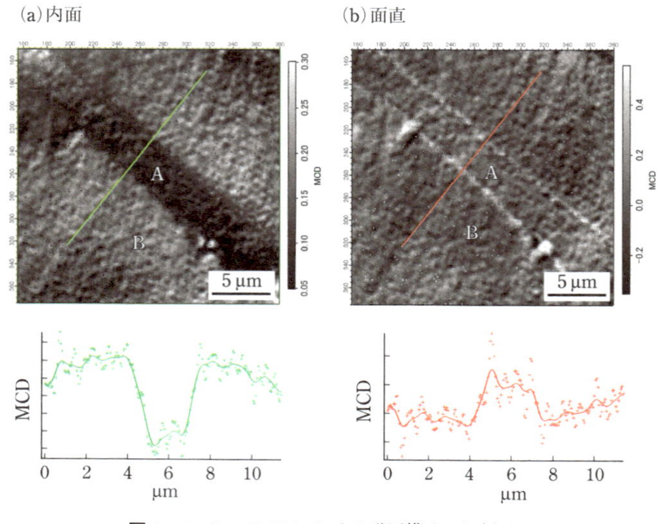

図 4.1.5　$L1_0$-FeNi における磁区構造の解析結果
(a)面内磁化成分，(b)面直磁化成分.

し，原子拡散を促進させることが可能であることから，$L1_0$-FeNi 相をバルクとして生成することが期待されている.

HPT 法で作製された FeNi 合金のディスク状試料の金属組織，組成分布，磁区構造の PEEM 像を**図 4.1.6** に示す[20]．MCD-PEEM 測定により，$L1_0$ 相と考えられる磁区構造が観測され．この構造は回転歪みの方向に沿って帯状に形成されていた(図 4.1.6(a),(b))．この帯状磁区は，HPT 処理時の試料ディスク回転中心からの距離が近づく(図 4.1.6(a)→(b))ほど狭くなり，HPT 処理で導入される歪み量と正の相関があることが示唆された．また組成分布像や LEEM 画像との比較により，これらの磁区は組成の不均一性や表面形状と無関係であることも確認されている．このことから，HPT 処理は $L1_0$-FeNi 相を形成するうえで有効な手段と考えられる.

B.　グラフェン[21〜23]

グラフェンは炭素原子が六角形に平面配列したナノシートであり，高い移動度と光特性を示すことが大きな特徴である．超高速電子デバイス，光デバイスへの応用が期待されており，表面界面の電子状態がこれらの機能に直結することから，PEEM を用いた機能解析が世界的に活発に行われている.

グラフェンの特徴的な電子状態は，電子が相論対的量子効果に従うことが主な起

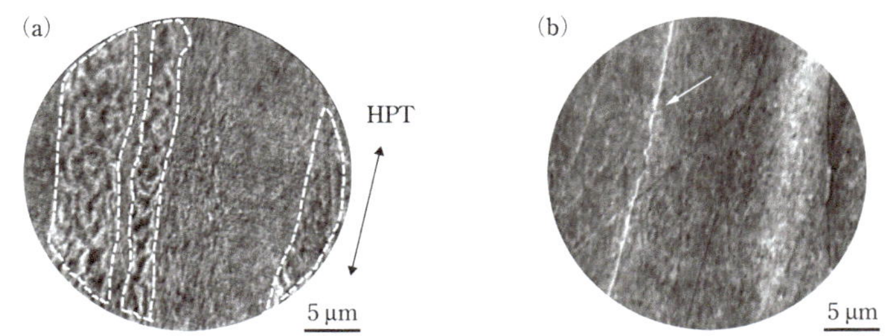

図 4.1.6 HPT–FeNi における磁区構造
HPT 処理の回転中心より離れた領域では幅の広い磁区構造が形成された．回転中心に近い領域では幅の狭い磁区構造が形成された．

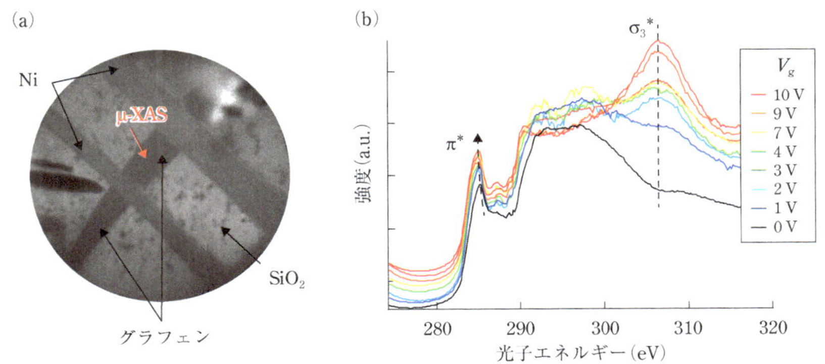

図 4.1.7 Ni／グラフェンデバイスのオペランド PEEM 測定の結果
Ni／グラフェンデバイス構造の PEEM 像．グラフェン素子の中央領域における C K 端の XAS スペクトル．Ni 電極のバイアス電圧に依存して XAS スペクトルの形状が連続的に変化した．

源として知られている．このために直線的なバンド分散を示し，高い移動度にもつながっている．このような相対論的量子効果の下では，電子–ホール相互作用が顕著に効くことから，これを制御できれば，電気伝導特性の制御につながってくる．

このようなグラフェンの電子状態の詳細を調査するため，吹留らは PEEM を用いて，グラフェントランジスタのオペランド計測を行った．試料はグラフェンと Ni 薄膜電極からなるトランジスタ素子であり(**図 4.1.7**(a))，電子状態測定は SPring–8 BL17SU に設置された PEEM を用いて行った．この実験では，グラフェン／Ni 界面近傍のオペランド測定を行うため，PEEM 電源内部と試料ホルダーに改造を施し，ゲートバイアス電圧を印加できるようにした．

C の K 吸収端におけるオペランド PEEM 解析の結果を**図 4.1.7**(b)に示す．0 から10Vまで種々の電圧を印加した．その結果，印加電圧に依存して，スペクトル形状が大きく変化することがわかり，π^*軌道は電圧印加によって低エネルギー側にシフトする挙動が観測され，一方σ^*は電圧印加には依存せず，強度が増加することが確認された．

電気伝導を担うフェルミ面近傍の電子はπ^*軌道で構成されており，π^*のピーク位置がシフトしていることから，フェルミ面が電圧印加によって変化していることが示唆される．このことから，電気伝導に直接関わるπ^*軌道は，多体効果の影響を受けやすく，その一方でσ^*軌道は多体効果の影響を受けにくいことが明らかとなった．このようなπ^*軌道の変調はアンダーソン直交性崩壊とよばれ，電圧印加によってフェルミ面が大きく変化し多体効果が変調していることを示唆している．さらに詳細な空間分解解析により，グラフェンのNi電極界面では，グラフェンとNi電極間で生じる電荷移動によって，多体効果の強度がナノスケールで変化していることも確認されている．

このことから，電圧印加によって，多体効果が変調することをオペランドPEEM測定でとらえることができた．応用面では，グラフェンデバイスの高性能化および基本設計の指針として，役立つものと期待される．

C. 地球惑星科学，環境科学への展開

近年では上述のナノ材料に加えて，地球惑星科学や環境科学への展開が活発化している．小嗣らは，鉄隕石のユニークな金属組織と磁気特性に着目し，PEEMを用いて鉄隕石の顕微分光解析を行った．特に，鉄隕石のウィドマンステッテン構造とよばれる界面構造に注目し，この界面構造が磁性多層膜の一種として標準化できることを見出した[16]．

PEEMによる磁区構造解析を行った結果，界面で正対するユニークな磁区構造を確認することができた．この構造は静磁エネルギーの損失が大きく，通常のFeNiでは実現しない奇妙な磁区構造であった．マイクロマグネティックスシミュレーションを行った結果，この磁区構造の起源は鉄隕石に含まれる特異な磁性材料$L1_0$型FeNi規則合金が起源であることが示唆された．$L1_0$-FeNiはレアメタルフリーの高機能磁性材料であることから，現在は上で紹介したような人工創成まで研究が進展している．

また地球惑星科学分野（古地磁気科学分野）への展開として，東北大学の中村らは，天然の永久磁石「Vredefort花こう岩」の磁気履歴の復元に取り組んだ[24]．放射光PEEMの特徴である元素選択性，磁気イメージング技術を応用し，花こう岩

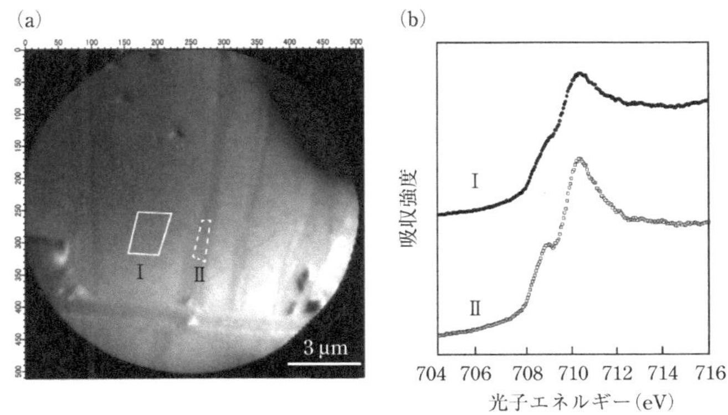

図 4.1.8 Vredefort 花こう岩の XAS–PEEM 測定の結果
(a)ストライプ状の析出物を PEEM 像で確認することができた.(b)各領域における Fe L 端の XAS スペクトル.

に含まれるマグネタイトの残留磁化状態を評価した.PEEM 解析を行った結果,Vredefort 花こう岩では,ヘマタイト(α–Fe_2O_3)の層状結晶が,部分的に酸化されたマグネタイト(Fe_3O_4)中に偏析して存在することが確認された(**図 4.1.8**(a),(b)).またヘマタイトでは大量のストライプ状の磁区構造を示すことが確認された.一方,雷撃によって生成した Loadstone では,マグヘマイト(γ–Fe_2O_3)の存在を確認することはできたが,磁区構造はみられなかった.一般的には,このようなヘマタイトの核生成は酸化に起因していることを考慮すると,Vredefort 花こう岩は,衝撃後の熱水処理によって強い磁化と残留磁化の生成に至ったと示唆された.

また最近では,福島原発事故による放射化土壌の除染処理法を探索するため,Cs 吸着粘土鉱物の PEEM 解析が実施されている[25].Cs は粘土鉱物中の黒雲母に吸着されることはこれまで知られていたが,その吸着状態については未解明であった.また粘土鉱物は天然由来の数 μm 程度の微粒子であり,異なる組成の形態の鉱物が混在するため,各粒子の識別しながら化学結合状態を識別することが重要となる.このような系に対し,PEEM による顕微分光解析手法は有効と考えられ,人工的に Cs を吸着した風化黒雲母の PEEM 測定が実施されている.鉱物や岩石などこれまで PEEM では扱われていなかった系が研究対象となりつつあり,新しい利用研究の一分野として今後の発展が期待される.

PEEM による顕微分光解析は先端ナノ材料の機能解析に非常に有用であり,磁性材料やグラフェンを中心とするナノデバイス材料を中心に，隕石や岩石などの環境科学まで非常に幅広い利用研究が行われている．それに加えて分解能向上のための技術開発や，絶縁体計測，時間分解測定の開発も活発に行われており，将来さらなる発展が期待される．

［引用文献］

1） E. Bauer, *J. Electron. Spectrosc. Relat. Phenom.*, **114**, 975（2001）
2） A. Locatelli and E. Bauer, *J. Phys.: Condens. Matter*, **20**, 093002（2008）
3） W. Kuch, J. Gilles, S. S. Kang, S. Imada, S. Suga, and J. Kirschner, *Phys. Rev. B*, **62**, 3824（2000）
4） F. U. Hillebrecht, H. Ohldag, N. B. Weber, C. Bethke, U. Mick, M. Weiss, and J. Bahrdt, *Phys. Rev. Lett.*, **86**, 3419（2001）
5） H. Ohldag, T. J. Regan, J. Stöhr, A. Scholl, F. Nolting, J. Lüning, C. Stamm, S. Anders, and R. L. White, *Phys. Rev. Lett.*, **87**, 247201（2001）
6） P. Bruno, *Phys. Rev. B*, **39**, 865（1989）
7） H. Hibino, H. Kageshima, M. Kotsugi, F. Maeda, F.-Z. Guo, and Y. Watanabe, *Phys. Rev. B*, **79**, 125437（2009）
8） T. Ohkochi, H. Fujiwara, M. Kotsugi, H. Takahashi, R. Adam, A. Sekiyama, T. Nakamura, A. Tsukamoto, C. M. Schneider, H. Kuroda, E. F. Arguelles, M. Sakaue, H. Kasai, M. Tsunoda, S. Suga, and T. Kinoshita, *Appl. Phys. Express*, **10**, 103002（2017）
9） T. Taniuch, Y. Kotani, and S. Shini, *Rev. Sci. Instrum.*, **86**, 023701（2015）
10） T. Taniuchi, Y. Motoyui, K. Morozumi, T. C. Rödel, F. Fortuna, A. F. Santander-Syro, and S. Shin, *Nat. Commun.*, **7**, 11781（2016）
11） H. Spiecker, H. Spiecker, O. Schmidt, Ch. Ziethen, D. Menke, U. Kleineberg, R. C. Ahuja, M. Merkel, U. Heinzmann, and G. Schönhenseb, *Nucl. Instrum. Methods Phys. Res. A*, **406**, 499（1998）
12） Th. Schmidt , H. Marchetto, P. L. Lévesque, U. Groh, F. Maier, D. Preikszas, P. Hartel, R. Spehr, G. Lilienkamp, W. Engel, R. Fink, E. Bauer, H. Rose, E. Umbach, and H.-J. Freund, *Ultramicroscopy*, **110**, 1358（2010）
13） H. Ishiwata, Y. Acremann, A. Scholl, E. Rotenberg, O. Hellwig, E. Dobisz, A. Doran, B. A. Tkachenko, A. A. Fokin, P. R. Schreiner, J. E. P. Dahl, R. M. K. Carlson, N. Melosh, Z.-X. Shen, and H. Ohldag, *Appl. Phys. Lett.*, **101**, 163101（2012）
14） T. Ohkochi, M. Kotsugi, K. Yamada, K. Kawano, K. Horiba, F. Kitajima, M. Oura, S.

Shiraki, T. Hitosugi, M. Oshima, T. Ono, T. Kinoshita, T. Muro, and Y. Watanabe, *J. Synchrotron Rad.*, **20**, 620 (2013)

15) T. Warwick, K. Franck, J. B. Kortright, G. Meigs, M. Moronne, S. Myneni, E. Rotenberg, S. Seal, W. F. Steele, H. Ade, A. Garcia, S. Cerasari, J. Denlinger, S. Hayakawa, A. P. Hitchcock, T. Tyliszczak, J. Kikuma, E. G. Rightor, H.-J. Shin, and B. P. Tonner, *Rev. Sci. Instrum.*, **69**, 2964 (1998)

16) M. Kotsugi, C. Mitsumata, H. Maruyama, T. Wakita, T. Taniuchi, K. Ono, M. Suzuki, N. Kawamura, N. Ishimatsu, M. Oshima, Y. Watanabe, and M. Taniguchi, *Appl. Phys. Express*, **3**, 013001 (2010)

17) T. Kojima, M. Mizuguchi, T. Koganezawa, K. Osaka, M. Kotsugi, and K. Takanashi, *J. Jpn. Appl. Phys. Rapid. Commun.*, **51**, 010204 (2012)

18) M. Kotsugi, M. Mizuguchi, S. Sekiya, T. Ohkouchi, T. Kojima, K. Takanashi, and Y. Watanabe, *J. Phys.: Conf. Ser.*, **266**, 012095 (2011)

19) M. Kotsugi, M. Mizuguchi, S. Sekiya, M. Mizumaki, T. Kojima, T. Nakamura, H. Osawa, K. Kodama, T. Ohtsuki, T. Ohkochi, K. Takanashi, and Y. Watanabe, *J. Magn. Magn. Mater.*, **326**, 235 (2013)

20) T. Ohtsuki, M. Kotsugi, T. Ohkochi, S. Lee, Z. Horita, and K. Takanashi, *J. Appl. Phys.*, **114**, 143905 (2013)

21) H. Fukidome, M. Kotsugi, K. Nagashio, R. Sato, T. Ohkochi, T. Itoh, A. Toriumi, M. Suemitsu, and T. Kinoshita, *Sci. Rep.*, **4**, 3713 (2014)

22) M. Hasegawa, K. Tashima, M. Kotsugi, T. Ohkochi, M. Suemitsu, and H. Fukidome, *Appl. Phys. Lett.*, **109**, 111604 (2016)

23) H. Fukidome, T. Ide, Y. Kawai, T, Shinohara, N. Nagamura, K. Horiba, M. Kotsugi, T. Ohkochi, T. Kinoshita, H. Kumighashira, M. Oshima, and M. Suemitsu, *Sci. Rep.*, **4**, 5173 (2014)

24) H. Kubo, N. Nakamura, M. Kotsugi, T. Ohkochi, K. Terada, and K. Fukuda, *Front. Earth Sci.*, **3**, 31 (2015)

25) A. Yoshigoe, H. Shiwaku, T. Kobayashi, I. Shimoyama, D. Matsumura, T. Tsuji, Y. Nishihata, T. Kogure, T. Ohkochi, A. Yasui, and T. Yaita, *Appl. Phys. Lett.*, **112**, 021603 (2018)

4.2 ■ 三次元ナノX線光電子分光法

XPSによるイメージング手法は，材料の電子状態，化学結合状態を分析するXPSの長所や利便性をそのまま生かしながら，ナノスケールの空間分布を直接可視化できるため，ナノテクノロジーのさらなる発展のためには欠かせないツールとなっており，今後その重要性はますます高まっていくことであろう．このX線光電子分光イメージングの手法は，結像型と走査型のものに大別される．本節ではこのうちの走査型イメージング手法に焦点を当て，特にこの手法の優位性を生かして，面内のみならず深さ方向も含めた三次元のナノスケール空間分布解析を可能とした三次元ナノX線光電子分光法について述べる．

4.2.1 ■ 三次元ナノX線光電子分光法の原理と得られる情報

X線光電子分光イメージング手法の中で，前節で述べられた光電子顕微鏡(PEEM)[1)]をはじめとする結像型の手法においては，放出された光電子(二次電子)を静電レンズもしくは磁場レンズを用いて検出器上に拡大投影することで，その空間分布を得る．これに対して三次元ナノX線光電子分光法(三次元ナノXPS)は，走査型光電子顕微鏡(scanning photoelectron microscope, SPEM)[2)]に分類されるもので，励起光源を微小スポットに集光し，試料上を走査することで光電子スペクトルの空間分布を得る，いわゆる走査型の手法である．両者は突き詰めれば同様のデータが得られる部分は多いが，それぞれに長所と短所が存在する．結像型はイメージングの取得に重点をおく手法であり，ある特定の電子状態・化学結合状態を選択的に励起することにより，電子状態・化学結合状態イメージングの手法として大きな威力を発揮する．

一方で走査型の手法は，1点ごとに光電子スペクトルを取得していくという測定原理上，ある局所領域におけるスペクトロスコピーに重点をおく手法と位置づけられる．特にSPEMの大きな優位性として，光電子スペクトルを取得する電子エネルギー分析器に通常のXPSとまったく同じシステムが適用できるという点があげられる．したがって，微小集光による励起光強度のロスを考慮しなければ，SPEM測定ではこれまで発展してきたXPSの技術をそのまま適用できるため，非常に高い精度・エネルギー分解能で光電子スペクトルを取得し，詳細な電子状態・化学結合状態を議論することが可能である．その一方で，空間分解能は光源の集光技術による限界があるため，現状数10 nm程度にとどまっている．このように，結像型

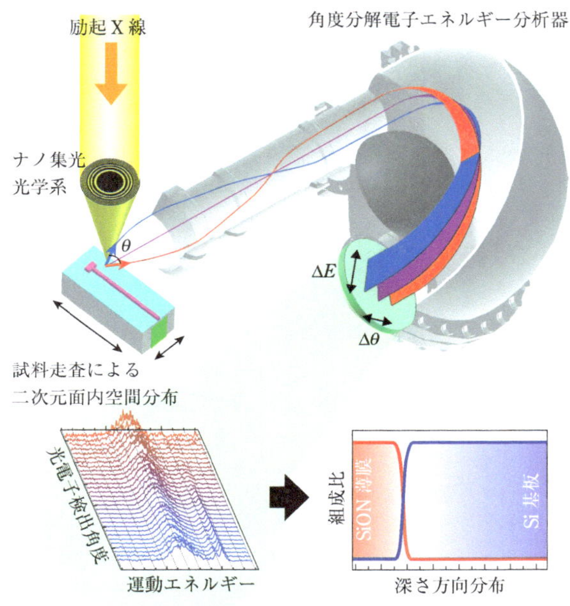

図 4.2.1　三次元ナノ X 線光電子分光法の概念[3)]

と走査型は相補的な実験手法であるといえる．

さて，通常の XPS の技術を適用できることによる恩恵はさまざまあるが，そのうちの重要な技術の 1 つとしてあげられるものは，光電子の検出角度依存性から深さ方向分布を求める手法である．この分析手法の原理についての詳細は 3.2 節に詳しく述べられているのでここでは割愛するが，実験技術的には試料の面内走査と各点における光電子スペクトル取得という SPEM 測定の手法に付加することが可能である．すなわち，微小スポット光源を走査することで試料の二次元(x, y)面内の空間分布を得るとともに，各点において光電子スペクトルの検出角度依存性を取得し，その局所領域の深さ方向(z)の分布を得ることで，試料の三次元空間の全方向における電子状態・化学結合状態の分布を得ることが可能となる．これが三次元ナノ XPS の基本原理である．このコンセプトをまとめたものを**図 4.2.1** に示す[3)]．

なお，深さ分布は内殻準位光電子スペクトルの検出角度依存性から求められるものであるが，同様の技術を用いて価電子帯光電子スペクトルの検出角度依存性を取得すれば，3.5 節で述べられている角度分解光電子分光法(ARPES)[4)]として物質の波数分解したバンド構造を得ることになる．これを SPEM 測定と融合することに

より，三次元(x, y, z)空間分布ではなく，実空間の二次元(x, y)面内と運動量空間の一次元$(k_{\|})$をあわせた三次元情報を得ることも可能である．この手法は別にナノARPESとよばれるが，本節ではこれについては触れない．

4.2.2 ■ 三次元ナノX線光電子分光装置の構成

図4.2.2に放射光源を用いた三次元ナノXPS装置の概略図を示す[3)]．装置は放射光ビームラインに接続されており，その基本的な構成は，励起光を微小スポットに集光する集光光学系，試料を二次元面内で走査するための精密試料ステージ，光電子スペクトルおよびその検出角度依存性を一括で取得するための角度分解型電子エネルギー分析器からなる．

走査型の手法においてはプローブ径，すなわちこの場合には励起光の集光サイズが面内の空間分解能に直結するため，集光光学系の性能は非常に重要な技術要素である．現在放射光軟X線の集光には，フレネルゾーンプレート(FZP)を用いるのが一般的である[5)]．点光源から発生した放射光をFZPで集光する際の集光サイズδ_mは次式で表される[6)]．

$$\delta_m = \sqrt{\left(\frac{1.22\times\Delta r}{m}\right)^2 + \left(\sigma\frac{q}{p}\right)^2 + \left(2r\frac{\Delta E}{E}\right)^2} \tag{4.2.1}$$

第1項はゾーンプレートの回折限界を表し，FZPの最外ゾーン幅Δrによって決まる(mはゾーンプレートの回折次数)．第2項は光学系の縮小倍率を表し，FZP–試料間の距離q，すなわちFZPの焦点距離と光源サイズσ，光源からFZPまでの距離pによって決まる．第3項は色収差の影響を示す項であり，ゾーンプレートの直径$2r$と光のエネルギー分解能$E/\Delta E$によって決まる．縮小率とエネルギー分解能が十分に高い場合には，究極的な集光サイズは回折限界によって規定され，FZPの最外ゾーンの加工精度のみに依存する値となる．現在もっとも最外ゾーン幅の狭いFZPはΔr～10 nm程度であり，理論的にはこれと同程度までの集光が可能である．ただし，三次元ナノXPS装置にはFZPの空間配置に制約があるため，FZPの回折限界集光を達成することが困難である[7)]．FZPの焦点距離は$q = 2r\Delta r/m\lambda$(λはX線の波長)で表され，例えば$2r = 100$ µm, $\Delta r = 10$ nm, $m = 1$, $\lambda = 1$ nmとすると$q =$ 1 mmとなり，またこの間にFZPの一次回折光のみを取り出すためのオーダーソーティングアパーチャー(OSA)を配置する必要がある．ここで，**図4.2.3**に示すように，透過型X線顕微鏡などの場合には検出器が試料後方に配置されるため，OSAを試料直前まで近づけることが可能であり，容易に極限集光を達成することが可能であるが，光電子分光測定のためには試料の前方に光電子を取り出すための空間が

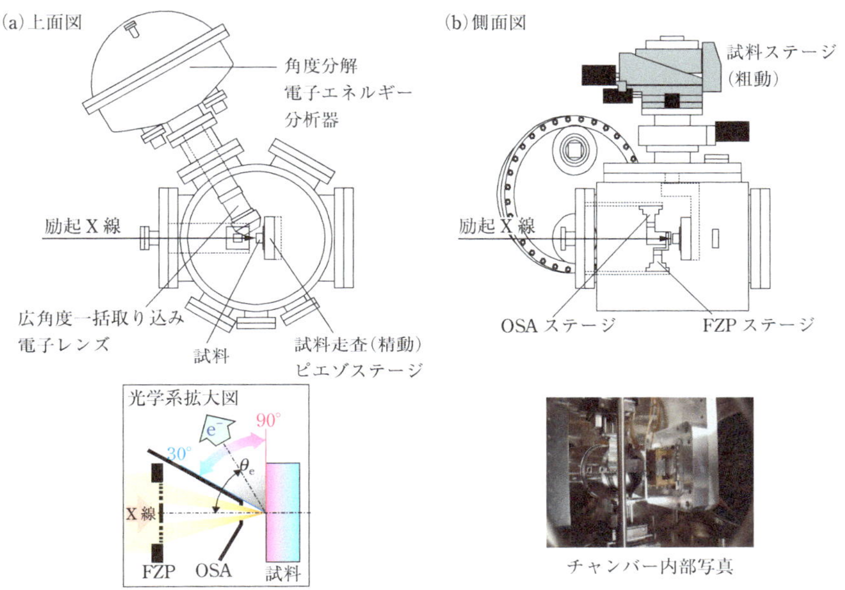

図 4.2.2　三次元ナノX線光電子分光装置の概略図[3)]
(a) 上面図，(b) 側面図.

必要となり，光学系を試料からある程度離す必要が生じる．さらに深さ方向分布解析のための光電子検出角度依存性を取得するためには，できるだけ試料表面に対して垂直方向に近い角度からの光電子を取り出す必要があり，試料表面側にはさらに大きな空間が必要となる．そのために，三次元ナノXPS装置用のFZPとしては，FZP–試料間の距離 q をある程度大きくとる必要があり，それに付随してゾーンプレートの直径 $2r$ も大きくしなければならなくなるために，回折限界の項以外の影響も入ってきてしまう．このような制約のため，現状の三次元ナノXPSの面内空間分解能は，概ね 50～100 nm 程度である．

面内の空間分解能を向上させるためには，もちろん励起光の集光サイズがもっとも重要であるが，実験装置としては試料をそれより高い精度で走査あるいは静止させる必要がある．そのため試料ステージは，高い剛性と安定性をもった粗動ステージ上に，nmオーダーでの二次元面内走査が可能なピエゾ駆動のスキャナーを搭載した構造となっており，mmスケールで試料の任意の位置での測定領域を選択し，その周囲での二次元面内マッピングをnmスケールで行うことが可能となっている．

次に，三次元分析のために重要となる角度分解電子エネルギー分析器について述

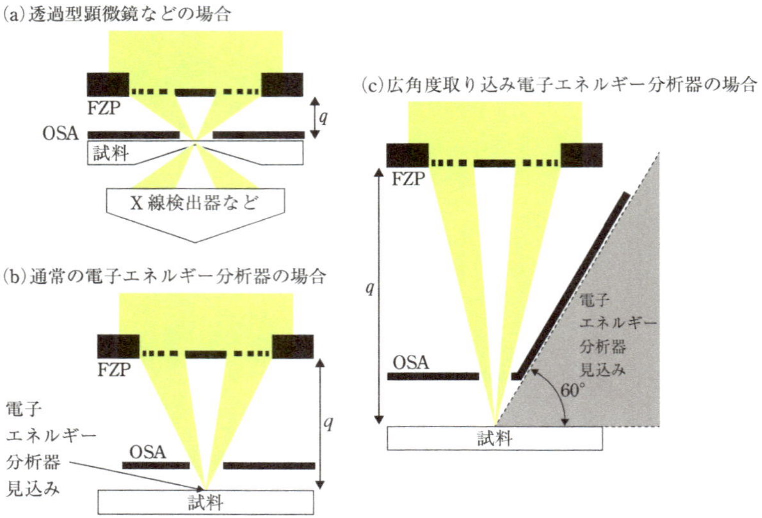

図 4.2.3 試料前方の集光光学系配置の模式図
(a)透過型顕微鏡などの場合，(b)通常の電子エネルギー分析器を用いた SPEM 装置の場合，(c)広角度取り込み角度分解電子エネルギー分析器を用いた三次元ナノX線光電子分光装置の場合.

べる．深さ方向分布を求めるためには，光電子スペクトルの検出角度依存性を広い角度範囲で取得する必要があり，試料を回転させて分析器方向への光電子放出角度を変化させる方法が一般的である．しかし SPEM 測定においては，二次元面内の同一箇所を観察していることを保証するために，試料を回転させることが困難であるため，電子エネルギー分析器側で広い検出角度依存性を一括取得する必要がある．角度分解電子エネルギー分析器ではエネルギー分析を行う二重静電半球の前段に電子レンズを装着し，エネルギー分散方向と直交する方向に放出角度の情報を結像することで，光電子スペクトルとその検出角度依存性を一括取得することが可能である．近年の電子エネルギー分析器の進歩により，60° 程度の取り込み角度で光電子スペクトルの検出角度依存性を一括取得することが可能な角度分解電子エネルギー分析器がすでに市販されている．ただし，取り込み角度を広くするためには，電子レンズを大きくし，また試料に近づける必要が生じるため，集光光学系と互いに干渉しないための空間配置に関してより大きな制約がかかることになる．

広角度取り込みの角度分解電子エネルギー分析器を用いた光電子検出角度依存性の一括取得と深さ方向分布解析の一例として，Si 基板上に作製された膜厚 2.5 nm の SiON 薄膜における Si 2p 内殻準位からの光電子の検出角度依存性の結果を示す.

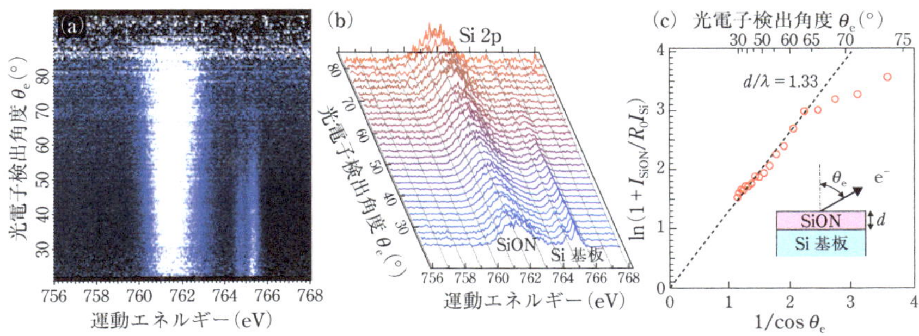

図 4.2.4　広角度取り込み角度分解電子エネルギー分析器を用いた一括取得によって得られた，Si 基板上に作製された膜厚 2.5 nm の SiON 薄膜における Si 2p 内殻準位の光電子検出角度依存性の結果[3)]

(a)電子エネルギー分析器の二次元検出器上に得られた光電子強度の二次元イメージ，(b)二次元イメージを検出角度方向に分解して得られた光電子スペクトル，(c)Si 基板由来の光電子ピークと SiON 薄膜由来の光電子ピーク強度比の検出角度依存性．

図 4.2.4(a)は電子エネルギー分析器の二次元検出器上に得られた光電子強度の運動エネルギーと検出角度の二次元イメージであり，色の白い部分が光電子強度の強い部分を示している．運動エネルギー 765 eV 付近のダブルピークが Si 基板からのピーク，762 eV 付近のブロードなピークが SiON 薄膜からのピークを示している．まず，Si 基板からのピークが，スピン軌道相互作用によってダブルピークに分裂している様子が明瞭に観測されていることから，電子状態分析に十分なエネルギー分解能が得られていることがわかる．また，バルク敏感な直出射に近い側の検出角度では Si 基板からの寄与が大きく，表面敏感な斜出射に近い検出角度では SiON 薄膜からの寄与が大きくなっていることから，深さ方向分布の情報が得られていることが確認できる．さらに定量的な評価を行うために，イメージを検出角度方向に分解したスペクトル(**図 4.2.4**(b))から SiON 薄膜と Si 基板からのピーク強度比を算出し，その検出角度依存性をプロットしたものを**図 4.2.4**(c)に示す．光電子強度が試料表面からの深さにともない指数関数的に減少するとして計算すると，基板上の単一膜における膜厚 d は，基板由来の光電子ピーク強度 I_S，薄膜由来のピーク強度 I_F，薄膜中の光電子の平均自由行程 λ_F，および光電子放出角度 θ_e を用いて，次式で表される(R_0 は基板および薄膜の材質による係数)．

$$d = \lambda_F \cos\theta_e \ln\left(1 + \frac{1}{R_0} \cdot \frac{I_F}{I_S}\right) \tag{4.2.2}$$

比較すると，検出角度 65° までのデータはこの関係式に良く一致していることがわかる．検出角度 65° 以上の場合には，放出光電子の弾性散乱の影響[8]が無視できなくなっていると考えられる．直線の傾きから膜厚は $\lambda_F = 1.9$ nm のときに $d = 2.5$ nm と求められ，この広角度取り込み角度分解電子エネルギー分析器を用いて一括取得した検出角度依存性から，深さ方向分布解析が可能であることが示された．今回の平均自由行程の値からもわかるように，XPS は表面敏感な手法であり，検出可能な深さは高々 10 nm 程度ではあるが，その範囲であれば 1 nm 以下の空間分解能で深さ方向分布を求めることが可能である．

このように三次元ナノ XPS 装置では，nm スケールに励起光を集光する集光光学系，nm オーダーでの精密制御が可能な試料ステージと，広角度一括取り込みの角度分解電子エネルギー分析器を組み合わせることにより，100 nm 以下の面内空間分解能で，その任意の位置での深さ方向分布解析を行うことが可能である．

4.2.3 ■ 三次元ナノ X 線光電子スペクトルの測定とデータ解析

本項では三次元ナノ XPS の特長を生かして得られた，代表的な測定例についていくつか紹介する．

A. high-*k* ゲート絶縁膜 MOSFET デバイスにおける膜厚分布と局所化学結合状態の解析[3,9]

半導体テクノロジーの根幹をなす MOSFET デバイスの微細化は物理的な限界に近づいており，局所的なリーク電流の抑制などがより困難となっている．このようなデバイスの作製プロセスを確立するうえで，実際のデバイス構造の電子状態や化学結合状態の三次元分布をナノスケールで明らかにする分析手法が必要となっている．そこで三次元ナノ XPS を用いて，poly-Si 電極および high-*k* ゲート絶縁膜として HfO_2 を用いた MOSFET デバイスにおける化学結合状態のピンポイント解析を行った．

図 4.2.5(a)のようなデバイス構造の試料について，まず絶縁膜中に含まれる Hf 4f 内殻準位の光電子強度マッピングを行った結果を**図 4.2.5**(b)に示す．明るい色の部分が Hf 4f 光電子強度の強い部分に対応しており，HfO_2 絶縁膜が露出した部分は強度が強く，poly-Si 電極により覆われた部分は弱くなっていることがわかる．より詳細に見ると，本来均一であるはずの Si 基板上に形成された HfO_2 絶縁膜のうち，一部分の強度が減少していることが見て取れる．この起源を明らかにするために，強度の強い部分と弱い部分の各点で測定した高分解能光電子スペクトルを**図 4.2.5**(c)に示す．Hf 4f 光電子スペクトルをフィッティングにより成分分離した

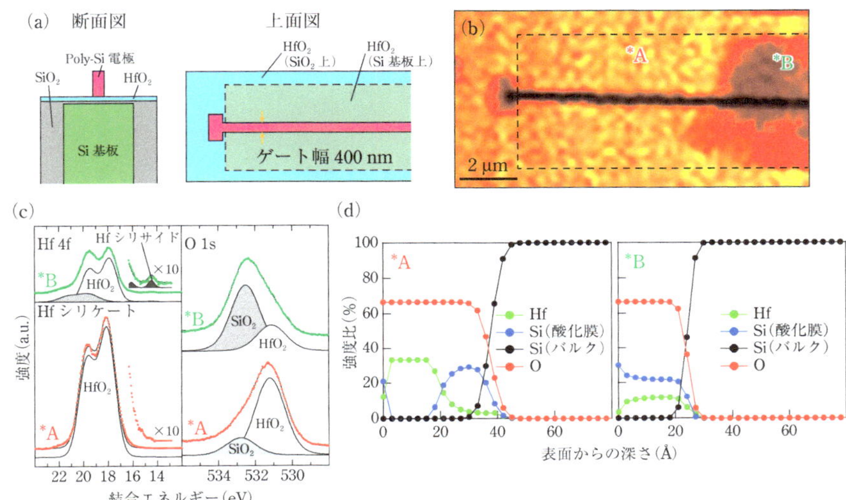

図 4.2.5 (a)測定した poly–Si 電極／HfO_2 ゲート絶縁膜 MOSFET デバイス構造の模式図，(b)Hf 4f 光電子スペクトル強度の面内二次元マッピング結果，(c) (b)内の*A, *B 各点における Hf 4f および O 1s 光電子スペクトルと成分分離の結果，(d)各光電子強度の検出角度依存性を MEM 解析することにより得られた，*A, *B 各点における深さプロファイル[9)]

結果，Hf 4f 光電子強度の強い*A の部分では，ほぼ HfO_2 単一成分であったのに対し，強度の弱い*B の部分においては，HfO_2 膜成分のほかに Hf シリケート成分や Hf シリサイド成分が出現していることが明らかになった．また O 1s 光電子スペクトルでも同様にフィッティングを行い，下地の SiO_2 成分と上部膜の HfO_2 成分を分離した結果，*B 部分では HfO_2 膜厚が減少していることがわかった．さらにこれらの光電子スペクトルの検出角度依存性を取得し，各成分の強度変化を 3.2 節で述べられている MEM 法を用いて解析することで得られた，各点における深さプロファイルを**図 4.2.5**(d)に示す．*A の部分は HfO_2 絶縁膜が Si 基板上の極薄 SiO_2 膜上にきちんと積層しており，膜厚の総計は 4 nm 程度であるのに対して，*B の部分では総膜厚が 2 nm 程度に減少しており，その中では HfO_2 絶縁膜と SiO_2 膜が相互拡散していることが明らかとなった．デバイス構造との形状の関係や，デバイス作製プロセスと照らし合わせることにより，この減少の理由について考察した結果，これは下地 SiO_2 膜厚の相違により，poly–Si 電極パターン作製時に行うドライエッチングの際にイオン照射による電荷蓄積が起こり，局所的にエッチングレートのずれが生じたためであると結論づけられた．このように三次元ナノ XPS を用いて，nm オーダーの元素マッピング・元素分析のみならず，MEM 法を用いたピンポイント深さプロファイルの決定などの詳細な化学結合状態の三次元空間分布解析を行うことによって，MOSFETデバイス作製プロセスへのフィードバックが可能となるような新たな知見が得られた．

B. グラフェンFETデバイスにおけるグラフェン/電極金属界面の電荷移動領域の直接観測[10)]

グラフェンは，厚みがわずか1原子層の炭素からなる安定な二次元系物質であり，その高い電子移動度や特異な電子物性などから，次世代のデバイス材料として注目が高まっており，さまざまなアプローチからの物性制御が試みられている．特にグラフェンFETは，現在のシリコンデバイスを凌駕する超高速動作が期待されているが，いまだに十分な特性が得られていない．その原因の1つとして考えられているのが，グラフェン/電極金属界面の電荷移動によって生じるポテンシャル障壁の形成である．これを明らかにするためには，このような接合界面の電子状態や化学結合状態，構造などの情報をナノスケールで得ることが必要不可欠である．そこでこのグラフェンFETデバイスにおけるグラフェン/電極金属界面に対して，三次元ナノXPSによる局所的な化学結合状態やポテンシャル分布の直接観測を行った．測定試料は，p^+–Si(100)基板を酸素プラズマ処理したSiO_2薄膜上に単層剥離グラフェンを転写し，その上にNi電極を蒸着したものである．

まず**図4.2.6**(a)に，グラフェン上のC 1s内殻準位光電子スペクトルを示す．このようなFETデバイスでは，電極を作製するためのリソグラフィー加工時に表面にレジストを塗布するため，表面の炭素汚染は避けられず，C 1s光電子スペクトルにそれに由来する肩構造が見て取れる．したがって，このままではグラフェンのピークに関する詳細な解析は困難であるが，三次元ナノXPSでは検出角度の異なるスペクトルが大量に得られるため，これらを表面感度の差のみを考慮して同一パラメーターでフィッティングすることにより，非常に高い精度でスペクトルのピーク分離を行うことが可能である．実際にピーク分離により得られたピークIとピークIIの強度比の検出角度依存性(**図4.2.6**(b))を見ると，ピークIIが表面成分であることがわかり，グラフェン成分(ピークI)と表面汚染成分(ピークII)が正確に分離されていることがわかる．

このようにして決定したC 1s内殻準位のグラフェン成分について，電極界面近傍における結合エネルギーの面内分布解析を行った結果を**図4.2.6**(c)に示す．電極接合界面からグラフェンシートの中心部へ向かう方向に約500 nmの範囲にわたって，C 1sピークの結合エネルギーが徐々に高結合エネルギー側に60 meV程度

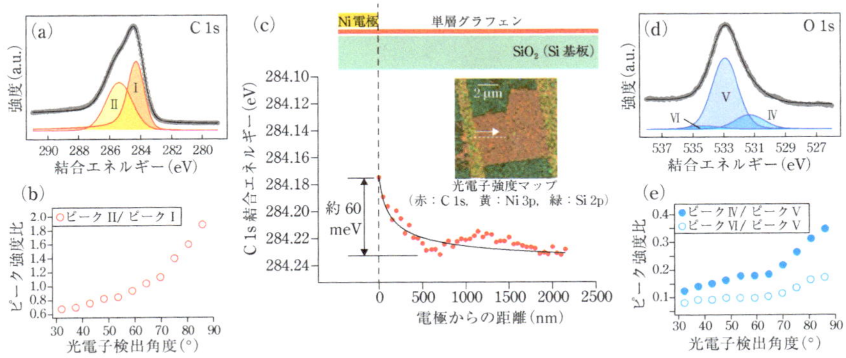

図 4.2.6 (a)グラフェン FET デバイスにおけるグラフェン上の C 1s 光電子スペクトルと成分分離の結果，(b) (a)の成分分離したピーク強度比の光電子検出角度依存性，(c)C 1s 光電子スペクトルのうちグラフェン成分の結合エネルギーにおける，挿入図(グラフェン FET デバイスの光電子強度マッピング)中の白矢印方向に走査した面内分布解析の結果，(d)グラフェン上(および下部)の O 1s 光電子スペクトルと成分分離の結果，(e) (d)の成分分離したピーク強度比の光電子検出角度依存性[10]

シフトしていく様子が観測された．同一グラフェン内におけるピークシフトは化学ポテンシャルのシフトによるものであると考えられ，グラフェン／金属界面の電荷移動により界面近傍のグラフェンにホールがドープされていることがわかる．

グラフェン／金属界面における電荷移動領域がこのような長距離にわたることは，単純にグラフェンと電極金属の基礎物性を考えただけでは説明がつかないため，下地基板が何らかの影響を及ぼしていることが考えられる．そこで，グラフェンの中心部における下部基板の状態を調べるため，O 1s 内殻準位スペクトルの解析を行った結果を**図 4.2.6**(d)に示す．O 1s 内殻準位は，基板の SiO_2 に由来するメインピーク(ピーク V)のほかに，低結合エネルギー側と高結合エネルギー側にそれぞれ別の成分が存在することが見て取れる．検出角度依存性(**図 4.2.6**(e))から，ピーク IV は最表面にあることがわかり，また結合エネルギーからも表面汚染の有機物に由来するものであると考えられる．ピーク VI については，その深さ方向の位置が基板より表面側かつ表面汚染物より内部側ということから，SiO_2 表面あるいはグラフェン／SiO_2 界面に何らかの状態があると考えられる．これについては，酸素プラズマ処理 SiO_2 が親水性になっていることから，界面に水和水もしくは Si–OH 結合が存在しており，それがグラフェンの誘電率に影響を与えていると考えられる．

以上のように，グラフェン FET デバイスにおいて性能向上の妨げとなっていると考えられるグラフェン/電極金属界面の電荷移動領域を直接かつ定量的に観測することに成功し，さらにその原因であるグラフェン/基板界面の相互作用に関する知見も得られた．特に三次元ナノXPSの威力を発揮した点として，ナノスケールの局所的な化学ポテンシャルの情報が得られたことと，グラフェンに覆われた下地界面の化学結合状態に関する情報が得られたことがあげられる．これはどちらも他の顕微分光手法では得られない情報である．

C.　金属ナノワイヤReRAMデバイスの抵抗スイッチング時における絶縁化・再金属化の直接観測[11)]

半導体記憶素子の限界を打破する次世代不揮発性メモリの候補として，遷移金属酸化物をベースにしたReRAMが注目されている．この動作メカニズムについてはいまだに不明な点も多く，電場印加による酸化物中への導電性ネットワークの形成とその内部における局所的な酸化還元が現象の本質であると提案されているが，これまでにフィラメント導電性パスの金属化を立証する実験結果は得られていない．物質の金属化を証明するもっとも直接的な方法は，フェルミ準位上に状態密度が存在することを直接観測することである．そこで面内にフィラメント構造を有する金属ナノワイヤのReRAMデバイスについて，三次元ナノXPSにより抵抗スイッチング動作時の電子状態変化，特にフェルミ準位上の状態密度の変化を直接観測することを試みた．測定試料は，**図4.2.7**(a)に示す構造のNiナノワイヤ(線幅300 nm，長さ3 μm)を駆動部とするReRAMデバイスである．**図4.2.7**(b)に示すように，Ni 3pの寄与を含むPt 4f内殻準位近傍のエネルギーでの光電子強度マッピングにおいて，Niフィラメントの構造を明瞭に観測することができたので，フィラメント部分のみの局所的な価電子帯光電子スペクトルを測定し，抵抗スイッチング時の電子状態変化を調べた．

この実験では，各々のスイッチング状態が不揮発性であることを利用して，光電子分光測定をあるデバイスについて行った後，試料を測定槽から取り出して抵抗スイッチング動作を行い，再び測定槽に試料を戻して同一デバイスの電子状態変化を測定した．デバイスは**図4.2.7**(c)に示すような電流−電圧特性を示し，電圧印加ループ前の初期状態(金属：素子抵抗124 Ω)から，1回目のループで高抵抗状態(13 MΩ)へスイッチし，2回目のループで低抵抗状態(263 Ω)に再びスイッチする挙動が得られた．この初期状態・高抵抗状態・低抵抗状態の3つの状態について，三次元ナノXPSによる価電子帯の電子状態観察を行った．測定終了後には試料を取り出した後，3回目の電圧印加ループを行い，デバイスが再び低抵抗状態から高抵抗

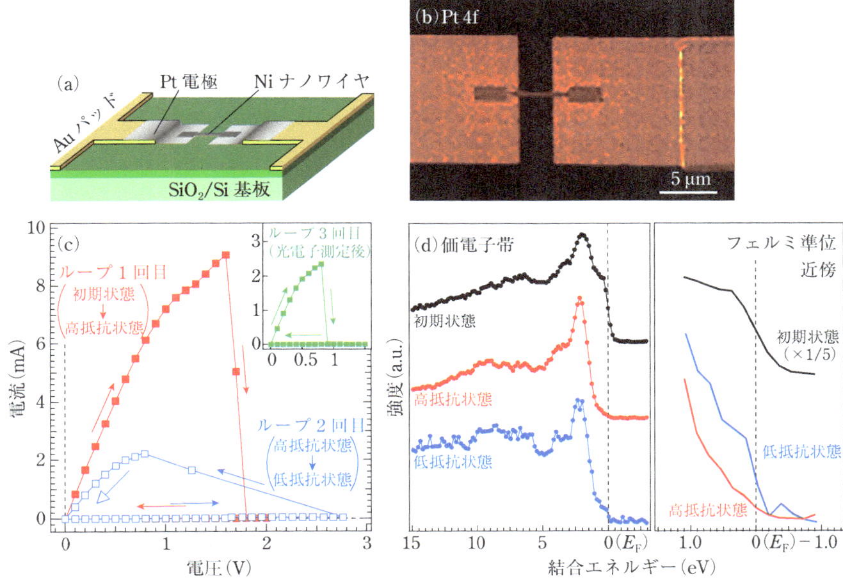

図 4.2.7　(a)金属ナノワイヤReRAMデバイス構造の模式図，(b)線幅300 nmのNiナノワイヤReRAMデバイスにおける光電子強度の面内二次元マッピング結果，(c)測定したNiナノワイヤReRAMデバイスのスイッチング動作時の電流－電圧特性，(d)スイッチング動作前後におけるナノワイヤ部分の局所価電子帯光電子スペクトル(左)とフェルミ準位近傍の拡大図(右)[11]

状態にスイッチし，その動作が損なわれていないことも確認した．なお，最近では装置のさらなる改良が進み，三次元ナノXPS装置の超高真空測定槽内に電流導入端子を整備することで，その場でデバイスを動作させながら光電子分光測定を行う，いわゆるオペランド測定も可能となっているが，この話題に関しては5.12節に譲る．

図 4.2.7(d)に，各抵抗状態におけるナノワイヤ部分の局所価電子帯光電子スペクトルを示す．初期状態ではフェルミ準位上に明瞭な状態密度が観測され，高抵抗状態ではエネルギーギャップを有する絶縁体のスペクトルへと変化していることが見て取れる．この高抵抗状態の価電子帯スペクトル形状はNiOのものと類似しており，ナノワイヤの酸化反応により絶縁化が起こっていることが示唆される．これに再び電圧を印加することにより低抵抗状態へとスイッチングしたナノワイヤの価電子帯スペクトルでは，全体的な形状はあまり変化しないものの，フェルミ準位上の状態密度が回復している様子が明瞭に観測された．これにより，低抵抗スイッチ

ング時にはナノワイヤの再金属化が起こっていることを示す直接的な証拠を得た．ただし，この状態密度の大きさは初期状態と比較すると非常に小さく，素子抵抗の値と比較すると定量的には一致していないように思われる．これはナノワイヤの金属化がワイヤ内部で起こり，外側の表面はNiOの絶縁体で被覆されたままであるためと考えられる．このことを証明するには，この三次元ナノXPSの最大の特長でもあるナノワイヤ部分のピンポイント深さ方向分布解析を行うべきであるが，価電子帯スペクトルは内殻準位と比較して非常に光電子強度が弱く，また前述したバンド分散の波数依存性の影響などもあるため，検出角度依存性から深さ方向分布を求めることはいまだ実現していない．

［引用文献］

1）E. Bauer, *J. Electron Spectrosc. Relat. Phenom.*, **114–116**, 975（2001）

2）J.-W. Chiou and C.-H. Chen, *X-Rays in Nanoscience*, Wiley-VCH, Weinheim, Germany（2010）, Chapter 4 Scanning photoelectron microscopy for novel nanomaterials characterization

3）K. Horiba, Y. Nakamura, N. Nagamura, S. Toyoda, H. Kumigashira, M. Oshima, K. Amemiya, Y. Senba, and H. Ohashi, *Rev. Sci. Instrum.*, **82**, 113701（2011）

4）A. Damascelli, *Phys. Scripta*, **T109**, 61（2004）

5）大橋治彦，平野馨一 編，放射光ビームライン光学技術入門，日本放射光学会（2008）

6）S. Güenther, B. Kaulich, L. Gregoratti, and M. Kiskinova, *Prog. Surf. Sci.*, **70**, 187（2002）

7）堀場弘司，中村友紀，豊田智史，組頭広志，尾嶋正治，雨宮健太，PFニュース，**27**, 22（2009）

8）K. Kimura, K. Nakajima, T. Conard, and W. Vandervorst, *Appl. Phys. Lett.*, **91**, 104106（2007）

9）S. Toyoda, Y. Nakamura, K. Horiba, H. Kumigashira, M. Oshima, and K. Amemiya, *e-J. Surf. Sci. Nanotech.*, **9**, 224（2011）

10）N. Nagamura, K. Horiba, S. Toyoda, S. Kurosumi, T. Shinohara, M. Oshima, H. Fukidome, M. Suemitsu, K. Nagashio, and A. Toriumi, *Appl. Phys. Lett.*, **102**, 241604（2013）

11）K. Horiba, K. Fujiwara, N. Nagamura, S. Toyoda, H. Kumigashira, M. Oshima, and H. Takagi, *Appl. Phys. Lett.*, **103**, 193114（2013）

第 5 章　X 線光電子分光法の応用

5.1 ■ 高分子薄膜材料への応用

XPS はもっとも汎用性の高い表面分析法として，金属・セラミックス・有機高分子などさまざまな材料で幅広く用いられている[1,2]．特に有機・高分子材料では C 1s 準位の化学シフトが大きく，炭素の化学結合状態に関する情報を豊富に得ることができる．**図 5.1.1** はポリエチレンテレフタレート(polyethylene terephtalate, PET)フィルム表面の C 1s スペクトルである．この C 1s スペクトルの各ピーク位置は PET 構成官能基，ピーク強度は官能基の存在量を示している．このように XPS では有機・高分子材料を構成する炭素，酸素などの化学シフトを高精度・高感度で測定できる．さらに，多くの有機・高分子材料に対して光電子スペクトル形状，各官能基の化学シフトに関するデータベースが多く整備されており[3~7]，高分子材料に対する強力な表面分析のツールになっている．

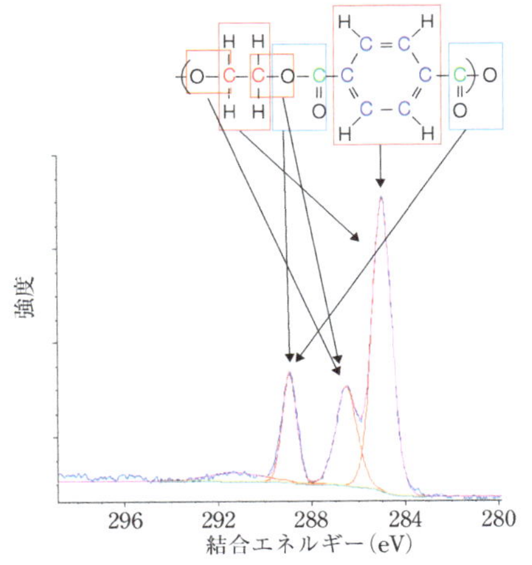

図 5.1.1　ある元素が他の元素と結合すると，電子状態が変化し，これに対応して XPS のピーク位置(結合エネルギー値)も変化する．この変化が化学シフトとよばれ，この値から元素の化学状態を推定することが XPS における最大の特徴となっている．上図は PET フィルム表面で測定された C 1s スペクトルである．図に示すように波形分離を行い，各ピークのエネルギー値から構成官能基成分を求めることができる．

高分子材料に対する表面分析は，大きく次の 3 つの対象・目的に分類される．

(1) 材料の性能と価値が主に表面・界面に依存するもの

→ 機能薄膜の表面・界面構造解析

(2) バルクにその主要な性能を依存している従来型の材料の表面改質

→ 接着性・濡れ性などの化学結合状態の解析

(3)材料の製造と使用に関する問題の解決

→ 汚染・性能の低下の起因となる表面層の解析

(2)は特徴的なXPSスペクトルが得られやすいことから，XPSの代表的な応用分野である．

しかし，近年材料としての機能向上を目指し，高分子材料の薄膜化，多層化が進んでいる．このような高分子材料では表面状態だけでなく，上記(1),(3)に関連する膜内部，各層間の界面構造解析が求められる．このため，従来の高分子材料で行われてきた表面近傍での化学結合状態の測定以外に，深さ方向分析をあわせた複合的なXPS測定も必要となっている．

本節ではこれらの事項を踏まえ，XPSによる高分子薄膜材料の測定の基礎と応用について，表面改質，偏析，多層薄膜分析を中心に紹介する．

5.1.1 ■ 高分子材料の表面・界面分析への応用

A. 測定試料の取り扱い

表面分析では試料表面汚染が分析結果に悪影響を与えるので，汚染を極力避けて測定を行わなくてはならない．そのため高分子材料も他の金属・半導体などの材料と同様に素手で試料を取り扱うことによる測定面の汚染を避けなくてはならない．また，試料の保管容器としてポリエチレン製の容器を使用すると，ポリエチレンに含まれている添加剤(酸化防止剤(フェノール系酸化防止剤)，滑剤(脂肪酸系)，ブロッキング剤(脂肪酸アミド系))成分の転写により試料表面が汚染される．さらに紙で包むと紙のコート層成分であるシリカが高分子側へ転写され，汚染することもある．このため，保管容器内側をアルミニウム箔で覆うなどしたうえで試料を保管する必要がある．

表面汚染層を除去するためにイオンスパッタリング法を用いる場合，汚染物質の除去だけなく，イオン照射により測定物質表面の化学結合状態の変化や分解が生じるので，Ar-GCIBなど試料損傷が生じないスパッタリング法を用いなくてはならない(3.2節参照)．

高分子材料の試料台への取り付けは簡単で，フィルム，シート状の場合は試料台の形状に合わせて切断し試料台に装填すればよく，試料表面の汚染に注意しさえすれば，金属・半導体などの材料の取り付けに比べて簡単である．

B.　表面改質面の測定例

高分子材料のバルクと異なる接着性・濡れ性などの機能性を表面に付与する表面改質は頻繁に行われている．高分子表面改質技術としては各種プラズマがよく用いられる．プラズマによる改質層の厚さはたいへん薄く，5 nm 前後である．このような表面近傍層の化学結合状態の分布情報を得るには XPS は非常に有効な分析法である．

ポリエチレンナフタレート(polyethylene naphthalate, PEN)フィルムを大気圧非平衡マイクロ波プラズマで表面処理し，表面の化学結合状態の変化を XPS で分析した例を示す．プラズマ処理後の PEN フィルム表面の接触角を測定した際の水滴の挙動が**図 5.1.2** (a),(b)である．図に示すようにプラズマ処理により接触角が 78.7° から 49.0° へと低下している．このことは PEN フィルム表面がより親水性になるためと考えられる．一方，PEN フィルム表面を XPS で測定することで PEN

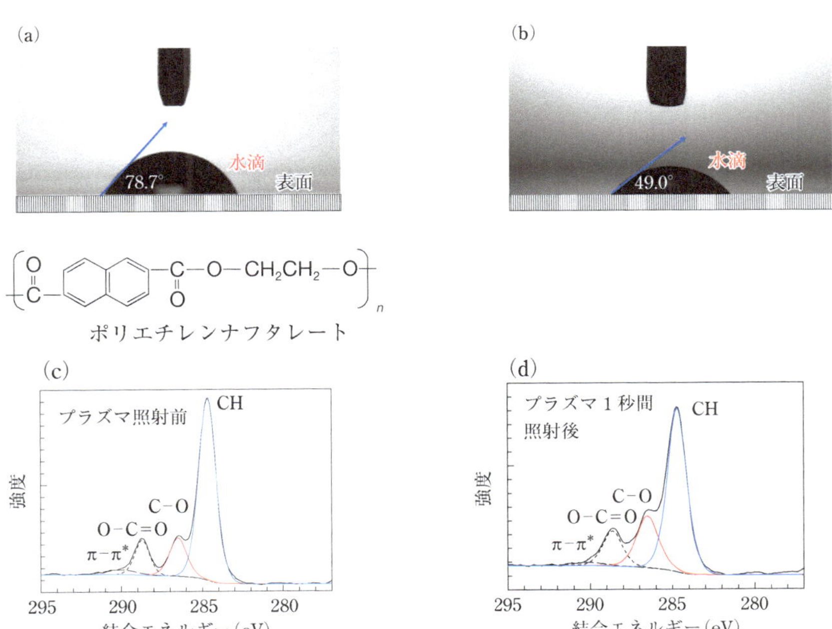

図 5.1.2　PEN フィルム表面の水滴挙動および処理前後の PEN の C 1s スペクトル
(a)プラズマ処理前の PEN フィルム表面，(b)プラズマ処理(100 W，5 秒間)後の PEN フィルム表面，(c)未処理 PEN の C 1s スペクトル．O−C=O 基，C−O 基の増加が観測される．(d)プラズマ照射(1 秒間)後の PEN の C 1s スペクトル．O−C=O 基，C−O 基の増加が観測される．
[湯地敏史ほか，電気学会論文誌 A, **128**, 449(2008)，図 9]

フィルム表面のヒドロキシ基濃度の変化を調べることができる．**図 5.1.2** (c) に未処理の PEN フィルムの C 1s スペクトルを示す．PEN は CH 基(284.8 eV)，C–O 基(286.6 eV)および O–C＝O 基(288.9 eV)をもち，図のスペクトルにはこれらの官能基に起因するピークが観測されている．さらに 291 eV 近傍にベンゼン環の存在を示す $\pi \rightarrow \pi^*$ 遷移に起因するシェークアップピークが検出されている．一方，図の C 1s スペクトルで観測される官能基ピークの存在比は CH 基：C–O 基：C＝O 基＝6 : 1 : 1 であり，PEN の構成官能基の割合と一致している．

図 5.1.2 (d) は 1 秒間プラズマ照射(出力 100 W)を行った PEN フィルム表面の C 1s スペクトルである．親水性を示す O–C＝O 基と C–O 基のピーク強度が**図 5.1.2** (c) のスペクトルに比べて増加していることから，プラズマ処理を行うことで酸素量が増加していることがわかる．これらの結果から PEN フィルム表面は大気中の酸素，水がプラズマ中に混入することで，大きな酸化力を有する OH ラジカルの影響を受け，バルク中よりも高いヒドロキシ基濃度になる分子配列をとるようになり，PEN フィルム表面が親水性向上面に改質されたと考えられる．このように XPS は表面改質状態の解析に利用できる．また，プラズマ照射による表面改質状態から，大気圧非平衡マイクロ波プラズマの動作条件を求めることも可能となる．

C.　剥離面の測定例

ドライフィルムレジストはプリント基板回路を形成するために用いられるフィルム型のフォトレジスト材料で，**図 5.1.3** に示すように支持体(PET)上に感光材が塗

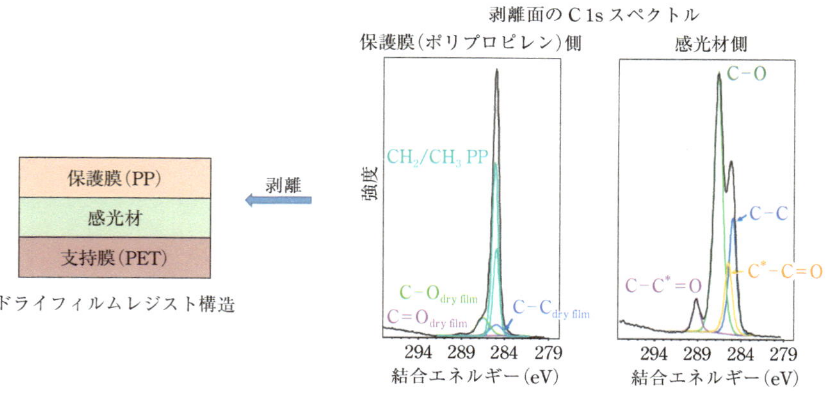

図 5.1.3　ドライフィルムレジスト剥離界面の C 1s スペクトル
［P. Mack, Thermo Fisher Scientific, Application Note, 52125］

布され，さらに保護フィルム（ポリプロピレン：polypropylene, PP）で感光層を保護している．感光材の主成分は二重結合を有する重合性オリゴマー（ポリエステルアクリレート系樹脂）と光重合性モノマーである．

ドライフィルムレジストは使用時に保護フィルムを剥離し，銅貼り積層板上にラミネートする．感光材膜と銅箔面との密着性の欠如や膜強度の低下は露光欠陥を生じるため，正常に保護膜が剥離されていることが回路を作製するうえで重要となる．図5.1.3に感光材面から保護膜を剥離した面を測定したC 1sスペクトルを示す．検出されている官能基は，ポリエステルアクリレート系樹脂成分であるCH基（脂肪族系），C–O基とC–C*=O基である．特に第2化学シフトピークとしてのC*–C=O基も観測されている．C 1sスペクトルはCH結合に起因するピークが主成分で，わずかに感光材成分に由来するCH基，C–O基およびC=O基のピークが観測されている．剥離には界面に存在する異物に起因する界面剥離と，材料内部の損傷に起因する材料破壊がある．今回の結果では剥離の感光材面，保護膜面で感光材，保護膜成分以外は検出されていない．感光材と保護膜の界面ではそれぞれの成分が引っ張り合っているが，材料内部での材料破壊を起こすことなく，界面剥離が生じていることがわかった．このようにXPS測定は剥離の原因を化学結合状態の変化から評価することに利用できる．

5.1.2 ■ 角度分解X線光電子分光法による表面偏析測定

角度分解XPSは表面近傍を非破壊で測定できることから，高分子のように官能基の偏析などが生じる材料に対して有効な深さ方向分析手法である[8)]．ポリカーボネート（polycarbonate, PC）とポリブチレンテレフタレート（polybutylene terephthalate, PBT）をブレンドした高分子（ポリマーアロイ）を角度分解XPS測定したC 1sスペクトルを**図 5.1.4**に示す．図の角度は脱出角度で表示している（図2.1.31参照）．

ポリマーアロイのフィルムなどでは，特定の成分または部分が表面に濃縮して存在する表面偏析現象が起きる．表面偏析は主に，成分の違いまたは表面自由エネルギーの違いに基づくが，そのほかに物質固有のパラメーターや加工法にも左右される．表面ではこの表面自由エネルギーを小さくするために，表面積を小さくする方向（表面に平行な方向）の力，すなわち表面張力が働く．固体の表面張力は直接測定できないので，通常は接触角の測定から導き出している．PCとPBTの表面エネルギーはそれぞれ 42×10^{-3} N/m，43×10^{-3} N/m と大きな差がないので，接触角の測定から偏析状態を求めることは困難であるが，XPSでは化学結合の表面分布測定から表面偏析の状態を求められることが期待される．

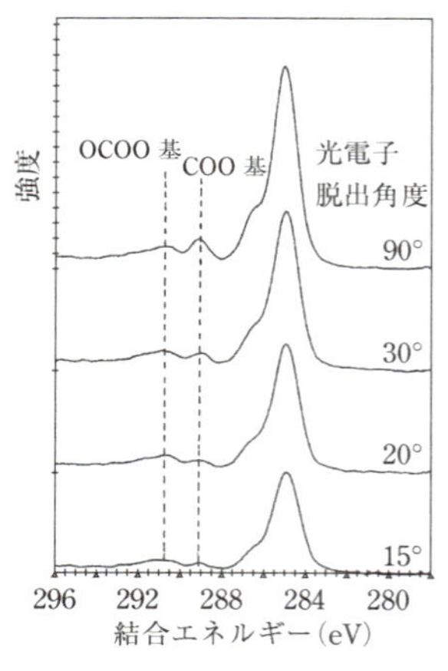

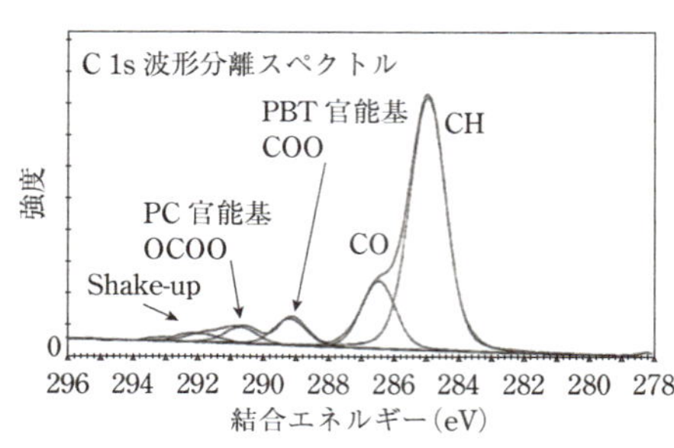

図 5.1.4　PBT と PC のブレンドポリマーの角度分解 C 1s スペクトル

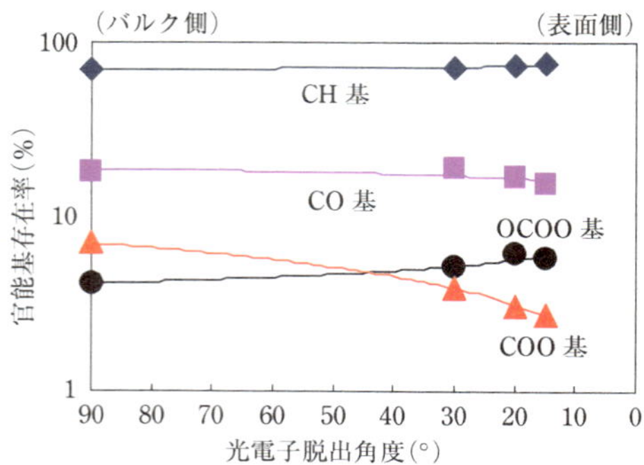

図 5.1.5　PBT と PC のブレンドポリマーの角度プロファイル

PC と PBT の官能基の違いはカーボネート基(OCOO 基)とカルボキシ基(COO 基)だけである．光電子脱出角度 90° での C 1s 波形分離スペクトルから，CH 基，C–O 基以外に PC と PBT の存在を示す OCOO 基(290.7 eV)と COO 基(288.9 eV)が確認されている(図 5.1.4)．この結果をもとに作成した官能基の存在率に対する光電子脱出角度のプロファイルを**図 5.1.5** に示す．このプロファイルは角度プロファイルで深さ方向プロファイルではないが，表面側で PC の存在を示す OCOO 基の存在率が増加し，PBT の COO 基の存在率が減少しており，表面側に PC 成分が偏析していることを示唆している．

角度分解 XPS 測定では表面近傍での官能基の分布状態を求めることが可能であることから，PC と PBT のような表面自由エネルギーのごくわずかな差から生じる偏析状態の解析に利用できる．

5.1.3 ■ 高分子薄膜の深さ方向分析

高分子材料と基板界面，積層高分子フィルムの深さ方向における組成・化学結合

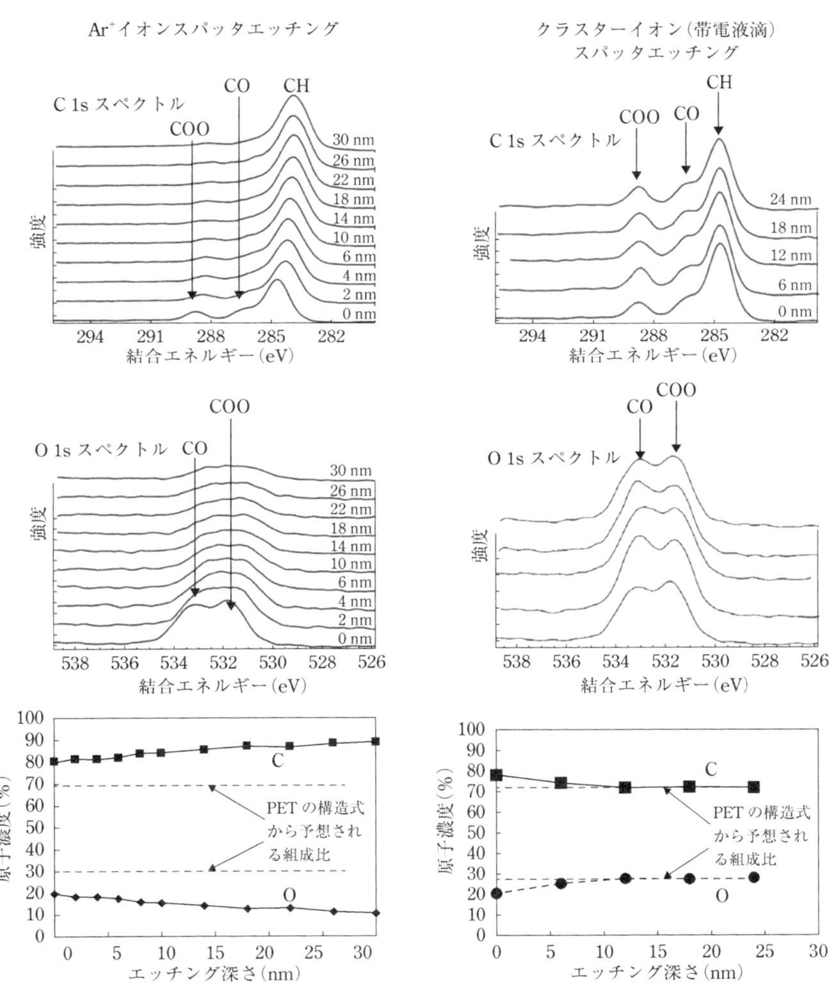

図 5.1.6　PET の深さ方向分析の結果

状態を調べることは材料開発を行ううえで重要である．一般に金属・無機材料の表面から 10 nm～数 100 nm の領域における深さ方向の連続的な分析には装置付属のアルゴンイオン銃による Ar^+ イオンスパッタエッチングが適用される．しかし，高分子材料に対して Ar^+ イオンスパッタエッチングを行うと，3.2 節で記述したように結合状態の変化などの試料損傷が著しく生じる．このため，Ar^+ イオンスパッタエッチング法による深さ方向分析は困難であり，通常は高分子材料の深さ方向分析には試料の斜め切断法などが適用されてきた．しかし，斜め切断法の場合，深さ方向分解能は切断角度および測定径に大きく依存するため，深さ方向分解能は数〜数10 μmとなってしまう．近年クラスターイオンによるスパッタエッチング技術が開発され，特にクラスターサイズの大きなAr–GCIBや帯電液滴による高分子材料の深さ方向分析が試みられている[9,10]．**図5.1.6**にPETフィルムに対してAr^+イオンスパッタエッチングと巨大クラスターである帯電液滴照射を行った例を示す．Ar^+イオンスパッタエッチングの場合，C 1s，O 1sスペクトル中のCOO基およびCO基成分が著しく減少し，それにともない元素組成が大きく変化している．一方，クラスターイオン照射の場合，C 1sおよびO 1sスペクトルでの官能基の減少はほとんど観測されず，元素組成もC : O＝4 : 1となりPETの組成比が保持されている．したがって，クラスターイオンエッチング法は，Ar^+イオンスパッタエッチングに比べてエッチングによる試料損傷が著しく軽減され，高分子薄膜材料の深さ方向分析が可能である．

5.1.4 ■ まとめ

このように高分子薄膜材料の深さ方向分析はAr–GCIBなどのクラスターイオンの利用により用途が急速に広がっており，今後のXPSの深さ方向分析に不可欠な技術として期待される．これら以外にもXPS測定・解析技術は研究開発が進んできており，表面層の個々の原子の化学結合状態を正確に推定できるようになっている．一方，XPS測定では高分子の分子種までの解析はたいへん困難であるため，分子識別が可能な他の分光法(例えば赤外分光法，ラマン分光法など)との複合化も進んでおり，今後のXPS測定による高分子薄膜材料の解析技術の進歩が期待されている．

[引用文献]

1) G. Beamson, D. T. Clark, J. Kendrick, and D. Briggs, *J. Electron Spectrosc. Relat. Phenom.*, **57**, 79(1991)
2) D. Briggs and G. Beamson, *Anal. Chem.*, **64**, 1729(1992)
3) N. Ikeo, Y. iijima, N. Niimura, M. Sigematsu, T. Tazawa, S. Matsumoto, K. Kojima, and Y. Nagasawa, *Handbook of X-ray Photoelectron Spectroscopy*, JEOL, Tokyo(1991)
4) J. F. Moulder, W. F. Stickle, P. E. Sobol, and K. D. Bomben, *Handbook of X-ray Photoelectron Spectroscopy*, Physical Electronics, Eden Prairie(1992)

5) G. Beamson and D. Briggs, *High Resolution XPS of Organic Polymers The Scienta ESCA 300 Database*, John Wiley & Sons, Chichester (1992)
6) B. V. Crist, *Handbook of Monochromatic XPS Spectra : Polymers and Polymers Damaged by X-rays*, John Wiley & Sons, Chichester (2000)
7) A. V. Naumkin, A. Kraut-Vass, S. W. Gaarenstroom, and C. J. Powell, *NIST X-ray Photoelectron Spectroscopy Database 20, Version 4.1*, https://srdata.nist.gov/xps/ (2012)
8) 三木哲郎，黒崎和夫，実用高分子表面分析，講談社(2001)，第 3 章　高分子材料の調製，加工，成形および表面改質における表面分析の実際
9) 飯島善時，境 悠治，平岡賢三，分析化学，**62**，86(2013)
10) 松尾二郎，藤井麻樹子，瀬木利夫，青木学聡，*J. Vac. Soc. Jpn.*, **59**, 5, 113(2016)

5.2 ■ 磁性薄膜材料への応用

物質の磁性は個々の価電子がもつ内的(スピン)および外的(原子軌道)な磁気モーメントの秩序化に起因する．両者はスピン軌道相互作用を通じて不可分な関係にある．結晶格子中の局所的な原子配列が原子軌道の異方性を誘発し，交換相互作用によりスピンどうしが配向し，メゾスコピックな秩序を形成する．こうした電子の磁気モーメントの平衡と集合がマクロな磁性となる．磁性を評価する手法は数多くあるが，光電子分光法はその起源となる電子構造を磁性と結びつける点で特徴的である．スピン検出器による光電子のスピン偏極度測定と，円偏光励起における遷移過程の円二色性測定からスピン・軌道それぞれの磁気モーメントの情報が得られる．ただし，磁場は光電子計測に影響を及ぼすため，その影響が小さな表面・薄膜磁性が光電子分光の主たる対象となる．特に磁性薄膜のスピン再配向転移は磁性発現の起源を探るうえで格好の題材である．本節では，3.4 節で述べた光電子回折分光法を応用し，局所原子・磁気構造を解明した研究を紹介する[1)]．

光電子放出後，浅い準位からの電子の遷移による内殻準位の空孔の緩和過程にともない放出されるオージェ電子の角度分布にも回折模様が現れる．特に内殻の吸収端でのオージェ電子の強度は，内殻光電子の運動エネルギーを同じにそろえて測定したときよりも 2 桁ほど大きく，二次電子によるバックグラウンドも小さい．また運動エネルギーが励起光エネルギーに依存せず一定であることは，分光法との組み合わせの際に回折の情報が活用でき，都合が良い．例えば，オージェ電子収量計測による X 線吸収と X 線磁気円二色性(XMCD)の測定は表面の電子・磁気構造の有力な分析手段であるが，通常の測定で得られるスペクトルには電子の平均自由行程

の範囲内にあるすべての原子の情報が混ざっており，分離はできない．そこで回折の情報を活用することで特定の原子サイトの X 線吸収スペクトルの分離が可能になる．回折分光法では表層下領域などの局所電子・磁気構造情報が原子層単位で直接得られる．

5.2.1 ■ スピン再配向転移と薄膜構造

高密度記録の実現の鍵となる磁性薄膜の垂直磁化は表面と固体内部の磁性の微妙なバランスのうえに成り立つ現象である．磁性と次元性の関係を解明するうえで Cu(100)表面上の Ni 薄膜はさまざまなヒントを内包する「教科書的な系」である．単原子厚の Ni 膜は非磁性であるが，数原子厚になると面内磁化するようになる．さらに膜厚が増加するにつれて容易磁化軸が面内から面直へ，さらに再び面内へと変化する特異なスピン再配向転移が観測される[2~4]．薄膜磁性を理解するうえで基本となるのが異方的な格子歪みと磁気構造の相関である．当初は Ni 薄膜の成長過程に関しては STM や電子回折で構造解析[5,6]がなされたが，元素識別が困難なため，例えば成長初期の最外層原子が Ni か Cu かについても不明であった．

そこで，Cu(001)表面に Ni 薄膜を成長させ，Ni LMM オージェ電子回折模様の膜厚依存性を測定した(**図 5.2.1** (a))．膜厚が増加するにつれて Ni LMM オージェ電子の強度が大きくなるが，回折模様の現れ方は方位で異なり，[100]⇒[101]⇒[001]⇒[103]の順でそれぞれの方向に新たな前方収束ピークが出現する．水平線の[100]の前方収束ピークは主に表面最外層原子に起因する．[101]の前方収束ピークの出現は第 2 層に電子放出原子が存在することを意味する．同様に[001]の前方収束ピークは第 3 層の原子に対応する．ここで，単原子層(ML)厚 Ni の角度分布には第 2 層の存在を示す[101]のピークが，2 原子層厚 Ni の角度分布には第 3 層の存在を示す[001]のピークが弱いながらもすでに出現している[7]．実際の蒸着量よりも Ni の深さ方向の分布が広いことを考えると，界面では下層の Cu と一部の Ni が置換していることがわかる．測定した各膜厚での回折模様は各原子層の回折模様の線形結合であるとして連立方程式を解くと，Ni 表面の各原子層の回折模様が得られる(逆行列法[7])．**図 5.2.1** (b)はこうして算出して得られた各原子層からの[100]から見た回折模様，**図 5.2.1** (c)は各膜厚における各原子層の Ni の存在比である．詳細な解析から，単原子層厚の蒸着量の場合，37%の Ni 原子が表層下にあることがわかった．このように界面での原子置換の効果を定量的に明らかにすることができる．これは X 線回折[8]の報告とも一致している．

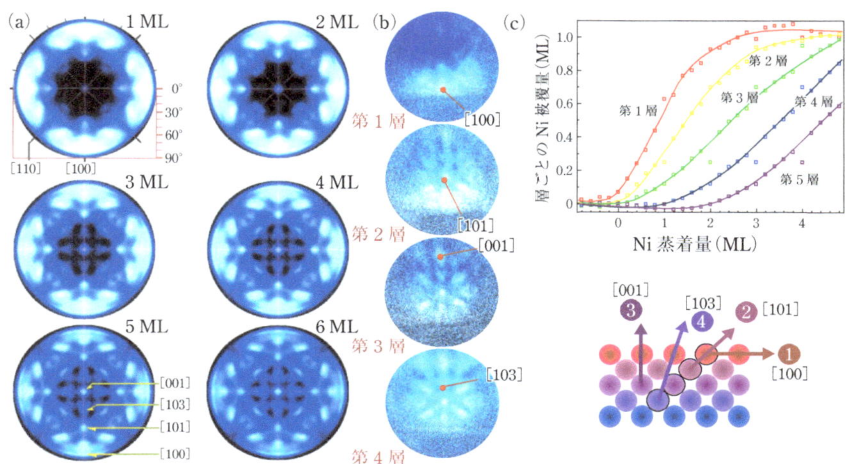

図 5.2.1　(a) Cu (001) 上の Ni 薄膜からの LMM オージェ電子回折模様．ML (monolayer) は原子層を単位とした蒸着量を示す．(b) 実験値から逆行列法で算出した各層からの回折模様．(c) 各層の被覆量分布の蒸着量依存性．

5.2.2 ■ 原子層分解電子状態・磁気構造の解析

A.　X 線吸収分光法と X 線磁気円二色性

X 線吸収スペクトルの内殻励起による X 線吸収端近傍構造 (XANES) には伝導帯の元素選択的な部分状態密度が反映される．**図 5.2.2** は光エネルギーを掃引しながらオージェ電子強度を測定することで得た傾斜膜厚 Ni 試料の各点からの XANES スペクトルである．吸収端の鋭いピークは 2p 準位から 3d 非占有軌道への遷移によるもので，2p 空孔のスピン軌道相互作用により L_3 と L_2 の 2 つに分裂している．Ni LMM オージェ電子の平均自由行程は 1.6 nm 程度，Ni の単原子層厚は約 0.18 nm である．表面から 10 層程度までの原子による散乱が主に回折模様に寄与する．オージェ電子の脱出深さの出射角度依存性を解析すると非破壊的に深さ方向の情報が得られる[9)]．これは非晶質表面に対しても有効な手法である．図 5.2.2 で 6 eV にある肩構造サテライトは単原子層のスペクトルでは消滅しているが，最表面領域に敏感な斜出射スペクトルにもこの肩構造がない．この肩構造は薄膜三次元格子中の散乱に帰属されている[10)]．

次に傾斜膜厚 Ni 試料を面直方向に磁化させた．図 5.2.2 (b) は，試料を走査しながら測定したオージェ電子強度の膜厚依存性である．円偏光の光エネルギーを L_3 および L_2 吸収端に合わせ，斜入射 (75°) と直入射 (0°) の条件に試料を配置した．膜

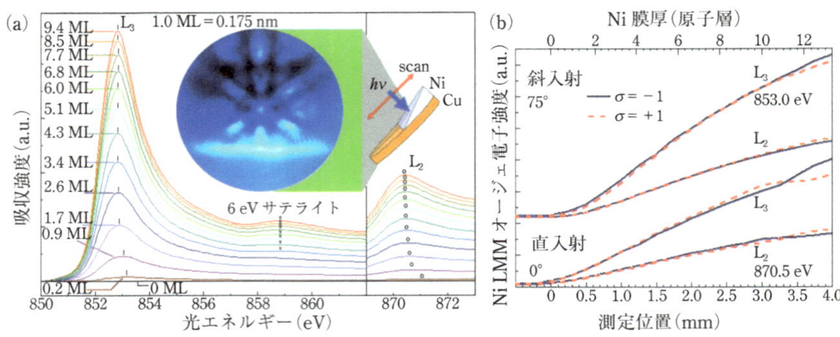

図 5.2.2　(a) Ni 傾斜膜厚試料上の各点からの Ni LMM オージェ電子強度測定による X 線吸収端近傍微細構造スペクトル，(b) Ni オージェ電子強度の膜厚と偏光依存性

厚は試料位置から換算した．オージェ電子強度は膜厚の増加とともに大きくなり，約 10 層のあたりから円偏光の向きの反転で強度に差が現れ始めた．磁気円二色性は円偏光の光軸と磁化の向きの内積に比例する．直入射の条件で磁気円二色性が強く現れることは面直方向の残留磁化があることを示している．面内方向に磁化させると，6 層程度の場所から面内残留磁化が現れた．この測定でスピン再配向転移を可視化できる．

B.　原子層分解解析

光エネルギーを掃引しながらオージェ電子回折模様を測定して二次元のオージェ電子収量 X 線吸収スペクトルを得ると，各原子層固有の回折模様強度の光エネルギー依存性を解析し原子層ごとの XANES スペクトルに分解することができる．**図 5.2.3** (a) は面内磁化した 8 原子層と面直磁化した 15 原子層の Ni 薄膜の原子層別 XANES スペクトルである．前方収束ピーク強度から表面最外層から第 4 層までの各層に由来するスペクトルを分離した．最表面層のみ 6 eV の肩構造が消滅しているのがわかる．また表面層からのスペクトルの L_3/L_2 ピークは高エネルギー側にシフトしている．**図 5.2.3** (b) に第 4 層のピーク位置に対する各膜厚での原子層ごとのシフトをまとめた．これは表面内殻シフトに対応する値である．表面最外層のピークは約 100 meV シフトし，数原子層内部に入ると急激にバルクの値に収束する．これは表層下のわずか数原子層が最表面と薄膜内部をつないでいることを示しており，金属の場合，自由電子による遮蔽の効果が大きいことに起因している．

両円偏光で測定した 2 つの XANES スペクトルの差分から X 線磁気円二色性 (XMCD) が得られる．**図 5.2.3** (c) に示すように，スピン軌道分裂した L_3 と L_2 の

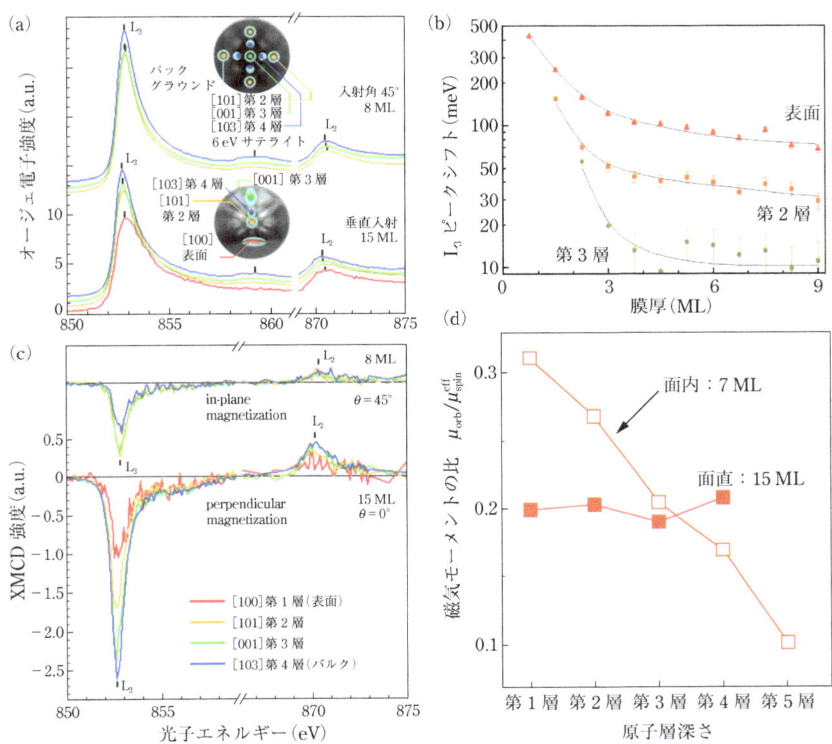

図 5.2.3　Cu(001)上の Ni 薄膜の(a)膜厚・層別の XANES と(b)L_3 吸収端ピーク位置．(c)原子層別の XMCD と(d)軌道・スピン磁気モーメントの比．

XMCD は符号が逆転している．これらのスペクトルに総和則[11,12]を適用すると，磁気モーメントへの軌道とスピンの両者の寄与が求められる．全 XMCD の積分値は軌道磁気モーメントに，L_3 と L_2 の XMCD の絶対値の内殻の多重度を考慮した総和はスピン磁気モーメントに比例する．詳細は優れた総説[13]を参照されたい．

前述の逆行列法[7]で原子層別のオージェ電子回折模様を算出し，原子層別回折模様で XMCD を成分分解すると原子層別の XMCD が得られる．面内磁化では表面層の XMCD が，面直磁化では内部の XMCD が大きくなっている．**図 5.2.3**(d)に原子層別の軌道とスピン磁気モーメントの比を示した．面直磁化領域(15 ML)では，表面最外層から第 4 層目までの軌道とスピン磁気モーメントの比はほぼ一定である．それに対し面内磁化(7 ML)の領域では表面で軌道磁気モーメントの比が 0.3 まで大きくなっている．この結果は原子軌道が磁化の向きを決定するうえで重要な

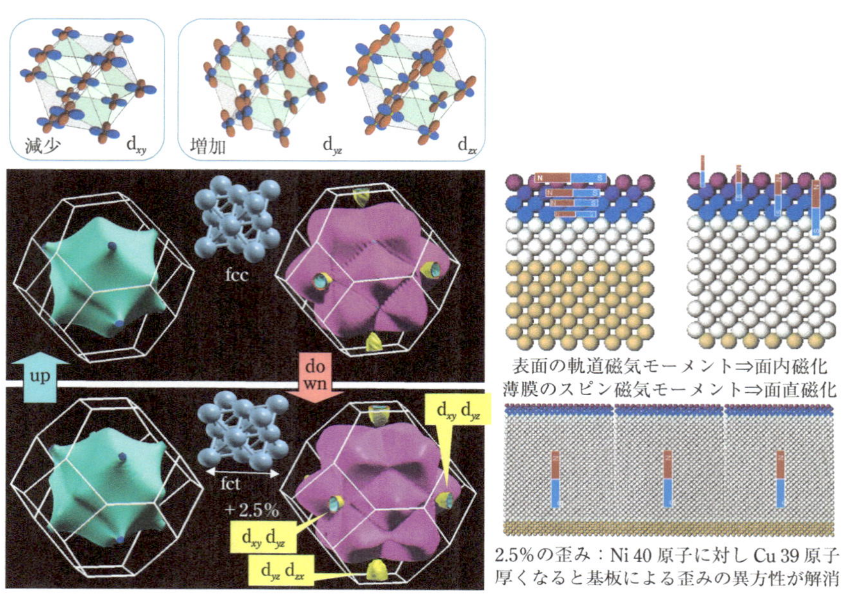

図 5.2.4　第一原理計算による Ni 単結晶と面内に引っ張られた Ni 薄膜のフェルミ面とそれを構成する原子軌道．スピン再配向転移を決める磁気モーメントの模式図．

役割を果たしていることを示している．

Cu(001)表面上の Ni 薄膜は，格子定数の 2.5%の違いにより面内水平方向に引っ張り歪みを受けている．**図 5.2.4** に Ni 面心立方格子と基板の影響を受けた格子のフェルミ面を示した．交換相互作用によりマジョリティ(up)スピンの d バンドは占有され，フェルミ準位は sp バンドを横切る．マイノリティ(down)スピンの d バンドには一部空きが生じる．格子の歪みにより面内に軌道磁気モーメントをもつ d_{yz} および d_{zx} 軌道成分の寄与が大きくなる．膜厚の小さな領域ではスピン磁気モーメントに対して，相対的に表面層で軌道磁気モーメントの寄与が大きい．この領域では結晶中の結合様式と異なる表面特有の電子状態が磁化の向きを決めている．格子定数の違いから面内方向で歪み・応力・結晶粒境界が発生し，面垂直の形状異方性が生じる．膜厚の増大とともに増えるスピン磁気モーメントは長距離秩序に寄与し，面直磁化が優勢となる．40 原子層以上になると基板の影響も薄れ，面内方向にスピンがそろい，容易磁化軸が再び面内へ戻る．この特異なスピン再配向転移は，最表面と膜内部におけるスピン磁気モーメントと軌道磁気モーメントの絶妙なバランスに由来する．

5.2.3 ■ まとめ

光電子回折法とX線吸収/X線磁気円二色性分光法や価電子帯光電子分光法を組み合わせるとサイト選択的な電子状態の情報が得られる．これらはSTMや光電子放出顕微鏡(PEEM)といった従来の顕微法的なアプローチでは得られない重要な情報である．

[引用文献]

1) F. Matsui, T. Matsushita, Y. Kato, M. Hashimoto, K. Inaji, and H. Daimon, *Phys. Rev. Lett.*, **100**, 207201(2008)
2) F. Huang, M. T. Kief, G. J. Mankey, and R. F. Willis, *Phys. Rev. B*, **49**, 3962(1994)
3) W. L. O' Brien and B. P. Tonner, *Phys. Rev. B*, **49**, 15370(1994)
4) B. Schulz and K. Baberschke, *Phys. Rev. B*, **50**, 13467(1994)
5) J. Shen, J. Giergiel, and J. Kirschner, *Phys. Rev. B*, **52**, 8454(1995)
6) J. Lindner, P. Poulopoulos, F. Wilhelm, M. Farle, and K. Baberschke, *Phys. Rev. B*, **62**, 10431(2000)
7) F. Matsui, T. Matsushita, and H. Daimon, *J. Electron Spectrosc. Relat. Phenom.*, **195**, 347(2014):各原子層からの回折模様のシリーズを非正規直交化基底ベクトルとして，組成や回折分光スペクトルを成分分析し原子層分解解析する方法を解説している．
8) H. L. Meyerheim, D. Sander, N. N. Negulyaev, V. S. Stepanyuk, R. Popescu, I. Popa, and J. Kirschner, *Phys. Rev. Lett.*, **100**, 146101(2008)
9) K. Amemiya, E. Sakai, D. Matsumura, H. Abe, T. Ohta, and T. Yokoyama, *Phys. Rev. B*, **71**, 214420(2005)
10) K. Amemiya, E. Sakai, D. Matsumura, H. Abe, and T. Ohta, *Phys. Rev. B*, **72**, 201404(2005)
11) P. Carra, B. T. Thole, M. Altarelli, and X. Wang, *Phys. Rev. Lett.*, **70**, 694(1993)
12) B. T. Thole and G. van der Laan, *Phys. Rev. Lett.*, **70**, 2499(1993)
13) 小出常晴，新しい放射光の科学，講談社(2000)，第4章　磁性体の軟X線域内殻磁気円二色性

5.3 ■ 酸化物薄膜材料への応用

遷移金属酸化物は，銅酸化物における高温超伝導，Mn酸化物における超巨大磁

気抵抗効果・金属絶縁体転移，Ti酸化物における光触媒作用に代表される機能の宝庫である[1)]．この類い希な機能を利用する「酸化物エレクトロニクス」が，従来の半導体デバイスにとって代わる次世代基幹エレクトロニクスとして注目を集めている[2,3)]．これらの機能は，互いに強く相互作用し合う「強相関電子」にその起源をもつことが知られている．そのため，酸化物エレクトロニクスの実現に向けて，機能性酸化物薄膜の電子状態，特に表面・界面の電子状態を正しく知る必要があり，そこには光電子分光法が威力を発揮する．さらに，遷移金属酸化物においては，(強相関)電子のもつ電荷の自由度に加えてスピンや軌道の自由度が存在するため[1)]，それらの情報も必要になる．そのため，XPSによる内殻(化学結合状態・価数)[4)]や角度分解光電子分光法(ARPES)によるバンド構造[5)]といった電荷に関する測定に加えて，スピン分解光電子分光法や偏光を用いた磁気円二色性によるスピン状態の測定，および線二色性による軌道状態の測定なども複合的に行う必要がある[5~8)]．また，放射光を用いた共鳴光電子分光法による遷移金属d電子の部分状態密度の特定[6)]や内殻X線吸収分光法による元素選択的な電子・磁気状態の測定なども有用である[7)]．こうした測定手法の多様性が酸化物薄膜評価の醍醐味でもある．とはいえ，基本的には光電子分光法による酸化物薄膜評価はその他の材料の評価技術と同じである．しかしながら，酸化物の評価においては，以下のような特有の問題がある．

(1) 機能性酸化物薄膜・多層膜は，一般的に構成元素の多い複合酸化物であるため，測定対象となる元素(内殻)が多い．

(2) 自然環境下に存在している物質はほぼ酸素を含む物質(分子)であるため，測定対象である酸化物自体の酸化物イオンと区別がつきにくい．そのため試料表面の汚染に特に注意する必要がある．加えて，測定対象試料の表面における酸化・還元にも注意を要する．

(3) 一般的な試料の清浄化である，①イオンスパッタリング法，②熱処理法，③化学エッチング法などの処理[4)]により容易に試料表面の酸素欠損や組成ずれなどが引き起こされ，本質的ではない情報を得ることが多々ある．特に，遷移金属酸化物は，わずかな組成の変化や歪みなどによって「遷移」の名が示すように容易に特性が変化するため，清浄試料表面を得るのが非常に困難な物質群である[3,4)]．

特に，高分解能化された光電子分光測定[5)]においては，本質的ではない情報も明瞭に観測されてしまう．そこで，機能性酸化物薄膜の光電子分光評価においては，分子線エピタキシー(MBE)法により作製した試料を，超高真空を破ることなく光電子分光装置に搬送してその場(*in situ*)測定を行うことが重要となる．さらにこの清浄試料表面に上記のさまざまな光電子分光法を多角的に応用し，酸化物薄膜における電子・スピン・軌道状態を正しく理解することで，物性・機能の発現機構が明らかになる．

5.3.1 ■ 実験技術

これらを可能とするために建設・改良を行った「*in situ* 光電子分光＋酸化物 MBE 複合装置」の概略図を**図 5.3.1** に示す[8,9]．この装置では酸化物 MBE としてレーザー MBE を採用している．この装置は「酸化物 MBE 槽」，「試料評価槽」，「光電子測定槽」の主に 3 つの部分からなっており，互いに超高真空下で連結されている．これにより，レーザー MBE 装置で酸化物薄膜やヘテロ構造などを作製し，それを超高真空下でクリーンな状態のまま光電子分光装置まで搬送し，*in situ* で電子状態を観測することができる．この装置は，KEK–PF の放射光ビームライン BL2A MUSASHI(multiple undulator beamline for spectroscopic analysis on surface and heterointerface)に接続されており，真空紫外光(30～300 eV：垂直・水平・右円・左円偏光切り替え可能)を用いた ARPES による価電子帯バンド構造の決定と，

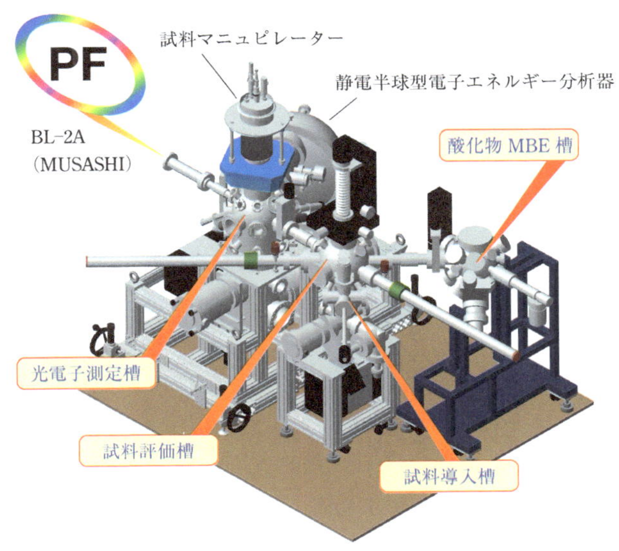

図 5.3.1　*in situ* 光電子分光法＋酸化物 MBE 複合装置の概略図
KEK–PF のビームライン BL2A MUSASHI にエンドステーションとして設置されている．

軟X線(250～2000 eV)を用いた内殻準位の測定とを，同一試料表面上で行うことが可能となっている[8)]．そのため，レーザーMBE法で作製した酸化物薄膜・多層膜における表面の化学状態や界面のバンドダイアグラムなどをいわゆるXPSで調べ，良い表面・界面が得られていることを確認してから，物性・機能に関わるフェルミ準位(E_F)近傍の微細なバンド構造をARPESにより詳細に調べるといった実験が可能となる．

5.3.2 ■ 具体例

本装置を用いた測定例として，ここでは酸化物量子井戸構造を用いた強相関電子の二次元閉じ込め[10)]について紹介する．一般に，半導体(絶縁体)上に極薄膜の金属を成長させると表面と界面のポテンシャル障壁内に電子が閉じ込められ，金属の電子状態が表面垂直方向に量子化される．この金属量子井戸現象については，これまでAg/Siなどの自由電子系においてARPESにより詳しく調べられてきた[11)]．原理的には，伝導性酸化物においても，同様の手法で強相関電子の二次元閉じ込めが可能である．しかしながら，これまで$SrTiO_3$[12)]や ZnO[13)]などの酸化物半導体における量子化状態の報告はあるものの，銅酸化物高温超伝導体のような層状伝導性酸化物により近いと考えられる金属状態の量子閉じ込めに関する報告はなかった．その理由としては，主にヘテロ界面を通したカチオンの拡散による界面の乱れや遷移金属イオン間の界面電荷移動が考えられている[3)]．そのため，界面の化学状態をXPSや内殻X線吸収分光法で観測しながら，化学的に急峻な界面をもつ最適な酸化物候補をスクリーニングしていった．その結果，ペロブスカイト酸化物$SrVO_3$(伝導性酸化物)とNbをドープした$Nb:SrTiO_3$(n型半導体)とのヘテロ構造が量子井戸構造として最適であることを見出した．実際，$SrVO_3/Nb:SrTiO_3$(001)量子井戸構造の成長条件を最適化することによって，$SrVO_3/Nb:SrTiO_3$では，原子レベルで平坦な表面と化学的に急峻な界面が得られている[10,14,15)]．以下ではこの$SrVO_3/Nb:SrTiO_3$量子井戸構造のバンドダイアグラムを決定した結果について説明する．

まず，**図5.3.2**に示す価電子帯スペクトルにおける$SrVO_3$伝導層の膜厚依存性(量子井戸幅依存性)[14)]から，(1)$SrVO_3$が単純な$3d^1$電子配列をもつ典型的な伝導性酸化物であり，V 3d状態がO 2pバンドから良く分離してフェルミ準位近傍に存在すること，(2)量子化が期待される極薄膜領域(2～3分子層(ML))でもその金属的なふるまいを保つことがわかる．さらに，**図5.3.3**(a)に示すTi 2p内殻準位測定から，(3)$SrVO_3/Nb:SrTiO_3$界面のTiの価数は$SrTiO_3$と同じ4+であり，界面電荷移動(もしくは薄膜作製中における還元反応)は生じていないこと，(4)伝導性酸化

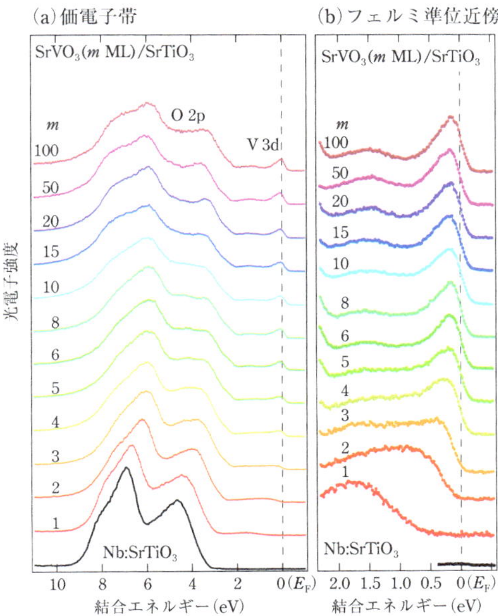

図 5.3.2 $Nb:SrTiO_3$(001)基板上に成長させた $SrVO_3$ 超薄膜の(a)価電子帯および(b)フェルミ準位近傍スペクトルの膜厚依存性

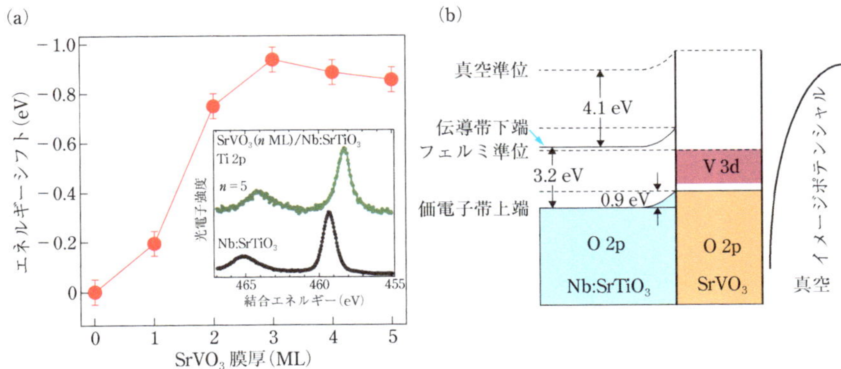

図 5.3.3 (a)$SrVO_3/Nb:SrTiO_3$(001)接合界面における Ti 2p 内殻準位の $SrVO_3$ 膜厚依存性，(b)*in situ* 光電子分光法で決定した $SrVO_3/Nb:SrTiO_3$ 接合界面のバンドダイアグラム．

物 $SrVO_3$ と n 型半導体である $Nb:SrTiO_3$ との間にショットキー接合を形成していること[10]がわかる．得られた結果から実際にバンドダイアグラムを決定したところ，$SrVO_3/Nb:SrTiO_3$ 界面では図 5.3.3(b)のような高さ 0.9 eV のショットキー障壁が形成され，$SrVO_3$ の金属的な V 3d 状態が $SrTiO_3$ のバンドギャップ($E_g(SrTiO_3) = 3.2$ eV)中に位置していることが確かめられた[10]．

これらの光電子分光測定の結果から，フェルミ準位近傍の V 3d 状態の量子化が期待される．そこで，次に ARPES により V 3d 電子(強相関電子)のふるまいについて調べた結果を示す[10]．まず，**図 5.3.4** (a)に $SrVO_3$/Nb:$SrTiO_3$ 量子井戸構造の垂直放出(normal emission)配置($k_\parallel = 0$)で測定した *in situ* ARPES スペクトルを示す．$SrVO_3$ 膜厚の増加にともない，(1)ピーク構造が高結合側にシフトする，(2)新たなピーク構造がフェルミ準位近傍に出現する，(3)ピーク位置がバルクの V 3d バンドの底である約 500 meV に収束する，といった量子化状態に特徴的な変化が観測されていることがわかる．このピーク位置(量子化準位)の膜厚(量子井戸幅)依存性を定量的に評価するために，位相シフト量子化則[11]による解析を行った結果が図 5.3.4 (c)である．理論計算結果は，観測されたピーク位置の膜厚依存性(structure plot とよぶ)を非常に良く再現している．このことは，図 5.3.3 (b)のバンドダイアグラムから期待された通り V 3d 電子が $SrVO_3$ 極薄膜内に閉じ込められていること，

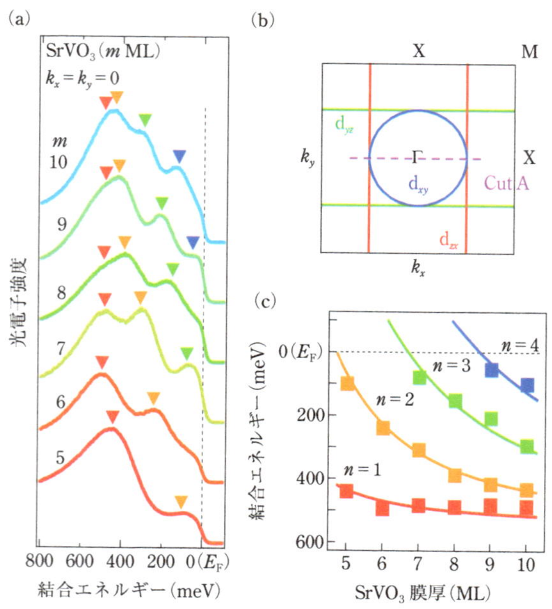

図 5.3.4　(a) $SrVO_3$/Nb:$SrTiO_3$(001)量子井戸構造における Γ 点の ARPES スペクトル．(b)ブリルアンゾーンとフェルミ面．(c)量子化準位の $SrVO_3$ 膜厚依存性．四角が実験値，実線が位相シフト量子化則による理論計算の結果を示す．

つまり酸化物量子井戸構造での強相関電子の二次元閉じ込めが実現していることを示している．

図 5.3.4 に示した結果は，酸化物量子井戸においても量子化準位の基本的なふるまいは，従来の金属量子井戸の概念で理解できることを示している．一方で，面内分散(サブバンド分散)から，この強相関量子化状態が，(1)異方的な 3d 軌道を反映した「軌道選択的量子化」，(2)量子井戸における複雑な相互作用を反映した「サブバンドに依存した有効質量増大」といった従来の金属量子井戸[11]ではみられない特徴をもつことが明らかになった[10,15]．例として，**図 5.3.5** に *in situ* ARPES により得られた $SrVO_3$ 8 ML のサブバンド構造を示す．図 5.3.5 (a)に示す Γ–X 方向(図 5.3.4 (b)の Cut A)のサブバンドの分散では，d_{yz} 軌道由来の重いサブバンドと d_{zx} 軌道由来の軽いサブバンドの 2 種類が観測されている．一方で，d_{xy} 軌道由来のバンドは極薄膜においてもバルクと同じ構造を保持しており，量子化していない．このことは，異方的な 3d t_{2g} 軌道の形状を反映して，量子化方向(面直方向)に対して量子化する・しないが決まっていることを示している(図 5.3.5 (b))．観測された複雑なサブバンド構造はこのように理解できる．この異方的な軌道形状を反映した量子

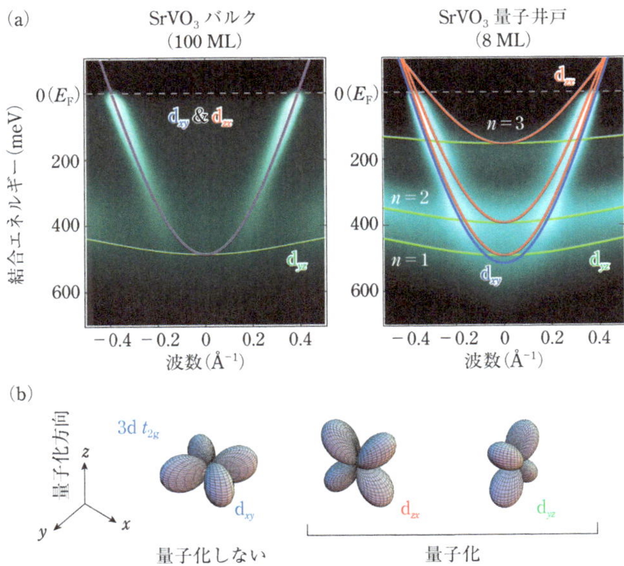

図 5.3.5　(a) $SrVO_3$ のバルク(100 ML)と量子井戸構造(8 ML)の Γ–X 方向(図 5.3.4 (b)の cut A 参照)におけるバンド構造．(b) $SrVO_3$/Nb:$SrTiO_3$(001)量子井戸構造における軌道選択的量子化の説明図．

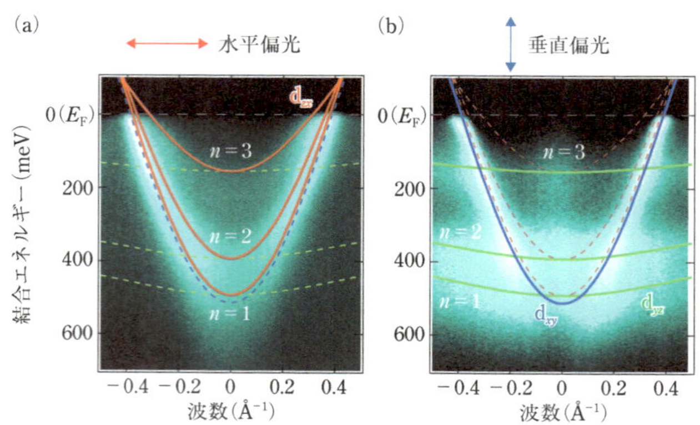

図 5.3.6　偏光依存 ARPES により決定した $SrVO_3$/Nb:$SrTiO_3$(001)量子井戸構造(8 ML)のバンド構造
放射光の偏光性を用いることで，軌道選択的量子化が軌道選択的に観測されている．

化現象を「軌道選択的量子化」とよんでいる[10]．

これらの軌道選択的量子化をより詳しく見るために，放射光の偏光依存性を利用して「軌道選択的量子化を軌道選択的」に測定した結果を**図 5.3.6** に示す．励起光の偏光を変えると，測定面に対する各 3d t_{2g} 軌道の対称性によって，ARPES スペクトル強度に偏光依存性が現れる[6]．そのため，この実験における測定配置と 3d t_{2g} 軌道の幾何学的対称性を考慮すると，水平偏光の場合には d_{zx} 軌道由来のバンドが，垂直偏向の場合には d_{xy} と d_{yz} 軌道由来のバンドが強くなる．この偏光依存性を利用すると，d_{yz} 軌道と d_{zx} 軌道が量子化し d_{xy} バンドは量子化しないといった「軌道選択的量子化」(図 5.3.5(b)参照)が起こっていることが明瞭に見て取れる．

5.3.3 ■ まとめと今後の展望

以上のように，光電子分光法は酸化物薄膜の評価においても有用である．さらに，優れた光源である放射光と組み合わせることで，酸化物の示す多彩な機能に直結する電子・スピン・軌道状態などの情報を1つ1つ明らかにし，その知見に基づいた物質開発・物質設計が推進できる．今後の発展を期待したい．

[引用文献]

1) M. Imada, A. Fujimori, and Y. Tokura, *Rev. Mod. Phys.*, **70**, 1039(1998)
2) H. Y. Hwang, Y. Iwasa, M. Kawasaki, B. Keimer, N. Nagaosa, and Y. Tokura, *Nat. Mater.*, **11**, 103(2012)

3) 鯉沼秀臣 編著，酸化物エレクトロニクス，培風館(2001)
4) 日本表面科学会 編，X線光電子分光法(表面分析技術選書)，丸善出版(1998)
5) 高橋 隆，光電子固体物性(現代物理学[展開シリーズ])，朝倉書店(2011)
6) S. Hüfner, *Photoelectron Spectroscopy, 3rd Edition*, Springer-Verlag, Berlin(2003)
7) 太田俊明 編著，X線吸収分光法—XAFSとその応用，アイピーシー(2002)
8) 組頭広志，表面科学，**38**, 596(2017)
9) K. Horiba, H. Ohguchi, H. Kumigashira, M. Oshima, K. Ono, N. Nakagawa, M. Lippmaa, M. Kawasaki, and H. Koinuma, *Rev. Sci. Instrum.*, **74**, 3406(2003)
10) K. Yoshimatsu, K. Horiba, H. Kumigashira, T. Yoshida, A. Fujimori, and M. Oshima, *Science*, **333**, 319(2011)
11) T.-C. Chiang, *Sur. Sci. Rep.*, **39**, 181(2000)
12) Y. Kozuka, M. Kim, C. Bell, B. G. Kim, Y. Hikita, and H. Y. Hwang, *Nature*, **462**, 487(2009)
13) A. Tsukazaki, A. Ohtomo, T. Kita, Y. Ohno, H. Ohno, and M. Kawasaki, *Science*, **315**, 1388(2007)
14) K. Yoshimatsu, T. Okabe, H. Kumigashira, S. Okamato, S. Aizaki, A. Fujimori, and M. Oshima, *Phys. Rev. Lett.*, **104**, 147601(2010)
15) M. Kobayashi, K. Yoshimatsu, E. Sakai, M. Kitamura, K. Horiba, A. Fujimori, and H. Kumigashira, *Phys. Rev. Lett.*, **115**, 076801(2015)

5.4 ■ 炭素材料への応用

炭素は地球上に豊富に存在する軽元素であり，強固なσ結合を形成する．これによって「軽くて強い」材料となり，従来の金属材料に置きかえて炭素材料の導入が進んでいる分野もある．一方でナノスケールの炭素材料に目を向けると，従来の物質よりも大きな電子移動度や熱伝導度をもつ．このような優れた特性のため，炭素材料は今後さらなる利用が見込まれる．

炭素材料の化学結合状態評価において光電子分光法は大きな力を発揮する．炭素は混成軌道の種類に応じて，グラファイト[1~3]やダイヤモンド[4~7]など多くの同素体が存在する．また，カーボンナノチューブ[8]やフラーレン[9]，グラフェン[10,11]など多くの炭素材料が存在する．これまでに合成されている主な炭素材料を「電気伝導度」と「形状・サイズ」によって区分したものを**表 5.4.1** に示す．その一方で，その多様さゆえに光電子分光測定やスペクトルの解析においても，対象とする材料の特性に合わせた工夫が要求される．本節では表 5.4.1 に示した炭素材料の中から代

表 5.4.1　電気伝導性とサイズ・結晶性で分類した炭素材料の一覧
参考文献はその材料を XPS で評価している論文を示している.

	導体	絶縁体
膜・バルク (結晶)	グラファイト[1~3]	ダイヤモンド[4~7]
膜・バルク (アモルファス)	アモルファス炭素繊維[14]	ダイヤモンドライクカーボン (DLC)[14,15]
パウダー	カーボンブラック	ダイヤモンドパウダー
ナノ材料	カーボンナノチューブ[8] フラーレン[9] グラフェン[10,11]	酸化グラフェン[12,13] ナノダイヤモンド

表的な物質の光電子分光測定やスペクトル解析の例を紹介する. なお, 本節で示す物質以外の情報については, 表 5.4.1 に示した参考文献に記載されているので, そちらも参考にしていただきたい.

5.4.1 ■ 炭素材料の化学結合状態評価

グラフェンはグラファイトのシート1層分に対応する, 原子層物質とよばれるものである. グラフェンは原子1層分の厚さであるにもかかわらず, 電子移動度は従来の金属材料や半導体材料より大きいため, 透明電極などに利用されている. また, 次世代のトランジスタのチャンネル材料として利用する研究も進んでいる. グラフェンを安価かつ大面積に合成する手法として, 酸化グラフェンを還元する方法が提案されている[12,13]. グラファイトを過マンガン酸カリウム硫酸溶液中で酸化させることにより, グラファイト層間にヒドロキシ基やカルボキシ基などが入り込み, グラファイトの層をバラバラにしてグラフェンが形成される. しかしながら, このようにして作製したグラフェンはヒドロキシ基やカルボキシ基などが結合して酸化されているため, グラフェン本来の特性を得るためには還元しなければならない. 酸化グラフェンの還元過程におけるグラフェンの化学結合状態評価法として光電子分光法はきわめて有力な手法である. 酸化グラフェンは絶縁体であるが, その厚さは原子1層であるため, 導電性基板(Si など)に転写することにより XPS 測定が可能となる.

X線管(Mg Kα)で測定した酸化グラフェンのC 1s光電子スペクトルを**図 5.4.1** (a) に示す[15]. C–C sp^2 結合に由来するピークに加え, O 原子との単結合(C–O)ピークが高強度で現れている. またC–O ピークよりも高結合エネルギー側にO 原子との二重結合(C＝O)由来のピーク, およびカルボキシ基(C–OOH)のピークもみられ,

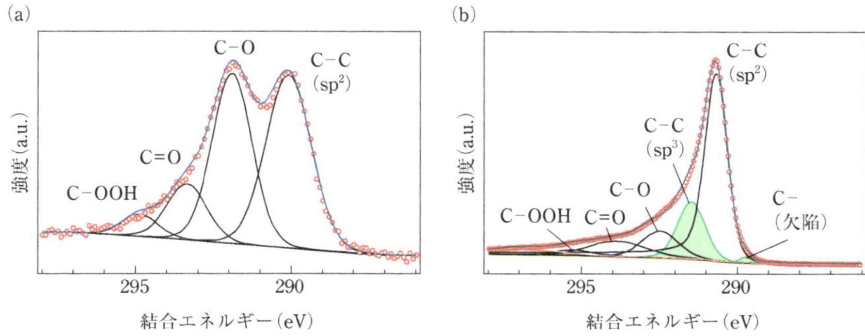

図 5.4.1 (a)Mg Kα 線($h\nu$ = 1253.6 eV)で測定した酸化グラフェンの C 1s 光電子スペクトルと(b)放射光($h\nu$ = 710 eV)で測定した酸化グラフェンの C 1s 光電子スペクトル
高エネルギー分解放射光により sp^2 と sp^3 結合炭素を区別できる一方，高輝度光により酸化グラフェンの還元が進行し，酸化物ピークが小さくなっている．
［(a)はインペリアルカレッジロンドンの Cecilia Mattevi 博士 提供］

実験室光源でも十分に化学結合状態分析が行えることがわかる．これと比較するため，SPring-8 の軟 X 線ビームライン(BL23SU)で測定した酸化グラフェンの C 1s 光電子スペクトルを**図 5.4.1**(b)に示す．図 5.4.1(a)の X 線管で測定したスペクトルで観察された C−C，C−O，C=O，C−OOH ピークだけではスペクトル全体をフィッティングできず，それ以外にも緑色で示した C−C sp^3 ピーク，未結合手をもつ欠陥 C 原子のピークが観察される．また，C−C sp^2 ピークも非対称なドニアック−シュニッチ(Doniac−Šunjić)の式を用いる必要があった．このように，放射光は Mg Kα 線よりもエネルギー半値幅が小さくかつ強度が強いため，スペクトルの微細な構造まではっきりと観察できる．その一方で，図 5.4.1(a)と比較すると，C−O ピークや C=O ピークなどの酸化成分が C−C sp^2 ピークに比べて相対的に小さくなっていることがわかる．これは放射光により酸化グラフェンの還元が進行し，酸化物が減少したためである．近年，紫外光照射による酸化グラフェンの還元法が着目されているが，高輝度軟 X 線放射光でも同様の還元作用が生じていると考えられる．

以上のように，高輝度放射光は光電子スペクトルを高分解能で測定できる一方，試料によってはダメージが発生する可能性がある．これを防ぐために，(1)均一な試料を常時移動させ，ダメージのないフレッシュな箇所を常に測定する，(2)放射光をデフォーカスさせて輝度を減少させる，などの対策が提案されており，測定対象やエンドステーションの性能に応じて工夫する必要がある．

5.4.2 ■ 絶縁体炭素材料の光電子分光測定

炭素原子が sp^3 結合して形成されているダイヤモンドはバンドギャップ 5.5 eV をもつ絶縁体である．また sp^3 結合を多く含むダイヤモンドライクカーボン(DLC)[14,15] も絶縁体となる．光電効果による光電子放出により絶縁体は帯電してしまうため，一般的に絶縁体の光電子分光測定は難しい．輝度の弱いX線管による光電子分光測定では中和銃を用いて帯電を補正しながら測定することも可能であるが，高輝度放射光による光電子分光測定では光電子放出量も多くなるため中和銃による補正も難しくなってくる．またダイヤモンドであれば，帯電によりスペクトルがシフトしていてもメインピークを sp^3 由来と仮定して解析することが可能となるが，sp^2 と sp^3 が混ざっている DLC の化学組成分析ではメインピークを同定できない．すなわち，1本のブロードな C 1s 光電子スペクトルから結合エネルギーを頼りに sp^2 と sp^3 を区別する必要があり，帯電してスペクトルがシフトしていると一意性の担保ができなくなり解析は著しく困難となる．

測定対象の絶縁体が熱に対して安定な場合，試料を加熱することによって光電子分光測定が可能となる．これは加熱によって価電子帯から伝導帯へ電子の熱励起が生じ，試料が伝導性をもつためである．光電子分光測定中の加熱方法としては，(1)試料への直接通電加熱，(2)ヒーターを用いた傍熱加熱，(3)赤外線を用いた輻射加熱，(4)電子ビーム照射による加熱などがある．試料まわりに電場や磁場が発生すると光電子スペクトルの変調が生じるため，光電子スペクトル測定の観点からいえば(3)の赤外線による加熱が望ましい．その一方で，赤外線加熱ではワイドバンドギャップ材料を効率的に加熱できないため，帯電が解消する温度まで到達できない場合もありうる．いずれにせよ，加熱により帯電を解消することができれば絶縁体の光電子分光測定が可能となり，材料評価においてきわめて有用な情報が得られる．

具体例として，400℃に傍熱加熱したダイヤモンド C(111)基板の C 1s 光電子スペクトルを**図 5.4.2**(a)に示す．ダイヤモンド C(111)基板の表面には高温加熱によりグラフェンが形成され，このグラフェン・オン・ダイヤモンド構造は次世代のパワーデバイスへの応用が期待されている．このダイヤモンド表面のグラフェン化過程について化学結合状態の変化を追跡することが求められていた．410℃ではダイヤモンドバルクの sp^3 結合ピークと C(111)表面の 2×1 再構成に由来する表面成分が観察される．基板温度を 1120℃まで上げると，C 1s 光電子ピーク全体が低結合エネルギー側にシフトする．これは加熱によりバンドベンディングが緩和されたこ

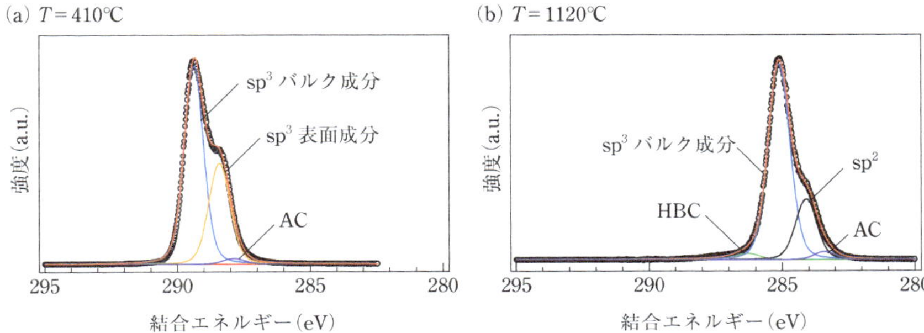

図 5.4.2 加熱中ダイヤモンド C(111)基板の C 1s 光電子スペクトル[7)]
基板温度はそれぞれ(a)410℃，(b)1120℃．HBC は高エネルギー成分，AC は追加成分を表す．

とが原因と考えられる．また，C 1s 光電子スペクトルのピーク分離解析からも，1120℃ と 410℃ でほぼ同じ成分のピークが観察されるが，1120℃ では C(111)2×1 構造は消失し，表面のグラフェン化が進行している．C 1s 光電子スペクトルでは sp^3 表面成分と sp^2 成分が同じ位置に現れるため，両者を区別できないが，プラズモンロスピークの解析から sp^2 成分の有無を判断可能である[7)]．

また，加熱以外の絶縁体評価法として，低真空環境での光電子分光測定も有用である．低真空環境での光電子分光法は準大気圧光電子分光法として 5.6 節および 6.1 節に述べられているが，準大気圧環境では放出された光電子がまわりの気体分子に衝突して電離を引き起こす．この電離にともない放出された電子や衝突によってエネルギーを損失した光電子が帯電した試料に引き寄せられて帯電の中和に寄与する．一方，光電子によりイオン化した気体分子はチャンバー内壁などから電子を引き抜き，中性分子に戻る．この繰り返しによって帯電が補償される．この手法では放出された光電子の量に依存してイオンの生成量が決まるため，中和銃のように電子を供給しすぎて逆に負に帯電するような現象は生じにくいと考えられる．

5.4.3 ■ 炭素材料合成過程のリアルタイム観察

高輝度放射光を用いた XPS 測定では測定時間を短くできるため，スペクトルの繰り返し測定を行うことでスペクトルの時間変化を測定できる．例えば，XPS の測定槽内に反応性ガスを導入すると，固体表面で進行する反応をリアルタイムで追跡できる．具体例として Ni(111)基板上におけるグラフェン成長過程の C 1s 光電子スペクトルの時間変化を**図 5.4.3** に示す[12)]．超音速分子線技術を用いて，Ni(111)基板表面上に 1×10^{-4} Pa 相当のプロピレン(C_3H_6)を供給している．5.10 節でも述

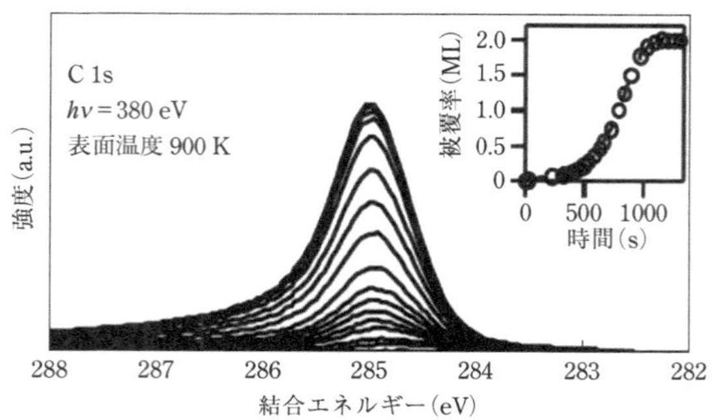

図 5.4.3　Ni(111)表面上にプロピレンを供給したときの C 1s 光電子スペクトルの時間変化
グラフェンの成長により C 1s 光電子強度が増加する．右上挿入図は C 1s 光電子強度から求めたグラフェン被覆率のプロピレン曝露時間依存性．
［W. Zhao *et al.*, *J. Phys. Chem. Lett.*, **2**, 759(2011), Fig. 3(a)］

べられるが，ガスを導入できないような通常の XPS チャンバーでも分子線を用いることで局所的に分子の密度を増加させて表面反応を起こすことができる．

プロピレン供給時間が長くなるにつれて C 1s 光電子強度が増加していることがわかる．C 1s 光電子強度から求めたグラフェン被覆率のプロピレン供給時間依存性が右上の挿入図である．プロピレン供給開始直後はグラフェンの被覆率はほとんど増加せず，約 500 s をすぎたあたりから被覆率が急増する．そして 1000 s すぎに 2 層で飽和していることがわかる．500 s までの期間は潜伏期間(incubation time)とよばれ，Ni 基板上でグラフェン成長に必要となる核が形成されている期間である．核密度やサイズがある一定以上になるとその核を中心に二次元島状成長が始まり，500 s 以降にみられる被覆率の急速な増加につながる．そして，1000 s をすぎると 2 層のグラフェンが形成され，成長が停止する．このように反応プロセス中の時間分解測定を行うことで，反応速度や成長メカニズムを知ることができる．

以上のようなガス雰囲気中リアルタイム光電子分光測定は主に放射光施設で行われていた．これは，放射光は高輝度なため測定時間を短縮し SN 比の良いスペクトルを短時間で測定できるという点に加え，光源と試料を離して設置できるためである．通常の Mg や Al ターゲットを用いた X 線管では試料に効率良く X 線を照射するために X 線管と試料を極力近づけることが必要である．そのため，X 線管は反応ガスに曝され，場合によっては異常放電などを引き起こし，装置の破損につながる．その一方で，ガス雰囲気中光電子分光測定専用に設計されたビームラインでは反応ガスの逆流を防ぐための差動排気や窓などが十分に対策されている．一方で実験室光源でも石英結晶分光器付き Al ターゲット X 線管では強度も強く，また分光器によりターゲットと試料が隔離されているため，条件によってはガス雰囲気中リアルタイム光電子分光測定を行うことが可能になる．

また，リアルタイム光電子分光測定では膨大なスペクトルが得られるため，データ解析に関しても工夫が必要となる．スペクトル数が多いため，測定ソフトに付属する解析ソフトでは十分に対応できない．そのため，付録に示すようなスペクトルを連続で処理できるマクロなどの開発が必要とされる．

5.4.4 ■ まとめ

炭素材料は今後さまざまな分野で活用が見込まれるため，炭素材料の光電子分光法による評価はますます重要になってくると考えられる．特に軟X線では炭素のイオン化断面積が大きいため，炭素材料の高効率・高感度の光電子分光測定が可能となる．そのため，高輝度放射光を利用した光電子分光測定は次世代炭素材料開発に欠かせない分析ツールになると確信している．

[引用文献]

1） K. C. Prince, I. Ulrych, M. Peloi, B. Ressel, V. Cháb, C. Crotti, and C. Comicioli, *Phys. Rev. B*, **62**, 6866(2000)

2） T. Balasubramanian, J. N. Andersen, and L. Walldén, *Phys. Rev. B*, **64**, 205420(2001)

3） R. A. P. Smith, C. W. Armstrong, G. C. Smith, and P. Weightman, *Phys. Rev. B*, **66**, 245409(2002)

4） K. A. Mäder and S. Baroni, *Phys. Rev. B*, **55**, 9649(1997)

5） R. Graupner, F. Maier, J. Ristein, L. Ley, and Ch. Jung, *Phys. Rev. B*, **57**, 12397(1998)

6） D. Ballutauda, N. Simonb, H. Girardb, E. Rzepkaa, and B. Bouchet-Fabrec, *Diamond Relat. Mater.*, **15**, 716(2006)

7） S. Ogawa, T. Yamada, S. Ishizduka, A. Yoshigoe, M. Hasegawa, Y. Teraoka, and Y. Takakuwa, *Jpn. J. Appl. Phys.*, **51**, 11PF02(2012)

8） A. Nikitin, H. Ogasawara, D. Mann, R. Denecke, Z. Zhang, H. Dai, K. Cho, and A. Nilsson, *Phys. Rev. Lett.*, **95**, 225507(2005)

9） A. Goldoni, C. Cepek, R. Larciprete, L. Sangaletti, S. Pagliara, G. Paolucci, and M. Sancrotti, *Phys. Rev. Lett.*, **88**, 196102(2002)

10） W. Zhao, S. M. Kozlov, O. Höfert, K. Gotterbarm, M. P. A. Lorenz, F. Viñes, C. Papp, A. Görling, and H. Steinrück, *J. Phys. Chem. Lett.*, **2**, 759(2011)

11） S. Ogawa, T. Yamada, S. Ishidzuka, A. Yoshigoe, M. Hasegawa, Y. Teraoka, and Y.

Takakuwa, *Jpn. J. Apps. Phys.*, **52**, 110122(2013)
12) S. Stankovich, D. A. Dikin, R. D. Piner, K. A. Kohlhaas, A. Kleinhammes, Y. Jia, Y. Wu, S. T. Nguyen, and R. S. Ruoff, *Carbon*, **45**, 1558(2007)
13) C. Mattevi, G. Eda, S. Agnoli, S. Miller, K. A. Mkhoyan, O. Celik, D. Mastrogiovanni, G. Granozzi, E. Garfunkel, and M. Chhowalla, *Adv. Funct. Mater.*, **19**, 2577(2009)
14) J. Díaz, G. Paolicelli, S. Ferrer, and F. Comin, *Phys. Rev. B*, **54**, 8064(1996)
15) K. Yamamoto, Y. Koga, and S. Fujiwara, *Diamond Relat. Mater.*, **10**, 1921(2001)

5.5 ■ 半導体デバイス，太陽電池などの多層膜デバイス材料への応用

先端半導体デバイスはその機能性を実現するためにナノ多層構造をとる．Si LSIはその代表である．ドーパントの活性化や，膜質の改善，界面の接合形成などには熱処理過程が必須であるが，多層構造を保たなければならないのでプロセスの順序には厳しい制限があり，またプロセス条件のマージンには余裕がないことが多い．界面における相互拡散や界面化学反応は界面におけるバンドアラインメントやバンドベンディングを変化させ，また界面トラップの発生による固定電荷，移動度，絶縁特性の低下など素子に致命的な影響を与える．したがって，界面の電子構造や化学組成の熱的安定性を詳細に調べる手段が必須である．従来からAl Kα線(1.49 keV)を励起源とするXPSや放射光軟X線による光電子分光法がその目的で使われてきたが，検出深さが十分ではなく，埋もれたナノ薄膜層やその界面の分析は不可能であった．硬X線光電子分光法(HAXPES)は先端的多層膜素子における膜厚に見合った検出深さをもつため，非常に有用な多層膜構造の解析手段として応用されるようになってきている．ここではHAXPESのMOS LSIのゲートスタックモデルの界面構造深さ分析への応用に加えて，太陽電池の透明電極，電場印加オペランド測定への応用について述べる．

5.5.1 ■ high-*k* CMOSゲートスタックの安定性

MOSトランジスタのオン電流はゲート電極下の誘起電荷に比例する．LSIのやむことのないダウンサイジングの努力の結果，その構成要素であるMOSトランジスタのゲート面積が減少し，したがってオン電流の減少が引き起こされる．これを補償するためにはゲートの面積の減少に対応して酸化膜厚を薄くし，ゲートの下に誘起される電荷量を確保する必要がある．その結果，従来使われてきたゲート酸化膜である熱酸化SiO_2膜では十分な耐圧がとれず，リーク電流の増加が素子動作を

不可能にするころまで来てしまった．そこでゲート絶縁膜として，いわゆる high-*k* 材料，すなわち HfO_2 などの高誘電率材料が用いられるようになった．high-*k* 材料を使うことによって誘電率の高い分だけ膜厚を大きく，したがって耐圧を上げることができる．したがって，high-*k* ゲート絶縁膜と Si との界面がデバイス製造プロセスにおける熱処理に対して十分な安定性をもつかどうかなど，従来の SiO_2/Si 界面にはなかった問題の解決が必要であった．この high-*k* ゲートスタックにおける界面安定性を HAXPES で解析した結果を以下に紹介する[1,2]．

図 5.5.1 の挿入図に示すゲートスタックモデルでは high-*k* ゲート絶縁膜と Si 基板の間には 1 nm 程度の SiO_2 層を挟み界面反応に対する障壁としている．図 5.5.1 に成膜直後の HfO_2/SiO_2(0.8 nm)/Si(100) 試料および同じ構造の試料を RTA(rapid themal annealing) 法によってアニールした場合の Si 1s スペクトルを熱酸化 SiO_2(1.32 nm)/Si(100) 試料の Si 1s スペクトルと比較する．励起 X 線のエネルギーは 6 keV である．1.32 nm SiO_2/Si(100) では 1843 eV 付近に SiO_2 からの Si 1s 光電子のピークが現れているが，HfO_2/SiO_2(0.8 nm)/Si(100) では 0.5 eV 程度低結合エネルギー側にピークがシフトしている．RTA アニールによってこのシフトしたピークの強度が増加していることから，これは界面反応によって形成された Hf シリケートによるものと考えられる．この Hf シリケート由来の Si 1s ピークは 2 つの成分から構成されており，その TOA 依存性から低結合エネルギー側の成分の方が表面

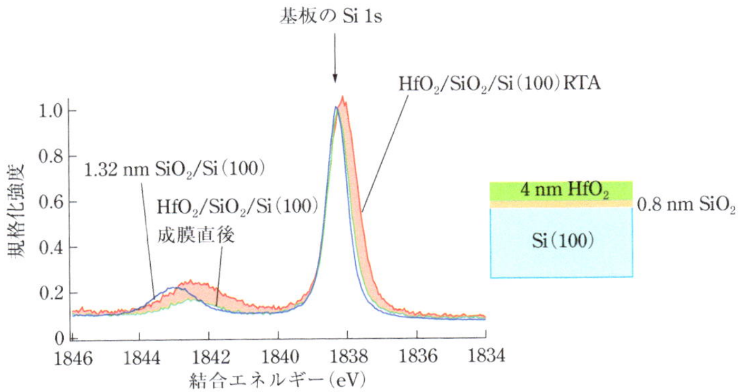

図 5.5.1　1.32 nm SiO_2/Si(100) および RTA アニール前後の 4 nm-HfO_2/0.8 nm-SiO_2/Si(100) 試料の Si 1s スペクトルの比較[1]

図中矢印は基板 Si 1s のピーク位置を示す．high-*k* 膜をもつ試料では SiO_2 由来の Si 1s ピークよりも低エネルギー側にシフトした Si 1s ピークがみられ，Hf シリケートによるものと同定される．RTA アニール後の 4 nm-HfO_2/0.8 nm-SiO_2/Si(100) 試料では基板 Si 1s よりも低結合エネルギー側に Hf シリサイドによる成分が現れている．挿入図は試料の RTA 処理前の構造を示している．

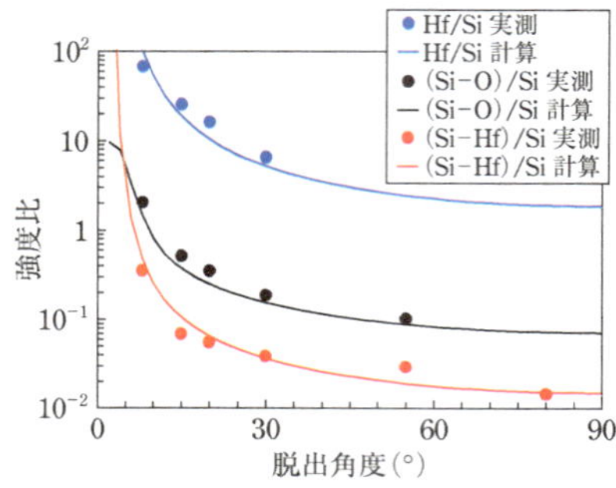

図 5.5.2　RTA 処理後の 4 nm-HfO_2/0.8 nm-SiO_2/Si(100) 試料の Hf 3d(Hf-O), Si 1s(Si-O), および Si 1s(Si-Hf) の基板 Si 1s に対する相対強度の脱出角度依存性とその最大エントロピー法によるフィッティング

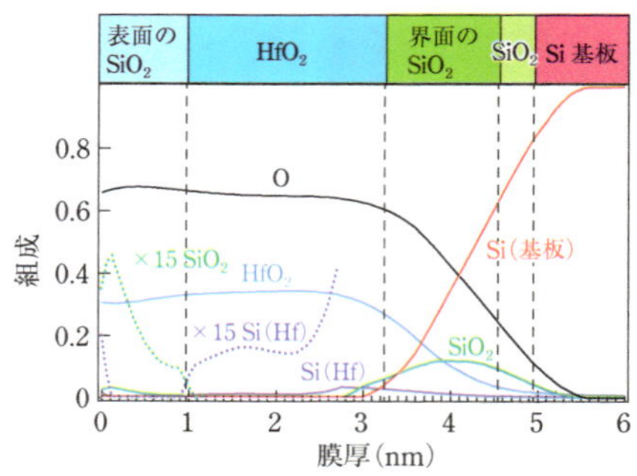

図 5.5.3　図 5.5.2 の脱出角度依存性のフィッティングによって得られた RTA 処理後の 4 nm-HfO_2/0.8 nm-SiO_2/Si(100) 試料の深さ方向化学状態分布

界面反応によって RTA 処理前の構造から変化している．SiO_2 インターレイヤー層は界面 Hf シリケート層の形成により薄くなっている．その外側と HfO_2 層の間には Hf シリサイドが形成され，さらに表面にも Hf シリケートの形成がみられ，微量の Hf シリサイドの蓄積も検出されている．

に局在することがわかる．

図中の矢印で示す 1838.3 eV の主ピークは基板の Si からの信号である．RTA アニール後の試料では主ピークの低結合エネルギー側の強度が増えている．この新しい成分は RTA アニールによって形成された Hf シリサイドからの Si 1s 信号と同定される．これらの化学結合状態の異なる Si 1s 信号強度および Hd 3d 信号強度と，Si(100)基板からの Si 1s 信号強度の相対比は**図 5.5.2** に示すような脱出角度(TOA)依存性を示す．RTA アニールした試料について，表面から内部に向かって深さ方向に層状の領域に分けて，各々の層での化学種成分の比率を変えながら，最大エントロピー法を適用して，図 5.5.2 に実線で示すように TOA 依存性を再現するように各成分の深さ方向分布を決め，**図 5.5.3** の結果を得た．界面と表面に HfO_2 と SiO_2 の混合した領域がある．界面の SiO_2 層はインターレイヤーとして形成された元の SiO_2 層の厚さ 0.8 nm よりは広がっていて，HfO_2 の分布と重なっている．上述のように，RTA アニールの結果，Si 1s ピークは SiO_2 に比べて低結合エネルギー側に化学シフトしているので，この混合領域は HF シリケート様になっていると考えられる．表面近傍にも同様に混合領域があり，Si 1s スペクトルにみられる表面に局在する Hf シリケート由来の化学シフト成分と対応している．Hf シリサイド様の結合も界面シリケート層および HO_2 層の中に分布している．Si は基板側から放出され，SiO_2 層を通って HfO_2 層内へと拡散してきてシリケート層とシリサイドが形成されると考えられる．以上の結果から，SiO_2 は RTA アニール処理に対してはロバストではなく，界面反応を十分に抑える役割を果たしていないことがわかる．SiO_2 の代わりに SiON をインターレイヤーにした構造では，RTA アニール後も Hf シリケート，Hf シリサイドの形成はみられなかった．

硬 X 線光電子スペクトルの TOA 依存性から深さ方向分布を解析する手法は簡便であるために多用されるが，精度良く決められるパラメーターの数には限りがある[4]．したがって，多成分系への適用には限界がある．一方で，ラザフォード後方散乱分光法(RBS)も深さ方向分析によく用いられる．RBS の解析は，精度良く決められているラザフォード散乱断面積のみによるので，信頼度は高い．通常 RBS の測定では MeV 領域に加速された He イオンビームを，半導体検出器を用いてエネルギー分析するが，最近では深さ方向の分解能を高くするため，より低エネルギーのイオン散乱を磁場セクター型スペクトロメータによって高分解能で分析する手法が行われている．この高分解能 RBS(high-resolution RBS, HRBS)では各元素の数の深さ方向分布を精度良く決めることができるが，化学状態の違いを分解できない．そこで化学状態を区別して分析可能な HAXPES と HRBS を組み合わせて互いの欠点を補い，精度良く深さ方向分布を解析する試みがなされている[2]．

5.5.2 ■ 太陽電池

エネルギー資源の不安定性，環境問題などが世界的に強く認識され，電源の多様化が新しい技術課題となっている．再生可能エネルギーの開発が活発に進められ，その中でも太陽電池の高効率化がもっとも重要な技術課題の 1 つとなっている．太陽電池は基板バック電極，pin 接合，表面透明電極，パッシベーション膜などからなる多層構造素子である．太陽電池は少数キャリア素子であるので，pin 接合で発生した非平衡キャリアを損失なく電極から取り出すことが高効率化のための重要な技術因子である．ここでは非晶質 Si の pin 接合太陽電池の接合界面を硬 X 線光電子分光法で分析した結果について紹介する[3]．

Müller ら[4]および Lee ら[5]は水素化非晶質 Si(a–Si:H)pin 太陽電池の ZnO:Al 透明電極と pin 層の間に p 型の微結晶 Si(μc–Si:H)バッファ層を挟むことによって効率が大きく改善されることを報告している．実際の先端的非晶質 Si 太陽電池では，μc–Si:H 層の透過性を改善するために p 型 a–Si:H を部分酸化させた層(a–SiO_x:H(B))を追加的に挟んでいる．そこで 2 種類の層構造界面，すなわち a–SiO_x:H(B)/ZnO:Al および μc–Si:H(B)/ZnO:Al をもった試料がスパッタリング法によりガラス基板上に作製され，HAXPES 測定が行われた．また，バッファ層の厚みについては，a−SiO$_x$:H(B) 層では 12.8 nm および 30.4 nm，μc−Si:H(B) 層では 13.2 nm および 38.5 nm の膜厚の薄い試料と厚い試料の 2 種類が用意された．実験は SPring−8 の BL47XU および BESSY II の HIKE エンドステーションで行われた．**図 5.5.4** (a) はバッファ層が厚い試料と ZnO:Al 薄膜の価電子帯を比較した結果である．ZnO:Al については BESSY II および SPring−8 で測定されたスペクトルに大きな差はないが，SPring−8 のスペクトルの方が SN 比が良いのでフェルミ準位直下の弱い構造が明確に検出されている．ZnO:Al の価電子帯は結合エネルギーが −5〜 −4 eV で立ち上がっているので，a−SiO$_x$:H(B)/ZnO:Al および μc−Si:H(B)/ZnO:Al のそれより浅い領域のスペクトルは ZnO:Al 層の上にある a−SiO$_x$:H(B)，μc−Si:H(B) 層の価電子帯に由来するものと同定できる．各々のスペクトルの立ち上がりの部分を直線で外挿して価電子帯上端(VBM) の位置を求めると，a−SiO$_x$:H(B) に対しては −0.77 ± 0.10 eV，μc−Si:H(B) に対しては −0.25 ± 0.10 eV となった．ZnO:Al の価電子帯上

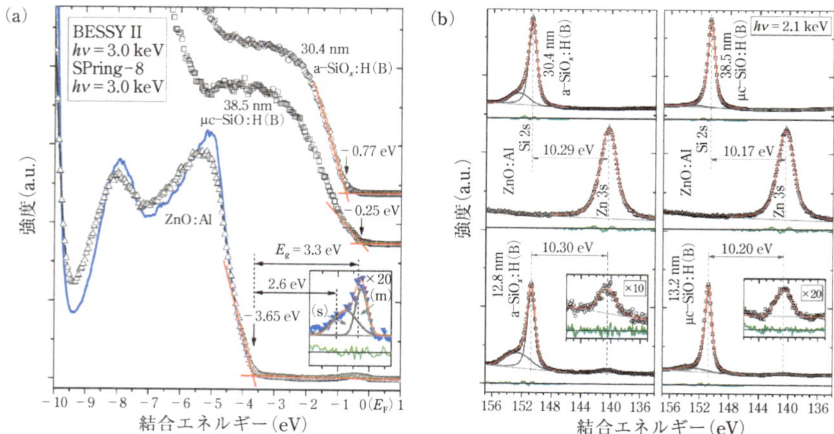

図 5.5.4　(a) ZnO:Al，a−SiO$_x$:H(B)/ZnO:Al (a−SiO$_x$:H(B) 膜厚 30.4 nm) および μc−Si:H(B)/ZnO:Al (c−Si:H(B 膜厚 38.5 nm) の価電子帯スペクトル．ZnO:Al 膜試料については SPring−8 の BL15XU で 3.2 keV 励起で測定したスペクトル(△) と BESSY II の HIKE エンドステーションで 3 keV 励起で測定したスペクトル(実線) を 0〜9 eV の領域での積分強度で規格化して示している．SPring−8 のスペクトルにはフェルミ準位の直下に 2 成分からなる明瞭な背入状態が見える．各々の価電子帯上端の位置は図に示すようにスペクトルの立ち上がり部分を直線で外挿して決めた．
(b) 各々 Si キャップ層が厚い，および薄い 2 種類の a−SiO$_x$:H(B)/ZnO:Al および μc−Si:H(B)/ZnO:Al 試料と，ZnO:Al 試料のおよびの Si 2s および Zn 3s スペクトル．
[D. Gerlach *et al.*, *Appl. Phys. Lett.*, **103**, 023903 (2013), Fig. 2, 3]

端はSPring-8およびBESSY IIで測定されたスペクトルで一致していて，−3.65±0.15 eVである．この値はZnOのバンドギャップである3.3 eVよりはかなり大きいが，Alドーピングで生じる高濃度キャリアによるフェルミ準位の伝導帯内での上昇による違いと理解される（バースタイン−モス効果，Burstein–Moss effect[6,7]）．フェルミ準位直下の状態は図5.5.4(a)の挿入図に示すように−0.26±0.10 eV，および−0.8±0.2 eVに中心をもつ2つのピークに分けられ，浅い方のピークと価電子帯上端のエネルギー差は3.39±0.14 eVでドーピングしないZnOの光学ギャップ(3.3 eV)に良く対応している．また，光イオン化断面積が価電子帯と変わらないとして，スペクトルの面積比2.1±0.5%から計算したキャリア濃度はホール測定により求めたキャリア濃度$5\pm1\times10^{20}$ cm^{-3}と一致する．したがって，このピークは伝導帯の底を占有するキャリアに由来するものと同定される．結合エネルギーが大きい方のピークは価電子帯上端から2.85±0.22 eV離れていて，報告されている2.6 eVの青緑色のルミネッセンスに対応しており，バンドギャップ中の欠陥準位に由来するものと解釈されている．

界面におけるバンドオフセットは第一近似的に界面におけるバンドベンディングを無視してZnO:Alと，a-SiO_x:H(B)およびμc-Si:H(B)層の価電子帯上端のエネルギー差で評価でき，それぞれ−2.88±0.18 eVおよび−3.4±0.18 eVと見積もることができる．

界面におけるバンドベンディングを評価するために図5.5.4(b)に示すように厚さの異なるa-SiO_x:H(B)およびμc-Si:H(B)層をもつ試料のSi 2sおよびZn 3sスペクトルの測定が行われた．a-SiO_x:H(B)およびμc-Si:H(B)層が厚い試料ではSi 2sだけがみえているが，薄い試料ではSi 2sとZn 3sの両方がみられる．Si 2sスペクトルの主ピークの高結合エネルギー側にみられる成分は表面酸化層およびSiO_x由来のものである．界面におけるバンドベンディングは薄いキャップ層の試料のSi 2s内殻と基板側のZn 3s内殻の結合エネルギーの差を厚いキャップ層のSi 2s内殻と裸の基板のZn 3s内殻の結合エネルギーの差から差し引くことによって得られる．図5.5.4内に示した各々の結合エネルギーの値を使って，界面のバンドベンディングはa-SiO_x:H(B)/ZnO:Al試料で(0.01±0.20)eV，μc-Si:H(B)/ZnO:Al試料では0.03±0.20 eVとなる．この値を使って上記のバンドオフセットの値を補正するとa-SiO_x:H(B)/ZnO:Al界面では−2.87±0.27 eV，μc-Si:H(B)/ZnO:Al界面では−3.37±0.27 eVと見積もられた．以上の結果から，**図5.5.5**に示す界面のエネルギーダイアグラムが得られた．この図でわかるようにμc-Si:H(B)/ZnO:Al界面のバリア(0.07±0.27 eV)はa-SiO_x:H(B)/ZnO:Al界面のバリア0.43±0.27 eVよりも低く，

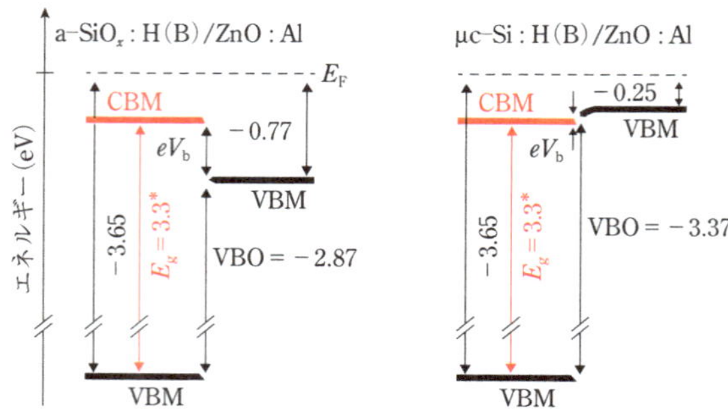

図 5.5.5　a–SiO_x:H(B)/ZnO:Al および μc–Si:H(B)/ZnO:Al 界面におけるバンドアラインメントのダイアグラム
［D. Gerlach *et al.*, *Appl. Phys. Lett.*, **103**, 023903(2013), Fig. 4］

したがって透明電極への注入効率が高い．この結果は μc–Si:H(B)層をバッファ層に使うと太陽電池の効率が改善されるという経験的な事実の物理的裏づけになるものと考えられる．

5.5.3 ■ 電場印加オペランド測定による界面状態の検出

界面状態は MOS トランジスタの特性に大きな影響を与えるのでその評価は重要である．通常界面状態の評価にはサイクリックボルタンメトリー(CV)が用いられ，交番電場に追随する電荷量を検出してその周波数依存性から界面状態の濃度を求める．ここでは HAXPES を用いて直流的な印加電圧に対するフェルミ準位のバンドギャップ内での動きから界面状態のエネルギー分布を求める手法について述べる[8]．

実験は Cr Kα 線源による実験室 HAXPES 装置で行った．**図 5.5.6**(c)の挿入図のような p 型の基板を使った MOS 構造の試料の表面および裏面の Au 電極間に電圧印加して表面側から光電子スペクトルを測定した．ゲート SiO_2 膜の厚さが 3.9 nm および 5.6 nm の 2 種類の試料が用いられた．図 5.5.6(a)および(b)に Au 3d および Si 1s スペクトルを，縦軸を印加電圧，横軸を光電子の運動エネルギーとして強度を明るさで表示した．Au 3d スペクトルは印加電圧に対して直線的にシフトするが，Si 1s では SiO_2 ゲート絶縁層および基板からの 2 つのピークはともに印加電圧に対して非線形のシフトを示す．この非線形シフトは，フェルミ準位が界面状態にかかると界面状態が埋めつくされるまでそこにピン止めされて印加電圧を加えても動かないことによって生じるものと理解される．印加電圧を V，SiO_2 層にかかる電圧を ΔV_{ox} とすると，界面状態の密度は

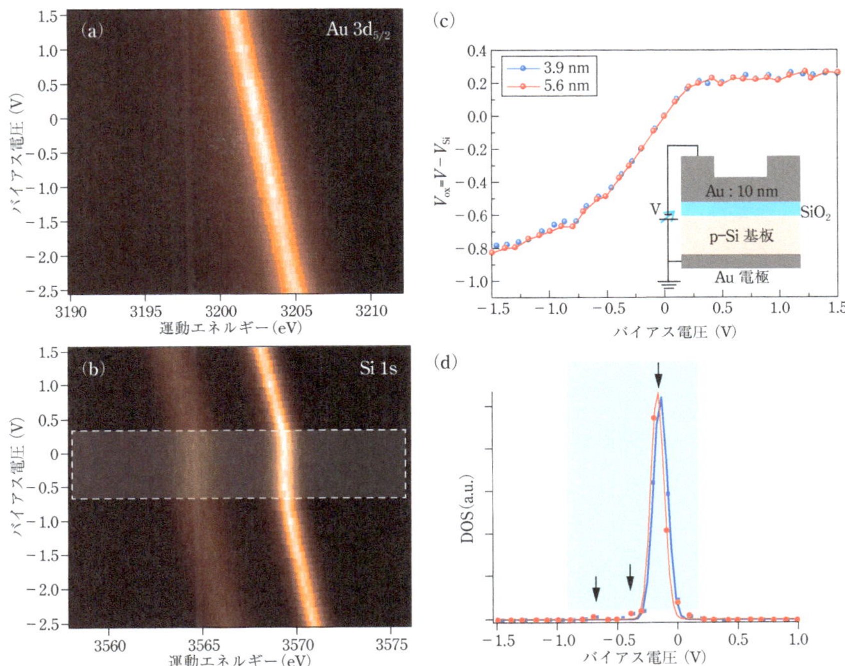

図 5.5.6　(c)の挿入図に模式的に示す構造の Au/SiO$_2$/p-Si(001)/Au 試料の電圧印加下での硬 X 線光電子分光法による(a)Au 3d および(b)Si 1s スペクトル．(c)は Si 1s ピークのシフトから求めた酸化膜にかかる電圧 ΔV_{ox} のバイアス電圧依存性．(d)は式(5.5.1)から求めた界面順位密度のバイアス電圧依存性．主ピーク以外にも矢印で示した小さな界面状態の分布がみえる[8)]．

$$D_{\mathrm{i}}(E_{\mathrm{F}}^{\mathrm{V}})=\left(\frac{\mathrm{e}}{\varepsilon_{\mathrm{ox}}}\right)\left(\frac{\mathrm{d}V_{\mathrm{ox}}}{\mathrm{d}E}\right)=\left\{\left(\frac{\mathrm{d}V_{\mathrm{ox}}}{\mathrm{d}E}\right)\left(\frac{1}{1-\dfrac{\mathrm{d}V_{\mathrm{ox}}}{\mathrm{d}V}}\right)\right\} \tag{5.5.1}$$

と求まる(ここではゲート下でのキャリアの分布が縮退しているとして，分布関数の温度依存性を無視している)．ΔV_{ox} は印加電圧から Si 基板にかかる電圧を差し引いたものであり，Si 基板にかかる電圧は Si 1s のピークシフトから求め，ΔV_{ox}($=V-V_{Si}$)を印加電圧 V に対してプロットすると図 5.5.6(c)のようになる．

このデータから式(5.5.1)を使って**図 5.5.6**(d)のようにゲート酸化膜厚にほとんど依存しない界面状態密度の分布の形が求まった．このように，HAXPES によって埋もれた界面状態のスペクトロスコピーが可能となる．この方法で求められた界面状態は必ずしも CV 法によって求められたものと同じではない．つまりこの方法では直流電圧を印加後十分に長い時間をかけて測定しているので，非常に遅い電荷移動が関わる界面状態が測定されている．一方CV法では交番電圧印加による容量測定であるので，電荷の出し入れの速い準位のみを見ていることになる．

5.5.4 ■ まとめ

いくつかの例を使って説明したように，HAXPESはその大きな検出深さのために，従来の光電子分光法では不可能であったnmスケールの厚さの多層膜試料の電子状態，化学結合状態の解析に非常に有用で，多様な応用が可能である．実際の素子構造，もしくはそれを模した現実的なモデル試料においてその構造や界面の状態，さらには素子の動作状態での解析も可能である．現時点ではほとんど放射光ビームラインでの実験に限られているが，すでに実験室光源によるHAXPESも実用的な性能をもつことが実証されている．今後，実験室HAXPES装置が市販され，広く使われるようになれば，先端材料・デバイス開発研究に広く利用されていくことになると考えられる．また，HAXPESは非常に多彩な測定手法が可能であるので，この限られた紙数では説明できなかった手法が多く試みられており，またさらに新しい応用が開発されていくものと期待される．

[引用文献]

1) K. Kobayashi, M. Yabashi, Y. Takata, T. Tokushima, S. Shin, K. Tamasaku D. Miwa, T. Ishikawa, H. Nohira, T. Hattori, Y. Sugita, O. Nakatsuka, A. Sakai, and S. Zaima, *Appl. Phys. Lett.*, **83**, 1005 (2003)

2) K. Kimura, K. Nakajima, Zhao, H. Nohira, T. Hattori, M. Kobata, E. Ikenaga, J. J. Kim, K. Kobayash, T. Conard, and W. Vandervorst, *Surf. Interf. Anal.*, **40**, 423 (2008)

3) D. Gerlach, R. G. Wilks, D. Wippler, M. Wimmer, M. Lozac'h, R. Felix, A. Mück, M. Meier, S. Ueda, H. Yoshikawa, M. Gorgoi, K. Lips, B. Rech, M. Sumiya, J. Hüpkes, K. Kobayashi, and M. Bär, *Appl. Phys. Lett.*, **103**, 023903 (2013)

4) J. Müller, O. Kluth, S. Wieder, H. Siekmann, G. Schöpe, W. Reetz, O. Vetterl, D. Lundszien, A. Lambertz, F. Finger, B. Rech, and H. Wagner, *Sol. Energy Mater. Sol. Cells*, **66**, 275 (2001)

5) J. C. Lee, V. Dutta, J. Yoo, J. Yi, J. Song, and K. H. Yoon, *Superlattice Microstruct.*, **42**, 369 (2007)

6) E. Burstein, *Phys. Rev.*, **93**, 632 (1954)

7) T. S. Moss, *Proc. Phys. Soc., Sec. B*, **67**, 775(1954)
8) K. Kobayashi, M. Kobata, and H. Iwai, *J. Electron Spectrosc. Relat. Phenom.*, **190**, 210 (2013)

5.6 ■ 触媒材料への応用

触媒の中で大きなウェイトを占める固体触媒では，触媒の表面で反応が進むので，触媒表面の化学状態を知ることは触媒の性質やしくみを理解するうえできわめて重要である．固体表面の組成や化学状態を調べることができるXPSは，触媒表面を分析して，触媒機能を推定したり，触媒開発にフィードバックする手法として非常に大切な役割を果たしており，触媒材料の研究・開発で欠かせない手法の1つとなっている．最近では，触媒が動作する実環境に近い準大気圧下でのXPS測定が行われるようになってきており，その有用性が期待されている．本節では，触媒材料の研究・開発においてXPSが有用となる3つのアプローチ(触媒のキャラクタリゼーション，触媒反応キネティクスの解析，実作動環境下の観測)において，XPSがどのように応用されているかについて具体例を通して説明する．

5.6.1 ■ 触媒のキャラクタリゼーション

触媒を調製する際に，調製した触媒の表面がどのような組成や化学状態になっているかを知ることは，調製した触媒の反応場の状態を把握したり，触媒調製法を調整・最適化したり，触媒活性との比較を通して活性のメカニズムを考察したりするうえで非常に重要である．これらを可能にする触媒キャラクタリゼーションのためのXPS測定は，装置の普及にともなって活発に行われるようになり，今日では触媒の研究・開発において欠かすことのできないアプローチの1つになっている．ここでは，窒素ドープグラフェン系燃料電池触媒の研究[1]を例に，XPSを使った触媒のキャラクタリゼーションがどのように行われ，それが触媒活性の研究にどのように活かされるかについて説明する．

窒素ドープグラフェンは白金をまったく使わない燃料電池触媒として期待されているが，ドープされた窒素原子が入るサイトが大きく分けて2種類あり，そのどちらが活性に寄与しているかが長年の議論になっていた．2種類のサイトとは，シート状のグラフェンの内部の炭素原子を窒素原子が置換したグラフィティック窒素サイトとシートの縁の炭素原子を置換してピリジン状になったピリジニック窒素サイトである．グラフェン粉末をアンモニア中で加熱する通常の調製法では両方のサイ

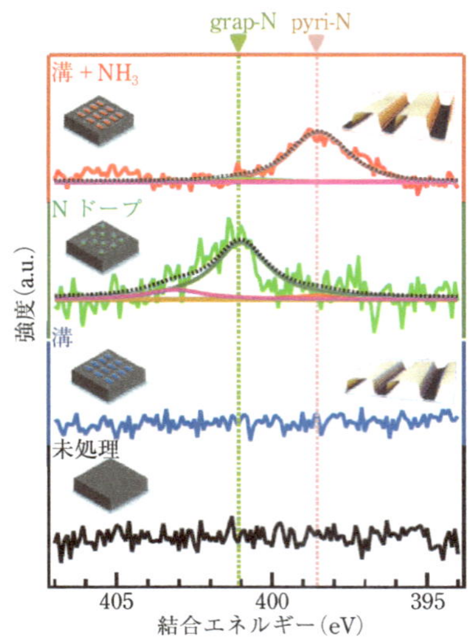

図 5.6.1　サイト選択ドーピングをした窒素ドープグラファイトモデル触媒（上２つ）と参照試料（下２つ）のN 1s光電子スペクトル
grap–N：グラフィティック窒素サイト，pyri–N：ピリジニック窒素サイト
［D. Guo *et al.*, *Science*, **351**, 361 (2016), Fig. 1］

トが混ざった触媒ができてしまうので，活性と相関させるためには，特別な方法で一方のサイトだけを置換したモデル触媒を作製する必要がある．XPSはこのサイト選択的なモデル触媒の作製確認に用いられた．**図 5.6.1** にN 1s光電子スペクトルで調べた窒素ドープグラファイトモデル触媒中の窒素の化学状態を示す．微細加工によって数10 μmスケールの溝を掘ったHOPG基板には多くの縁ができ，アンモニアで処理するとピリジニック窒素が支配的な試料ができることがわかる（一番上）．これに対し，溝を掘らない平坦なHOPG基板にN^+イオンを打ち込むことによって作製した試料はグラフィティック窒素が支配的になる（上から２番目）．窒素ドーピングを行わない参照試料には窒素成分は観測されないことが確認される（下２つ）．

この窒素ドープグラファイト触媒は酸素を水に還元する能力が期待される触媒なので，上記の４つの試料の酸素還元反応活性を調べてみると，ピリジニック窒素が選択ドープされたモデル触媒の活性が明確に高いことがわかった．このことから，酸素還元に活性な窒素はピリジニック窒素であることが明らかになった．

さらに触媒の使用前後の変化をXPSで調べることによって，活性のしくみや劣化の原因を考察することもできる．**図 5.6.2** に示したのは窒素ドープグラファイトモデル触媒の酸素還元反応前後のN 1sスペクトルの変化とその分子モデルである．酸素還元反応によって，398.5 eVに現れるピリジニック窒素の一部が400.2 eV付近のピリドニック窒素に変化している．これは，ピリジニック窒素の隣の炭素原子にOHが結合したピリドニック窒素型の安定中間体があることを示唆している．このような中間体の存在を踏まえた酸素還元反応サイクルのモデルが提案されている[1)]．このように反応前後の触媒のXPSを測定することによって，反応による触媒の変化をとらえることができる場合もあり，そのような場合には，その変化を通し

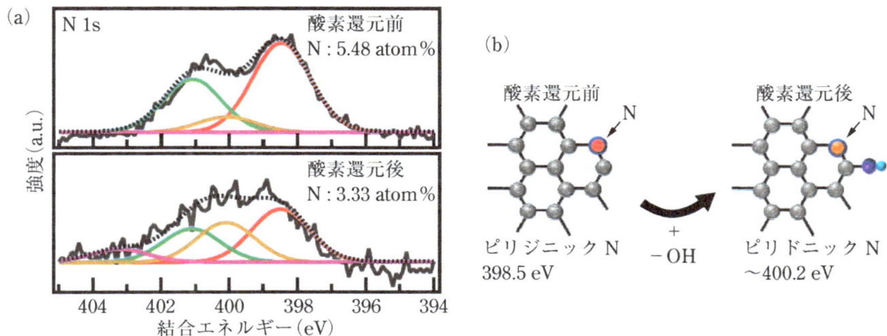

図 5.6.2 窒素ドープグラファイトモデル触媒の酸素還元反応(ORR)前後のN 1s 光電子スペクトルの変化(a)とその分子モデル(b)
[D. Guo *et al.*, *Science*, **351**, 361(2016), Fig. 3]

て反応メカニズムについて考察することが可能になる.

5.6.2 ■ 触媒の反応キネティクスの解析

5.6.1 項で述べた触媒のキャラクタリゼーションは,触媒反応の前後に行われる *ex situ* 測定によるものが多いが,反応を進めながらその場(*in situ*)測定することによって反応キネティクスを解析するアプローチもある.ここでは Pd(111)単結晶をモデル触媒とした CO 酸化反応の XPS によるキネティクス解析を示す[2].Pd は自動車の排気ガスを浄化する自動車触媒の主たる材料の 1 つであり,排気ガス浄化反応の中でも特に CO 酸化反応に有用な触媒であることが知られている.Pd(111)単結晶表面にあらかじめ原子状酸素を吸着させておき,そこに CO ガスを導入しながら XPS を連続で測定し,表面の原子状酸素が減少する過程を追跡することで,CO 酸化反応のキネティクスを解析することができる.**図 5.6.3** に示したのは O 2s 光電子スペクトルで追跡した結果の一例である.LEED もあわせて観測することで,CO の吸着にともない表面酸素相が(2×2)から($\sqrt{3} \times \sqrt{3}$)R30° を経て(2×1)へと圧縮されていき,それにともなって反応性が大きく変化することがわかった.(2×2)相は反応性に乏しく,($\sqrt{3} \times \sqrt{3}$)R30° 相は反応が速く,(2×1)相は反応が遅い.

表面酸素の減少から反応速度を求め,これを酸素の被覆率の関数としてフィットすることで反応次数が求められる.($\sqrt{3} \times \sqrt{3}$)R30° 相では 1/2 次,(2×1)相は一次で反応が起こっていることがわかった.さらに温度を変えて測定し,アレニウスプロットをとることによって,前指数因子と活性化エネルギーを求めることができ

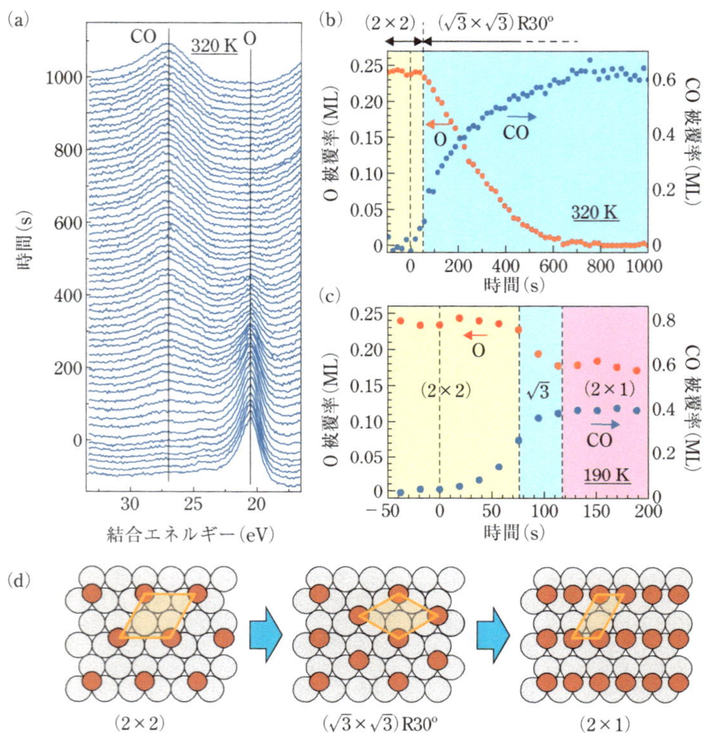

図 5.6.3　(a)Pd(111)に(2×2)相の酸素を吸着させた表面に 320 K で CO を 5×10^{-9} Torr 導入しながら 20 s 間隔で連続測定した O 2s 光電子スペクトル．(b),(c)それぞれ 320 K, 190 K で反応を追跡したときの表面の酸素と CO の被覆率の時間変化と LEED パターン．(d)LEED による酸素相の構造モデル[2]．

る．このような XPS のその場測定による反応キネティクスの解析は，触媒反応機構を理解するうえで重要な基本情報を提供する．

5.6.3 ■ 触媒の実動作環境下での測定

前項で紹介した XPS のその場測定による反応キネティクスの解析は，超高真空装置に 10^{-9} Torr 台の圧力の CO ガスを導入して行ったものであり，実際の触媒が動作する圧力とは大きなギャップがある．近年，このような圧力ギャップを埋めることができる手法として準大気圧 X 線光電子分光法(APXPS：詳細は 6.1 節を参照)が開発され，触媒が動作する実環境に近い条件でその場測定する「オペランド測定」が行われるようになっている．そのような APXPS を用いた触媒のオペランド

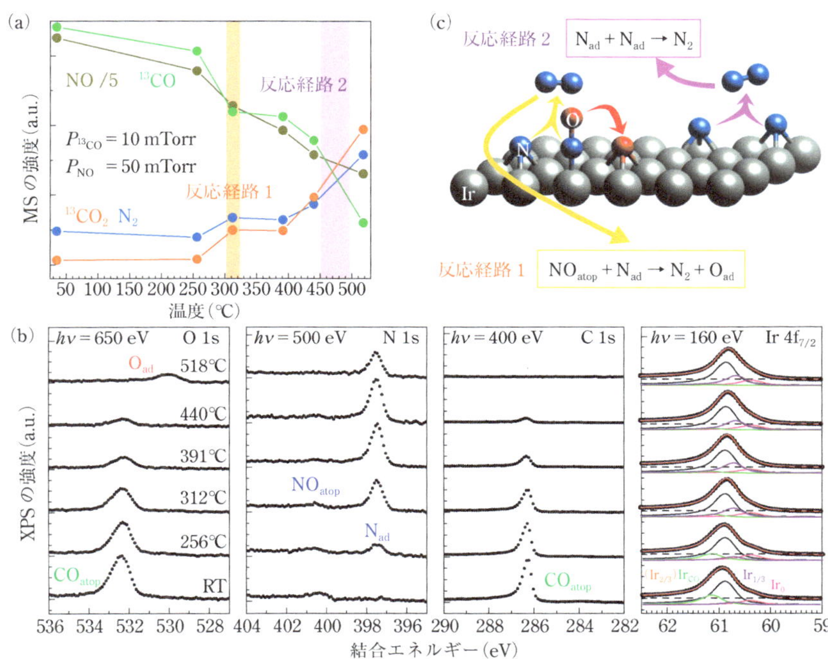

図 5.6.4　(a) Ir(111)に NO(50 mTorr)と CO(10 mTorr)を導入して温度を上げげたときの質量分析計による気相種の分圧変化．(b)同時に測定した XPS スペクトル．(c)観測された 2 つの反応パスのモデル[3]．

測定の例を紹介する．

自動車触媒の大切な機能として，排気ガス中の NO を無害な N_2 に変換する働きがある．その触媒材料の 1 つとして Ir があげられ，低温での活性がない一方で，高温で活性が出たときの N_2 選択性が高いことが特徴である．このしくみを調べるために，Ir(111)単結晶をモデル触媒として，NO と CO を準大気圧で導入して温度を上げ，質量分析計で気相成分を分析しながら XPS で触媒表面を観測した[3]．**図 5.6.4**(a)に気相成分の温度依存性を示した．室温から 300℃ まで反応はまったく起こらず，低温では活性がないことが確認された．300℃ 以上になると触媒が活性になり，N_2 と CO_2 が生成するようになることがわかるが，興味深いのは 300℃ 付近と 450℃ 付近で二度活性化が起こることである．これは N_2 を生成する反応パスが 2 種類あることを示唆している．このとき同時に測定した XPS から得られる表面吸着種の様子を見てみると(**図 5.6.4**(b))，300℃ 以下では，表面を CO が覆っており，NO の吸着がほとんど起こらないことがわかる．CO の支配的な吸着が反応を阻害するいわゆるCO被毒状態になっている．しかし，温度の上昇とともにCOの被覆率が下がり，300℃付近でIr原子の真上のatopサイトに吸着したNO_{atop}とNOの解離によって生じたN_{ad}が共存するようになると，両者の反応によってN_2とO_{ad}が生じる反応が起こると考えられる（**図5.6.4**(c)）．さらに温度が450℃付近まで上がると，N_{ad}が支配的な表面になり，N_{ad}どうしの会合によってN_2が生じるようになる．このように，300℃以上の高温領域では，2つの反応パスが現れるが，図5.6.4(c)に示すように，どちらの反応パスもN_2の生成に寄与するために高いN_2選択性が実現していると考えられる．また，酸化剤であるNOの方が還元剤であるCOより過剰な条件で反応を進めているが，触媒であるIr表面は常に金属状態を維持していることが確認できる．このように動作している触媒の化学状態やその表面の吸着状態を知ることは，触媒の真の姿を理解することへ大きく前進させるものである．

5.6.4 ■ まとめ

このようにXPSによる触媒のキャラクタリゼーションによって，目的の試料ができていることを確認できるとともに，活性との相関を調べることによって，活性サイトの同定や反応中間体の推定に結びつけることが可能である．さらに動作中の触媒をその場計測することで，反応機構を理解するうえできわめて有用な情報を得ることができる．

[引用文献]

1) D. Guo, R. Shibuya, C. Akiba, S. Saji, T. Kondo, and J. Nakamura, *Science*, **351**, 361 (2016)
2) I. Nakai, H. Kondoh, T. Shimada, A. Resta, J. N. Andersen, and T. Ohta, *J. Chem. Phys.* **124**, 224712 (2006)
3) K. Ueda, M. Yoshida, K. Isegawa, N. Shirahata, K. Amemiya, K. Mase, B. S. Mun, and H. Kondoh, *J. Phys. Chem. C*, **121**, 1763 (2017)

5.7 ■ 超伝導材料への応用

電気抵抗ゼロで電流が流れる超伝導は，材料科学や物性物理学における魅力的な研究テーマであるだけでなく，リニア新幹線などの輸送分野，超伝導電線や電力貯蔵といったエネルギー・電力分野，さらには核磁気共鳴法(MRI)などの医療分野など，幅広い産業応用の面からも大きな注目を集めている．1911年にOnnesにより水銀(Hg)において超伝導が発見された当時は，その転移温度(T_c)は4.2 Kとヘリウム液化温度付近であった．その後，さまざまな物質の電気抵抗が調べられ，単体金属の鉛Pb(7.2 K)，ニオブNb(9.3 K)でより高いT_cが見出された．さらに超伝導体の探索は化合物にも広げられ，1980年代中頃には，$T_c = 23.2$ KをもつNb_3Geが見出された．このように，T_cの上昇は着実に達成されていったが，それと同時に，大規模な実用化の目安とされる室温までには，かなり長い道のりが必要であることが示唆されていた．

この間，1955年にBardeen，Cooper，SchriefferによってBCS理論が提案され，比較的低温における超伝導のしくみが明らかになった．この理論では，超伝導状態で2個の電子が結晶格子の振動(フォノン)の力を利用して対(クーパー対)をつくり，物質中を抵抗なく移動すると説明された．BCS理論ではクーパー対の結合力としてフォノンを仮定しており，フォノンのエネルギーが大きいほどT_cが高くなる．しかし，格子振動の大きさに限度があるため，T_cには40～50 Kの上限(BCSの壁)があると予言されていた．

この壁を打ち破ったのが，1986年にBednorzとMüllerによって発見された銅酸化物高温超伝導体である．彼らは，$La_{2-x}Ba_xCuO_4$が$T_c = 35$ Kの超伝導を示す可能性を報告した[1)]．間もなく，試料中のBaをSrで置き換えた$La_{2-x}Sr_xCuO_4$においてさらに高いT_cを示す超伝導が発見され，この発見は世界中の研究者を巻き込んだ超伝導フィーバーへと発展した．その後T_cは急速に上昇し，現在ではBCSの壁をはるかに超えた$T_c = 166$ K(高圧下)にまで達している．この銅酸化物の高いT_cはBCS理論の枠組では説明が困難であることから，超伝導機構について世界中で大きな論争がなされた．他方，2006年に東京工業大学の細野らによって銅酸化物に次ぐ高いT_cをもつ鉄系高温超伝導体が発見され，第二の超伝導ブームが巻き起こっている．これらの高温超伝導体の超伝導機構解明において決定的に重要な役割を果たしてきたのが，角度分解光電子分光法である．

角度分解光電子分光法は，30年間で3桁以上もの驚くべきエネルギー分解能の向上を達成し，物質のフェルミ準位近傍の微細電子構造の直接観測が可能となっている．とりわけ銅酸化物や鉄系高温超伝導体においては，超伝導ギャップやその異方性，さまざまな素励起の衣を着た準粒子などの直接観測が，超伝導機構解明に向けた大きな駆動力となっている．以下では，銅酸化物と鉄系超伝導体について，その電子構造と超伝導機構を角度分解光電子分光法で研究した例について述べる．

5.7.1 ■ 銅酸化物高温超伝導体

銅酸化物における超伝導を記述するうえで基本となるのが，すべての化合物に共通して存在する CuO_2 面（**図 5.7.1**）である．バンド計算からは，CuO_2 面は金属的であることが期待されるが，実験からは，Cu 3d 電子どうしのクーロン反発力（電子相関）により母物質はモット絶縁体となることがわかっている．この母物質に電子または正孔（ホール）を注入（ドーピング）することで高温超伝導が発現する．ビスマス系高温超伝導体などの角度分解光電子分光測定によって，高温超伝導を示すドーピング領域では，ブリルアンゾーンの(π, π)（X 点あるいは Y 点に対応）を中心とした大きなフェルミ面[2,3]が存在することが明らかになっている（図 5.7.1）．

超伝導機構を探るうえでもっとも基本となる物理パラメーターは，超伝導ギャップである．これは，クーパー対が安定化するときのエネルギー利得に対応し，フェルミ準位上のエネルギーギャップとして現れる．またエネルギーギャップの外側に，状態密度のピーク（超伝導ピーク）が出現する（**図 5.7.2**(a)）．超伝導ギャップは，その大きさに波数依存性をもち，超伝導を引き起こす力の起源に直接関係している．**図 5.7.2**(b)に示すように，銅酸化物では，超伝導ギャップの波数依存性（対称性）が全対称（s 対称：ギャップに方向依存性がない）の場合は，超伝導の引力はフォノンの可能性が高い．一方，$d_{x^2-y^2}$ 対称性のように Γ−X と Γ−Y の中間方向で最大の超伝導ギャップが開き，それと 45° 傾いた方向でギャップの大きさがゼロとなる場合は，超伝導の起源として電子スピンが関与していることが考えられる，さらに，$d_{x^2-y^2}$ 対称性と 45° 傾いた d_{xy} 対称性の場合は，結晶中の電荷の集団運動であるプラズモンが超伝導を引き起こしていることが考えられる．このように，超伝導ギャップの対称性は，超伝導機構を解明するうえでもっとも重要なパラメーターである．

図 5.7.3 に，ビスマス系高温超伝導体 $Bi_2Sr_2Ca_2Cu_3O_{10}$（Bi2223：$T_c = 108$ K）について，ブリルアンゾーンの M 点で測定した ARPES スペクトルの温度依存性を示す[4]．110 K 以上の常伝導状態では，スペクトルの立ち上がりの中点が，ほぼフェルミ準位上に位置していて，普通の金属であることがわかる．しかし 100 K 以下の超伝導状態に入ると，45 meV 付近に鋭いピークが成長し始め，超伝導ピークが発達している．この超伝導ギャップには顕著な波数依存性が存在する．**図 5.7.4**(a)に，Bi2223 のフェルミ面上の複数の点で測定した超伝導状態における ARPES スペクトルを示す[5]．測定点は，図 5.7.4(b)中の挿入図に示すように，Y−M 方向からの角度 ϕ（フェルミ面角度）で指定される点である．M 点に近い点 1 では，約 45 meV

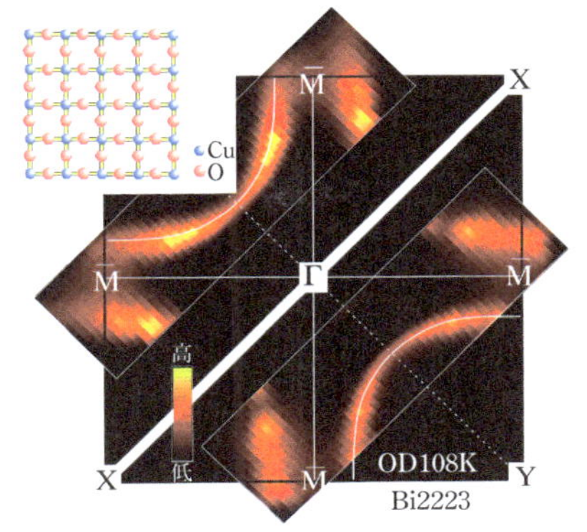

図 5.7.1 ビスマス系高温超伝導体 $Bi_2Sr_2Ca_2Cu_3O_{10}$ のフェルミ面
挿入図は CuO_2 面の模式図．

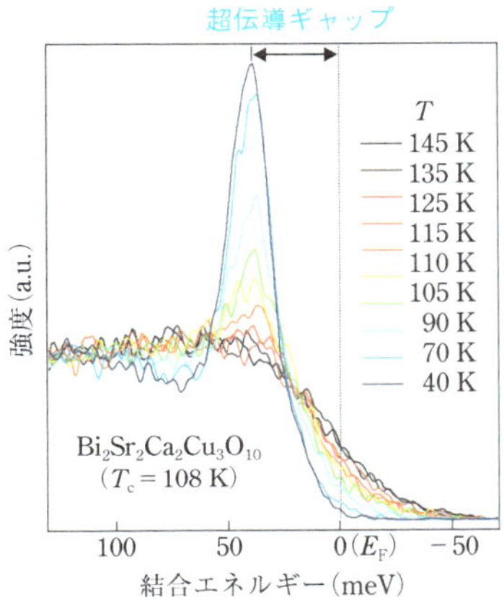

図 5.7.3 Bi2223 における超伝導ギャップの温度変化

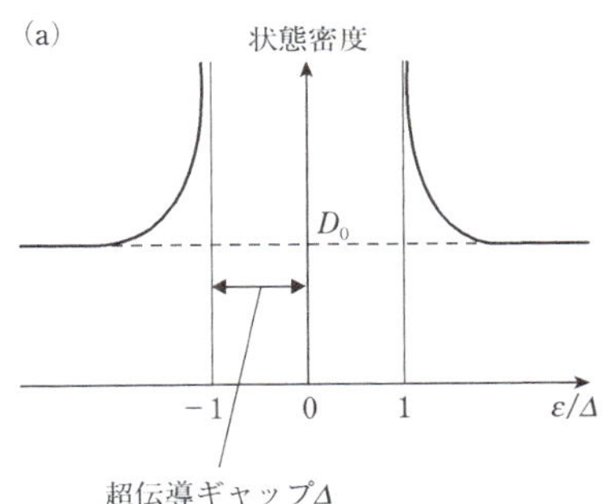

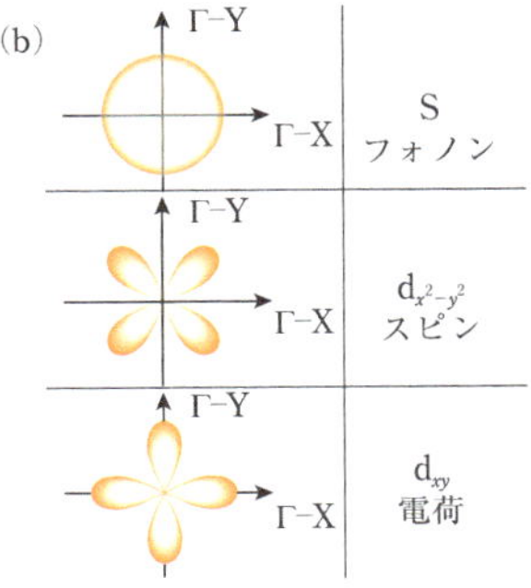

図 5.7.2 (a)超伝導状態における状態密度の模式図，(b)超伝導ギャップ対称性と超伝導駆動力の関係

の大きな超伝導ギャップが開いている．ϕ を増加させるとギャップは徐々に減少し，$\phi = 45°$ の点 8 付近では，ほとんど超伝導ギャップが開いていない．この実験結果は，Bi2223 の超伝導ギャップの対称性が $d_{x^2-y^2}$ であり，超伝導の起源がフォノンではなく電子スピンであることを示している．このように，銅酸化物高温超伝導体の超伝導ギャップには節(ノード)が存在し，無限小のエネルギーで一部のクーパー対を壊すことができる．超伝導ギャップにおけるノードの存在は，比熱や核磁気共鳴などの低エネルギーの励起状態に関係した多くの実験でも指摘されている．

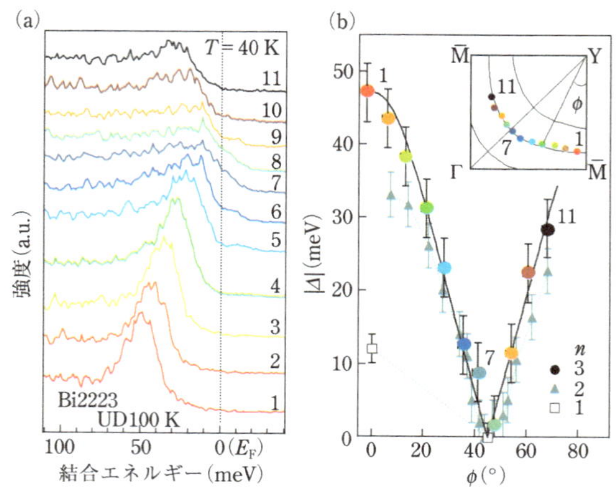

図 5.7.4　Bi2223 の(a)フェルミ波数で測定した ARPES スペクトルと(b)超伝導ギャップのフェルミ面角度依存性

5.7.2 ■ 鉄系高温超伝導体

銅酸化物に続く新しい高温超伝導体として大きな注目を集めているのが，鉄系超伝導体である[6,7]．超伝導と相性が悪いと考えられてきた磁性元素である鉄が，高温超伝導発現に寄与するというこれまでの常識を覆すこの発見を契機にして，銅酸化物に続く高温超伝導フィーバーが再来した．2008 年の $LaFeAsO_{1-x}F_x$ の報告から数ヶ月後には，La を他の希土類に置換したり，酸素欠損を結晶に導入したりすること[8〜10]で，T_c は瞬く間に 50 K を超え，最近では鉄セレン(FeSe)原子層薄膜で 60 K を超える T_c が報告されている[11]．

鉄系超伝導体の大きな特徴の 1 つは，結晶構造の多様性である．LaFeAsO のような 1111 系のほかにも，122 系($BaFe_2As_2$ など)，111 系(LiFeAs など)，さらには，As の代わりに Se を用いた，もっとも単純な結晶構造をもつ 11 系(FeSe など)を含む多くの物質が見つかっている．いずれの場合も，単位格子内に FeAs あるいは FeSe 面をもつ結晶構造が基本ユニットとなっている．鉄系超伝導体の母相は，銅酸化物高温超伝導体と異なり半金属である．母相のフェルミ面は，複数の Fe 3d 軌道に由来するブリルアンゾーンのΓ点を中心としたホール面と M 点を中心とした電子面からなり，電子とホールキャリアが補償(同数存在)していることが角度分解光電子分光測定からわかっている．母相に電子またはホールをドープすることで超伝導が発現する．

銅酸化物と同様，鉄系超伝導体でも超伝導機構解明の鍵を握るのが超伝導ギャップの対称性である．鉄系超伝導体の発見後，超伝導のモデルとしていち早く提唱されたのが，Γ点のホール面とM点の電子面をつなぐバンド間散乱が反強磁性揺らぎを媒介としたクーパー対形成を促進し，フェルミ面間で超伝導ギャップの符号が反転する，いわゆる $s_{\pm}$ 波とよばれる超伝導対称性を支持するモデルである[12]．このモデルでは，超伝導ギャップにノードがあるべき波数にフェルミ面自体が存在しないため，ギャップがどのフェルミ面上でも閉じないs波対称性が実現すると考えられている．

図 5.7.5 に，鉄系超伝導体の中でも大型単結晶が早期に合成された122系の $Ba_{1-x}K_xFe_2As_2$ の T_c がもっとも高い試料($T_c = 38$ K)において，各フェルミ面における超伝導ギャップの測定を行った結果を示す[13]．この試料にはホールがドープされていることから，母物質に比べてΓ点中心のホール面が拡大し，M点中心の電子面が縮小している．角度分解光電子スペクトルから各々のフェルミ面上で超伝導ギャップを見積もった結果，同一フェルミ面上では超伝導ギャップの大きさが波数によらずほぼ一定であった．これは，超伝導ギャップがノードのないs波対称性をもつことを示している．この結果から，Γ点とM点のバンド間の相互作用が超伝導機構には密接に関係しており，超伝導ギャップ対称性が $s_{\pm}$ 波であることが示唆された．一方，より最近では，別の鉄系超伝導体において超伝導ギャップにノードがあることも指摘されており，鉄系超伝導機構がどれほど物質によらずに普遍的で

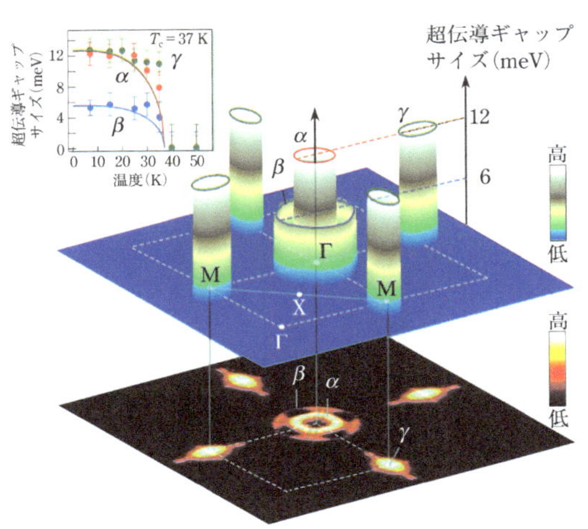

図 5.7.5　122系鉄系高温超伝導体のフェルミ面と超伝導ギャップ

あるかが議論となっている．

鉄系超伝導体の中でも特に注目を集めているのが，11系のFeSeである．バルクのFeSeのT_cは8Kであり，他の鉄系超伝導体に比べてかなり低い．2012年に中国・清華大学のグループは，分子線エピタキシー(MBE)法を用いて$SrTiO_3$基板上に単層FeSe薄膜(原子層3個分の厚さ)を作製してT_cが液体窒素温度に迫る可能性を報告した[11]．その後さまざまなグループによる検証実験が行われ，単層FeSe薄膜における超伝導の発現自体は間違いないと考えられている．

角度分解光電子分光法により決定した単層FeSe薄膜のフェルミ面では，バルクとは異なり，Γ点のホール面が完全に消失してM点に大きな電子面が観測されている[14]．これは$SrTiO_3$基板との界面を通してFeSe薄膜に電荷移動が起こり，FeSeに多量の電子がドープされているためである．このキャリアドープは，原子層領域の超伝導において本質的に重要であることが明らかになっている．

単層FeSe薄膜における超伝導が報告されて以来の大きな謎が，2層以上の薄膜では超伝導の兆候が観測されなかったことである．そのため，単層FeSeの超伝導はバルクFeSeの超伝導とは別物で，基板の$SrTiO_3$が特別な役割をして超伝導を引き起こすとも考えられた．ところが，アルカリ金属などをFeSe表面に蒸着して$SrTiO_3$基板以外から意図的に電子ドープを施すことにより，多層のFeSe薄膜でも40K以上の高いT_cが実現できることがわかった[14]．**図5.7.6**に，FeSe薄膜における角度分解光電子分光測定をさまざまな膜厚で行い，各膜厚における電子相図をまとめたものを示す．すべての膜厚のノンドープ領域に共通して電子ネマティック相とよばれる自発的に結晶の対称性を破った相が出現し，ドーピングを施すとネマ

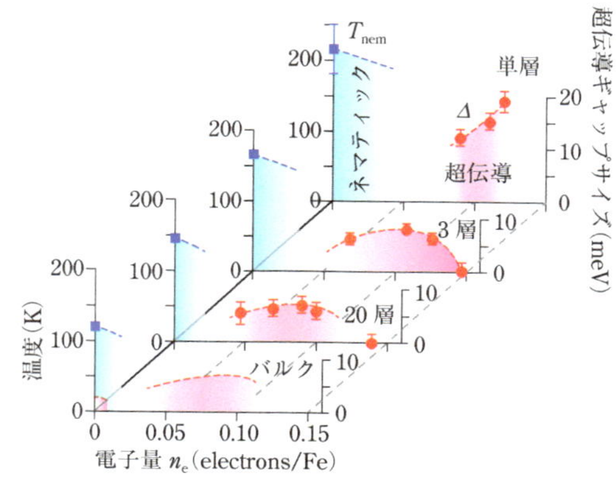

図5.7.6　角度分解光電子分光法で決定したFeSe薄膜の電子相図

ティック相の消失とともに超伝導ドームが現れる．母相の秩序状態に近接した超伝導ドームの出現は他の多くの超伝導体でも報告されており，母相の秩序状態と超伝導が密接に関係していることを示唆している．この図で注目すべき特徴は，20層の厚い膜でも T_c～40 K程度の超伝導が発現していることである．この結果は，FeSeに内在する相互作用のみで T_c～40 Kの高温超伝導が発現することを示している．一方で，もっとも薄い単層試料で T_c がさらに20 Kも上昇して60 Kになる理由は現時点ではよくわかっていない．FeSeと $SrTiO_3$ の界面を通した電子–格子相互作用が付加的に電子対形成を増強して T_c を押し上げている可能性も考えられる．

5.7.3 ■ まとめ

以上，銅酸化物と鉄系超伝導体における例を示したが，角度分解光電子分光法は，金属間化合物 MgB_2[15～17] など他の超伝導体の超伝導機構を調べるうえでも強力な実験手法となっている．今後さらなる分解能の向上によって，より T_c の低いエキゾチックな超伝導体における超伝導機構研究の進展も期待される．

［引用文献］

1) J. G. Bednorz and K. A. Müller, *Z. Physik B*, **64**, 189 (1986)
2) T. Takahashi, H. Matsuyama, H. Katayama-Yoshida, Y. Okabe, S. Hosoya, K. Seki, H. Fujimoto, M. Sato, and H. Inokuchi, *Nature*, **334**, 691 (1988)
3) H. M. Fretwell, A. Kaminski, J. Mesot, J. C. Campuzano, M. R. Norman, M. Randeria, T. Sato, R. Gatt, T. Takahashi, and K. Kadowaki, *Phys. Rev. Lett.*, **84**, 4449 (2000)
4) T. Sato, H. Matsui, S. Nishina, T. Takahashi, T. Fujii, T. Watanabe, and A. Matsuda, *Phys. Rev. Lett.*, **89**, 067005 (2002)
5) H. Matsui, T. Sato, T. Takahashi, H. Ding, H.-B. Yang, S.-C. Wang, T. Fujii, T. Watanabe, A. Matsuda, T. Terashima, and K. Kadowaki, *Phys. Rev. B*, **67**, 060501 (2003)
6) Y. Kamihara, H. Hiramatsu, M. Hirano, R. Kawamura, H. Yanagi, T. Kamiya, and H. Hosono, *J. Am. Chem. Soc.*, **128**, 10012 (2006)
7) Y. Kamihara, T. Watanabe, M. Hirano, and H. Hosono, *J. Am. Chem. Soc.*, **130**, 3296 (2008)
8) H. Kito, H. Eisaki, and A. Iyo, *J. Phys. Soc. Jpn.*, **77**, 063707 (2008)
9) Z.-A. Ren, W. Lu, J. Yang, W. Yi, X.-L. Shen, Z.-C. Li, G.-C. Che, X.-L. Dong, L.-L. Sun, F. Zhou, and Z.-X. Zhao, *Chin. Phys. Lett.*, **25**, 2215 (2008)
10) C. Wang, L. Li, S. Chi, Z. Zhu, Z. Ren, Y. Li, Y. Wang, X. Lin, Y. Luo, S. Jiang, X. Xu, G.

Cao, and Z. Xu, *Europhys. Lett.*, **83**, 67006(2008)
11) Q.-Y. Wang, Z. Li, W.-H. Zhang, Z.-C. Zhang, J.-S. Zhang, W. Li, H. Ding, Y.-B. Ou, P. Deng, K. Chang, J. Wen, C.-L. Song, K. He, J.-F. Jia, S.-H. Ji, Y.-Y. Wang, L. Wang, X. Chen, X.-C. Ma, and Q.-K. Xue, *Chin. Phys. Lett.* **29**, 037402(2012)
12) K. Kuroki, S. Onari, R. Arita, H. Usui, Y. Tanaka, H. Kontani, and H. Aoki, *Phys. Rev. Lett.*, **101**, 087004(2008)
13) H. Ding, P. Richard, K. Nakayama, K. Sugawara, T. Arakane, Y. Sekiba, A. Takayama, S. Souma, T. Sato, T. Takahashi, Z. Wang, X. Dai, Z. Fang, G. F. Chen, J. L. Luo, and N. L. Wang, *Europhys. Lett.*, **83**, 47001(2008)
14) Y. Miyata, K. Nakayama, K. Sugawara, T. Sato, and T. Takahashi, *Nat. Mater.*, **14**, 775(2015)
15) J. Nagamatsu, N. Nakagawa, T. Muranaka, Y. Zenitani, and J. Akimitsu, *Nature*, **410**, 63(2001)
16) S. Souma, Y. Machida, T. Sato, T. Takahashi, H. Matsui, S.-C. Wang, H. Ding, A. Kaminski, J. C. Campuzano, S. Sasaki, and K. Kadowaki, *Nature*, **423**, 65(2003)
17) S. Tsuda, T. Yokoya, Y. Takano, H. Kito, A. Matsushita, F. Yin, J. Itoh, H. Harima, and S. Shin, *Phys. Rev. Lett.*, **91**, 127001(2003)

5.8 ■ 原子層材料への応用

近年,「原子層材料」とよばれる厚さわずか数原子層の材料, あるいはトポロジカル絶縁体のディラック表面状態のような極端に薄い領域(二次元面)に束縛された電子が担う多彩な物性や量子現象に注目が集まっている. スピン・角度分解光電子分光法は, その表面敏感性から原子層材料の電子構造を調べるのに適しており, この特徴を生かして, これまでさまざまな原子層材料の電子状態を明らかにしている. 本節では, グラフェン, シリセン, およびトポロジカル絶縁体を例に, スピン・角度分解光電子分光測定について述べる.

5.8.1 ■ グラフェン

グラフェンは, 六角形の炭素原子が蜂の巣状の二次元原子シートを形成したものであり(**図 5.8.1** 挿入図), グラフェンが三次元的に積層すると, 鉛筆の芯に使われているグラファイトとなる. グラフェンが大きな注目を集めることになったきっかけは, Geim と Novoselov による単層グラフェンの分離とグラフェン中における質量ゼロのディラック電子の発見である[1]. グラフェンは, 他にもさまざまな優れた性質(強靱性，軽量性，高熱伝導率，透明性など)をもつことから，盛んに研究が進められており，剥離法，化学蒸着法，熱分離法などさまざまな方法で作製できることが知られている．そのうち熱分離法は，真空下においてシリコンカーバイド(SiC)単結晶を高温でアニールすることで，その結晶表面に数mm程度の大面積のグラフェン単結晶を作製する方法である．この方法では，加熱温度(1400～1500℃)と加熱時間を調整することで，枚数がよく制御された単結晶薄膜を作製することができる．

図5.8.1に，角度分解光電子分光法で決定した単層グラフェンにおける価電子帯のバンド構造を示す．Γ点4 eV付近に頂点をもつσバンドと，Γ点8.5 eVに底をもち，Γ–K方向に上向きの分散をもつπバンドが明確に観測される．**図5.8.2**(a)には，πバンドがフェルミ準位を切るK点まわりのスペクトル強度を示す．2本の直線的なバンドがK点において対称的に交差していることがわかる．このバンド分散が質量ゼロのディラック電子を与えるディラックコーンであり，放物線形状を示す自由電子的なバンドとはまったく異なっている．また，観測されたπバンドの数は，K点での折り返しを考慮すると1本であり，試料が1層グラフェンであることを示して

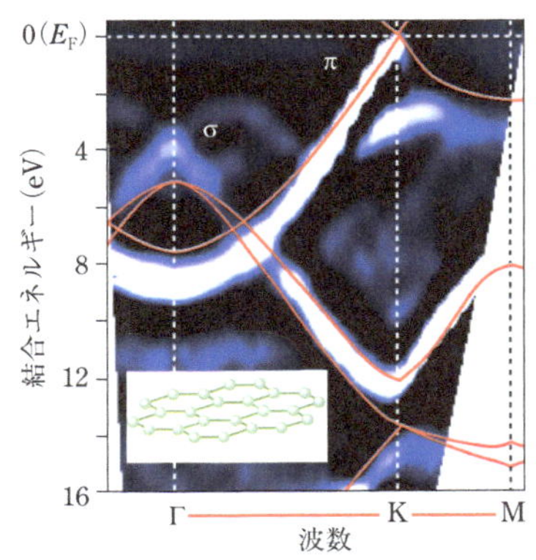

図5.8.1 単層グラフェンにおける価電子帯のバンド構造

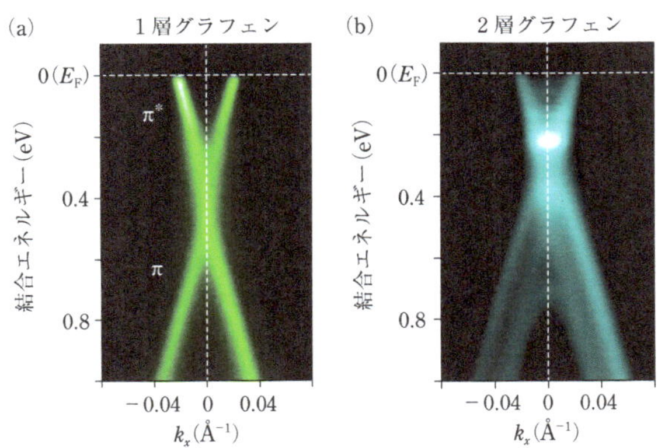

図5.8.2 (a)1層および(b)2層グラフェンのK点におけるフェルミ準位近傍のバンド構造

いる．ここで注目すべきは，K 点でバンドが交差するエネルギー位置(ディラック点)が，約 0.4 eV ほどフェルミ準位から下に位置していることである．理論計算では，ディラック点はフェルミ準位上に位置しているのとは異なっている．すなわち，作製したグラフェンは完全には自立しておらず，下地の SiC から電子が移動していることになる．

グラフェン成長時の SiC の加熱温度をわずかに変えることで，2 層以上のグラフェンを作製することもできる．例えば，**図 5.8.2** (b)に示した 2 層グラフェンの K 点付近のバンド分散においては，π バンドの本数が増えて 2 本であることがわかる．3 層の場合はバンドの数が 3 本に増える．このように，熱分離法と角度分解光電子分光法を併用すると，枚数を選別してグラフェンを作製することができる．

グラフェンにおけるホットトピックスの 1 つが超伝導である．バルクのグラファイトの層間に金属を挿入したグラファイト層間化合物(graphite intercalation compound, GIC)は，挿入した金属の種類に依存してさまざまな T_c をもつことが知られている．なかでも最高の T_c(11.5 K)をもつものがカルシウムグラファイト層間化合物(C_6Ca)であり，これを極限まで薄くしたカルシウム 2 層グラフェン層間化合物(C_6CaC_6)で超伝導が発現することが明らかになっている．**図 5.8.3** に，2 種類の 2 層グラフェン層間化合物(C_6LiC_6, C_6CaC_6)について，角度分解光電子分光法から決定したフェルミ面を示す[2]．いずれの化合物においても，インターカレートした金属原子からの電荷移動により，グラフェンの Γ および K 点に新たな電子的フェルミ面が出現している．また，金属原子の規則構造によるバンドの折り返しも観測されている．C_6LiC_6 と C_6CaC_6 を比べると，新たに出現した電子面のサイズは

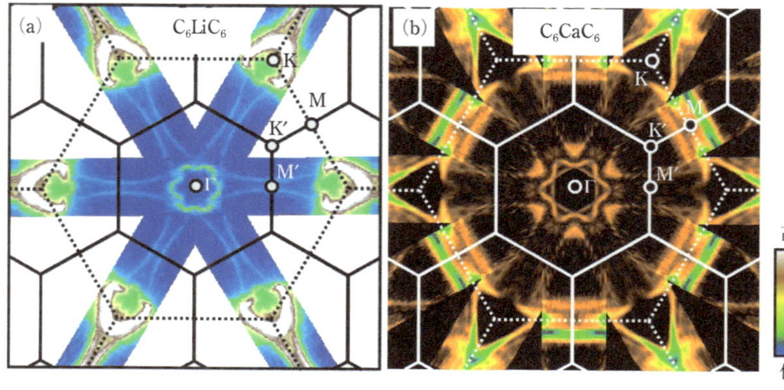

図 5.8.3　角度分解光電子分光法で決定した(a) C_6LiC_6 と(b) C_6CaC_6 のフェルミ面

C_6CaC_6 の方が大きいことがわかる．これは，Li 原子が 1 個の電子を供給するのに対し，Ca は 2 個供給しているためである．マイクロ 4 端子法を用いて C_6CaC_6 の電気抵抗の温度依存性を測定した結果[3]では，抵抗は 7 K 付近から急激に下降を始め，2 K においてゼロとなる．一方，C_6LiC_6 では，少なくとも 1 K までは超伝導は観測されなかった．この違いは，インターカレートされた金属原子からの電荷移動の量が超伝導の有無に関係していることを示している．

5.8.2 ■ トポロジカル絶縁体

トポロジカル絶縁体は，バルクでは絶縁体であるのに対してそのエッジ(二次元の場合は端，三次元の場合は表面)では金属状態をもつ物質である[5,6]．トポロジカル絶縁体の実現には，強いスピン軌道相互作用によって価電子帯の電子波動関数のパリティを反転させること(バンド反転)が必要と考えられており，トポロジカル絶縁体と普通の絶縁体をつなげようとした場合，一度絶縁体ではない状態，すなわち金属状態を経る必要がある(**図 5.8.4**(a))．トポロジカル絶縁体の表面やエッジに金属状態が現れるのは，このためである．この金属バンドは，二次元トポロジカル

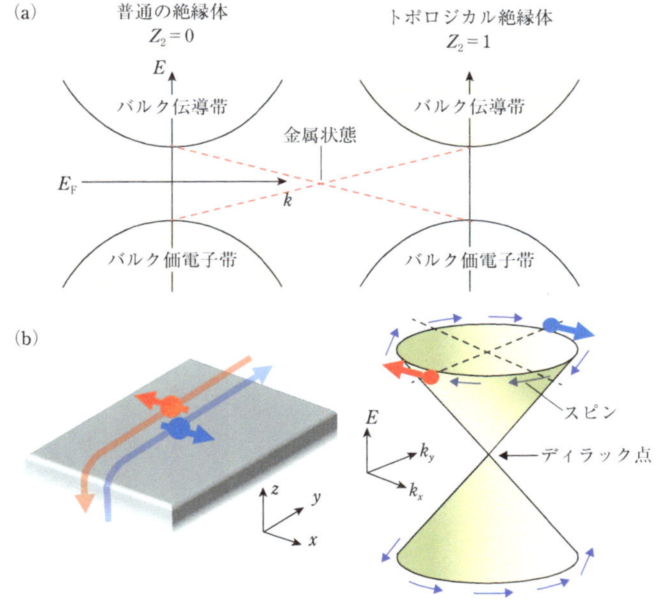

図 5.8.4　(a)普通の絶縁体とトポロジカル絶縁体のバンド構造，(b)三次元トポロジカル絶縁体表面における純スピン流とディラックコーン電子バンド

絶縁体の場合はバンドギャップを横切る X 字型をした一次元の「端」バンドに対応し，三次元トポロジカル絶縁体の場合は二次元のディラックコーン「表面」バンドに対応する（**図 5.8.4**（b））．

三次元トポロジカル絶縁体におけるディラックコーンの興味深い性質は，ヘリカルスピンテクスチャ（図 5.8.4（b））とよばれるスピンと運動量の方向が固定された状態である．ヘリカルテクスチャをもつ電子は，同じ方向のスピンをもつものは同じ方向に進み，表面において電荷の流れ（電流）をともなわない純スピン流を生じると考えられる．この特殊なディラック電子状態を利用することで，次世代の低消費電力スピントロニクスデバイスへの応用[7)]や，超伝導体接合系における量子コンピュータへの応用[8)]が期待されている．

角度分解光電子分光法は，その表面敏感性からディラックコーン表面状態を直接観測するのに適しており，多くの三次元トポロジカル絶縁体の同定に中心的な役割を果たしてきた．**図 5.8.5**（a）に，トポロジカル絶縁体の 1 つである $TlBiSe_2$ において測定した角度分解光電子スペクトル強度を示す[9)]．X 字型のバンドが明確に観測されることから，ディラックコーンがあることが一目瞭然である．ディラックコーンがフェルミ準位を横切る波数において，スピン分解スペクトルを測定すると，右側（$k_y > 0$）のフェルミ波数のスペクトル（カット1）では，アップスピンのスペクトル強度がダウンスピンのものよりも強くなっていることがわかる（**図 5.8.5**（b））．一方で，左側（$k_x < 0$）では（カット2），逆にダウンスピンが優勢である．この結果は，

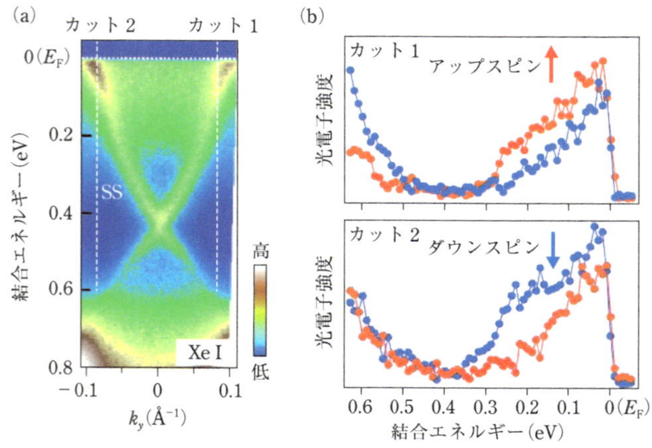

図 5.8.5　トポロジカル絶縁体 $TlBiSe_2$ の（a）角度分解光電子スペクトル強度と（b）スピン分解スペクトル

ディラックコーンの右側と左側でスピンの方向が反転している，すなわち図5.8.4(b)に示すようにスピンがフェルミ面上で時計回りの構造をもつことを意味している．理論的に予測されるヘリカルテクスチャが，まさに実際のトポロジカル絶縁体物質で実現しているのである．

トポロジカル絶縁体における新奇量子現象の実現とデバイス応用のためには，バルクを絶縁体化してディラック電子の表面伝導を顕在化する必要がある．しかしながら，ほとんどのトポロジカル絶縁体は，組成比通りに作製すると金属的な伝導を示すことがわかっている．例えば，よく知られたトポロジカル絶縁体 Bi_2Se_3 は，結晶内に含まれる微量の Se 欠損のために電子がドープされて n 型の縮退半導体となる．バルクを絶縁体化するために，結晶の構成元素の一部を別の元素で置換したりして電子とホールキャリアを補償する方法が一般的に用いられる．このような観点から注目されている物質が，$Bi_{2-x}Sb_xTe_{3-y}Se_y$(通称 BSTS)である．この物質では Sb と Se の組成比 x, y を同時に制御することで，特定の(x, y)の領域においてバルクの絶縁相が実現できる[10]．角度分解光電子分光法で測定したバンド構造[11]に着目すると，Bi_2Te_2Se のバルク絶縁体試料ではディラックコーンの内側にバルク伝導帯がまったく観測されておらず，バルクバンドがフェルミ準位を横切っていない(**図 5.8.6**)．これは Bi_2Se_3 で伝導帯がフェルミ準位上に明確に観測されているのとは対照的である．Bi_2Te_2Se ではディラック点が結合エネルギー約 0.3 eV の占有状態に位置していることから，ディラックキャリアの種類は n 型となっているが，

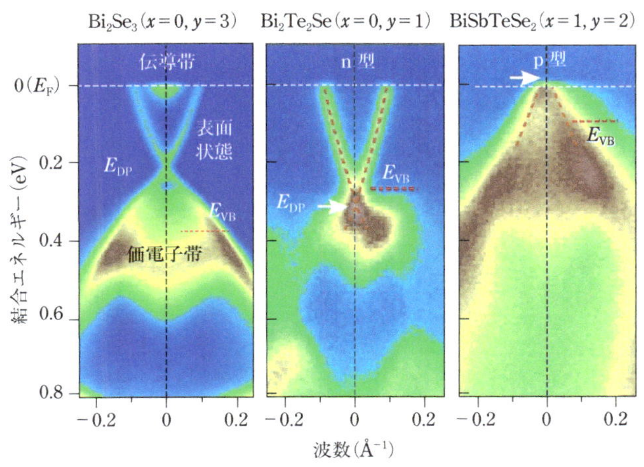

図 5.8.6　トポロジカル絶縁体 Bi_2Se_3 と 2 種類の BSTS のディラックコーン

同じくバルク絶縁体の $BiSbTeSe_2$ では，バンド構造が全体的に上に押し上げられてディラック点がフェルミ準位より上に位置しており，p 型になっていることがわかる．これらの実験結果は，BSTS の組成制御によって，バルク絶縁性を保ったままディラックキャリアの濃度と符号を制御できることを示している．この BSTS のもつ特徴を生かしたスピン–電気変換などのスピントロニクスへの応用のための研究が盛んに行われている．

5.8.3 ■ まとめ

トポロジカル絶縁体の発見後，トポロジカル結晶絶縁体，トポロジカル半金属（ディラック半金属，ワイル半金属，線ノード半金属）など，トポロジカル絶縁体とは性質が異なる新しいトポロジカル物質が数多く発見されている．今後，スピン・角度分解光電子分光法を用いてこれらの物質の電子状態の解明を進め，材料開発に生かすことで，新しいトポロジカル物質を用いた新奇な量子現象や電子デバイスの実現が期待される．

［引用文献］

1）A. K. Geim and K. S. Novoselov, *Nat. Mater.*, **6**, 183 (2007)
2）K. Kanetani, K. Sugawara, T. Sato, R. Shimizu, K. Iwaya, T. Hitosugi, and T. Takahashi, *Proc. Natl. Acad. Sci.*, **109**, 19610 (2012)
3）S. Ichinokura, K. Sugawara, A. Takayama, T. Takahashi, and S. Hasegawa, *ACS Nano*, **10**, 2761 (2016)
4）安藤陽一，トポロジカル絶縁体入門，講談社 (2014)
5）齊藤英治，村上修一，スピン流とトポロジカル絶縁体，共立出版 (2014)
6）野村健太郎，トポロジカル絶縁体・超伝導体，丸善出版 (2016)
7）C. L. Kane and E. J. Mele, *Science*, **314**, 1692 (2006)
8）L. Fu and C. L. Kane, *Phys. Rev. Lett.*, **100**, 096407 (2008)
9）T. Sato, K. Segawa, H. Guo, K. Sugawara, S. Souma, T. Takahashi, and Y. Ando, *Phys. Rev. Lett.*, **105**, 136802 (2010)
10）Z. Ren, A. A. Taskin, S. Sasaki, K. Segawa, and Y. Ando, *Phys. Rev. B*, **84**, 165311 (2011)
11）T. Arakane, T. Sato, S. Souma, K. Kosaka, K. Nakayama, M. Komatsu, T. Takahashi, Z. Ren, K. Segawa, and Y. Ando, *Nat. Commun.*, **3**, 636 (2012)

5.9 ■ 希土類・アクチノイド化合物への応用

希土類・アクチノイド化合物では，不完全に占有された4fおよび5f電子殻に起因する特異な磁性や超伝導などの特徴的な物性が発現している[1]．特に，希土類元素はハイブリッド自動車用の高性能モーターに用いられる永久磁石などに必要不可欠な元素であり，その物性の根本的な理解は応用的にも重要な位置を占めている．また，希土類の産出地は世界的に見ても極端に偏っているため，その物性理解に基づいた有効利用や代替材料の開発は，国家戦略的にも重要な課題となっている．一方のアクチノイド元素は核燃料材料であるため，その物理的・化学的な性質の理解は，原子力の安全性向上や廃炉措置，さらには核燃廃棄物の安定した管理など，現代社会が抱える喫緊の課題につながっている．これらの化合物を基礎科学的な知見から見ると，従来正相反する性質であると考えられてきた磁性と超伝導が基底状態において共存しており[2]，超伝導そのものの発現機構を理解するうえでもたいへん魅力的な研究対象となっている．

これらの興味ある物性は，希土類4f電子およびアクチノイド5f電子によって支配されているが，4fおよび5f電子は配位子原子の種類，温度，圧力，磁場などの物理パラメーターによって遍歴的な性質と局在的な性質を同時に示しており，その統一的な理解は容易ではない．一方で，光電子分光法は物質の電子状態を直接的に観測できる実験手法であるため，これらの物質の基礎的な電子構造を明らかにするために重要な役割を果たしてきた．特にXPSは物質内部の電子状態を実験的に決定できるため，f電子系化合物における遍歴・局在の問題に対して直接的な情報を得ることが可能である[3〜5]．本節では，XPSの希土類・アクチノイドなどへの応用例について解説する．

5.9.1 ■ 希土類・アクチノイド化合物の基礎的な物性

希土類・アクチノイド化合物の特異な物性は，比較的原子核近傍に確率振幅をもちながら，配位子周辺まで有限の広がりをもつf電子が，遍歴的な価電子と混成相互作用をもつことによって発現している．特にCe化合物やYb化合物などにおいては，局在した4f電子の不対スピンが交換相互作用を通じて価電子と一重項を形成する近藤効果が発現しており，さらにはこのようなf電子が格子を形成することによって非常に狭いバンドをフェルミ面付近に形成して，有効質量が非常に重い，いわゆる「重い電子系」を形成する．さらに，この近藤効果は，局在4f電子が遍歴的な価電子をスピン偏極させることによって磁気秩序を引き起こす Ruderman–Kittel–Kasuya–Yoshida(RKKY)相互作用とエネルギー的に拮抗しており，この競合状態がこれらの化合物における複雑な物性の起源となっている．一方の 5f 電子系では波動関数の空間的な広がりが 4f 電子系よりも大きいために遍歴的な性質がより強くなり，遍歴的な描像を出発点として，電子相関効果を摂動的に取り扱うアプローチが適切な場合が多い．5f 電子系化合物におけるもっとも特徴的な基礎物性としては，本来正反対の性質であるはずの強磁性秩序と超伝導が基底状態において共存する現象があげられる[6)]．このような物性は他の物質系では例がなく，基礎物性物理の知見から多くの研究が行われている．

5.9.2 ■ f 電子系化合物の電子状態

光電子分光法は基本的に表面敏感性が高い実験手法であるが，特に f 電子系化合物の表面第 1 層の電子状態は，固体内の電子状態と大きく異なっていることが明らかになっている．したがってこれらの化合物の物性のバルク電子状態を得るためには，特に表面電子状態の寄与に注意を払う必要がある．XPS では比較的高いバルク敏感性を得ることができるため，f 電子系の分光研究に適している．また，f 電子のふるまいを光電子分光法によってとらえるためには，スペクトルにおける f 電子の寄与を他の s, p, d 軌道からの寄与と区別する必要がある．XPS は紫外線光電子分光法(UPS)に比べると，f 電子の光イオン化断面積は s, p 軌道に比べて 1～2 桁程度大きく，d 軌道と同程度であるため，f 電子そのものを選択的に観測することに適している．さらに，希土類やアクチノイドの内殻 3d, 4d 軌道の結合エネルギーは X 線領域に対応しており，共鳴光電子分光法を用いることによって f 電子の寄与をより選択的に抽出することも可能である．

5.9.3 ■ 希土類化合物

希土類化合物において，4f 電子は比較的局在的な性質を示しており，その物性は局在 f 電子を出発点として，遍歴的な価電子との混成相互作用を摂動として取り入れることによって理解されることが多い．特にこれらの化合物では希土類の価数によって磁気的な性質が大きく異なるが，XPS では価数に応じた化学シフトが観測されるため，価数の定量的な評価において重要な役割を果たしている．また，4f 電子系に対する XPS においては，価電子帯・内殻スペクトルともに，4f 電子の局在的な性質に起因した多重項分裂が現れるため，複雑なスペクトル構造を示す．希土類元素の中でも $4f^1$ 電子系である Ce 化合物と，$4f^{13}$ 電子系(ホール描像では $4f^1$

ホール系）である Yb 化合物では 4f 電子の遍歴・局在性が拮抗した状況にあり，特異な物性が発現しているため，特に重要な研究対象となっている．

典型的な Ce 化合物の価電子帯スペクトルの例として，**図 5.9.1** に $CeIn_3$ の 3d−4f 共鳴スペクトルを示す[4]．$CeIn_3$ はネール温度 $T_N = 10$ K の反強磁性体であり，比較的局在的な $4f^1$ 電子配置をもつと考えられているが，高圧力下では反強磁性秩序が消失して超伝導を示すことが知られている[7]．Ce 3d−4f 共鳴光電子放出過程を図 5.9.1 (a) に示す．Ce 3d 内殻吸収端に対応する光エネルギーの前後において，直接遷移と超コスター−クローニッヒ遷移の 2 つの遷移過程が干渉することによって，Ce 4f 軌道からの寄与の共鳴増大が発生する．図 5.9.1 (b) に，$h\nu = 870.1 \sim 883.1$ eV で測定した共鳴光電子スペクトルと Ce $3d_{5/2}$ X 線吸収スペクトルを示す[2]．入射光エネルギーが X 線吸収端近傍に近づくにつれて，スペクトル強度が共鳴増大を起こしており，この増大した成分が Ce 4f 軌道からの寄与である．吸収端の入射エネルギー（$h\nu = 881.1$ eV）付近で測定した共鳴スペクトルを見ると，大まかにフェルミ準位近傍の比較的鋭いピーク構造と，結合エネルギー 1.5 eV 付近に中心をもつ幅の広いピーク構造から構成されていることがわかる．一般的に Ce 化合物において，Ce 4f 軌道の基底状態は $4f^0$ と $4f^1$ 配置の重ね合わせの状態にあり，光電子放出の終状態も $4f^0$ 終状態と $4f^1$ 終状態の 2 つの終状態から構成される．スペクトルにみられる 2 つのピーク構造は，フェルミ準位付近のピークが $4f^1$ 終状態，1.5 eV 付近のピークが $4f^0$ 終状態に対応しており，その強度比は基底状態における価数や混成相

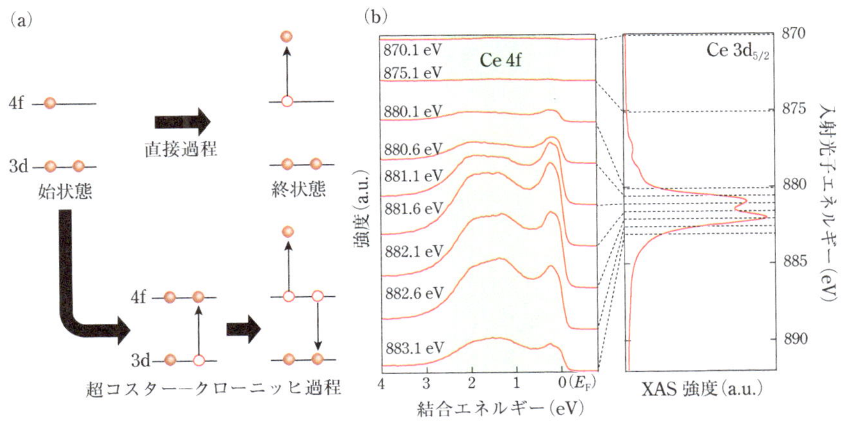

図 5.9.1　(a) 3d−4f 共鳴光電子放出過程および (b) $CeIn_3$ の共鳴光電子スペクトルと Ce $3d_{5/2}$ X 線吸収スペクトル[4]

互作用の強さに依存しているが，$4f^0$ 終状態のピーク強度は局在した4f軌道の寄与ととらえることができるため，$CeIn_3$ において4f電子は局在的な性質が強いことが結論できる．これらのスペクトル形状に対しては，不純物的な4f電子が遍歴的な伝導電子と混成する不純物アンダーソン模型による解析方法が確立しており，解析から価数や混成強度など基礎的な物理パラメーターを定量的に評価することが可能である．

5.9.4 ■ アクチノイド化合物

アクチノイド元素は放射性物質であるため，希土類化合物と比較するとその取り扱いが困難であり，実験が可能な施設や，分光実験が可能な元素は限られている状況にある．現在までのところ，アクチノイド元素としては比較的一般的なThやUに加えて，Np, Pu, Am, Cmなどのマイナーアクチノイド単体や化合物に対するXPSの研究例がある．

最初に，遍歴的な5f電子をもつウラン化合物の研究例として，UB_2 のX線角度分解光電子分光スペクトルの結果を示す[5)]．UB_2 は**図5.9.2**(a)に示した AlB_2 型の六方晶の結晶構造をもつ．**図5.9.2**(b),(c)に $h\nu$ = 450 eVと500 eVで測定した UB_2

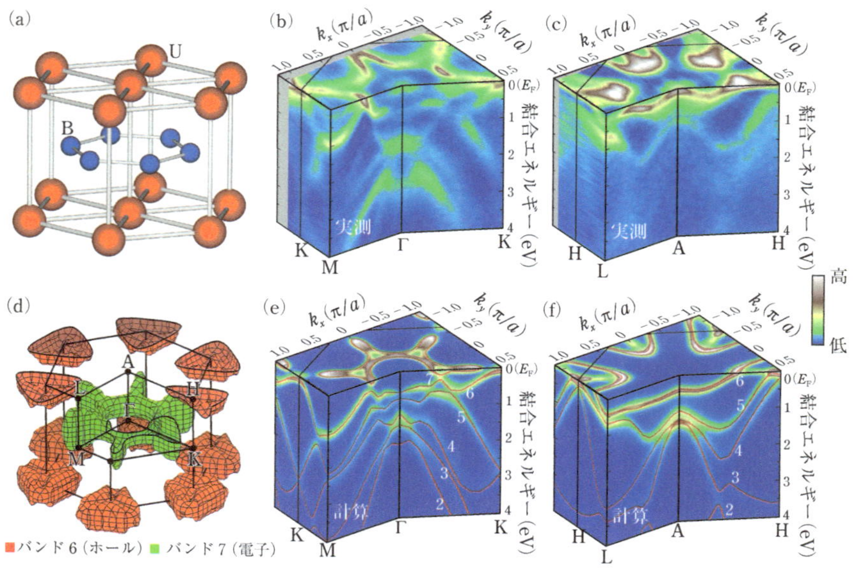

図5.9.2　(a) UB_2 の結晶構造，(b),(c)角度分解光電子スペクトルとフェルミ面マッピングおよび(d),(e),(f)バンド計算の結果[5)]

の角度分解光電子スペクトルをそれぞれ示す．角度分解光電子分光法では，入射光エネルギーを変化させることによって，異なる k_z 位置を測定することが可能であるが，これらの入射光エネルギーにおける角度分解測定は，運動量空間においてそれぞれΓ点を通る水平面内と，A点を通る水平面内の測定に対応している（ブリルアンゾーンにおける各点の位置は図 5.9.2 (d) を参照）．図 5.9.2 (b), (c) における水平面はフェルミ準位上でスペクトル強度を積分したフェルミ面マッピング，垂直面はARPESスペクトルを示している．バンド構造を見ると，高結合エネルギー側（$E_B \geq 1$ eV）に比較的大きなエネルギー分散を示すバンドが観測されている一方で，フェルミ準位近傍には比較的分散の小さい平坦なバンドが観測されているが，これらのバンドは，それぞれB 2s, 2p 軌道とU 5f 電子状態に起因したバンドである．これらの結果をU 5f 電子を遍歴電子として取り扱ったバンド計算の結果と比較する．**図 5.9.2** (d) にバンド計算による三次元的なフェルミ面形状，**図 5.9.2** (e), (f) にバンド計算の結果を示す．この図では，バンド計算の結果を赤線で，計算をもとにした光電子スペクトル強度のシミュレーションを色の濃淡で示している．実験で得られたフェルミ面やバンド構造の主要な構造は，バンド計算によって，ほぼ定量的に説明されていることがわかる．したがって，遍歴的なU 5f 電子系においては，バンド計算によってその電子状態が記述されることがわかる．

次に，強い電子相関が存在する5f 電子系の実験例を示す．ここでは，重い電子系化合物 UPd_2Al_3 の角度分解X線光電子分光測定の結果を紹介する[3]．**図 5.9.3** (a) に UPd_2Al_3 の結晶構造を示す．UPd_2Al_3 は $T_N = 14$ K の反強磁性体であり，さらに $T_{SC} = 2$ K で磁気秩序を保ったまま超伝導転移を示し，遍歴的な性質と局在的な性質の両者をあわせもつ化合物である．**図 5.9.3** (b), (c) に $h\nu = 600$ eV で測定したΓ–K–M 方向とL–H–A 方向の角度分解光電子スペクトルをそれぞれ示す（ブリルアンゾーンにおける各点の位置は図 5.9.3 (d) を参照）．スペクトルには明瞭なエネルギー分散が観測されているが，高結合エネルギー側（$E_B \geq 0.5$ eV）には比較的分散の大きいバンドが観測されている一方で，フェルミ準位近傍には分散の小さい構造が観測されていることがわかる．これらの結果をU 5f 電子を遍歴電子として取り扱ったバンド計算の結果と比較する．**図 5.9.3** (d) にバンド計算による三次元的なフェルミ面，**図 5.9.3** (e), (f) にそれぞれΓ–K–M 方向とL–H–A 方向のバンド構造を示す．高結合エネルギー側（$E_B \geq 0.5$ eV）の構造は，Pd 4d 状態の寄与が大きいバンドであり，角度分解光電子分光測定の結果と定量的な一致を示していることがわかる．その一方で，フェルミ準位付近の強度が強い構造はU 5f 状態の寄与が大きいバンドであるが，実験と計算の一致が悪くなっていることがわかる．例えば，

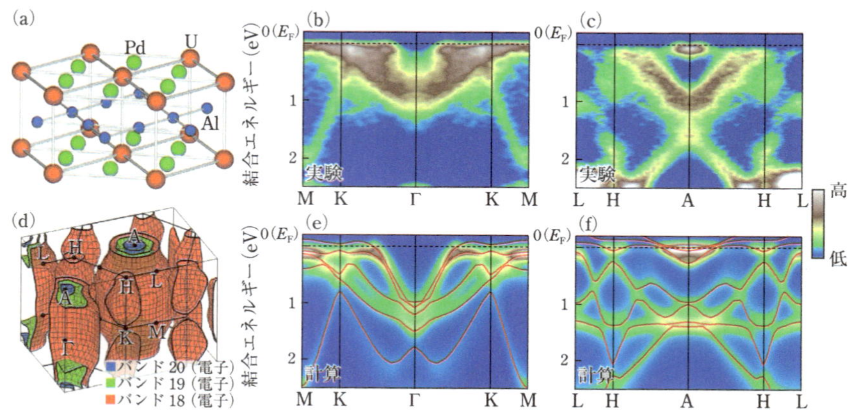

図 5.9.3　(a) UPd_2Al_3 の結晶構造，(b), (c) 角度分解光電子スペクトルおよび (d), (e), (f) バンド計算の結果[5)]

Γ–K–M 方向で実験(図 5.9.3 (b))と計算(図 5.9.3 (e))を比較すると，実験のスペクトルではフェルミ準位上にエネルギー分散の小さい強度分布が存在している一方で，計算ではより明瞭なバンド分散が予測されている．また L–H–A 方向の実験(図 5.9.3 (c))と計算結果(図 5.9.3 (f))を比較すると，A 点近傍に電子面的な構造が観測されているが，実験におけるバンド幅は計算に比べて半分以下となっており，強い電子相関効果が働いていることが予想される．したがって，強い電子相関をもつ 5f 電子系においては，バンド計算で大まかな構造を説明できるものの，特にフェルミ準位近傍の 5f 電子がつくるバンドは，バンド計算と比較してバンド幅が狭くなったり，計算では予測されていないピーク構造を生成するなどして，両者の定量的な一致が悪くなる傾向にある．これは，バンド計算では取り入れられていない U 5f 電子の相関効果による効果であると考えられるが，このような電子相関効果はこれらの化合物の物性において重要な役割を果たしており，定量的な解析が今後の課題である．

5.9.5 ■ まとめ

以上の結果をまとめると，希土類 4f 電子系では比較的局在的な性質を示しており，一般的に不純物モデルによって記述されるのに対して，アクチノイド 5f 電子系では比較的遍歴的な性質を示し，遍歴モデルに電子相関を導入することによって記述されることが光電子分光実験から明らかになってきている．特に 4f 電子系においてはスペクトルを解析するためのモデルも確立されており，定量的な解析が可能であるため，XPSは希土類化合物の物性解明において重要な役割を果たしている．

[引用文献]

1）上田和夫，大貫惇睦，重い電子系の物理，裳華房(1998)
2）C. Pfleiderer, *Rev. Mod. Phys.*, **81**, 1551(2009)
3）藤森伸一，物性研究，**97**, 637(2012)
4）S. Fujimori, *J. Phys.: Condens. Matter*, **28**, 153002(2016)
5）S. Fujimori, Y. Takeda, T. Okane, Y. Saitoh, A. Fujimori, H. Yamagami, Y. Haga, E. Yamamoto, and Y. Ōnuki, *J. Phys. Soc. Jpn.*, **85**, 062001(2016)
6）D. Aoki and J. Flouquet, *J. Phys. Soc. Jpn.*, **81**, 011003(2012)
7）N. D. Mathur, F. M. Grosche, S. R. Julian, I. R. Walker, D. M. Freye, R. K. W. Haselwimmer, and G. G. Lonzarich, *Nature*, **394**, 39(1998)

5.10 ■ 放射光時分割X線光電子分光法と超音速酸素分子ビームを組み合わせた表面反応のダイナミクス研究への応用

本節では，ノズル分子ビームにより酸素分子の並進エネルギーを制御したシリコン表面酸化を，放射光を励起光とする光電子分光(放射光光電子分光)法によって研究した例について紹介する．この手法はサブ・モノレイヤー以下の微小量から吸着酸素量および酸化物の化学状態をリアルタイム観察可能であるため酸素分子吸着の動的過程(ダイナミクス)の研究や，反応選択性や反応促進現象などの探索にも有効である．

5.10.1 ■ 酸素分子による固体シリコン表面酸化と化学反応ダイナミクス

スマートフォンなどの情報・通信機器の高性能化および高機能化は目覚ましい．Siを基本とするMOSFETが基本素子の1つであり，その素子サイズおよび絶縁(酸化)膜厚は原子数個のレベルに達している．酸化物の化学状態の精密分析とともに酸化反応の原子レベルでの理解と制御が，開発の重要課題となっている．十分厚い酸化膜は保護膜として機能するが，原子数層の酸化膜は大気中で酸化が進行するとともに不純物による汚染の影響を受ける．大気に曝すことなく酸化反応前後あるいは反応中の表面吸着酸素の化学状態の「その場」観察が反応メカニズムの解明に必要となる．

酸素分子(O_2)による Si 表面の酸化は $O_2 + Si \rightarrow SiO_2$ という化学反応式で表されるが，原子レベルで見た表面酸化の様相はこのように単純なものではない．酸化反応を理解するには，酸素分子および固体表面の状態を規定する必要がある．酸素分子については，その電子状態，並進エネルギー，振動や回転などとともに分子の表面への入射方向の情報が必要となる．また，反応速度を知るには，表面に衝突する分子のフラックス密度が重要となる．一方，酸化される表面に関しては，構成元素の種類，その並び方，表面電子状態(ARPES の 3.5 節参照)および表面温度が反応の因子となる．表面に異種物質(吸着酸素も含む)が存在する場合には，Si 固有の表面と異なる電子状態が誘起され，反応に影響を及ぼす場合がある．これらの多様性が，気相の原子・分子の衝突と異なる気体と表面の反応の特徴となる．以上の反応因子のうち，いくつかを満たすことは可能となっている．

吸着はその起源や状態によって物理吸着，非解離化学吸着あるいは分子状化学吸着，解離化学吸着に分類される(**図 5.10.1**)．物理吸着は，表面から遠方で働く弱い相互作用(ファンデルワールス力)により生じ，分子と表面の間に電子のやりとり(化学結合)がない．一方，化学吸着では化学結合が生じるため，物理吸着に比べて吸着エネルギーは一般的に大きい．多数の原子からなる固体表面では電子のエネルギーはバンドとなるため，気体分子との相互作用は多彩になる[1,2]．

酸素分子が Si 表面に接近し相互作用を生じ，分子内結合の切断と酸化物生成(Si 原子との結合が生じる)に至る一連の過程(解離吸着過程)は，ポテンシャルエネルギーダイアグラムで考えることができる[2]．表面との引力および反発のバランスがとれる距離にエネルギー極小部分が存在し，表面に近づくにつれて物理吸着，分子状化学吸着および解離吸着状態が生じる．ポテンシャル曲線に沿う断熱遷移に峠があるような場合には，分子状吸着状態から解離状態への移行に活性化エネルギーが必要となる．一方，表面に接近する段階で障壁がある前期解離では，並進エネルギーが直接解離吸着状態に至る非断熱遷移において障壁を乗り越えるために有効に働く．酸化反応を理解するには，吸着に至る動的過程(ダイナミクス)と生じる吸着状態(生成物)の関係を知る必要がある．また，障壁がある場合は，それを越えるエネルギー閾値や越えることによって実現する新規生

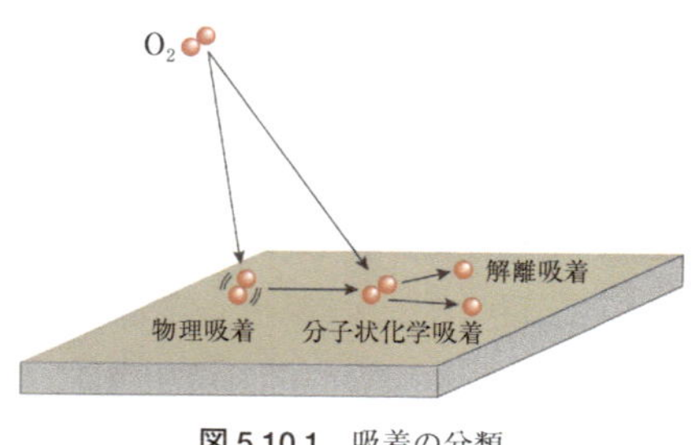

図 5.10.1　吸着の分類

成物が興味の対象となる．

5.10.2 ■ ノズル分子ビームと分子の並進エネルギー制御

ここでは，ノズル分子ビームによる気体分子の並進エネルギー制御の概要を述べる．分子ビームは，分子の並進あるいは限定的に振動や回転状態を制御した状態で特定方向から連続あるいはパルス状に高フラックスで照射可能である．ここでは，Si酸化研究に対するノズル分子ビーム技術のエッセンスを述べる[3~5]．

図 5.10.2 にノズル分子ビームの発生原理を示す．高い圧力 P_0 の淀み領域と低い圧力 P_1 の領域が，小さな穴(直径 d)でつながっている．気体の平均自由行程 Λ が穴の直径 d よりも十分小さい場合，高圧力領域(ノズル)[注1]内では，ノズル内の気体どうしの衝突によって局所的な平衡に達する．ノズルから出る気体の熱エネルギーは断熱的に気体の流れ方向の並進エネルギーに変換され，気体の温度 T は減少する[6]．この分子ビームの局所的な音速

$$a=\sqrt{\frac{\gamma RT}{W}} \tag{5.10.1}$$

は，マクロな気体の流れの速度 V より小さくなる．ここで，γ は定圧比熱 c_p と定

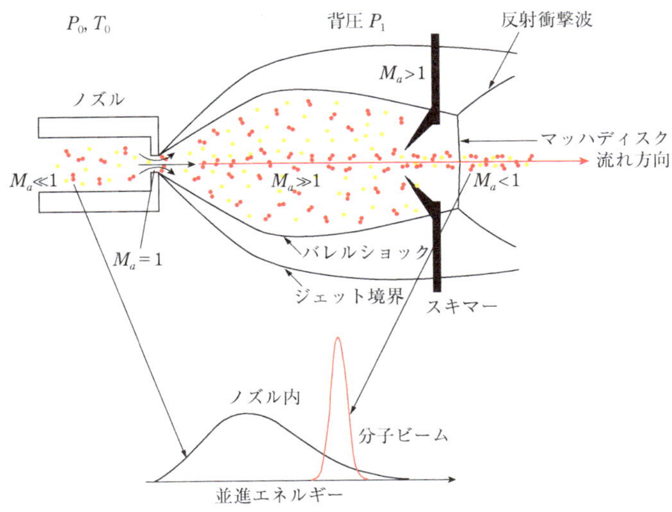

図 5.10.2　ノズル分子ビームの概念図

注1　流れの速度を増加させ圧力を減少させる管をノズル（nozzle）とよぶ．一方，流れの速度を減少させ圧力を増加させるものをディフューザー（diffuser）とよぶ．

積比熱 c_v の比熱比(c_p/c_v)，R は気体定数，W は分子量である．通常，この条件をマッハ数($M_a=V/a$)によって表す．$M_a>1$ の場合を超音速(supersonic)，$M_a<1$ の場合を亜音速(subsonic)とよぶ．ノズル分子ビームの性質を表す基本式は圧縮性流体力学[注2]で理解され，M_a はその性質(流れにともなう物理量変化)を理解するために重要な量である[7,8]．

十分な排気速度の真空ポンプによって $P_1 \ll P_0$ を満たす場合，圧力差(P_0-P_1)が気体の流れの原動力であるので(流れの速度 $V>0$)，流れは気体分子の種類によらずノズル内の淀み条件(温度 T_0，圧力 P_0)とノズル形状で決まる．例えば，ロケットでは，ラバールノズル(Laval-type nozzle)という形状のノズルが使われる．一方，表面化学などでは，加工の制約などからシャープなエッジ形状のノズルが利用される[5,9]．

本節のノズル分子ビームは，流れの速度，圧力，密度，温度などの諸量が流れの方向のみに依存し，流れに垂直な方向に変化しない一次元圧縮性流れとする[注3]．一次元圧縮流れの連続の式，運動(量)の式およびエネルギー式が基本となる[7,8]．流れが外部と熱の授受のない断熱流れにおいて，流れが常に平衡状態にあれば，流路に沿う２つの断面１および２において $H_1+(1/2)mV_1^2=H_2+(1/2)mV_2^2$ が成り立つ[注4]．衝撃波などの内部摩擦をともなう現象が存在しない場合[注5]，断熱可逆過程(等エントロピー)の下での流れを考える(断熱可逆流れや等エントロピー流れとよばれる)[注6]．さて，速度 V が０のとき添え字０を付けると，ノズル内では $V=0$ であるので，$H_0=H+(1/2)mV^2$ のエンタルピー保存則が成り立つ．H_0 は淀み点エンタルピー(stagnation enthalpy)とよばれる．気体が完全気体(熱量的完全ガス：calorically perfect gas)と仮定すると比熱 C_p を用いて，$C_pT_0=C_pT+(1/2)mV^2$ とな

注2　気体の超音速流れに関する研究は，砲弾に対する気体の影響や超音速飛行体の力学およびロケットエンジン開発などとともに発展し，気体の圧縮性（密度変化）を考慮した流体力学（圧縮性流体力学）として発展してきた（M. L. Norman, K.-L. A. Winkler, “Supersonic Jets”, Los Alamos Science, Spring/Summer（1985））．そのほか，高速粒子の衝撃力を使う高速フレーム溶接など身近な技術として利用されている．

注3　断面１，２で囲まれた一定体積領域内のエネルギー（エンタルピー）を考える．流れの断面積の変化が緩やかな場合や流れの中心軸の曲率半径が流路の高さに比べて大きい場合などにあてはまる．

注4　流れの断面１と２が平衡状態にあれば，衝撃波や境界層などでのエントロピー増加をともなう非可逆過程が存在しても成立する．

注5　微小平面波（音波）による流体の圧力，密度，温度，速度変化は非常に小さいので，流体の粘性および熱伝導による散乱の影響は無視できる．よって，微小圧力波内の流体の状態は断熱的かつ可逆的となる．

注6　断熱流れは，等エントロピー流れとは限らない．

注7　流れ状態および淀み点状態の流れの諸量の関係，例えばノズルからの距離 x における温度 T_0 は淀み点温度 T と $\dfrac{T_0}{T}=1+\dfrac{\gamma-1}{2}M_a^{\,2}$ の関係となり M_a と比熱比 γ から求まる．このように圧縮性流体の諸量の関係は M_a で記述される[7,8]．

る[注7]．$T_0 \gg T$ となる加熱ノズルでは，$C_p T_0 \simeq (1/2) mV^2$ となる．このように，ノズル内の気体の熱エネルギーが流れ中の気体の並進エネルギーに変換される．微小濃度の混合気体とキャリア気体の並進エネルギーが等しい，すなわち

$$\frac{1}{2} m_{\mathrm{p}} V_{\mathrm{p}}^2 = \frac{1}{2} m_{\mathrm{s}} V_{\mathrm{s}}^2 \tag{5.10.2}$$

と仮定する．ここで，m_{p} はキャリア気体の質量，m_{s} は混合気体の換算質量，V_{p} はキャリア気体の流れ速度，V_{s} は混合気体の流れ速度である．式(5.10.2)より

$$V_{\mathrm{s}} = V_{\mathrm{p}} \sqrt{\frac{m_{\mathrm{p}}}{m_{\mathrm{s}}}} \tag{5.10.3}$$

となる．試料気体の並進エネルギー E_{SG} は，質量を m_{SG} とすると速度が V_{s} なので

$$E_{\mathrm{SG}} = \frac{1}{2} m_{\mathrm{SG}} V_{\mathrm{s}}^2 \tag{5.10.4}$$

と表される．式(5.10.3)と(5.10.4)より

$$E_{\mathrm{SG}} = \frac{1}{2} \frac{m_{\mathrm{SG}} m_{\mathrm{p}}}{m_{\mathrm{s}}} V_{\mathrm{p}}^2 \tag{5.10.5}$$

となる．流れの速度 V_{p} とノズル内の淀み条件での最確速度 V_{mp} との関係は

$$V_{\mathrm{p}} = S V_{\mathrm{mp}} \tag{5.10.6}$$

$$V_{\mathrm{mp}} = \sqrt{\frac{2RT_0}{m_{\mathrm{p}}}} \tag{5.10.7}$$

であり，

$$S \equiv Ma \left[\frac{\gamma}{2 + (\gamma - 1) M_a^2} \right]^{1/2} \tag{5.10.8}$$

である[5)]．気体の自由度を N_{f} とすると

$$\gamma = \frac{N_{\mathrm{f}} + 2}{N_{\mathrm{f}}} \tag{5.10.9}$$

なので，単原子($N_{\mathrm{f}} = 3$)では $\gamma = 5/3$，2原子分子($N_{\mathrm{f}} = 5$)では $\gamma = 7/5$ となる．

以上の式(5.10.5)～(5.10.9)より

$$E_{\mathrm{SG}} = S^2 RT_0 \frac{m_{\mathrm{SG}}}{m_{\mathrm{s}}} \tag{5.10.10}$$

となる．酸素をヘリウム(He)で数%にする場合，気体の大部分はHeなのでHe流れ($\gamma = 5/3$)とみなせる．

ノズル温度 T_0 が室温(27℃)，100％酸素の場合，$m_{\mathrm{s}} = 32$，$M_a = 10$(S＝1.557[注8])

から E_{SG}～0.06 eV となる．一方，T_0＝1200℃とノズル温度の加熱の場合，E_{SG}～0.3 eV に並進エネルギーが増加する．T_0＝1200℃として酸素を軽い He で 1％に希釈（シードビーム（seed beams）とよぶ）した場合には，$m_s = 0.99 \times 4 + 0.01 \times 32 = 4.28$ より，E_{SG}～2.3 eV と大幅に増加する．さらに，重い気体である Ar を混ぜた場合（O_2 : 0.5％，He : 49.5％，Ar : 50％）は，$m_s = 22.14$ より E_{SG}～0.44 eV となる．このように，ノズル分子ビームの並進エネルギーは T_0 に比例し混合ガスの換算質量 m_s に反比例する[注9]．以上，ノズル分子ビームの発生原理と並進エネルギー制御の概要を述べた．以下では，Si 表面酸化研究に対するノズル分子ビームと放射光光電子分光法による研究例を紹介する．

5.10.3 ■ 放射光光電子分光法と酸素分子ビームを使ったシリコン表面酸化反応の解析

分子ビームを利用した表面化学反応の研究は，1990 年代の前半まで吸着による真空の変化を測定する King & Wells 法あるいは表面散乱された分子および脱離生

注8　気体の膨張によって M_a が無限に増加することはない．ノズルから離れて膨張が進むと，気体の温度の低下とともに密度も小さくなる（衝突頻度が小さくなる）．したがって，ある地点で冷却が起きない究極マッハ数 M_T になる（凍結される）．M_T は，酸素分子の場合，$M_T = 0.936\,(d/\lambda_0)^{0.353}$，$\lambda_0 = 1/(\sqrt{2}\pi\sigma^2 n_0)$（平均自由行程）により見積もれる[5]．例えば，ノズル温度が 1400 K，淀み圧力 250 kPa の場合，M_T は 9.66～10 程度となる．したがって，この M_T を $Ma = 10$ とすると $S = 1.557$ となる．一方，ノズル温度が 298 K，淀み圧力 120 kPa の場合は $M_T = 12.86$ となる．このときの S は 1.567 となる．これらの S 値の違いによる並進エネルギーの差は小さいので，通常，$M = 10$ を理想条件として並進エネルギーを計算する（ノズルからの距離 x に依存したマッハ数 $M(x)$ は，実験値を再現する気体噴流を擬一次元流れとして近似した Ashkenas–Sherman の式（H. Ashkenas and F. S. Sherman, *Rarefied Gas Dynamics*, **2**, 84（1966））が広く使われている）．

注9　実在気体では，式（5.10.10）に補正が必要となる．膨張過程において密度と温度の減少が起こり衝突頻度の減少が起こることを述べたが，局所平衡に到達する条件では，膨張過程は圧縮性流体の連続モデルで扱える．一般に気体の振動や回転などの内部状態が平衡条件になるには，並進自由度に比べて多くの衝突が必要となる．このように，振動や回転の内部状態の冷却効率は低いのでノズルからある程度離れた位置で平衡に達する．気体の速度分布が変化しないほど衝突割合が小さいとき，気体は分子流条件とよばれる．そして，衝撃波などの非可逆過程のない流れ（分子ビーム）を利用するには，図 5.10.1 に示した衝撃波で形成されるバレル状の領域（セル）のマッハディスク（Mach disk）よりも内側（ノズル側）領域にスキマーを設置して分子流（ビーム）を切り出す．この超音速噴流の境界の構造は淀み圧力と噴出先の圧力の比に依存し，図 5.10.1 のマッハディスクが現れる条件は，2 つの圧力の比が高い場合（噴流境界で反射された圧縮波が先行する圧縮波に追い付き合体して衝撃波となる条件）である．ノズルからある程度離れると内部状態の“凍結”と分子流領域という速度分布の「凍結」が起こる．O_2 などの 2 原子分子の場合，振動の緩和は十分起きるためビーム温度（並進温度）との差は小さい．一方，回転の緩和には，数回の衝突が必要となる（冷めにくい）．したがって，厳密には，並進・振動・回転の各状態に対して平衡を考慮する必要がある．特に，H_2 や D_2 のように軽い分子の場合，回転準位のエネルギー間隔が広いため，平衡に達するには多くの衝突が必要となる．軽い分子の場合，回転と並進の間に大きな温度差が生じるので，各自由度の温度を示す必要がある．

成物の飛行時間測定や角度分布測定による初期吸着確率，表面滞在時間，反応速度定数などの測定を通して行われた．シリコンの表面酸化反応のように酸化物の化学組成や電子状態(化学結合状態)の並進エネルギーによる違いに興味がある場合は，それらの「その場」観察が可能な放射光光電子分光法が威力を発揮する．

Si 結晶面の1つである Si(111)面を真空中において加熱清浄化すると結晶格子の7倍の周期(7×7)をもつ DAS(dimer-adatom-stacking)構造が形成される．その電子状態および反応性は表面物性および表面化学の研究対象である．一方，電子デバイスの微細化にともなう FinFET とよばれる三次元トランジスタの実用化により，平面型 MOSFET において主流であった Si(100)に加えて，Si(111)や Si(110)などの低指数面上の酸化膜が重要となってきた．

放射光を励起光とした光電子分光法は，酸化開始直後の微量な酸素吸着状態から高感度かつ表面敏感にリアルタイム観察できるので，解離吸着過程に関与する中間生成物をとらえることができ，酸化キネティクスを生成物の時間変化として精密に分析可能となる．特に，Si(111)7×7 表面の酸化反応に関しては，室温において分子状化学吸着酸素が各種表面分析法によって確認できる．分子状化学吸着酸素は酸素分子が表面において解離吸着する際の前駆状態(プリカーサー)と考えられており，反応機構の理解に重要な吸着種の1つである．この分子状化学吸着酸素は，触媒で重要な Pt 表面においても確認されている．先に述べた分子の吸着に関する動的過程のように，酸素分子の並進エネルギーがその生成に深く関与することは容易に想像できるため，分子ビームを使った吸着状態の観察は重要である．

図 5.10.3 は，バリアブルリークバルブによるバックフィリング酸化条件の Si 2p と O 1s 光電子スペクトルの時系列変化である．典型的な Si 2p と O 1s スペクトルのカーブフィット解析の結果を示す．図中に示した吸着モデルのように，分子状化学吸着酸素(paul oxygen)，Si–Si 結合間に吸着した酸素(ins oxygen)，最表面の Si 原子の真上の原子状吸着酸素(ad oxygen)および格子間に存在する酸素原子(tri oxygen)に関する情報が O 1s スペクトルから，これらの酸素と Si の結合状態に依存した酸化価数(Si^{n+}：$n=0$～4)情報が Si 2p スペクトルからそれぞれ得られる．

並進エネルギーに依存した初期吸着確率は，リアルタイム光電子分光測定による酸素の吸着曲線(アップテイクカーブ)から評価できる．**図 5.10.4**(a)に O 1s 光電子スペクトルと**図 5.10.4**(b)にアップテイクカーブから求めた初期吸着確率の並進エネルギー依存性を示す[10]．バックフィリング(26 meV)から 0.06 eV へ並進エネルギーが増加あるいは表面温度の上昇にともない初期吸着確率は減少するので，物理吸着をトラッピング状態とした(解離)吸着(precursor-mediated/trapping-mediated

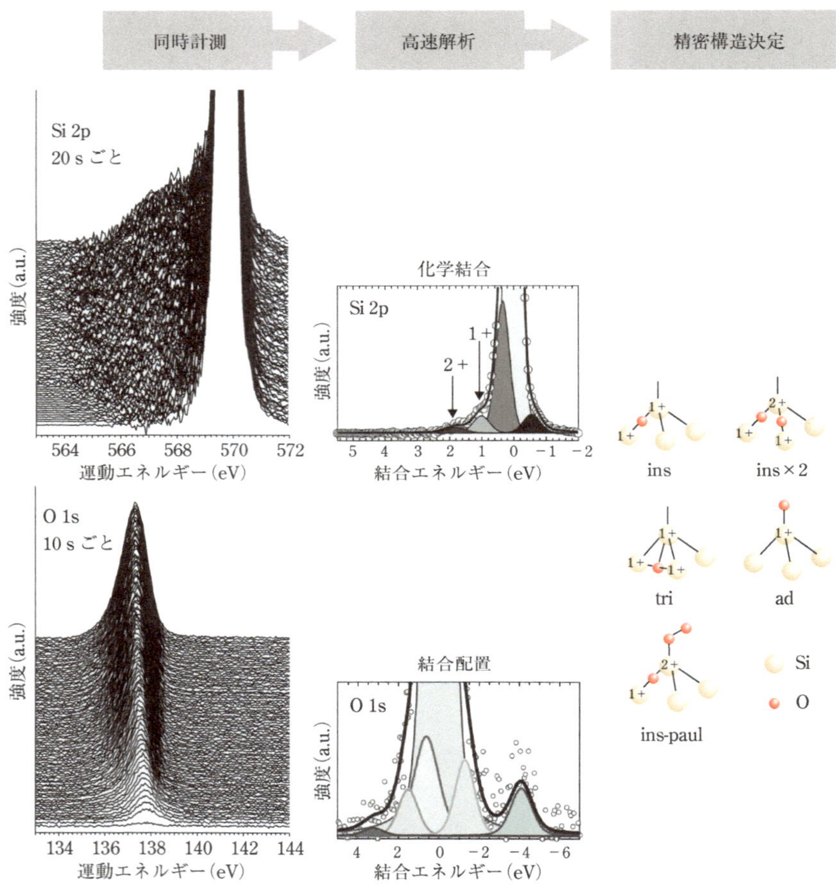

図 5.10.3　Si(111)7×7 表面の酸化のリアルタイム光電子スペクトル実験の流れ[10)]

adsorption)を介した酸化が起きる．バックフィリング条件の走査型トンネル顕微鏡観察結果との類推から，7×7 の faulted half サイトのコーナーの Si アドアトムサイトにバリアレスで解離吸着が進行し，バックボンドに 1 つ酸素原子をもつ ins 構造が形成され，それ以外のサイトに酸素が飛来した場合にはエネルギーバリアーが存在するため解離吸着サイトへの表面移動あるいは脱離が起こる．一方，並進エネルギーの増加にともない初期吸着確率の増加が観察される．0.06 eV から上の 0.4 eV あるいは 2.3 eV 付近に示したように表面温度に初期吸着確率が依存しない場合は，トラッピング状態を経由しない直接吸着が起きる．また，1.2 eV 付近からの吸

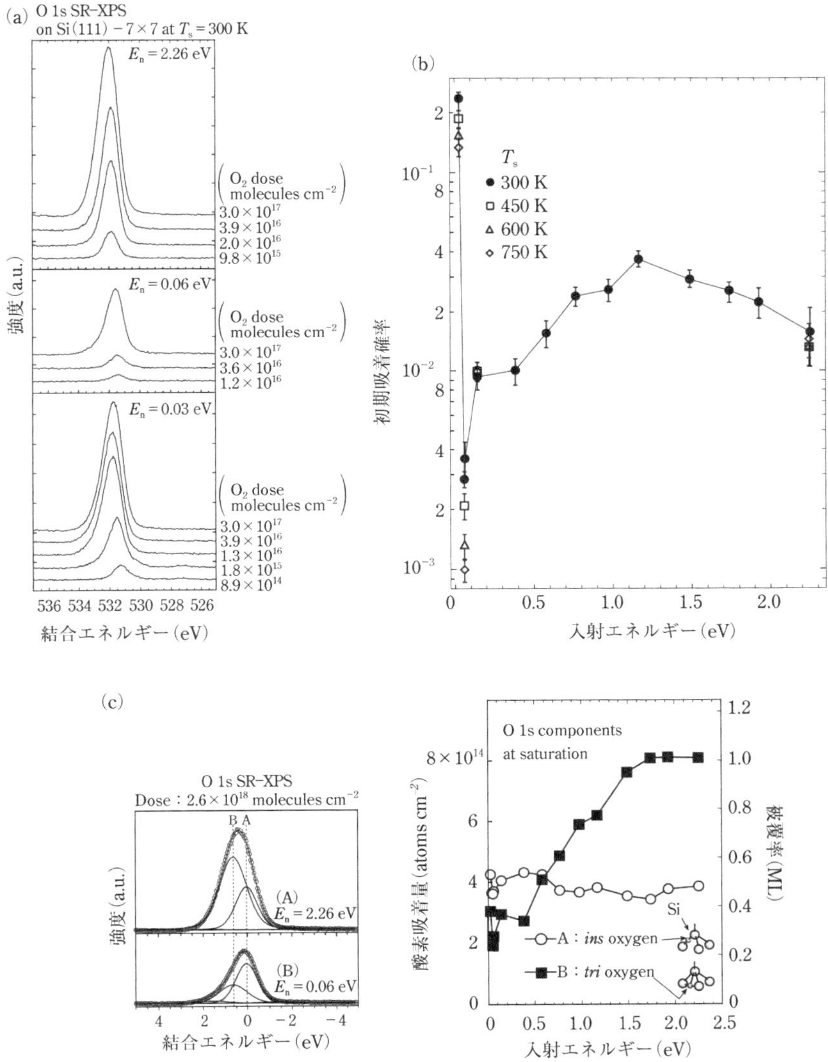

図 5.10.4　並進エネルギーに依存した(a)リアルタイム O 1s 光電子スペクトル，(b)初期吸着確率，(c) O 1s スペクトルと tri oxygen の変化[10]

着確率の減少は，表面の反発効果が大きくなることに対応する．**図 5.10.4**(c)に示した O 1s 光電子スペクトルの成分解析から，0.4 eV 付近の初期吸着確率の増加は，tri oxygen 形成の直接吸着が開始されるエネルギー閾値に対応する．バックフィリ

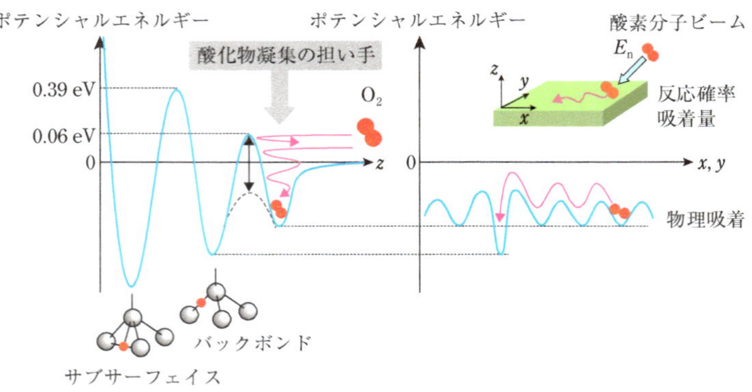

図 5.10.5　室温において Si(111)7×7 表面へ酸素分子が吸着する場合のポテンシャルダイアグラム[10]

ングと 0.06 eV の酸化物の成長速度の違いは，トラッピング状態への捕獲確率が並進エネルギーの増加とともに低くなることに起因する．並進エネルギーが 0.06 eV を超えるとトラッピング状態を経由する経路に加えて，清浄表面上への直接吸着により分子状化学吸着状態が生成する経路が可能となり，さらに 0.4 eV 付近を超えると直接吸着過程のみとなる．これらは各成分の時間変化の並進エネルギー依存性から，並進エネルギーごとの吸着ダイナミクスの類似性として確認できる[11]．

酸素吸着配置および Si の酸化状態の相関から，O 1s 光電子スペクトル上に観測される分子状化学吸着酸素の吸着構造は，バックボンドに酸素原子を 1 つもつ Si-adatom (ins 構造) 上に化学吸着した酸素分子 (ins-paul 構造) であると結論される[10]．これは，O 1s 光電子スペクトルに観測される分子状化学吸着酸素は，清浄(未酸化)表面上で解離吸着する前の前駆的分子状化学吸着状態とは異なることを示している．ここで観察された分子状化学吸着酸素の形成には，物理吸着トラッピング状態での表面移動過程が介在していることが示唆され，この表面移動が特異的な一次元状酸化物ナノ構造の形成にも寄与することが STM による実空間リアルタイム観察から示されている[13]．このように並進エネルギーを制御した分子ビームを用いることで吸着反応経路を調べることが可能である．

酸素分子の並進エネルギーに依存した表面酸化物の生成速度の測定から，**図 5.10.5** の酸素吸着のポテンシャルエネルギーダイアグラムが描ける．

以上のように，微量の酸素吸着量からその酸素曝露時間にともなう化学状態の変化を，ガス雰囲気あるいは分子ビーム照射下で表面温度を変えて精密分析できることは，放射光を使った光電子分光法ならではの特徴である．

5.10.4 ■ まとめと展望

分子ビームと光電子分光法の組み合わせは，表面化学反応の研究に威力を発揮する．本節で紹介した分子状吸着酸素に関しては，最近，Si(100)2×1酸化においても観測され[14]，Si(111)7×7表面との類似性など酸化反応の理解に重要な結果が得られつつある．ゲルマニウム(Ge)は，キャリア移動度の優位性から次世代デバイス材料として注目されており，表面酸化に関しては，Si表面と異なる特徴が明らかになっている[15,16]．パワーエレクトロニクスにおいて炭化ケイ素(SiC)は有力な材料の1つである．SiC表面の酸化においてもSi表面の酸化と同様の分子状化学吸着酸素がO 1sスペクトルに観測されている[17]．これらの光電子分光分析が，酸化反応の系統的な理解に役立つと期待されている．

本節では，ノズルを用いた分子ビームによる並進エネルギー制御を述べるとともに，放射光を使ったリアルタイム光電子分光法の酸化反応観察への応用の一部を述べたが，酸素分子に限らずさまざまな分子に対してさらなる応用が期待されている．

［引用文献］

1）A. Zangwill, *Physics at Surfaces*, Cambridge University Press, Cambridge(1988)

2）岩澤康裕，中村潤児，福井賢一，吉信 淳，ベーシック表面化学，化学同人(2010)

3）H. Pauly, *Atom, Molecule, and Cluster Beams I, Basic Theory, Production and Detection of Thermal Energy Beams*, Springer-Verlag, Berlin(2000)

4）G. Scoles, *Atomic and Moleculra Beam Methods, Vol. I*, Oxford University Press, Oxford(1988)

5）日本化学会 編，第4版 実験化学講座8：分光III，丸善出版(1990)，第4版 実験科学講座11：反応と速度，丸善出版(1992)

6）A. Kanstrowitz and J. Grey, *Rev. Sci. Instrum.*, **22**, 328(1951)

7）杉山 弘，圧縮性流体力学，森北出版(2014)

8）松尾一泰，圧縮性流体力学―内部流れの理論と解析，オーム社(1994)

9）M. D. Morse(F. B. Dunning and R. G. Hulet eds.), *Atomic, Molecular, and Optical Physics : Atoms and Molecules*, Chapter 2 Supersonic beam sources

10）A. Yoshigoe and Y. Teraoka, *J. Phys. Chem. C*, **114**, 22539(2010)

11）A. Yoshigoe and Y. Teraoka, *J. Phys. Chem. C*, **118**, 9436(2014)

12）A. Yoshigoe and Y. Teraoka, *Jpn. J. Appl. Phys.*, **49**, 115704(2010)

13）A. Yoshigoe and Y. Teraoka, *J. Phys. Chem. C*, **116**, 4039(2012)

14）A. Yoshigoe, R. Taga, Y. Yamada, S. Ogawa, and Y. Takakuwa, *Jpn. J. Appl. Phys.*, **55**, 100307（2016）

15）A. Yoshigoe, Y. Teraoka, R. Okada, Y. Yamada, and M. Sasaki, *J. Chem. Phys.*, **141**, 174708（2014）

16）R. Okada, A. Yoshigoe, Y. Teraoka, Y. Yamada, and M. Sasaki, *Appl. Phys. Express*, **8**, 025701（2015）

17）S. Takahashi, S. Hatta, A. Yoshigoe, Y. Teraoka, and T. Aruga, *Surf. Sci.*, **603**, 221（2009）

5.11 ■ 電気化学セルと組み合わせた固液界面反応の「その場」観察

XPSは物質の表面組成および酸化状態を非破壊的に分析することができるという特徴から，基礎物性研究のみならず広範な材料開発においてもいまや欠かすことのできないツールである．XPSは物質との相互作用が強い電子をプローブとして利用するため真空中において測定することが必須であるが，もしXPSを固液界面における電気化学過程の「その場」観察に応用することができれば，電子移動反応中における電極材料の電子状態をはじめ，界面近傍における溶存種，中間体・生成物を含む表面吸着種など，反応に関与する多くの因子からメカニズムを議論することが可能となるため，電気化学との融合に向けた動きが古くから続けられている．今日までに，電気化学界面を観察するためのさまざまな工夫がなされ，**図 5.11.1** に示す3つの異なるアプローチによってXPSを利用した電気化学反応「その場」観察が実現されている[1)]．本節ではさまざまな電気化学セルとの組み合わせによって，XPSを固液界面における電気化学反応の「その場」観察に応用した例について紹介する．

5.11.1 ■ イオン液体を利用した電気化学反応のその場測定

第一の例として，イオン液体を利用したその場XPS測定があげられる[2,3)]．イオン液体の蒸気圧は真空中においてもほぼゼロであり，特別なしくみを用いることなく，真空槽中に直接導入・保持することが可能である．

図 5.11.2（a）にイオン液体（*N*-methylacetate）-4-picolinium bis（trifluoromethylsulfonyl）imide（[MAP][Tf_2N]）中において，銅電極を＋1.8 Vで定電位電解しながら測定されたCu 2p光電子スペクトルの時間変化を示す[2)]．電極から数mm離れたイオン液体の液滴表面を時分割モードで測定している．時間経過にともないCu $2p_{3/2}$ に帰

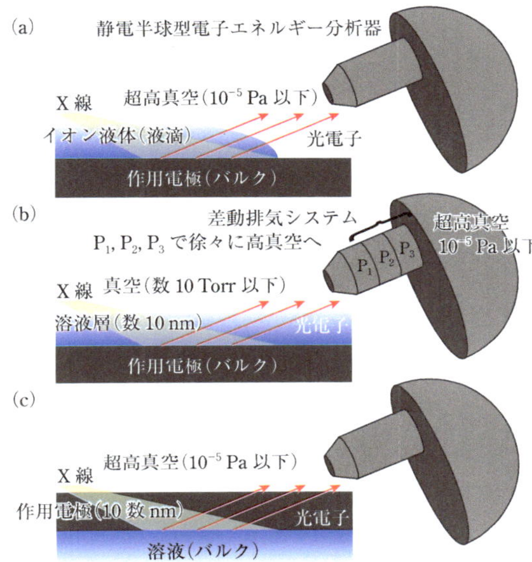

図 5.11.1　(a)イオン液体，(b)準大気圧 XPS および(c)環境セルを利用した電気化学その場 XPS 測定の概略図．(a)真空槽に導入・保持されたイオン液体表面およびその電極との境界付近を分析する．(b)差動排気システムを利用して，低真空下に保持された"濡れた表面"を分析する．(c)液体で満たされた環境セルを真空槽に導入し，環境セルの薄膜部(作用電極)を透かして固液界面を分析する[1]．

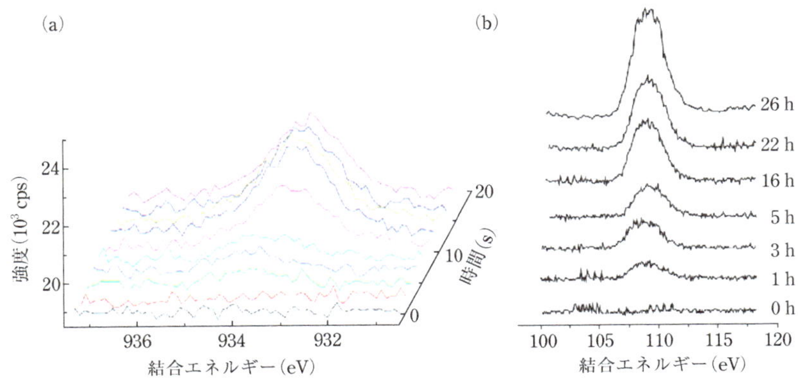

図 5.11.2　(a)銅電極を＋1.8 V(vs. Mo stub)で定電位電解しながら測定した[MAP][Tf_2N]液滴表面の Cu 2p 光電子スペクトルの時間依存性．(b)0.1 M Rb [NTf_2]を含む[C_4mpyrr][NTf_2]中において-1×10^{-5} A で定電流電解しながら測定したニッケル網状電極表面の Rb 3d 光電子スペクトルの時間依存性

［(a)は F. L. Qiu *et al.*, *Phys. Chem. Chem. Phys.*, **12**, 1982(2010), Fig. 9, (b)は R. Wibowo *et al.*, *Chem. Phys. Lett.*, **517**, 103(2011), Fig. 3］

属されるピークが徐々に増加していることから，銅電極から銅イオンが溶出・拡散し，電極から沖合の分析領域まで到達していることが示された．また，**図 5.11.2**(b)では，0.1 M Rb[NTf_2]を含む *N*-butyl-*N*-methylpyrrolidinium bis(trifluoromethylsulfonyl)imide([C_4mpyrr][NTf_2])中において，−10 μA で定電流電解しながら測定されたニッケル網状電極の Rb 3d 光電子スペクトルを示す[3]．Rb 3d 光電子ピーク強度が時間とともに増加していることから，ニッケル網状電極表面にルビジウムが析出していることが示された．

5.11.2 ■ 準大気圧 X 線光電子分光法を利用した電気化学反応のその場測定

第二の例として，差動排気システムと静電レンズシステムを組み合わせた準大気圧 XPS の利用があげられる[4,5]．5.6 節および 6.1 節に詳しく述べられている通り，準大気圧 XPS は，比較的低真空下(10^3 Pa 程度)に保持された試料に X 線を照射し，試料室から検出器までの真空度を段階的に引き上げながら，静電レンズを併用して放出光電子を効率良く検出する手法である．この手法では，真空槽内の真空度と蒸気圧を制御することによって，数 10 nm 程度の薄い溶液層に埋もれた電極材料を観察することが可能であり，電気二重層における物質の分布[6]や燃料電池触媒の酸化状態分析[7]に応用されている．ここでは前者に絞って例を紹介する．

図 5.11.3 に示すように，作用電極の一部を電解質水溶液で満たされた電気化学セルから引き上げ(“Dip & pull” method)，電位制御下，薄い電解質水溶液層およびそれに覆われた電極表面を対象として XPS 測定を行うことが可能である[4]．保持可能な電解質水溶液層の厚さは真空槽内における相対湿度および温度に依存し，光電子の平均自由行程との兼ね合いで数 nm から数 10 nm 程度に制御する必要がある．

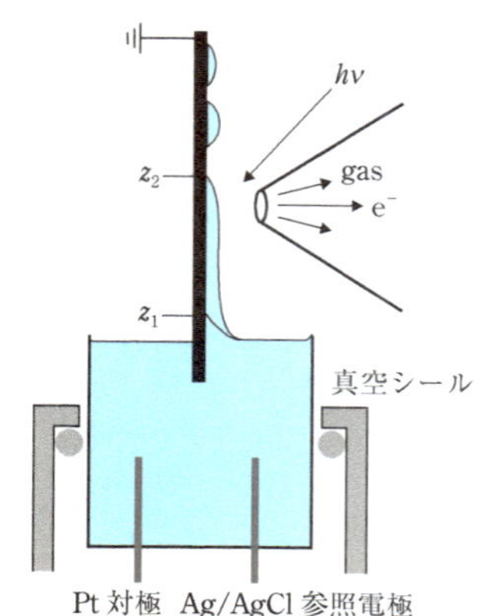

図 5.11.3　準大気圧 XPS を利用した電気化学その場測定用セル
[O. Karslioglu *et al.*, *Faraday Discuss.*, **180**, 35(2015), Fig. 3]

図 5.11.4 はピラジンを含む水酸化カリウム水溶液中においてさまざまな電位で測定した金電極の N 1s および O 1s 光電子スペクトルである[6]．N 1s 光電子スペクトルにおいては電極に吸着したピラジン(Py_{ESF})および溶液層におけるピラジン(LPPy)に帰属される 2 つのピークが 399.7 eV およびそれより高エネルギー側に観察された．また，O 1s 光電

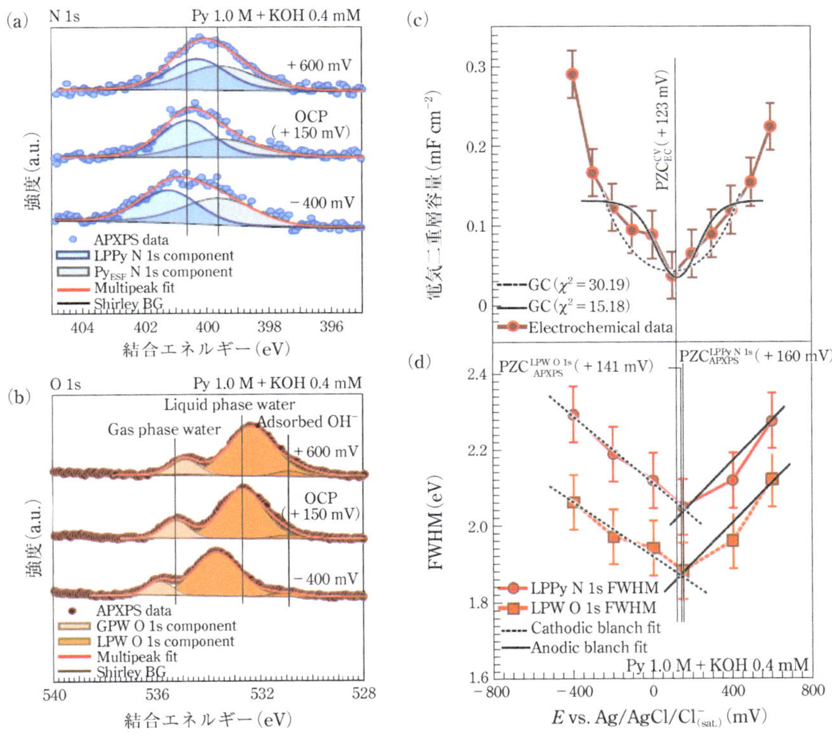

図 5.11.4　ピラジンおよび水酸化カリウムを含む水溶液中においてさまざまな電位で測定された金電極の(a)N 1s および(b)O 1s 光電子スペクトル．(c)電気化学測定より得られた電気二重層容量および(d)溶液層におけるピラジン(LPPy)ピークと液相水(LPW)ピークの半値幅の電位依存性
[M. Favaro *et al.*, *Nat. Commun.*, **7**, 12695(2016), Fig. 2]

子スペクトルにおいては気相の水(GPW)，液相の水(LPW)および吸着ヒドロキシ基に帰属されるピークが観察された．電位を開回路電位(OCP)から正電位あるいは負電位側に走査すると，Py_{ESF} およびヒドロキシ基由来のピーク位置はほぼ変わらないのに対して，LPW および LPPy はそれぞれ低エネルギー側および高エネルギー側にシフトした．さらに，溶液種である LPW および LPPy のピーク幅が大きく変化した．図 5.11.4(c)および(d)のように，電気化学的手法によって見積もられた電気二重層容量と LPW および LPPy のピーク幅を電位に対してプロットすると，電極表面の電荷がゼロになる PZC において，電気二重層容量およびピーク幅が最小値をとることが示された．このほか，同様の配置において白金電極の表面酸化物

形成といった酸化状態変化も観察されており[4]，この手法では電極電位の変化に対応した界面近傍での組成・酸化状態分析が可能である．

5.11.3 ■ 環境セルを利用した電気化学反応のその場測定

第三の例として，電子顕微鏡でいうところの「環境セル」を用いたその場測定があげられる[8~10]．この手法では，X 線・電子透過用の薄膜(数 10 nm 以下)を備えた小型の容器(＝環境セル)を気体／液体で満たした状態で真空槽中に保持し，薄膜に X 線を照射することによって薄膜と内部を満たす物質の界面から発生する光電子を薄膜を透かして分析する．この環境セルを電気化学反応に応用する場合，薄膜に(1)X 線・電子透過用の窓，(2)真空と液体の隔壁，さらには(3)作用電極としての役割を兼ねさせる必要がある．前項で述べた準大気圧 XPS を利用したその場測定では非常に薄い溶液層を用いる必要があるため，電極表面における電位の不均一な分布や大きなセル抵抗を生じる場合があるのに対し，環境セルにおいては理論のうえでは溶液層の厚みに制限がなく，十分な厚さの溶液層を用いることができるため，上述の問題を排除することができる．一方，この手法では厚さがわずか 20 nm 程度の薄膜が真空と液体を隔てているため，電気化学反応にともなうセル内圧の変化や X 線照射や反応にともなう薄膜の損傷によってセル内部の液体が真空槽に流出する危険性を含んでいる．

電気化学その場 XPS 測定に用いられた微小容積型の電気化学セルは次のように作製した[8]．厚さ 100 μm のシリコンチップのうち，一部の領域(100 μm × 750 μm)が 15 nm まで薄膜化されたものを母材とした．この薄膜領域を親水化処理した後，液滴を滴下し，対極として用いる銅箔を接着することによって封止型セルとした．シリコンを作用電極として用いるために金属ワイヤと接続し，銅箔との間にバイアス電圧を印加しながら薄膜領域の XPS 測定を実施した．

この配置において，銅箔に対してシリコン薄膜が正電位となるようにバイアス電圧を印加することによって，**図 5.11.5**(a)のように 0.8 V 付近からアノード電流が観察された．この電流がセル内部に水を満たしたときにのみ観察されたことから，シリコン薄膜／水界面ではシリコン酸化物が形成されており，銅箔／水界面では水素発生や有機物の分解が起こっているものと考えられる．各バイアス条件において測定された XPS スペクトルを**図 5.11.5**(b),(c)に示す[8]．バイアス印加前を含むいずれのスペクトルにおいても Si $2p_{1/2}$ および $2p_{3/2}$ に帰属される 100 eV および 99.5 eV 付近のピークのほか，シリコン酸化物に帰属される 104.5 eV 付近のピークが観察された．このことは実験開始時点ですでにシリコン薄膜部が自然酸化膜に覆われ

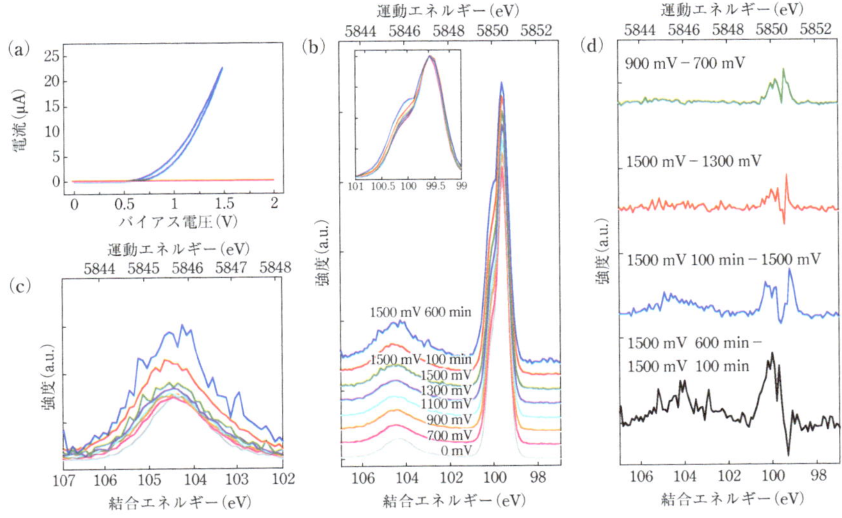

図 5.11.5　微小容積型電気化学セルについての(a)電流電位曲線，(b)Si 2p 領域電気化学その場光電子スペクトル，(c)シリコン酸化物領域の拡大図および(d)差分スペクトル[8]

ていることを示している．より大きなバイアス電圧を印加し，シリコン薄膜部をより正電位に長時間保持することによって，シリコン酸化物に帰属されるピーク強度は徐々に増加した．このことから，水との界面においてシリコン酸化物が電気化学的に成長したことが示された．興味深いことに，シリコン酸化物の成長とともに Si $2p_{1/2}$ と $2p_{3/2}$ のピーク強度比が変化している．この変化は**図 5.11.5**(d)の差分スペクトルにも現れており，後述する理由によって，シリコン酸化物とシリコンの間に存在する歪んだシリコンのスペクトルへの寄与が増加したことによるものと考えられる．

シリコンおよびシリコン酸化物中における光電子の平均自由行程を TPP-2M 式によって計算し[11]，物質中における原子密度などに基づいて，各条件におけるシリコン酸化物の厚さ変化を求めた．この計算は，(1)シリコン薄膜の両面が同じ厚さの自然酸化膜に覆われており，(2)バイアス電圧を印加することによって，自然酸化膜のうち真空側(分析表面)は変化せず，裏側(セル内部)の固液界面(シリコン薄膜と水との界面)においてのみシリコン酸化物が電気化学的に成長するという仮定に基づいている．その結果，バイアス電圧印加前は 2.1 nm であった酸化膜が 8.2 nm まで電気化学的に成長したことが示された．このとき，成長したシリコン酸化物とシリコンの界面が分析表面側に接近するため，両者間の歪んだシリコンのスペクトルへの寄与が大きくなったものと説明することができる.

5.11.4 ■ まとめと展望

XPS を基盤とした固液界面のその場測定は発展途上の計測技術であり, 基礎研究や測定配置の実証に関する報告がいまだその多くを占めている. イオン液体中で観察された情報は, 性質の異なる水やその他通常の液体に一般化することは難しく, 準大気圧 XPS による電気化学過程のその場観察には溶液層の厚みや装置のマシンタイムといった制限がつきまとう. また, 環境セルを利用したその場 XPS 測定には, 光電子に対する十分な透過能と機械的・化学的耐久性をあわせもつ多様な薄膜の開発が不可欠であるなど, 広範な材料系に応用するためにはまだ克服すべき課題が多く残されており, 今後のさらなる発展が待たれる.

[引用文献]

1) 増田卓也, 化学と工業, **69**, 394 (2016)

2) F. L. Qiu, A. W. Taylor, S. Men, I. J. Villar-Garcia, and P. Licence, *Phys. Chem. Chem. Phys.*, **12**, 1982 (2010)

3) R. Wibowo, L. Aldous, R. M. J. Jacobs, N. S. A. Manan, and R. G. Compton, *Chem. Phys. Lett.*, **517**, 103 (2011)

4) S. Axnanda, E. J. Crumlin, B. H. Mao, S. Rani, R. Chang, P. G. Karlsson, M. O. M. Edwards, M. Lundqvist, R. Moberg, P. Ross, Z. Hussain, and Z. Liu, *Sci. Rep.*, **5**, 9788 (2015)

5) O. Karslioglu, S. Nemsak, I. Zegkinoglou, A. Shavorskiy, M. Hartl, F. Salmassi, E. M. Gullikson, M. L. Ng, C. Rameshan, B. Rude, D. Bianculli, A. A. Cordones, S. Axnanda, E. J. Crumlin, P. N. Ross, C. M. Schneider, Z. Hussain, Z. Liu, C. S. Fadley, and H. Bluhm, *Faraday Discuss.*, **180**, 35 (2015)

6) M. Favaro, B. Jeong, P. N. Ross, J. Yano, Z. Hussain, Z. Liu, and E. J. Crumlin, *Nat. Commun.*, **7**, 12695 (2016)

7) H. S. Casalongue, S. Kaya, V. Viswanathan, D. J. Miller, D. Friebel, H. A. Hansen, J. K. Nørskov, A. Nilsson, and H. Ogasawara, *Nat. Commun.*, **4**, 2817 (2013)

8) T. Masuda, H. Yoshikawa, H. Noguchi, T. Kawasaki, M. Kobata, K. Kobayashi, and K. Uosaki, *Appl. Phys. Lett.*, **103**, 111605 (2013)

9) J. J. Velasco-Velez, V. Pfeifer, M. Havecker, R. S. Weatherup, R. Arrigo, C. H. Chuang, E. Stotz, G. Weinberg, M. Salmeron, R. Schlogl, and A. Knop-Gericke, Angew. *Chem. Int.*

Ed., **54**, 14554 (2015)

10) J. Kraus, R. Reichelt, S. Gunther, L. Gregoratti, M. Amati, M. Kiskinova, A. Yulaev, I. Vlassiouk, and A. Kolmakov, *Nanoscale*, **6**, 14394 (2014)

11) S. Tanuma, C. J. Powell, and D. R. Penn, *Surf. Interf. Anal.*, **11**, 577 (1988)

5.12 ■ 電子デバイスのオペランド測定

電子デバイスは，電子をはじめホールや励起子などの準粒子がキャリアとして働く機能素子である．スイッチング素子におけるオン状態とオフ状態の大きな変化は，デバイス構成要素(半導体，電極，基板)間での界面電荷移動や半導体内部でのバンド変調といった，デバイス内部の電子状態変化に起因する．そのため，新材料を活用したデバイスの動作原理検証および特性不良の原因解明には，非破壊・非接触での分析が可能な光電子分光法による電子状態解析が有効である．

しかし一般的な光電子分光装置では，時間的(測定時間：数分～数時間)・空間的(測定領域：～数 100 μm)に平均情報を得ることが前提とされており，微細化が進む実デバイスの測定を行うためには，(i)微小デバイスのさらに特定部位のピンポイント情報が得られる高い空間分解能と，(ii)「オン状態＝デバイス動作状態」の動的過程の経時変化を追える迅速測定システムを兼ね備えている必要がある．後者で言及したデバイス動作状態での観察は昨今，ラテン語で“operation(動作)”を意味する“*operando*”という単語から「オペランド測定」とよばれている．オペランド測定は触媒の反応過程分析の分野で使われ始めたフレーズである[1]．試料が結晶成長・反応する環境で測定を行う「その場測定」と比較して，さらに積極的に外場を与え，試料が何らかの機能を呈している状態を作り出したうえで観測する，という意味で広く用いられるようになった．

電子デバイスのオペランド測定では，パラメーターの掃引にともなう膨大なデータ点を迅速に得られる高輝度放射光光源を利用した研究が盛んに行われている．本節ではその具体例として，4.2 節で解説した三次元ナノ XPS 装置[2,3]にオペランド測定機構を導入したシステムによって得られた実験結果を取り上げる．実際に三次元ナノ XPS 装置に導入した 5 端子電圧印加用試料ホルダーを**図 5.12.1**(a)に示す．バックゲート構造の基板をゲート端子に導電性テープで固定し，素子の各端子とホルダーの各端子をワイヤボンディングやカーボンペースト接着で接続する．裏面から試料ステージのベリリウム銅製バネコンタクトで各端子との接触をとり，超高真空対応カプトン絶縁被覆同軸ケーブルと電流導入端子を通して，半導体パラメー

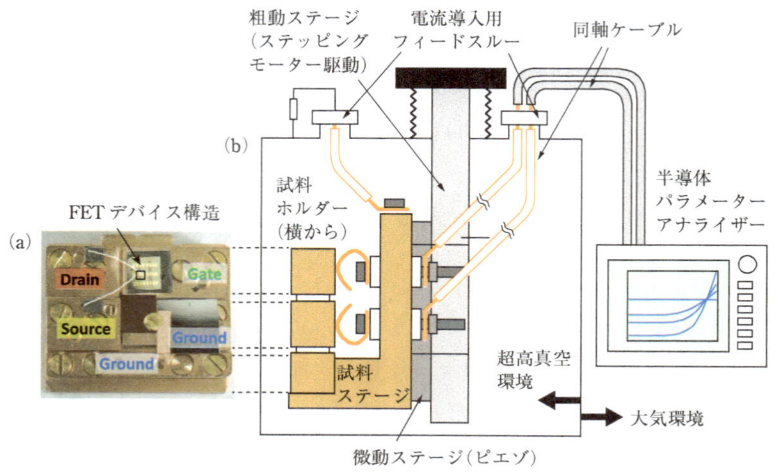

図 5.12.1　(a)三次元ナノ X 線光電子分光装置の 5 端子電圧印加用試料ホルダー，(b)三次元ナノ X 線光電子分光装置に導入したオペランド測定用配線の模式図

ターアナライザーと接続する(**図 5.12.1** (b))．試料ステージ・ソース電極端子はシグナルグランドであり，半導体パラメーターアナライザーのフレームグランドと接続し，チャンバー本体を通してアースしている．以下では，ポストシリコン電子デバイスの顕微分光分析を行った結果について紹介する．

5.12.1 ■ 原子層デバイスのオペランド観察

4.2 節で取り上げたグラフェン電界効果トランジスタ(graphene field effect transistor, GFET)構造にゲート電圧を印加し，チャンネル上でのピンポイント光電子分光測定を行った[4)]．

実際にグラフェンチャンネル上に焦点を合わせ，C 1s 内殻準位の結合エネルギーピークの値とゲート電圧の関係を測定した結果を**図 5.12.2** に示す．ゲート電圧の値が負に大きくなるにつれて C 1s の結合エネルギーが低い方にシフトしていく様子がみられた(図 5.12.2 (a))．

ここで簡単なモデル計算によって測定結果の妥当性を定量的に解釈してみよう．線形分散をもつ理想的な二次元系を仮定する．グラフェンの分散関係は

$$E_{\pm}(q) = \hbar v_{\mathrm{F}} q \tag{5.12.1}$$

である．ここで，$\hbar$ はプランク定数，v_{F} は電子のフェルミ速度である．理想的な

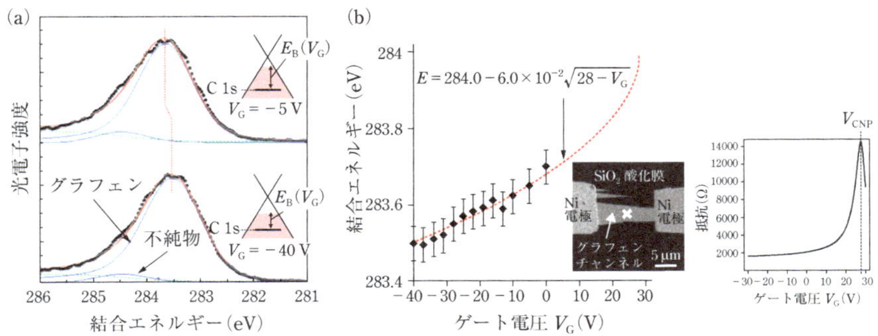

図 5.12.2　GFET のゲート電圧印加中におけるオペランド顕微分光分析結果

(a)グラフェンチャンネル上でピンポイント測定した C 1s の内殻光電子スペクトル．グラフェン sp^2 結合由来のピーク成分とコンタミ由来のピーク成分がみられる．前者に注目すると，$V_G = -5$ V のときと比べて $V_G = -40$ V のときの方がピークは低結合エネルギー側にシフトしており，V_G でより多くホールドープされていることがわかる．(b)グラフェン sp^2 結合由来のピークの結合エネルギーとゲート電圧の関係．黒のマーカーが光電子分光測定の結果，点線が式(5.12.5)による理論曲線である．挿入図(左)は GFET 試料の C 1s 光電子ピーク強度マッピングで，図の×印(グラフェンチャンネルの真ん中)が測定位置．挿入図(右)は GFET の抵抗値のゲート電圧(V_G)依存性で，抵抗値が最大となる電圧は，フェルミ準位 E_F が線形分散のディラック点と一致する電荷中性点(V_{CNP})である．

二次元系のキャリア密度 n は，波数空間におけるフェルミ波数 k_F までの占有状態数で表せる[5)]ので，

$$n = g_s g_v \int_{|q| \le k_F} \frac{dq}{(2\pi)^2} = \frac{g_s g_v k_F^{\,2}}{4\pi} \tag{5.12.2}$$

となる．グラフェンの場合は，スピン縮退度は $g_s = 2$，バレー縮退度は $g_v = 2$ である．フェルミ準位 E_F のディラック点のエネルギー E_{DP} からのずれは，式(5.12.1)と式(5.12.2)より

$$E_F - E_{DP} = \hbar v_F k_F = \hbar v_F \sqrt{\pi}\sqrt{n}\,(\mathrm{eV}) \tag{5.12.3}$$

と書ける．さらに，GFET を SiO_2 薄膜が誘電体のキャパシタ構造とみなす[5)]と，

$$n = C_{SiO_2}(V_{CNP} - V_G) \tag{5.12.4}$$

と表せる．ここで，V_G はゲート電圧，V_{CNP} は図 5.12.2 (b)右図の電流－電圧特性の変曲点にあたり，フェルミ準位とディラック点が一致する電荷中性点のゲート電圧値である．実験で使用した膜厚 90 nm の SiO_2 薄膜のキャパシタンスは $C_{SiO_2} \sim 0.038$ μF/cm^2 である[6)]．グラフェン内での電子のフェルミ速度は，簡単なタイトバインディングモデルから $v_F \sim 1.1 \times 10^6$ m/s と算出できる．フェルミ準位とディラック

点が一致するときのC 1sの結合エネルギーをE_B(DP)とすると，式(5.12.3)と式(5.12.4)から，ゲート電圧V_Gを印加したときに光電子スペクトルピークとして観測が期待されるC 1sの結合エネルギー$E_B(V_G)$は

$$E_B(V_G) = E_B(\mathrm{DP}) - 6.0\times10^{-2}\sqrt{V_{\mathrm{CNP}} - V_G} \qquad (5.12.5)$$

である．式(5.12.5)による$E_B(V_G)$とV_Gの関係の推定曲線が図5.12.2(b)の点線であり，光電子スペクトルピークの実測値(黒のプロット)の挙動と非常に良く一致していることがわかる．

この結果は，電子デバイスのオペランド分析が定量的議論に足りる精度で可能なことを実証している．ここではチャンネル内の1点でのピンポイント計測であったが，内殻準位シフトのマッピングを行えば，デバイス動作中のチャンネル内キャリア分布や電荷移動領域の経時変化をとらえることが可能である．

5.12.2 ■ 有機半導体デバイスのオペランド観察

有機半導体薄膜をチャンネルとして利用した有機FET(OFET)は，従来の無機系半導体材料を用いた場合と比較して軽量かつ低コストであり，フレキシブルな形態への応用も期待できる次世代電子デバイスである．有機半導体はペンタセンやルブレン，フラーレンをはじめ非常に多くの種類が知られており，分子設計による多彩な機能・構造制御も可能である．移動度が低いことが欠点ではあるが，最近では簡便な湿式プロセスである溶液塗布法によって単結晶的な自己組織化構造をもつ有機薄膜が作製されており，そのような系では高いキャリア移動度(～数10 $cm^2/V\cdot s$)の実現が期待されている[7]．GFETと同様に，電子デバイス動作特性には異種接合界面の状態やチャンネル内のキャリア分布が大きく影響する．そこで筆者らはデバイス動作下でのポテンシャル分布や局所的な結合状態を探るべく，三次元ナノXPS装置を用いたオペランド顕微分光分析を行った[8]．

測定試料[9]はSiO_2(200 nm)/n-Si(100)基板上に溶液塗布法で3,11-didecyl-dinaphtho[2,3-d:2′,3′-d′]benzo[1,2-b:4,5-b′]dithiophene誘導体(C10-DNBDT-NW)薄膜(膜厚3 ML，～12 nm)を作製し，その上にAu電極を蒸着したものである(**図5.12.3**)．このOFET構造は比較的欠陥が少ないため移動度が高い．C10-DNBDT-NW分子はホールをキャリアとするp型であり，構造における側鎖の$C_{10}H_{21}$の効果によって大気安定性も良好である．チャンネル長は5 μm，チャンネル幅は600 μmのマイクロアレイ構造であり，ワイヤボンディングで測定するチャンネルの電極を試料ホルダーに配線して測定を行った．実際の実験時の試料ホルダーは図5.12.1(a)に

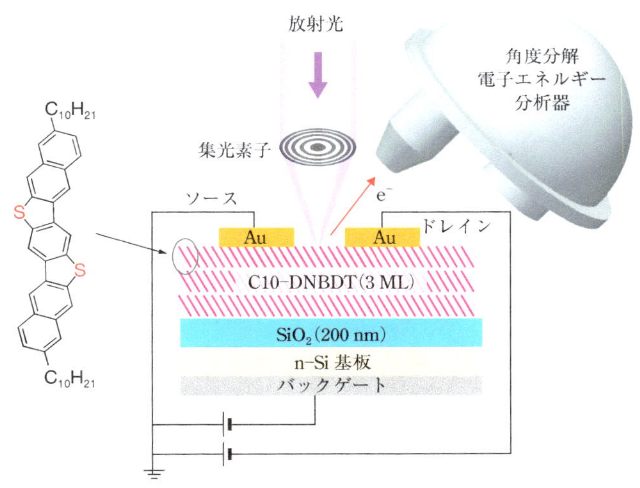

図 5.12.3 OFETの構造と測定法の概念図
左の分子式がC10-DNBDT分子であり，基板への塗布によってこれが縦配向した自己組織化膜を形成する．

示したものである．

ソース電極近傍から有機薄膜チャンネルを経てドレイン電極近傍まで，C 1s光電子スペクトルのラインスキャン測定を行ったところ，**図 5.12.4**(a)のように，−30 Vのゲート電圧印加によってC10-DNBDT-NW由来のC 1s結合エネルギーがチャンネル全域にわたり一様に0.1 eV程度低エネルギー側にシフトしており，バックゲート電極からC10-DNBDT-NW薄膜チャンネルにホールドープされている状態が確認された．また図5.12.4(b)のように，ドレイン電圧も印加した状態では，チャンネル内のソース-ドレイン間のポテンシャル勾配を検出することもできる．

次にチャンネル内におけるC 1s結合エネルギーのゲート電圧依存性を測定した．**図 5.12.5**(a)のマーカーと左のエネルギー軸が測定値であり，マーカーの形は**図 5.12.5**(b)の測定位置と対応している．GFETでは輸送特性は*ex situ*の結果と比較したが，本実験ではさらに進んでOFETの輸送特性も光電子スペクトルと同時に測定している．

こちらも光電子スペクトルの結合エネルギーシフトと輸送特性測定結果の妥当性を評価しておこう．有機半導体の化学ポテンシャルμは，ボルツマン分布

$$n \propto \exp\left(-\frac{E_{\mathrm{VBM}}-\mu}{k_{\mathrm{B}}T}\right) \tag{5.12.6}$$

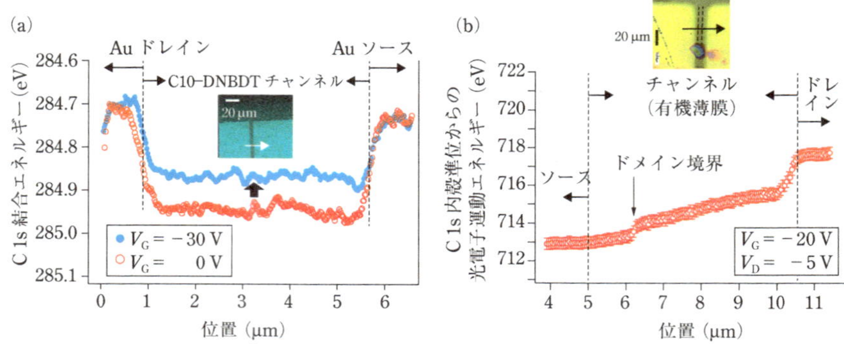

図 5.12.4　OFET のオペランド顕微分光イメージング(ラインスキャン)の結果
静電ポテンシャルの空間分布が可視化できる．(a)OFET 構造における C 1s の結合エネルギーのオペランドラインプロファイル．○がゲート電圧を印加していない $V_G = 0$ V のとき，●が $V_G = -30$ V のときの結果である．ゲート電圧印加にともない，チャンネル内で一様に結合エネルギーがシフトしていることがわかる．チャンネル内のポテンシャル分布を表している．(b)ドレイン電圧も印加したとき($V_G = -20$ V，$V_D = -5$ V)の C 1s からの光電子の運動エネルギーのラインプロファイル．C 1s の結合エネルギー＝フェルミ準位からの光電子の運動エネルギー－C 1s からの光電子の運動エネルギーで変換できる．不連続部位はチャンネル内に存在する欠陥の影響と思われる．

で良く近似できる．n はキャリア密度，E_{VBM} は価電子帯上端(VBM)のエネルギー，k_B はボルツマン定数，T は温度である．ドレイン電流 I_D がキャリア密度 n に比例すると仮定すると，化学ポテンシャル μ とドレイン電流 I_D の関係は

$$\mu = k_B T \ln I_D + \mathrm{const.} \tag{5.12.7}$$

と記述できる．ここで化学ポテンシャルはフェルミ準位とみなせるので，ゲート電圧 V_G を印加したときの C10–DNBDT–NW 由来の C 1s 結合エネルギー $E_B(V_G)$ は

$$E_B(V_G) = -k_B T \ln I_D + \mathrm{const.} \tag{5.12.8}$$

となる．ドレイン電圧 V_D を一定にして V_G を変化させる場合，$V_G = 0$ V のときの $E_B(0)$ と I_D の値から定数項の値が決まる．チャンネル上でピンポイント光電子分光測定を行いながら半導体パラメーターアナライザーで測定した，$V_D = -2V$ のときの V_G–I_D 特性が図 5.12.5 (a)の曲線と右の電流軸である．左のエネルギー軸(E_B)と右の電流軸(I_D)は式(5.12.8)をもとに対応させている．マーカーで示したチャンネル内における光電子分光測定の結果と輸送特性測定の結果が良い一致を示していることがわかる．

この成果から，OFET チャンネル内のポテンシャル分布を内殻準位シフトの空間

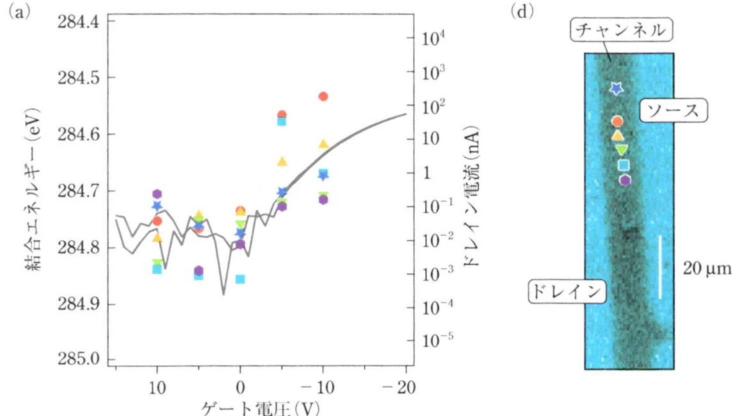

図 5.12.5　(a)OFET チャンネル内における C 1s の結合エネルギーのピンポイントオペランド測定結果と，半導体パラメーターアナライザーで測定したドレイン電流 I_D(ドレイン電圧は V_D = −2 V)のゲート電圧 V_G 依存性．(b)OFET 試料の Au 4f 光電子ピーク強度マッピングで，暗い部分内(チャンネル)のマーカーの形・色で測定位置を示しており，(a)のマーカーと対応している．

分布によって可視化できることがわかった．また，分光測定による結合エネルギーシフトと輸送特性の結果が対応しており，ピンポイント光電子分光と輸送特性の同時計測によるオペランド分析，特に定量的評価が可能であることも実証できた．本節で示したラインスキャンよりも広範囲での光電子スペクトルマッピングの結果から，チャンネル内の欠陥やチャンネル–電極界面による局所状態の輸送特性への影響を予測できると期待される．

5.12.3 ■ まとめ

本節では，電圧を印加して電子デバイス試料を動作させながら光電子分光分析を行う「オペランド光電子分光法」のテクニックとその具体的な応用例について述べた．実験を行った三次元ナノ XPS 装置は，入射光に放射光軟 X 線を使用しており，表面敏感であるため二次元デバイスの分析と相性が良い．他にも AlGaN/GaN 二次元電子系パワーデバイスのコラプス現象の原因とされる電荷トラップの空間分布の解明にも活用されている[10]．入射光に放射光硬 X 線を利用すれば，同様のセットアップでバルク結晶や広いレンジでの深さ分解分析が可能である[11]．オペランド光電子分光法のテクニックは電子デバイスに限らず，セルを工夫することによって二次電池電極活物質や触媒材料の分析にも活かせる(5.11 節参照)．

オペランド光電子分光法は経時変化を観測するため，本質的には時間分解分析である．エネルギーシフトや結合状態の変化を見るために，ある程度高いエネルギー分解能でのスペクトル測定が要請され，ここにさらに三次元ナノ XPS のように空間分解の情報が入るとデータ量は膨大になり，多次元のデータ解析が必要となる．統計分析や機械学習を使ったデータ処理技術の向上も今後必須となるであろう．

［引用文献］

1）M. A. Bañares, M. O. Guerrero-Pérez, J. L. G. Fierro, and G. G. Cortez, *J. Mat. Chem.*, **12**, 3337（2002）
2）K. Horiba, Y. Nakamura, N. Nagamura, S. Toyoda, H. Kumigashira, M. Oshima, K. Amemiya, Y. Senba, and H. Ohashi, *Rev. Sci. Instrum.*, **82**, 113701（2011）
3）永村直佳，堀場弘治，尾嶋正治，表面科学，**37**, 25（2016）
4）H. Fukidome, K. Nagashio, N. Nagamura, K. Tashima, K. Funakubo, K. Horiba, M. Suemitsu, A. Toriumi, and M. Oshima, *Appl. Phys. Express*, **7**, 065101（2014）
5）S. Das Sarma, S. Adam, E. H. Hwang, and E. Rossi, *Rev. Mod. Phys.*, **83**, 407（2011）
6）K. Kanayama, K. Nagashio, T. Nishimura, and A. Toriumi, *Appl. Phys. Lett.*, **104**, 083519（2014）
7）H. Minemawari, T. Yamada, H. Matsui, J. Tsutsumi, S. Haas, R. Chiba, R. Kumai, and T. Hasegawa, *Nature*, **475**, 364（2011）
8）N. Nagamura, Y. Kitada, J. Tsurumi, H. Matsui, K. Horiba, I. Honma, J. Takeya, and M. Oshima, *Appl. Phys. Lett.*, **106**, 251604（2015）
9）C. Mitsui, T. Okamoto, M. Yamagishi, J. Tsurumi, K. Yoshimoto, K. Nakahara, J. Soeda, Y. Hirose, H. Sato, A. Yamano, T. Uemura, and J. Takeya, *Adv. Mater.*, **26**, 4546（2014）
10）K. Omika, Y. Tateno, T. Kouchi, T. Komatani, S. Yaegashi, K. Yui, K. Nakata, N. Nagamura, M. Kotsugi, K. Horiba, M. Oshima, M. Suemitsu, and H. Fukidome, *Sci. Rep.*, **8**, 13268（2018）
11）山下良之，長田貴弘，知京豊裕，吉川英樹，小林啓介，表面科学，**32**, 320（2011）

第6章　X線光電子分光法の新たな展開

6.1 ■ 準大気圧X線光電子分光法

光電子分光法は光電子の運動エネルギーを正確に測定することを基本にしているため，通常，（超）高真空下で測定が行われる．一方で，実世界の物質は通常は大気圧下に置かれ，それが関わる過程の多くは大気圧下で進むので，そのような状態に置かれた物質や過程を光電子分光で観測することは難しい．しかし近年，実環境下の物質表面を観測することの重要性に関する認識や関心が高まっており，光電子分光法においても，準大気圧下に置かれた試料からの光電子の運動エネルギーを測定することが可能な準大気圧X線光電子分光法（APXPS）が開発され，活発に利用されるようになっている．

APXPSの最初の開発はXPSそのものの開発者であるSiegbahnによって行われた[1)]．これは，液体のXPS測定を行うことを目的に開発されたものである．真空中に射出した液体ビームにX線を照射し，そこから出てくる光電子を観測するシステムで，液体から蒸発するガスの中の光電子を観測するために，差動排気系を電子エネルギー分析器の前に設けている．差動排気系を用いて準大気圧下の光電子を観測するという点で近年のAPXPSの先駆けであり，40年以上も前に行われているのは驚異的である．しかし，液体ビームのようなバルク試料であっても信号強度は強いとはいえず，液体の状態を詳しく解析するのに十分なエネルギー分解能も不足していたことから，手法としての広がりは限定的であった．準大気圧下に置かれた物質表面の単層以下の化学種から光電子を分解能良く測定できるようになるには，集光された強力なX線と電子レンズ内蔵の差動排気系を組み合わせたシステム[2)]が登場するまで30年近い年月を要した．

2000年代になってこのシステムが登場すると，APXPSは特に触媒分野を中心に応用が広がり，半導体や電気化学の分野にも急速に波及している．世界の主要な放射光施設でAPXPS測定用のエンドステーションが建設され稼働しているだけでなく，実験室用X線光源を搭載したシステムも市販されるようになり，利用者の数が急速に増加している．本節では，このような急速な広がりを見せているAPXPS

について，原理と得られる情報，装置の現状と今後の発展の方向，測定と解析の実際について解説する．

6.1.1 ■ 準大気圧 X 線光電子分光法の原理および得られる情報

冒頭で述べたように，APXPS の技術的なポイントは，よく絞られた強力な X 線を使い，放出された光電子をいかにガスに減衰されないように差動排気系で効率良くエネルギー分析器に搬送するかである．**図 6.1.1** に APXPS の特徴を表した模式図を示す．軟 X 線はガス中での減衰が無視できないので，内部を真空にした管を試料近傍まで近づけ，窒化ケイ素などの X 線窓を通して試料に照射する．試料から放出された光電子は試料近傍に設置されたアパーチャーを通して差動排気系に入る．1 Torr のガス中を運動エネルギー 100 eV で飛行する電子の平均自由行程は 1 mm 程度であるので，試料とアパーチャー間の距離 d は典型的には 1 mm もしくはそれ以下にする．この距離が短いほど，ガスによる光電子の非弾性散乱を低減できるので，圧力を上げて実験したいときは，この距離をさらに短くする．その際，試料表面の圧力が局所的に低下することを防ぐためには，アパーチャーの穴の半径 R が，距離 d の 1/2 程度以下である必要がある[2)]．さらに，小さなアパーチャーの穴を通して効率の良い測定をするためには，試料–アパーチャー間の空間にできるだけ集光された X 線を照射するのが望ましい．差動排気系初段に入った光電子の軌道はそのままでは発散してしまうが，内部に設けられた電子レンズによって集束されて 2 段目の差動排気系との隔壁の穴を効率良く通過できるようになる．2 段目，

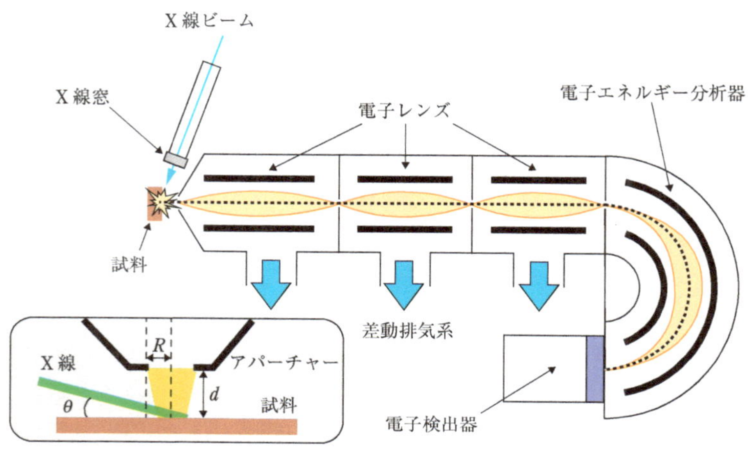

図 6.1.1　準大気圧 X 線光電子分光法の特徴を表した模式図

3段目の差動排気系にも同様の集束電子レンズを設けて光電子を隔壁の穴を効率良く通過させる一方で，ガスは排気されて段階的に圧力が低下していき，電子エネルギー分析器への入射スリット付近では(超)高真空になり，通常の測定と同様な光電子の運動エネルギー測定が可能になる．

このようにして，試料近傍のガス圧が準大気圧であっても，試料からの光電子の運動エネルギーを測定できるようになると，これまでXPSでは観測できなかった準大気圧のガス雰囲気の中で形成される表面相やその雰囲気の中で進行する表面過程を観測することが可能になる．典型的な例をあげると，(1)高密度吸着相の形成，(2)高真空下では進まない表面過程の進行，(3)ガス雰囲気に依存した表面物質相の形成，(4)触媒動作にともなう表面状態の変化などである．以下に具体例を簡単に紹介する．

(1)高密度吸着相の形成

準大気圧においては超高真空ではみられない高密度の吸着相がしばしば観測される．通常のXPSの動作圧領域である(超)高真空から準大気圧へ圧力が何桁も上昇すると，ガスの化学ポテンシャルの上昇も顕著になるので，このような高い化学ポテンシャルをもつガスと平衡状態にある表面では，ガス種をより多く吸着することによって表面自由エネルギーを下げる方向に反応が進む．一方，高密度に吸着することによって吸着種間の反発などによる不安定化が生じるので，ガス種を吸着させることによる表面自由エネルギーの利得が反発などによる不安定化に勝るときに高密度相が形成される．例としてPdAu(111)合金表面を室温でCOガスに曝したときの表面自由エネルギー変化のCO圧依存性[3)]を**図6.1.2**に示す．この合金表面は金リッチな第1層の中にPd原子がモノマーやダイマーとして分散した状態になり，超高真空下ではPdダイマーを架橋するブリッジサイトにCOが吸着した状態がもっとも安定になる．それに比べて，Pd原子の真上のトップサイトに吸着した場合は不安定である．しかし，圧力の上昇とともにCOガスの化学ポテンシャルも上昇し，それと平衡にある表面は，より多くのCOを吸着させられる2つのトップサイトに吸着した状態の方が表面自由エネルギーの低下の傾きが大きくなる．その結果，10^{-1} Torr付近でPdダイマーのブリッジサイトにCOが1つ吸着した状態からトップサイトに2つ吸着した高密度吸着相への転移が起こる．このようなCO圧上昇によるサイトスイッチングをともなった高密度吸着相の形成がXPSで実際に観測されている[3)]．

(2)高真空下では進まない表面過程の進行

準大気圧のガスに誘起される表面の変化は吸着相にとどまらず，物質自身の表面

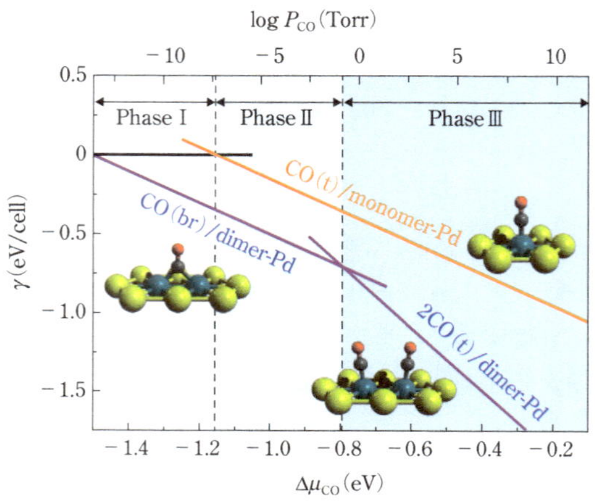

図 6.1.2　PdAu(111)合金表面へ CO 分子が吸着したときの表面自由エネルギー変化の CO 圧依存性(300 K)[3]

にも変化をもたらす．例えば，Pd 表面は高真空下で酸素を導入して温度を上げても化学吸着した酸素原子が観測されるのみである．しかし，準大気圧の酸素に曝しながら温度を上げると，**図 6.1.3** に示すように，酸素原子の化学吸着から表面酸化物の形成を経てバルク酸化物ができる様子が観測される[4]．大気圧下であれば Pd を加熱すればバルク酸化することはごく普通であるが，高真空下ではそうはならない．圧力ギャップといわれるものの1つであるが，準大気圧にすることによってそれがある程度解消することが期待できる．

(3) ガス雰囲気に依存した表面物質相の形成

(1) で述べた PdAu 合金でも圧力や温度をさらに上げるとバルク内部の Pd が表面に出てくる様子が観測される．このようなガス雰囲気に誘起された表面物質相の形成はやはり表面自由エネルギーの低下をドライビングフォースにしている．**図 6.1.4** にコア・シェル構造をもった RhPd 微粒子を組成の異なる準大気圧のガスに曝したときに表面物質相がどのように変わるかを XPS で調べた結果を示す[5]．酸化性のガスのみ(NO もしくは O_2)と還元性の CO を加えたときで，表面組成が Rh リッチな状態と Rh/Pd が共存する状態との間をスイッチすることがわかる．酸化性ガス雰囲気下で Rh リッチになったときは Rh が酸化されているのに対し，還元性ガスがあるときは Rh が金属状態に近くなっていることから，Rh は酸化されると表面自由エネルギーが減少して表面に出やすく，還元されると表面自由エネルギーが増大して内部に入ると考えられる．

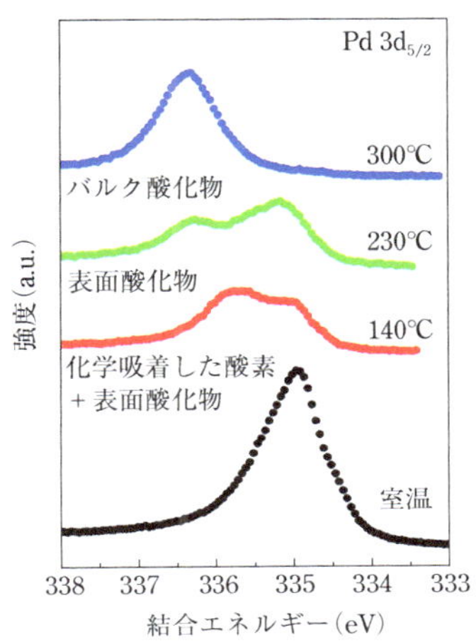

図 6.1.3 Pd(100)表面を 0.2 Torr の酸素に曝しながら温度を上げたときの Pd $3d_{5/2}$ 光電子スペクトル[4)]

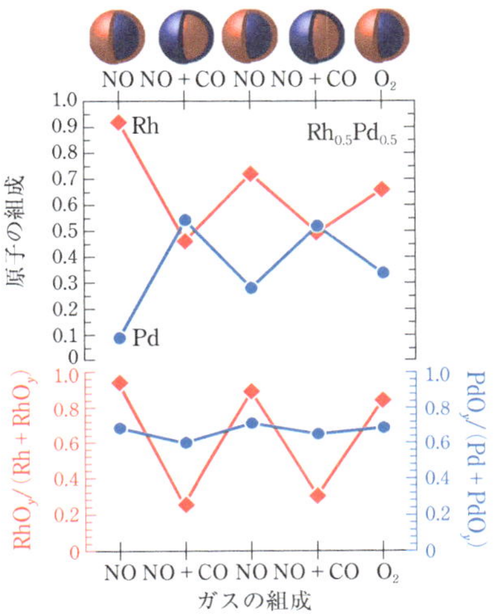

図 6.1.4 コア・シェル構造をもった RhPd 微粒子のガス雰囲気に依存した表面組成と酸化状態の変化
[F. Tao *et al.*, *Science*, **322**, 932(2008), Fig. 2]

(4)触媒動作にともなう表面状態の変化

XPS はこれまで触媒材料の研究にしばしば用いられてきた．触媒表面の化学状態のキャラクタリゼーションには欠かせない手法の 1 つであり，触媒反応の前後での測定や，高真空下でモデル触媒反応を進めながらのその場測定が行われてきた(5.6 節参照)．これらの測定の多くは，触媒が動いていない状態か，動いていても触媒反応のある素過程を取り出して見ているにすぎない．APXPS では，実際に触媒サイクルが回るその場を観測することを可能にし，触媒が活性に働いているときとそうでないときに表面がどのように違うのかを知ることができる．**図 6.1.5** に Rh 触媒が NO と CO を N_2 と CO_2 に変換する反応が進む様子を APXPS 装置に付属している質量分析計でモニターした例[6)]を示す．この触媒反応は自動車排気ガス中の有害成分である NO や CO を浄化する反応であるが，その浄化反応には次の素過程が含まれる．すなわち，$NO \rightarrow N_{ad} + O_{ad}$，$N_{ad} + N_{ad} \rightarrow N_2$，$O_{ad} + CO_{ad} \rightarrow CO_2$，$N_{ad} + NO_{ad} \rightarrow N_2O$ の 4 つで，最後は副反応になる．これらの素過程に Rh が絡みながら触媒反応が進行する．図 6.1.5 を見ると，300℃ 以下では活性がないが，300℃ を超えたあたりから N_2，CO_2，N_2O の生成が明確に観測される．それにともない導入した NO と CO が消費されていく様子がわかり，触媒が明らかに動作している

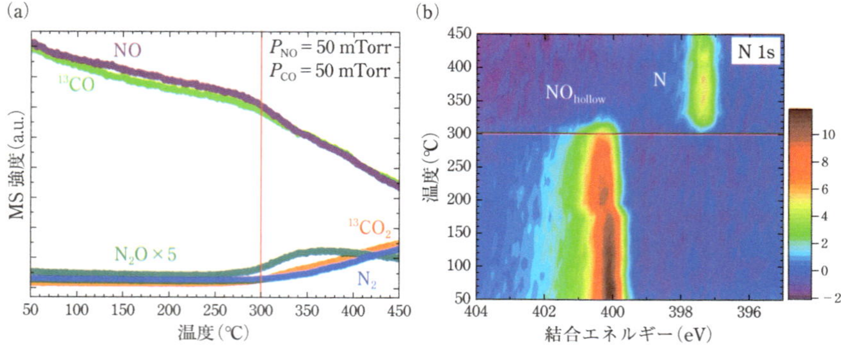

図 6.1.5　Rh 触媒に NO と CO を 50 mTorr ずつ導入して温度を上げたときの Rh 触媒近傍のガスの分圧(a)および同時に測定した N 1s 光電子スペクトル(b)[6)]

ことが確認できる．同時に測定した N 1s 光電子スペクトルからは活性化前後の表面状態の違いがわかる．

(1)～(3)で述べてきたように，圧力が高くなると高真空下で観測される吸着相や表面物質相とは異なるものができる場合があり，しかも，後者はガスの組成によって大きく変化することがあるので，進行する触媒反応過程は高真空下で観測された情報からは予測できない場合も多い．このような触媒反応過程は，その場観測することなしに理解することが難しいので，APXPS によるその場観測がきわめて有効である．

6.1.2 ■ 準大気圧 X 線光電子分光装置

2000 年代初頭に米国バークレーにある放射光施設 Advanced Light Source(ALS)の Salmeron と Hussain らによって今日使用されている APXPS 装置の原型となる装置が開発された[2)]．**図 6.1.6** にこの装置の主要部を示す．前項で説明したように，装置で重要な点は，試料とアパーチャーの距離を短くすることと，静電レンズを備えた差動排気系でガスを排気しながら効率良く光電子を搬送できるようにすることである．試料はガスラインを備えたセルの中のマニピュレーターに取り付けられ，試料位置を X, Y, Z, θ モーションで調整できる．これにより，アパーチャーの先端から 1 mm 以内にまで近づけ，そこに Al 窓を通して X 線を 15° の斜入射で照射する．差動排気系の中の静電レンズは自作の制御系で電子エネルギー分析器のレンズ系とは独立に電位制御され，光電子は試料を出たときと同じ運動エネルギーで電子エネルギー分析器の焦点位置に集束する．差動排気系は 3 段で実験セルの圧力が

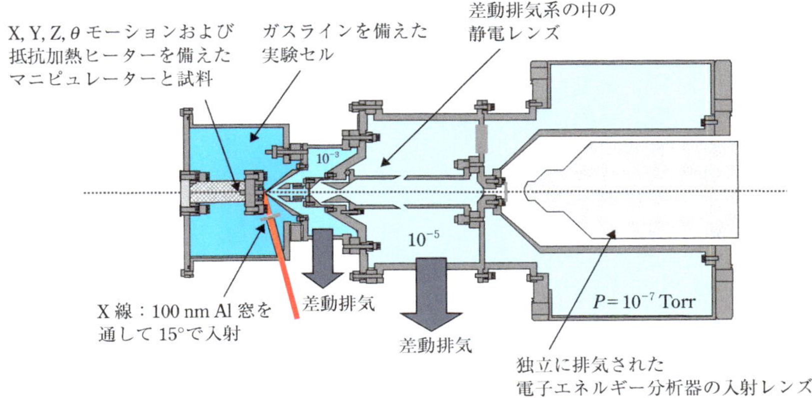

図 6.1.6　Advanced Light Source で開発された APXPS 装置
［Salmeron 博士の許可を得て掲載］

Torr オーダーでも電子エネルギー分析器のところでは高真空になる．このようにして，実験セルの圧力が 0.5～4 Torr の水蒸気や酸素ガスの存在下での物質表面の XPS スペクトルやオージェ電子収量 X 線吸収スペクトルが測定できるようになった[2)]．

その後，集束用の静電レンズと電子エネルギー分析器の電子レンズを差動排気系と一体で設計した APXPS 装置が開発され[7)]，10 μm オーダーの一次元空間分解能をもつ電子レンズを搭載したものも登場した[8)]．どちらもシステムとして市販されている．一方で，差動排気系を備えた真空槽を自作し，それに電子エネルギー分析器を組み込んだ装置も稼働している．**図 6.1.7** に示したのは，差動排気系の初段と 2 段目の静電レンズをなくして排気性を良くしたうえで，試料が電子エネルギー分析器のレンズの焦点に位置するように電子エネルギー分析器を近づけて設置した装置である[4)]．差動排気系の初段のガスの一部を質量分析計に導くようにしているので，光電子の分析と同時にアパーチャーから吸い込んだ試料表面近傍のガスを分析することができる．電子エネルギー分析器の検出器には高速ゲートをかけて光電子を検出できるので，トリガーに同期したゲートをかけて検出すれば時間分解測定が可能になる．

APXPS 装置の空間分解能や時間分解能を向上させる方向の発展が進む一方で，測定できる圧力上限を向上させるための開発も着実に進んでいる．Nilsson らのグループは，図 6.1.7 の装置と同様に集束用の静電レンズがない自作の差動排気系を製作している（**図 6.1.8**）．彼らは，アパーチャーの穴の半径 R を 25 μm まで小さくし，試料をピエゾ素子で動かしてアパーチャーに 200 μm まで近づけ，X 線を 10×

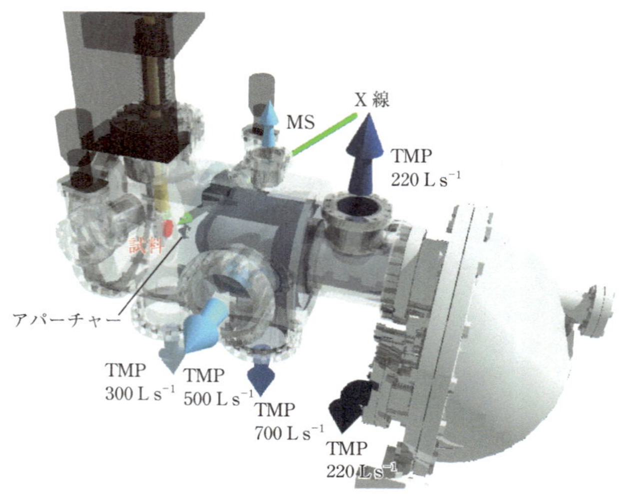

図 6.1.7　自作の差動排気系を備えた真空槽に電子エネルギー分析器を組み込んだ APXPS システム[4)]
質量分析計と時間分解測定用検出系を備えている．

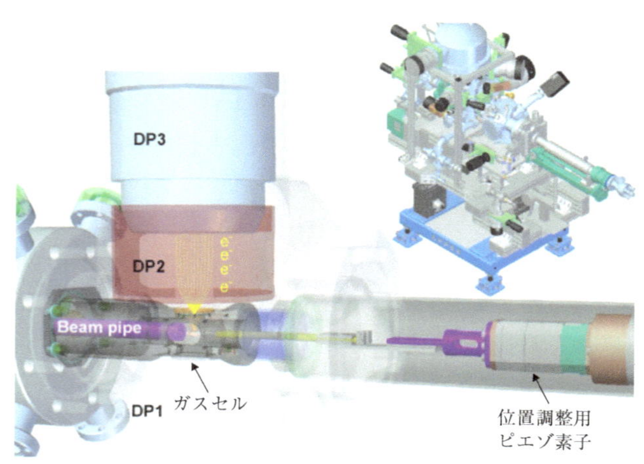

図 6.1.8　自作の差動排気系を用いた APXPS システム
KB ミラーによる X 線集光系を備え，試料位置をピエゾ素子で調整することができる．DP1, DP2, DP3 はそれぞれ初段，2 段目，3 段目の差動排気機構である．
［S. Kaya *et al.*, *Catal. Today*, **205**, 101 (2013), Fig. 1］

50 μm に絞って実験を行うことで，100 Torr の酸素雰囲気下で Pt 表面からの Pt 4f 光電子を観測している[9)]．

100 Torrの圧力下でのXPS測定を可能にしているもう1つの要因は，光電子の運動エネルギーを930 eVとかなり高めにしていることである．運動エネルギーを高くするとガスによる非弾性散乱を受けにくくなり，およそ運動エネルギーの平方根に比例して平均自由行程が長くなる．最近では，硬X線を用いたAPXPS装置の開発が行われている．7.94 keVの硬X線を入射し，300 μmの穴径のアパーチャーを用いて，室温での水の飽和蒸気圧に近い23 Torrの水蒸気が存在する中で，固体高分子形燃料電池のPt触媒からのPt 3d光電子のその場XPS測定に成功している[10)]．この装置を用いて，さらにアパーチャー穴径を小さくし，X線を絞って測定する試みがなされており，ごく最近，大気圧(1 atm)下でのXPS測定が達成されている．また，4 keVのテンダー領域のX線によるAPXPSを用いて，Pt電極とその上に形成した薄い液膜によってできる固液界面を電気化学制御下でXPS測定した結果も報告されており[11)]，固気界面，固液界面ともに実在系のXPS測定が可能になっている．

なお，今まで述べてきた装置は放射光X線を用いたものが中心であったが，実験室用X線源を用いたシステムも数多く稼働しており[12,13)]，実用性の幅や利用者の数が増大するのに大きく貢献していることも追記しておく．

6.1.3 ■ 準大気圧X線光電子スペクトルの測定と解析

APXPS測定は通常のXPS測定と基本的には同じであるが，圧力が高いガスが共存する試料を測定するために気をつける必要がある点がいくつかある．1つは試料位置に応じて気相の信号と固体表面の信号の強度比が変わるので，適切な試料位置調整が必要になることである．試料位置をアパーチャーから遠ざけると気相の信号が強くなり，近づけると固体表面の信号が強くなる．アパーチャーから試料までの距離によって実効圧が変わることにも注意が必要である．アパーチャーから$2R$程度以上(Rはアパーチャー穴の半径)の距離をとらないと実効圧がセル全体の圧力に比べて低下するので，ある程度の距離をとる必要がある．2つ目はセル内のガスが光源の真空系に行かないように100 nm程度の薄い窒化シリコン膜を窓としていることが多いので，ガスのハンドリングや窓材の劣化による窓の破断に注意する必要があることである．3つ目はX線光路上のガス圧が高いと，X線に励起されたガス分子が表面に吸着する場合があることに注意する必要があることである．放射光挿入光源から得られる輝度の高いX線を，例えば酸素ガスに照射すると活性な酸素原子が生じ，圧力が高くなると試料表面を酸化する影響が無視できなくなる[14)]．4つ目は通常のXPSと共通することではあるが，結合エネルギーの基準点に常に注意を払う必要があることである．通常，フェルミ準位を基準にするので原子価領域のスペクトルを測定してフェルミ準位を決める．高圧のガスとの相互作用で表面の仕事関数が大きく変化することがあるので，必ず測定しておく必要がある．絶縁体や半導体の試料はフェルミ準位を測定から求めることは難しいので，基板のバルクに含まれる原子の内殻ピークを基準として測定しておくことが多い．絶縁体の場合はチャージアップが起こるが，高圧ガスによってチャージアップが部分的に解消する場合があるので，ガス条件を変えるたびに基準のピークを測定した方がよい．

測定したAPXPSスペクトルは通常のXPSスペクトルと同様の解析を行えばよい．Shirley法などによってバックグラウンドを引いた後，カーブフィッティングを行って成分に分ける．各成分のピーク位置と強度がわかった後は帰属を行うことになるが，APXPSの場合にしばしば問題になるのが，帰属のための参照データがないことである．特に準大気圧にしてはじめて観測される表面物質相の帰属は難しい．そこで使われるのが密度汎関数法による内殻準位シフト(core level shift, CLS)の計算値である．XPSで観測する結合エネルギー E_B は，N 電子系の i 番目の軌道の電子が光電子放出されるとき，Slater–Janak近似によって，この軌道の占有数を n_i として，i 番目の軌道を1/2占有にしたときの一電子軌道エネルギーで近似することができる．

$$E_B = E(n_i - 1) - E(n_i) = \int_{n_i}^{n_i - 1} \frac{\partial E(n')}{\partial n'} \mathrm{d}n' \approx -\varepsilon_i \left(n_i - \frac{1}{2} \right) \qquad (6.1.1)$$

ここから，例えばバルク原子の i 番目の軌道からの光電子の結合エネルギーを基準にしたとき，対象原子Xの i 番目の軌道の結合エネルギーのCLSは

$$\begin{aligned} \mathrm{CLS} &= [E_X(n_i - 1) - E_X(n_i)] - [E_{\mathrm{bulk}}(n_i - 1) - E_{\mathrm{bulk}}(n_i)] \\ &= -\left[\varepsilon_i^X \left(n_i - \frac{1}{2} \right) - \varepsilon_i^{\mathrm{bulk}} \left(n_i - \frac{1}{2} \right) \right] \end{aligned} \qquad (6.1.2)$$

と表される．これを実測のCLSと比較することによって帰属を行うことができる．

以下に具体例を示す．**図 6.1.9** (a)はPd(100)面に酸素を200 mTorr, COを20 mTorr導入して室温から温度を上げていったときのPd $3d_{5/2}$ 光電子スペクトルである[15]．A，Bでは活性がないが，Cになると活性が最大になる．Cのスペクトルをカーブフィッティングしてみると，青色で塗ったバルクPdの成分(334.9 eV)に加えて，高エネルギー側に2つの同強度の成分と低エネルギー側の334.6 eVに弱い成分をもつことがわかる．このスペクトルを示すものが活性相と考えられるが，観測例がないスペクトルなので，CLSをもとに帰属を行う．他の実験の結果から，図6.1.9(b)に示すような表面酸化物が活性相であると仮定してCLSの計算を行う．

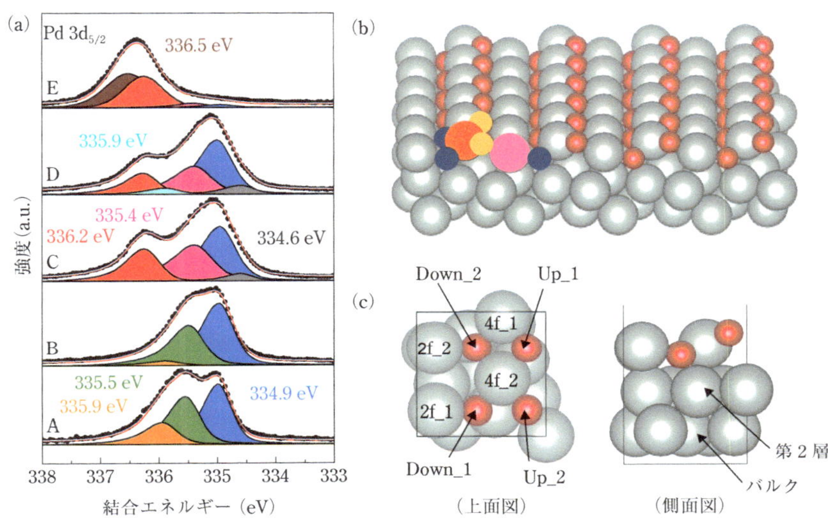

図 6.1.9 (a) Pd(100)上でCO酸化反応を準大気圧下で進めたときの Pd $3d_{5/2}$ 光電子スペクトルと，(b) Pd(100)上の表面酸化物の構造モデル[15)]

表 6.1.1 図 6.1.9(b)の構造モデルに対する Pd 3d および O 1s の CLS の計算結果と実測[15)]
図 6.1.9(a)のスペクトル C および対応する O 1s スペクトル)の CLS の比較．単位は eV.

表面酸化物／Pd(100)	CLS(計算値)	CLS(実験値)	BE(実験値)
第3層の Pd	0.0	0.0	334.9
第2層の Pd	−0.16	−0.3	334.6
2f_1	0.59	0.5	335.4
2f_2	0.48	0.5	335.4
4f_1	1.29	1.3	336.2
4f_2	1.33	1.3	336.2
3-fold Pd*	0.91	1.0	335.9
Up_1	0.0	0.0	528.8
Up_2	−0.12	0.0	528.8
Down_1	0.56	0.8	529.6
Down_2	0.53	0.8	529.6

まず，このモデルの構造最適化を行い，次に，このモデル構造の表面単位格子に含まれる4つの Pd 原子と4つの酸素原子(図 6.1.9(b)上面図)および2層目の Pd 原子(同側面図)について，バルクの Pd 原子の 3d と Up_1 と名づけた酸素原子の 1s の結合エネルギーを基準にした CLS を計算する．その結果を**表 6.1.1** に示す[15)]．表

6.1.1にはカーブフィットによって得られた実験のCLSもあわせて示したが，モデルとした表面酸化物を構成するすべての原子のCLSが実験と計算でほぼ一致していることから，このスペクトルを図6.1.9(b)の表面酸化物に帰属してよさそうであることが判断される．このように，密度汎関数法によるCLSの計算は未知物質の同定に有効であり，参照データの少ないAPXPSスペクトルを解析するうえで重要な役割を果たす．

6.1.4 ■ まとめ

Siegbahnらによる最初の開発から，Salmeron，Hussainらによる高度化を経てAPXPSは大気圧下の物質や現象を調べることができるきわめて強力な表面化学分析手法になろうとしている．それにともない，機能をもつ測定対象が動作しているその場を調べるいわゆるオペランド計測への応用が活発に進んでいる．今後も機能材料や電子デバイスなどを中心にオペランド計測の応用範囲はますます広がるだろう．それだけでなく，液体試料や生体試料などこれまで光電子分光法の測定対象になりにくかったものに対して適用例が出てくることも期待される．時空間分解能の向上がこの手法のポテンシャルを上げ，見えるものの領域をさらに広げるだろう．これからのさらなる発展が非常に楽しみな手法である．

[引用文献]

1) H. Siegbahn and K. Siegbahn, *J. Electron Spectrosc. Relat. Phenom.*, **2**, 319(1973)

2) D. Ogletree, H. Bluhm, G. Lebedev, C. S. Fadley, Z. Hussain, and M. Salmeron, *Rev. Sci. Instrum.*, **73**, 3872(2002)

3) R. Toyoshima, N. Hiramatsu, M. Yoshida, K. Amemiya, K. Mase, B. S. Mun, and H. Kondoh, *J. Phys. Chem. C*, **120**, 416(2016)

4) B. S. Mun, H. Kondoh, Z. Liu, Phil N. Ross, Jr., Z. Hussain(J. Y. Park ed.), *Current Trends of Surface Science and Catalysis*, Springer, New York(2014), Chapter 9 The development of ambient pressure X-ray photoelectron spectroscopy and its application to surface science

5) F. Tao, M. E. Grass, Y. Zhang, D. R. Butcher, J. R. Renzas, Z. Liu, J. Y. Chung, B. S. Mun, M. Salmeron, and G. A. Somorjai, *Science*, **322**, 932(2008)

6) K. Ueda, K. Isegawa, K. Amemiya, K. Mase, and H. Kondoh, *ACS Catal*, **8**, 11663(2018)

7) D. F. Ogletree, H. Bluhm, E. D. Hebenstreit, and M. Salmeron, *Nucl. Instr. Methods*

Phys. Res. A, **600**, 151 (2009)
8) M. E. Grass, P. G. Karlsson, F. Aksoy, M. Lundqvist, B. Wannberg, B. S. Mun, Z. Hussain, and Z. Liu, *Rev Sci Instrum.*, **81**, 053106 (2010)
9) S. Kaya, H. Ogasawara, L.-Å. Näslund, J.-O. Forsell, H. S. Casalongue, D. J. Miller, and A. Nilsson, *Catal. Today*, **205**, 101 (2013)
10) Y. Takagi, H. Wang, Y. Uemura, E. Ikenaga, O. Sekizawa, T. Uruga, H. Ohashi, Y. Senba, H. Yumoto, H. Yamazaki, S. Goto, M. Tada, Y. Iwasawa, and T. Yokoyama, *Appl. Phys. Lett.*, **105**, 131602 (2014)
11) S. Axnanda, E. J. Crumlin, B. Mao, S. Rani, R. Chang, P. G. Karlsson, M. O. M. Edwards, M. Lundqvist, R. Moberg, P. Ross, Z. Hussain, and Z. Liu, *Sci. Rep.*, **5**, 9788 (2015)
12) F. Tao, *Chem. Commun.*, **48**, 3812 (2012)
13) K. Roy, C. P. Vinod, and C. S. Gopinath, *J. Phys. Chem. C*, **117**, 4717 (2013)
14) Y. S. Kim, A. Bostwick, E. Rotenberg, P. N. Ross, S. C. Hong, and B. S. Mun, *J. Chem. Phys.*, **133**, 034501 (2010)
15) R. Toyoshima, M. Yoshida, Y. Monya, K. Suzuki, B. S. Mun, K. Amemiya, K. Mase, and H. Kondoh, *J. Phys. Chem. Lett.*, **3**, 3182 (2012)

6.2 ■ 超高速時間分解光電子分光法

光電子分光法は固体および表面の電子状態を調べるためのもっとも強力な実験手法の１つであり，高エネルギー分解能・高波数分解能での精密計測に加え，高効率のスピン分解計測も実現している．固体や表面における物性や機能の起源をより深く理解するためには，これらの光電子分光実験から得られる電子状態のエネルギー・運動量・スピンに関する静的な知見のみではなく，フェルミ準位よりも上の非占有領域におけるバンド構造や，光励起により引き起こされる過渡的な電子分布などのダイナミクスに関する知見も重要である．これらの動的な電子状態についての研究は，高速高効率な新規光電変換デバイス[1)]や光スピンデバイス技術[2)]とも関連してますます重要性が増している．

6.2.1 ■ 超高速時間分解光電子分光法の原理および得られる情報

放射光とレーザーは，60 年余りの歴史の中でともに優れた光源として発展し，今日の基礎科学研究および産業応用において欠くことのできないものであるとともに，光電子分光実験の高度化に寄与してきた．放射光には遠赤外から硬 X 線までの波長連続性，高繰り返しのパルス性，安定性，指向性，清浄性，偏光性などの優れた特徴があり，レーザーには単色性，短パルス性，指向性，高強度，偏光性などの優れた特徴がある．放射光とレーザーがもつパルス性や時間分解型検出器を活用することにより，光電子分光法を時間ドメインに拡張することができる．

図 6.2.1 にフェムト秒からミリ秒にかけての各時間スケールにおける動的現象と，時間分解光電子分光法の関係を示す．光励起により引き起こされる過渡的な電子分布の緩和過程には，種々の時間スケールをもつ各種素励起などと励起電子とのエネルギーのやりとりが関わる．電子−電子相互作用や電子−フォノン相互作用などに起因する電子のバンド内緩和は，ほとんどがピコ秒領域よりも高速の時間スケールで起きる．また，固体表面での化学反応に着目すると，化学結合の形成や切断は典型的にはフェムト秒の時間スケールで起きるのに対し，表面拡散や反応中間体の形成や脱離はピコ秒よりも低速の時間スケールで起きる．それゆえ，固体および表面での励起電子が関与する種々の過程を理解するためには，フェムト秒からミリ秒の広い時間範囲にわたる時間分解光電子分光法は強力な実験手法となる[3,4]．時間分解光電子分光法では，短パルスレーザーでの励起により形成される過渡的な電子状態について，エネルギーおよび運動量空間での分布を直接的に計測することや，過渡的な表面電位変化を介して計測することにより，物質の表面や界面でのキャリア緩和に関する知見が得られる．

フェムト秒からピコ秒領域における電子の励起と緩和は，フェムト秒超短パルス光を用いたポンプ−プローブ光電子分光法により直接的に計測される．仕事関数よりも低い光子エネルギーをもつ高強度のポンプ光の照射は，フェルミ準位(E_F)より

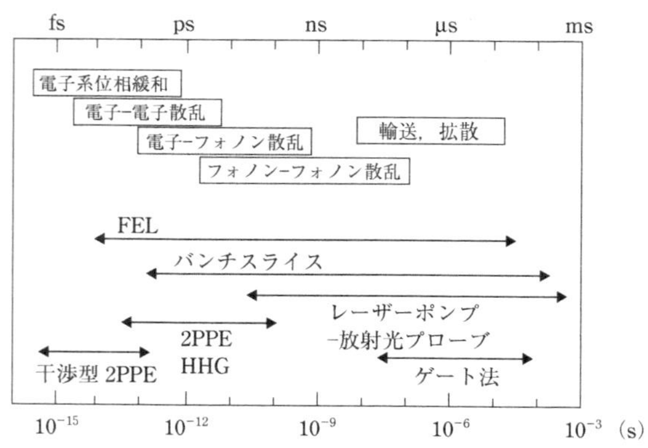

図 6.2.1　各時間スケールにおける動的現象と時間分解光電子測定法の関係図

も上の非占有領域に非平衡な電子分布を形成する．続いて，ポンプ光に対するプローブ光の遅延時間を走査しながら光電子スペクトルを測定することにより，非占有領域での過渡的な電子分布を観測することができる．これまでに，2光子光電子分光法(2PPE)は非占有表面準位や鏡像準位での過渡的な電子分布などを明らかにできる手法として確立されてきた．通常の2光子光電子分光法においては，ポンプ光とプローブ光の光子エネルギーを仕事関数より低くすることにより1光子過程での電子放出を抑制するとともに，試料に対しては小さな摂動のみを与える程度の低励起密度の条件において行われている．低励起密度条件での電子緩和は，1つの励起電子と冷えた熱平衡状態にある他の電子との相互作用として，フェルミ流体論の枠組で扱われることが多い．一方，10^{-3} electrons/atom 程度を超える強励起条件での電子緩和は，電子系と格子系を分離して扱い，両者での熱輸送により緩和を記述する2温度モデル[3]で扱われることが多い．**図 6.2.2** に，強励起条件での過渡的な電子の状態密度分布の模式図を示す．ポンプ光での励起直後($t=t_1$)には，光励起された電子と正孔は非熱的な分布をとる．非熱的な分布の電子は，電子間の非弾性散乱により典型的には数 100 fs 程度でバンド内緩和やバレー間緩和をし，初期温度よりも高い温度 T_{el} でのフェルミ–ディラック分布で記述されるエネルギー分布をとる．その一方で，格子比熱は電子系よりも1～2桁大きいために格子温度は変化しない．2温度モデルでは，電子系と格子系は2つの時間変化する温度 $T_{el}(t)$, $T_{ph}(t)$ で記述される準平衡状態にあるという仮定に基づき，電子–格子散乱でのエネルギー輸送は電子温度と格子温度の差に比例すると記述される．また，非熱的な電子分布の記述[5]や，電子–電子散乱よりも電子–格子散乱が速い場合の記述[6,7]などの修正も報告されている．

半導体表面における光起電力効果は，表面におけるバンドベンディングと密接に

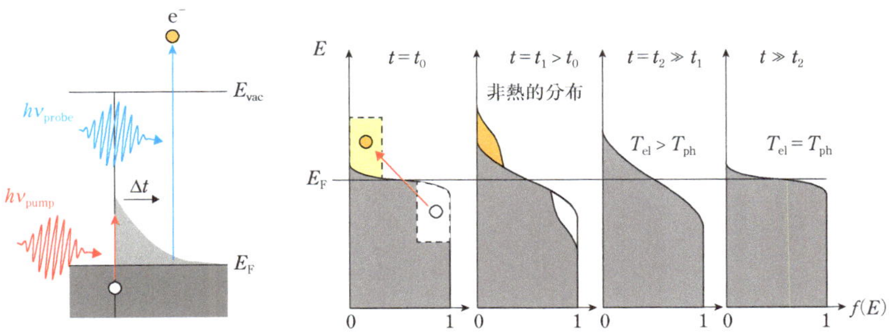

図 6.2.2　時間分解2光子光電子分光法と2温度モデルでの過渡的な電子の状態密度分布の模式図

関係する．**図 6.2.3** に半導体表面における光起電力の概念図を示す．半導体表面においてはバンドギャップ中に固有エネルギーをもつ局在準位(表面準位)の存在のためにフェルミ準位がピン止めされる．この表面の余剰な電荷を補償するようにバルクの電荷が再分布することにより，バンドベンディングが生じる．この空間電荷層の厚さはキャリア密度に依存し，典型的には数 100 nm 程度の厚さである．レーザー光の照射によりバンドベンディング領域において電子と正孔が生成されると，p 型半導体の場合は，正孔はバルク方向へ，電子は表面方向へと表面のバンドベンディングに沿って移動する．光励起された電荷の空間的分離は，表面の空間電荷領域に新たな電場を生じさせることになり，表面領域でのバンドベンディングを部分的に補償する．レーザーに同期させた放射光パルスの遅延時間を制御して検出する方法や，レーザーに同期させて遅延時間を制御したタイミングで光電子信号を検出する方法などにより，価電子帯上端や内殻ピークでのエネルギーシフトを時間分解で測定し，光起電力の過渡的なふるまいを計測することができる．光起電力の時間変化は，光励起された余剰キャリアによる表面ポテンシャルおよびバンドベンディ

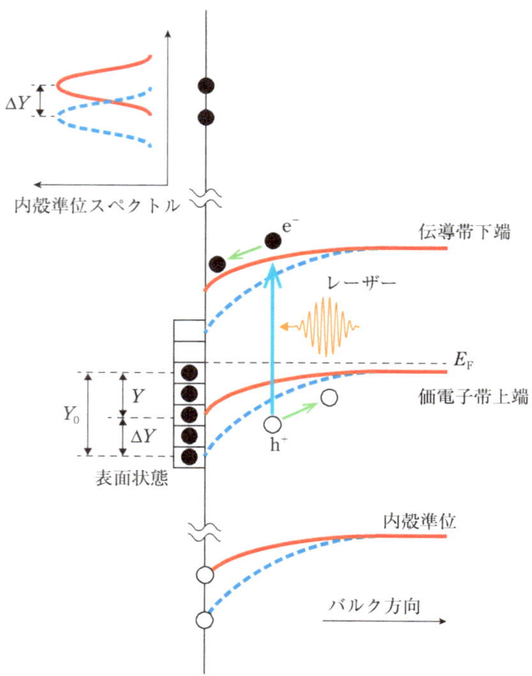

図 6.2.3　p 型半導体表面における光起電力の概念図

ングの変化に基づいて解析されている[8]．半導体表面におけるバンドベンディングや光起電力効果はよく知られた半導体の特性であるとともに，近年においても光エレクトロニクスや表面での光触媒機構との関連[9]や，ヘテロ pn 接合を介した電荷分離と太陽電池性能との関連など，応用的観点からも空間電荷領域での励起キャリアのダイナミクスの理解は重要である．

6.2.2 ■ 超高速時間分解光電子分光装置

マイクロ秒領域での時間分解光電子分光測定システムの例を**図 6.2.4** に示す．このシステムは，SAGA–LS の軟 X 線ビームラインの 1 つである佐賀大学ビームライン（BL13）に整備された[10]．光源は平面型アンジュレータである．レーザー装置は，基本波長 800 nm，繰り返し周波数 10～300 kHz のチタンサファイアレーザー再生増幅器である．再生増幅器からの出力の基本波に加え，2 倍，3 倍，および 4 倍高調波をポンプ光として使用する．電子エネルギー分析器は，マイクロチャンネルプレート（MCP）と蛍光スクリーンで構成される二次元検出器を備えた半球型電子エネルギー分析器である．時間分解測定のためには，MCP の入射側電極に印加する阻止電圧を，ポンプ光に同期してレーザー励起後の特定の時間範囲のみ光電子が入射するようにゲート動作させる．最小ゲート幅は 10 ns であり，遅延時間は 10 ns 刻みで設定される．このシステムを用いた時間分解測定ではプローブ光のパルス性は必要なく，X 線管や希ガス放電管などを用いることもできる．また，通常の光電子分光装置と比較したときの変更点は，ゲート電圧を印加するための電気回路を付

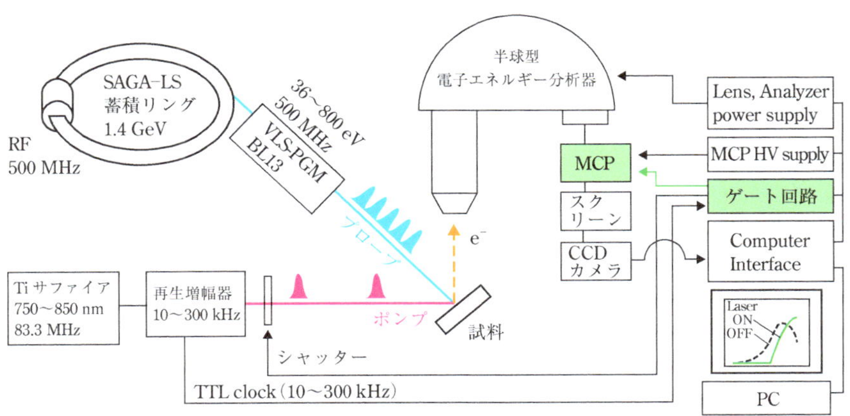

図 6.2.4　ゲート検出法によるマイクロ秒領域での時間分解光電子分光システムの模式図

加している点のみであるので，通常の高分解能内殻および角度分解光電子分光測定のための機能が保持されている．

時間分解能を評価した結果を**図 6.2.5** に示す．繰り返し周波数 100 kHz のチタンサファイアレーザー再生増幅器からの出力の 4 倍高調波（光子エネルギー約 6 eV）での励起により，金のフェルミ端近傍のスペクトルを測定した．試料には−20 V のバイアス電圧を印加している．励起レーザーに同期させて，ゲート幅 30 ns にて遅延時間 1090 ns から 1170 ns の範囲で測定している．遅延時間 1110 ns から 1140 ns でのスペクトルは，ゲート非使用時の測定と比較して強度を失うことなく検出されている．これらの時間は，試料から電子エネルギー分析器のレンズ部と半球部を通過し検出器まで到達する電子の飛行時間にほぼ対応する．ジッターなどに起因する設計上の遅延時間精度は 10 ns である．電子エネルギー分析器のレンズ部と半球部での電子の飛程差による光電子パルスの時間広がりが約 20 ns 程度となることを勘案すると，約 40 ns 程度の時間分解能が得られていることが確認できる．

ピコ秒からナノ秒領域にかけての時間分解測定は，放射光パルスに同期させたレーザーをポンプ光として用いるポンプ-プローブ測定により行われる．第三世代の放射光光源での典型的なパルス幅は 30〜100 ps であるが，光子エネルギーが高

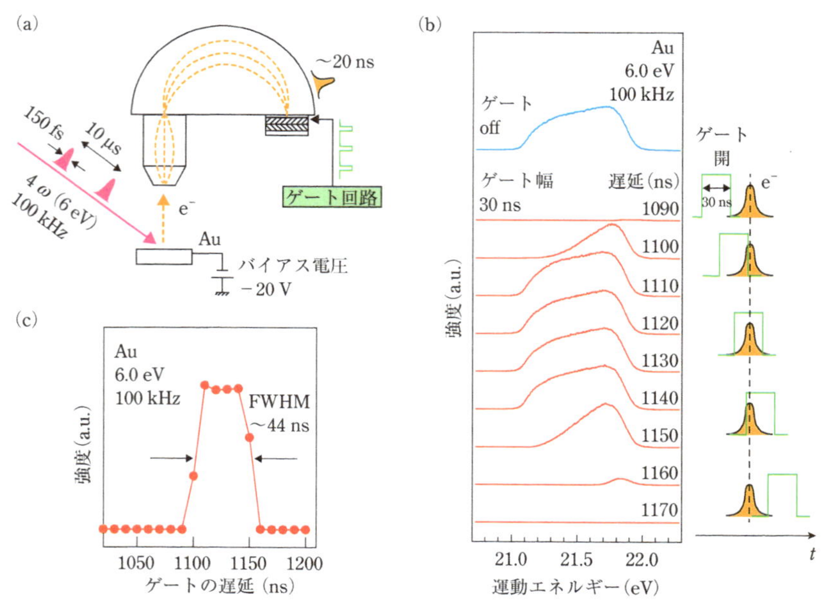

図 6.2.5　ゲート検出法による時間分解光電子分光システムでの時間分解能評価

くかつ可変であるという特徴から電子構造を決定するための分光学的観点での長所がある．**図 6.2.6** には ALS のビームライン 11.0.2 に設置されている時間分解 XPS システムについて示す[11]．同様の時間スケールでの測定は，SPring-8 の東京大学アウトステーション BL07-LSU[12] や理化学研究所物理科学ビームライン BL19-LXU[13]，SOLEIL TEMPO ビームライン[14] などで実施されている．ALS での電子エネルギー分析器は準大気圧下での計測が可能な静電半球型であり，高速の二次元ディレイライン検出器を備えたものである．時間分解計測時には計測する中心運動エネルギーは固定とし，電子エネルギー分析器のパスエネルギーの 13％程度の範囲を同時計測する．放射光パルスに対してレーザー光を同期させるためには，蓄積リングの高周波加速空洞へのマスターオシレーターからの信号を利用する．マスターオシレーターからの 500 MHz 信号は 1/6 に分周して約 83 MHz とし，同期信号としてチタンサファイアレーザーオシレーターに入力する．レーザーオシレーターは，ピエゾ駆動のレーザーキャビティのエンドミラーでの調整により，同期信号に対してサブピコ秒の精度で同期する．また，分周された同期信号のもう 1 つは

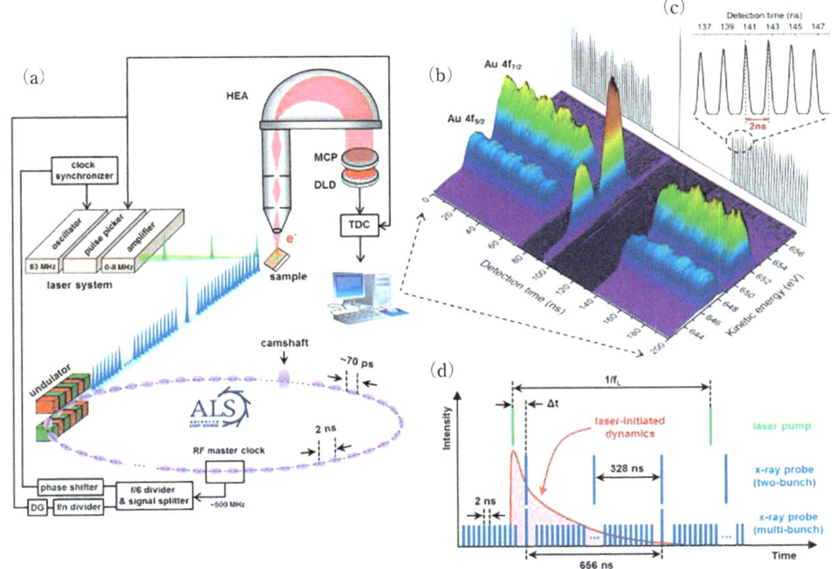

図 6.2.6　ALS 施設における時間分解光電子分光システムの模式図(a)，Au 4f 準位の時間分解光電子スペクトル(b)，(b)より同定した X 線のパルス構造(c)，および ALS における 2 バンチ／多バンチ運転での X 線パルス構造とレーザーポンプのタイミングの模式図(d)
〔S. Neppl and O. Gessner, *J. Electron Spectrosc. Relat. Phenom.*, **200**, 64 (2015), Fig. 1〕

パルスピッカーに入力される．パルスピッカーにより任意の繰り返しで取り出されたレーザーパルスは増幅器にて増幅される．同じ信号は，光電子検出器でのスタート信号として時間デジタル変換器(TDC)へも入力される．レーザーと放射光のタイミングは，パルスピッカーへの信号に対する遅延でオシレーター出力を選択することによる12 ns間隔での粗調整と，オシレーターへの参照信号を5 psの精度，5 nsの範囲で制御する位相シフターでの微調整により走査される．

図6.2.6(b)には励起光子エネルギー735 eV，電子エネルギー分析器のパスエネルギー150 eVの条件で測定した金の4f内殻準位領域の時間分解XPSスペクトルを示す．図6.2.6(c)は運動エネルギー650 eVでの時間分解光電子強度を示しており，ALSのバンチ構造に対応して2 ns間隔の構造が観測されている．図6.2.6(b)での高強度の構造はcamshaftバンチからの放射光パルスで励起されたシグナルに対応する．ここで示したような，ALSの各バンチ構造からの放射光パルスによるXPSスペクトルを分離した測定は，レーザーポンプと放射光マルチプローブを完全同期で行うものであり，ピコ秒からマイクロ秒での過渡現象を計測できる．本システムにおいて，検出器までの光電子の到達時間は半球部およびレンズ部において異なる飛程をとることに起因して広がる．しかしながら，各バンチに対応するXPSスペクトルが分離できる限りは，試料へのX線の到達時間は数psの精度であるので，本手法での時間分解能はX線のパルス幅のみによって決定される．第三世代の放射光光源においては，典型的なパルス幅は30～100 psであるが，いわゆる低αモードにおいて放射光源が運転される場合には10 ps未満の放射光パルス幅も実現している[14)]．また，バンチスライス法によりフェムト秒の時間分解能も達成されている[15)]．この場合，フォトン数が少ないことを補うために飛行時間(time of flight, TOF)型エネルギー分析器が用いられている．これらの例では，検出器の時間分解能によってポンプパルスと同期したX線パルスによる光電子の信号を分別している．一方，MCP–蛍光スクリーン–CCDカメラで構成される時間分解機能をもたない検出器の場合には，X線チョッパー[16)]によりポンプレーザーに同期した特定のX線パルスを選択することによってポンプ–プローブ時間分解測定が可能となる．

フェムト秒スケールの短パルスレーザー対を用いたポンプ–プローブ法での2光子光電子分光法では，ポンプパルスが非占有状態へ電子を励起し，プローブパルスがこれらの電子を真空準位よりも上に励起する．ポンプ–プローブ2光子光電子分光法での時間分解能はレーザーのパルス幅により決定される．現在，数フェムト秒程度の短パルスも利用可能であるが，エネルギーの不確定性広がりを勘案し適切なパルス幅とバンド幅が選択されている．光子エネルギーが異なるポンプ光とプローブ光を用いる2色の時間分解2光子光電子分光法での光学系の例を**図 6.2.7** に示す．最近の多くの報告例においては，全固体のモードロックチタンサファイアレーザー装置が光源として用いられる．800 nm 付近を中心波長とし，非線形光学過程により得られる紫外域までの短パルス光が利用される．多くの場合，β–BaB_2O_4(β–BBO)などの非線形光学結晶を用いて発生させる2倍，3倍および4倍高調波が利用されている．また，光パラメトリック発振器により連続的に波長を可変としている例もある．2色の2光子光電子分光実験では，ポンプ光とプローブ光は誘電体多層膜によるダイクロイックミラー(ハーモニックセパレータ)などにより別々の光路に分けられる．一方の光路にはリニアステージに載せられたミラー対やコーナーキューブミラーを設け，ポンプ光とプローブ光の時間差を制御する．時間差を制御した2つのパルスは，再びダイクロイックミラーにより同軸に戻され，試料に照射される．試料への集光は，レンズや軸外放物面鏡などの凹面鏡を用いる．光路内に1/2 波長板や 1/4 波長板を設けることにより偏光の制御も行われる．また，時間分解能を重視する場合，光学素子での分散は大きなパルス広がりを引き起こすため，光学素子の選択や分散補償により最小化する．二次の群速度分散は，光路中に設けたプリズム対やチャープミラー対と石英ウェッジにより波長によって光路長を変えて制御する．高次の分散の補償は困難であるため，分散を引き起こす光学素子は極力排除する．

干渉型時間分解2光子光電子分光法[17]においては，光の偏光と波長が等しくかつ

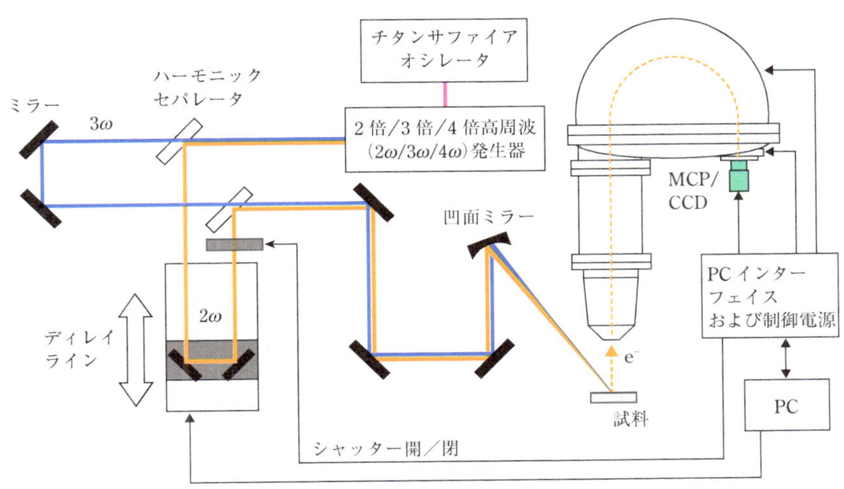

図 6.2.7　時間分解2光子光電子分光法の光学系の例

同軸のパルスをポンプ–プローブ光として用いる．光源はサブ10 fsのパルス幅をもつチタンサファイアレーザーである．その光学系は，β–BBO結晶などを用いた第2高調波発生系，ポンプ–プローブパルス間に時間遅延を与えるマッハーツェンダー干渉計，群速度分散を補償しパルスの時間幅を圧縮するチャープミラー対で構成される．干渉型の時間分解2光子光電子スペクトルには，中間状態での励起電子の占有数の時間変化に対応する非干渉成分に加え，励起光の振動数ωで振動する成分と2ωで振動する成分が現れる．振動数ωで振動する成分は，励起電子の位相の緩和時間がプローブ光の遅れよりも長い場合に生じる，電子の位相とプローブ光の干渉によるものである．2ωで振動する成分は，ポンプ光またはプローブ光のみから生じる2光子光電子放出によるものである．したがって，干渉型時間分解2光子光電子分光法においてはエネルギー緩和時間と各準位間の分極の位相緩和時間を得ることができる．

2倍，3倍および4倍高調波をプローブ光として用いる場合，終状態における光電子の運動エネルギーが大きくないために，ほとんどの物質において表面ブリルアンゾーンの全域をカバーする角度分解測定はできない．近年，希ガスに高強度レーザーを照射した際の非線形効果である高次高調波発生(HHG)による極端紫外域(約10～100 eV)の超短パルスが利用され始めている．これまでに，表面ブリルアンゾーンの中心から離れた波数に対しての測定から，グラフェンのディラック電子の超高速ダイナミクス[18]や，高温超伝導体での超高速ギャップダイナミクス[19]について報告がされている．希ガスからの高次高調波の繰り返し周波数は当初は数kHz程度であったが，最近ではMHzオーダーの高繰り返しパルスも得られるようになっており[20]，空間電荷効果により引き起こされるスペクトル歪みを抑制しながら高効率での計測が可能となることが期待される．

現在，多くの光電子分光実験においては静電半球型エネルギー分析器が広く用いられており，MCP–蛍光スクリーン–CCDカメラを組み合わせた二次元検出器でのエネルギーおよび運動量(E, k_x)の並列測定によって，高効率で1つの波数方向に沿っての角度分解測定が行われている．静電半球型エネルギー分析器を用いて三次元のデータセット$I(E, k_x, k_y)$を得るためには，連続的に試料と分析器の間の角度を変更することが必要である．試料角度を変更している間は計測ができないため，計測効率が制限されている．二次元表示型の電子エネルギー分析器においては，試料から放出される光電子の角度分布を阻止電場や反射電場を用いてエネルギー選別した後に検出器上に投影することにより，特定の運動エネルギーでの二次元角度分布を取得する[21]．また，光電子顕微鏡(PEEM)の電子レンズ系と2段の半球型エネルギー分析器を組み合わせた構成をもつ momentum microscope においては，試料表面からのほぼ全立体角に及ぶ範囲の光電子が取り込まれるとともに 2 段の半球部において収差なくエネルギー選別されることにより，高分解能で二次元角度分布が得られる[22]．これらにおいては，計測する運動エネルギーの走査を速やかに行うことができるため，$I(E, k_x, k_y)$ を高効率に得ることができる．

飛行時間(TOF)型エネルギー分析器においては，シンクロトロン光やパルスレーザーの時間構造を利用し，パルス光で放出される光電子が検出器に到達するまでの時間と光電子の運動エネルギーの関係からエネルギー分布曲線を得る．TOF 型エネルギー分析器は，エネルギー選別せずにすべての電子を検出するために，検出効率がきわめて高いことが第一の特徴である．高計数率であることは，レーザーでのバンチスライスにより得られる低フォトン密度のフェムト秒 X 線パルスでのポンプ–プローブ光電子計測，照射損傷が大きい試料に対する低照射量での計測，高計数率が必要なコインシデンス計測などで力を発揮する．

放射光施設での TOF 型電子エネルギー分析器を用いた研究は，放射光利用研究の初期の段階から行われてきたが，第三世代光源での短パルス・高輝度光が利用できるようになったことにより大きく進展した．第三世代光源での典型的なパルス幅は 30～100 ps 程度である．また，大周長リングにおいて部分フィリングモードでの運転をすることにより，数 100 ns でのパルス間隔が実現され，数 eV までの低運動エネルギーについても計測された．TOF 型分析器における二次元運動量分布とエネルギー分布についての三次元計測は，二次元ディレイライン検出器(2D–DLD)を採用することにより可能となった．Lebedev らにより報告された ALS のビームライン 12.0.1 に設置された分析器においては，35 μm の位置分解能と半値全幅 120 ps を超える時間分解能の 2D–DLD により，1 meV を超えるエネルギー分解能と 0.1° を超える角度分解能が得られている[23]．近年では，電子レンズを用いて放出角度分布を投影しつつ飛行時間を計測する角度分解 TOF 型エネルギー分析器[24,25]が開発され，高計数率で三次元のデータセット $I(E, k_x, k_y)$ を得ることができる．これらは市販の製品として入手可能である．**図 6.2.8** にその一例を示す．角度分解 TOF 型エネルギー分析器はいずれもドリフトチューブ内に多極の電子レンズを内包し，光電子を減速することによりエネルギー分解能を改善しつつ，検出器上の異なった位置へ角度分布を投影するように，レンズ電極への電圧が制御される．光電子の運動エネルギーと放出角度(E_k, ϕ, θ)は，検出器上での到達位置と時間(x, y, t)に基づいて知ることができる．光電子の取り込み角は ±7°，±14° または ±3°，±4°，±7°，±15° などで可変とできるように設計されている[24,25]．

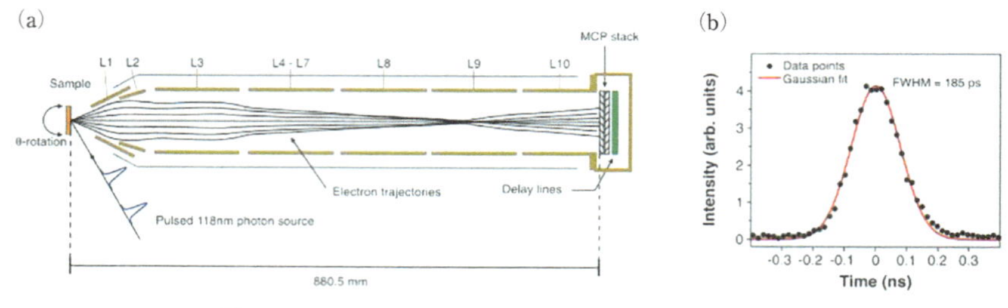

図 6.2.8　THEMIS 1000 TOF 型エネルギー分析器の模式図
[M. H. Berntsen *et al.*, *Rev. Sci. Instrum.*, **82**, 095113(2011), Fig. 3]

図 6.2.9 に二次元型ディレイライン検出器の模式図を示す．ディレイラインは蛇行させた線路を形成することや裸の銅線を縦横に巻くことにより作られている[26]．ディレイラインの前段には MCP がある．MCP に入射した電子は，MCP 内部でおよそ 10^5～10^6 倍に増幅される．増幅された電子パルスは MCP 背面から放出され，ディレイライン上に到達する．この電子はディレイラインの線路上を左右および上下に伝達していき，4 つの終点で検出される．このとき，電子が線路上を伝達する距離によって検出器までの到達時間に差が生じる．この時間差からディレイライン上の電子が入射した位置を同定することができる．蛇行させた線路や巻き線でディレイラインを形成することにより，時間差が十分大きくなるようにしている．ディレイラインは，信号線と参照線からなる 1 対の線路として形成されており，参照線には電子が到達しないような阻止電圧が印加されている．直交させた 2 系統のディレイラインには MCP からの電子パルスがほぼ均等に分配されるように設計されている．パルス入射により信号線と参照線の間には差分信号が生じ，線路の両端へ伝搬する．信号の高さは入射電子量に比例する．各系統の線路の両端における，X 方向についての 2 組と Y 方向についての 2 組の信号は，差分増幅器に入力し信号を増幅した後，constant fraction discriminator(CFD)に入力してタイミング信号を出力させる．CFD は一定値以上のパルス波形の信号について，パルス重心に対応するタイミングの信号を出力させる回路である．第五の信号として MCP からのパルスも増幅と CFD での検出が行われ，電子が MCP に到達したタイミングを得る．これらは多チャンネル・マルチヒット TDC の停止信号として入力する．TDC への開始信号には，電子励起に使う光源と同期する信号を用いる．飛行時間によるエネルギー測定を行わずに位置情報のみを得る場合には，スタート信号に MCP からの信号を用いることもできる．

ディレイライン検出器を用いた計測においては，ノイズ信号の除去，欠損データ

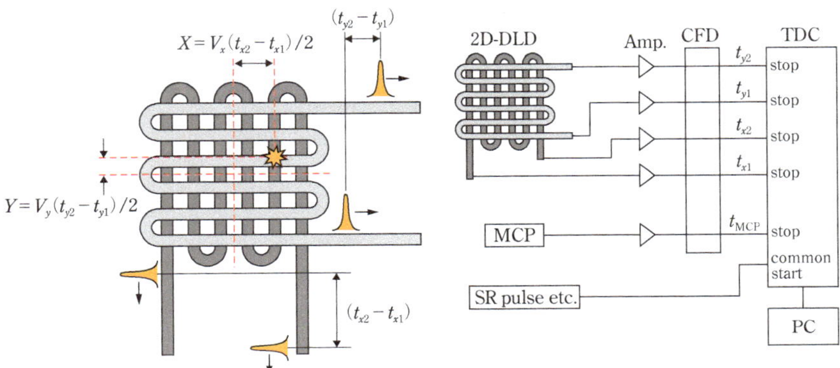

図 6.2.9 ディレイライン二次元型検出器の模式図

の補完，および同時イベントの分離のためのデータ処理が行われる．これらの処理はタイムサムが一定であることに基づいて行われる．タイムサムは，ディレイライン両端での信号(t_{x1}, t_{x2}, t_{y1}, t_{y2})と MCP からの信号(t_{MCP})との時間差の和($t_{x1}+t_{x2}-2\times t_{MCP}$)および($t_{y1}+t_{y2}-2\times t_{MCP}$)である．タイムサムを満たさない組み合わせの信号は，ノイズとして除去できる．ディレイラインでの 4 つの信号と MCP からの信号のうち，どれかが欠損していた場合には，タイムサムに基づいて欠損している信号の時間を計算することができる．同時イベントの分離は，ディレイライン両端での複数の信号からタイムサムを満たす組み合わせを抽出することにより行われる．また，Jagutzki らにより報告されている六角型ディレイライン検出器においては，120° ずつ回転させた 3 組による 3 段構成により，同時イベントを同定検出するとともに，不感時間を無視できる程度に減少させる工夫がなされている[27]．

6.2.3 ■ 超高速時間分解光電子スペクトルの測定と解析

酸化亜鉛(ZnO)は，室温でのバンドギャップが 3.44 eV の直接遷移型半導体であり，化学的安定性，無毒性，低環境負荷，非偏在資源などの長所があり，ワイドギャップ半導体材料として重要な物質である．酸素空孔や格子間サイトの Zn 原子に起因して n 型ドープが容易に得られる一方で，良質な p 型ドープはいまだ確立していない．一方，テルル化亜鉛(ZnTe)は，室温でのバンドギャップが 2.26 eV の直接遷移型半導体であり，有力なテラヘルツ材料や純緑色域での光半導体材料として精力的な研究が行われ，p 型ドープが確立している材料である．ヘテロ pn 接合によるデバイス設計は，個々の材料のバンドギャップや，ドープ特性の利点を組み合わせた多彩な機能を実現できる魅力がある[28]．これらの材料を光電変換デバイスへと応用するためには，pn接合界面での光励起キャリアのダイナミクスの理解が重要であることから，パルスレーザー堆積(PLD)法により作製したn-ZnO/p-ZnTe(111)およびp-ZnTe/n-ZnO(0001)ヘテロ構造について，イオンスパッタリングを行いながらの深さ分解内殻光電子測定と，ゲート検出法によるマイクロ秒領域での時間分解内殻光電子分光測定を行った．深さ分解内殻光電子測定からは，作製したヘテロ界面では価電子帯オフセット3.1 eVおよび伝導帯オフセット1.8 eVのtype-IIのバンドアライメントをとっていることが同定された．

図6.2.10に，ポンプ光照射時と非照射時のZn 3dスペクトルを示す．ポンプ光は光子エネルギー3.1 eV，励起密度8.9 μJ/cm^{2}である．照射時のスペクトルは，ポンプ光照射直後から100 nsまでの時間分解スペクトルである．ZnTe基板(図6.2.10(a))とZnO/ZnTe(図6.2.10(b))は，高運動エネルギー側へのシフトを示す．これに対し，ZnTe/ZnO(図6.2.10(c))は，低運動エネルギー側へのシフトを示す．また，ZnO(0001)基板ではシフトは観測されなかった．観測されたシフトの方向については，表面のバンドベンディング領域や，Type-IIのバンドオフセット界面での電子と正孔の空間分離に基づいて説明される．p型であるZnTe(111)基板の表面領域においては，下方向へのバンドベンディングがあるので，空間電荷領域での光励起により生成するキャリアのうち，電子は表面方向へ，正孔はバルク方向へと移動する．これにより発生する起電力により，Zn 3dピークは高運動エネルギー側へのシフトを示す．ZnTe(111)上のZnO膜については，表面にn型ドープの膜があるので，下方向へのバンドベンディングがある場合と同様に考えることができる．すなわち，表面のZnO膜においてはバンドギャップの大きさのために光吸収は起こらないが，ZnTe基板において励起された電子は，バンドオフセットに従うように表面のZnO層に移動し，ホールはZnTe基板内にとどまる．これに対応して，高運動エネルギー側へのシフトを引き起こす光起電力を生じる．一方，ZnO上のZnTe膜の場合には，ZnTe膜での光吸収により生じる電子が基板側に移動する．これに対応して，低運動エネルギー側へのシフトを引き起こす光起電力が生じるとして説明ができる．図6.2.10(d)は繰り返し20 kHzの範囲での，内殻ピーク位置のシフトから求めた起電力の時間変化である．ZnO/ZnTeの接合においては，正方向の起電力が時間とともに減衰していく挙動が観測されている．ZnTe基板での結果と比較すると，より長寿命であり，より大きなパイルアップ成分をもつことがわかる．これは，ヘテロ接合領域を超えての電荷分離があるために，基板のみのバンドベンディング領域での電荷分離よりも電子と正孔の再結合が抑制されていることに

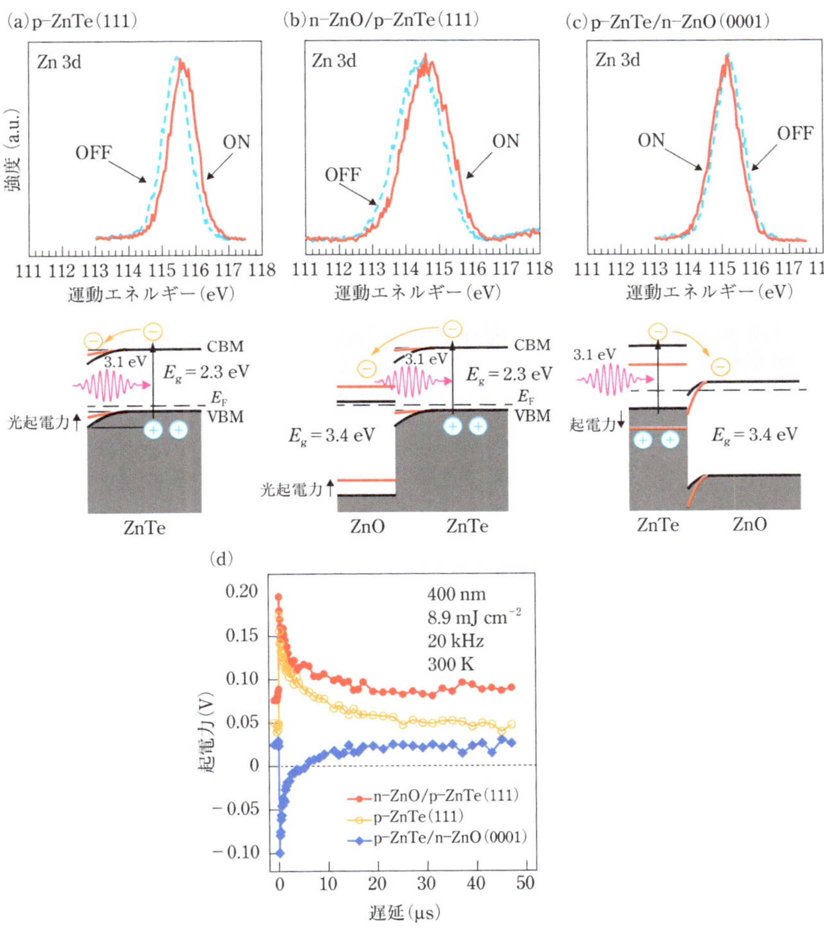

図 6.2.10 n-ZnO/p-ZnTe(111)および p-ZnTe/n-ZnO(0001)ヘテロ構造における光起電力

よると考えられる．一方，ZnO/ZnTe においては，負方向の起電力が時間とともに減衰していく挙動に加えて，およそ 6 μs をすぎてからは，正方向の起電力を示していることがわかる．正方向へのシフトは，50 μs をすぎて残存するパイルアップ成分として存在している．初期の負方向へのシフトは，ヘテロ接合での ZnTe 膜から ZnO 基板への電子移動により生じる起電力に対応するものと考えられる．また，正方向へのシフトは ZnO の界面バンドベンディング領域での電子蓄積に起因する起電力であると考えられる．

図 6.2.11 に Si(001) 表面の初期酸化における電子ダイナミクスを調べることを目的とした，フェムト秒レーザーを用いた時間分解2光子光電子分光測定の結果を示す[29]．清浄 Si(001) 表面に温度 600°C にて 2〜150 L の酸素を曝露することにより試料を作製し，放射光による Si 2p 内殻スペクトルから酸化の進行における化学状態の変化とバンドベンディング量の変化を評価しながら，それらの試料について時間分解2光子光電子分光測定により励起電子状態を調べた．図 6.2.11 には曝露量 2L での結果を示す．この結果から，光励起により伝導帯へ励起された電子は 1 ps 程度で伝導帯下端へと緩和し，表面の酸化準位を経由して表面再結合することと，酸化の進行とともに緩和が緩やかとなることが見出された．

sp^2 結合した1原子層の炭素シートであるグラフェンは，きわめて大きなキャリア移動度，機械的強度，化学的安定性などから有力なデバイス材料であるとともに，特有の二次元電子状態に由来する新規な物性などから多大な関心を集めている．**図 6.2.12** に，SiC(0001) の熱分解により作製した2層および3層グラフェン (BLG, TLG) における鏡像準位について，角度分解2光子光電子分光法から決定したバンド分散と時間分解2光子光電子分光測定の結果を示す．放射光による角度分解光電子分光(ARPES)測定の結果とともにエネルギーダイアグラムとして示したように，ポンプ光がチタンサファイアレーザーの3倍高調波である場合，鏡像準位への電子励起は π バンドを始状態としたフォノン散乱を含む過程である．プローブ光としても3倍高調波を用いた角度分解測定により鏡像準位のバンド分散が決定

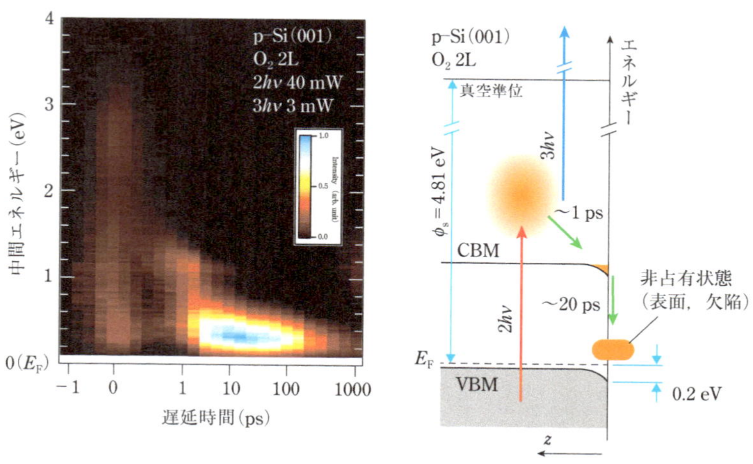

図 6.2.11　Si(001) 表面の初期酸化における時間分解2光子光電子スペクトルと電子緩和の模式図

された．また，プローブ光として基本波を用いた時間分解測定により量子数 $n=2$, 3 に対応する鏡像準位の寿命が決定された[30]．紫外域のプローブ光を用いた場合，終状態の運動エネルギーはブリルアンゾーンの K 点をカバーするには不足してい

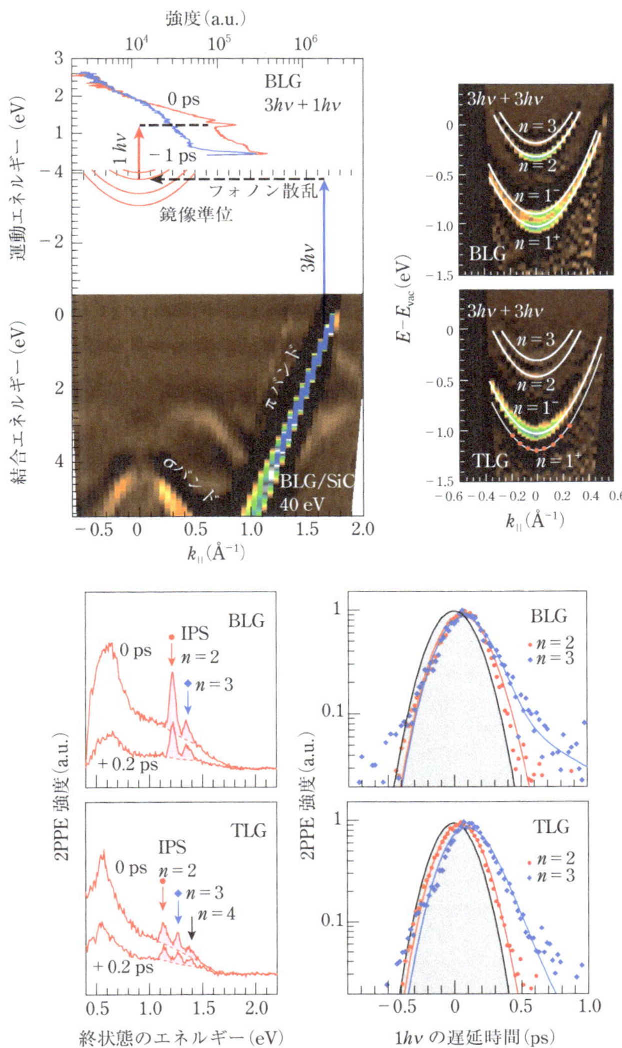

図 6.2.12　SiC 上グラフェンにおける角度分解 2 光子光電子放出のエネルギーダイアグラムと鏡像準位のバンド分散および時間分解 2 光子光電子スペクトル

る．ディラックコーンに対する直接的な時間分解ARPES測定は，希ガス高次高調波をプローブ光として行われている．これまでに，SiC(0001)上の単層グラフェン[18]，層数やドープ特性が異なる場合[31,32]，ポンプ光の光子エネルギー[33]や偏光[34]を制御した場合についてディラック電子のエネルギー・運動量空間での過渡分布が報告されている．

6.2.4 ■ まとめと展望

最後に，近年，時間分解光電子分光法の技術的発展がさらに加速していることについて述べる．1つの観点は短パルス新光源の開発と利用である．例えば，希ガス高次高調波を用いたアト秒領域での時間分解測定の結果からは，光電子放出過程に対する新たな描像が提示されている[35]．また，自由電子レーザーからのフェムト秒X線の利用も進みつつある．現在，自由電子レーザーからのフェムト秒X線を用いた時間分解光電子分光測定を行う際には，高強度のX線パルスにより放出される多量の電子雲での空間電荷効果に起因してスペクトル形状が大きく歪められる問題がある．しかしながら，例えば，LCLS-IIでの計画のように自由電子レーザーの高繰り返し化が実現すれば，パルスあたりに放出される光電子量を抑えながら十分な計数率での測定が可能となり，高光子エネルギーのフェムト秒パルスを用いた時間分解光電子分光法での大きな進展が期待される．もう1つの観点は，時間分解測定を微小スポット，大気圧下測定，スピン分解測定，偏光制御測定などと併用しながら行うものである．これらの先端的光電子分光手法を組み合わせた研究の進展により，多岐にわたる固体および表面での励起電子が関与する種々の過程への理解がよりいっそう進むことが期待される．

[引用文献]

1) T. Higuchi, C. Heide, K. Ullmann, H. B. Weber, and P. Hommelhoff, *Nature*, **550**, 224 (2017)

2) J. W. McIver, D. Hsieh, H. Steinberg, P. Jarillo-Herrero, and N. Gedik, *Nat. Nanotech.*, **7**, 96 (2012)

3) U. Bovensiepen and P. S. Kirchmann, *Laser Photonics Rev.*, **6**, 589 (2012)

4) S. Yamamoto and I. Matsuda, *J. Phys. Soc. Jpn.*, **82**, 021003 (2013)

5) M. Lisowski, P. A. Loukakos, U. Bovensiepen, J. Stähler, C. Gahl, and M. Wolf, *Appl. Phys. A*, **78**, 165 (2004)

6) V. V. Kabanov and A. S. Alexandrov, *Phys. Rev. B*, **78**, 174514 (2008)

7) Y. Ishida, T. Togashi, K. Yamamoto, M. Tanaka, T. Taniuchi, T. Kiss, M. Nakajima, T. Suemoto, and S. Shin, *Sci. Rep.*, **1**, 64 (2011)

8) S. Tanaka, S. D. More, J. Murakami, M. Itoh, Y. Fujii, and M. Kamada, *Phys. Rev. B*, **64**, 155308 (2001)

9) K. Ozawa, M. Emori, S. Yamamoto, R. Yukawa, Sh. Yamamoto, R. Hobara, K. Fujikawa, H. Sakama, and I. Matsuda, *J. Phys. Chem. Lett.*, **5**, 1953 (2014)

10) K. Takahashi, Y. Kondo, J. Azuma, and M. Kamada, *J. Electron Spectrosc. Relat. Phenom.*, **144–147**, 1093 (2005)

11) S. Neppl and O. Gessner, *J. Electron Spectrosc. Relat. Phenom.*, **200**, 64 (2015)

12) M. Ogawa, S. Yamamoto, Y. Kousa, F. Nakamura, R. Yukawa, A. Fukushima, A. Harasawa, H. Kondoh, Y. Tanaka, A. Kakizaki, and I. Matsuda, *Rev. Sci. Instrum.*, **83**, 023109 (2012)

13) M. Oura, L.-P. Oloff, A. Chainani, K. Rossnagel, M. Matsunami, R. Eguchi, T. Kiss, T. Yamaguchi, Y. Nakatani, J. Miyawaki, K. Yamagami, M. Taguchi, T. Togashi, T. Katayama, K. Ogawa, M. Yabashi, T. Gejo, K. Myojin, K. Tamasaku, Y. Tanaka, T. Ebihara, and T. Ishikawa, *Trans. Mat. Res. Soc. Jpn.*, **39**, 469 (2014)

14) M. G. Silly, T. Ferté, M. A. Tordeux, D. Pierucci, N. Beaulieu, C. Chauvet, F. Pressacco, F. Sirotti, H. Popescu, V. Lopez-Flores, M. Tortarolo, M. Sacchi, N. Jaouen, P. Hollander, J. P. Ricaud, N. Bergeard, C. Boeglin, B. Tudu, R. Delaunay, J. Luning, G. Malinowski, M. Hehn, C. Baumier, F. Fortuna, D. Krizmancic, L. Stebel, R. Sergo, and G. Cautero, *J. Synchrotron Rad.*, **24**, 886 (2017)

15) K. Holldack, J. Bahrdt, A. Balzer, U. Bovensiepen, M. Brzhezinskaya, A. Erko, A. Eschenlohr, R. Follath, A. Firsov, W. Frentrup, L. Le Guyader, T. Kachel, P. Kuske, R. Mitzner, R. Müller, N. Pontius, T. Quast, I. Radu, J.-S. Schmidt, C. Schüßler-Langeheine, M. Sperling, C. Stamm, C. Trabant, and A. Föhlisch, *J. Synchrotron Rad.*, **21**, 1090 (2014)

16) H. Osawa, T. Kudo, and S. Kimura, *Jpn. J. Appl. Phys.*, **56**, 048001 (2017)

17) H. Petek and S. Ogawa, *Prog. Surf. Sci.*, **56**, 239 (1997)

18) J. C. Johannsen, S. Ulstrup, F. Cilento, A. Crepaldi, M. Zacchigna, C. Cacho, I. C. E. Turcu, E. Springate, F. Fromm, C. Raidel, T. Seyller, F. Parmigiani, M. Grioni, and P. Hofmann, *Phys. Rev. Lett.*, **111**, 027403 (2013)

19) S. Parham, H. Li, T.J. Nummy, J.A. Waugh, X.Q. Zhou, J. Griffith, J. Schneeloch, R.D. Zhong, G.D. Gu, and D.S. Dessau, *Phys. Rev. X*, **7**, 041013 (2017)

20) H. Carstens, M. Högner, T. Saule, S. Holzberger, N. Lilienfein, A. Guggenmos, C.

Jocher, T. Eidam, D. Esser, V. Tosa, V. Pervak, J. Limpert, A. Tünnermann, U. Kleineberg, F. Krausz, and I. Pupeza, *Optica*, **3**, 366 (2016)

21) H. Daimon *Rev. Sci. Instrum.*, **59**, 545 (1988)

22) B. Krömker, M. Escher, D. Funnemann, D. Hartung, H. Engelhard, and J. Kirschner, *Rev. Sci. Instrum.*, **79**, 053702 (2008)

23) G. Lebedev, A. Tremsin, O. Siegmund, Y. Chen, Z.-X. Shen, and Z. Hussain, *Nucl. Instrum. Methods A*, **582**, 168 (2007)

24) R. Ovsyannikov, P. Karlsson, M. Lundqvist, C. Lupulescu, W. Eberhardt, A. Föhlisch, S. Svensson, and N. MÅrtensson, *J. Electron Spectrosc. Relat. Phenom.*, **191**, 92 (2013)

25) M. H. Berntsen, O. Götberg, and O. Tjernberg, *Rev. Sci. Instrum.*, **82**, 095113 (2011)

26) H. Keller, G. Klingelhöfer, and E. Kankeleit, *Nucl. Instrum. Methods Phys. Res. A*, **258**, 221 (1987)

27) O. Jagutzki, A. Cerezo, A. Czasch, R. Dörner, M. Hattaß, M. Huang, V. Mergel, U. Spillmann, K. Ullmann-Pfleger, T. Weber, H. Schmidt-Böcking, and G. D. W. Smith, *IEEE Trans. Nucl. Sci.*, **49**, 2477 (2002)

28) W. Wang, A. Lin, and J. D. Phillips, *J. Electro. Mater.*, **37**, 1044 (2008)

29) K. Takahashi, Y. Kurahashi, T. Koga, J. Azuma, and M. Kamada, *J. Electron Spectrosc. Relat. Phenom.*, **184**, 304 (2011)

30) K. Takahashi, M. Imamura, I. Yamamoto, J. Azuma, and M. Kamada, *Phys. Rev. B*, **89**, 155303 (2014)

31) I. Gierz, J. C. Petersen, M. Mitrano, C. Cacho, I. C. E. Turcu, E. Springate, A. Stöhr, A. Köhler, U. Starke, and A. Cavalleri, *Nat. Mater.*, **12**, 1119 (2013)

32) T. Someya, H. Fukidome, H. Watanabe, T. Yamamoto, M. Okada, H. Suzuki, Y. Ogawa, T. Iimori, N. Ishii, T. Kanai, K. Tashima, B. Feng, S. Yamamoto, J. Itatani, F. Komori, K. Okazaki, S. Shin, and I. Matsuda, *Phys. Rev. B*, **95**, 165303 (2014)

33) I. Gierz, M. Mitrano, H. Bromberger, C. Cacho, R. Chapman, E. Springate, S. Link, U. Starke, B. Sachs, M. Eckstein, T. O. Wehling, M. I. Katsnelson, A. Lichtenstein, and A. Cavalleri, *Phys. Rev. Lett.*, **114**, 125503 (2015)

34) S. Aeschlimann, R. Krause, M. Chávez-Cervantes, H. Bromberger, R. Jago, E. Malić, A. Al-Temimy, C. Coletti, A. Cavalleri, and I. Gierz, *Phys. Rev. B*, **96**, 020301 (2017)

35) A. L. Cavalieri, N. Müller, Th. Uphues, V. S. Yakovlev, A. Baltuška, B. Horvath, B. Schmidt, L. Blümel, R. Holzwarth, S. Hendel, M. Drescher, U. Kleineberg, P. M. Echenique, R. Kienberger, F. Krausz, and U. Heinzmann, *Nature*, **449**, 1029 (2007)

付　録

付録 A ■ 光イオン化断面積，平均自由行程，内殻準位の結合エネルギー，仕事関数

A.1 ■ 光イオン化断面積

光イオン化断面積とは，原子に光子を照射したときに光電効果によって原子から電子が放出される割合を表す尺度である．測定される光電子強度 I_e は X 線の強度 I_0，単位面積あたりの原子数 N，光イオン化断面積 σ を用いて以下の式で表される．

$$I_e = I_0 \cdot N \cdot \sigma \tag{A.1.1}$$

すなわち，光電子強度は光イオン化断面積に比例するため，N を求めるための定量解析では光イオン化断面積の具体的な数値が必要となる．

光イオン化断面積 σ は物質の種類，対象とする軌道，光のエネルギーに依存して変化する．定性的な傾向として，原子番号 Z が大きい原子ほど σ が大きくなり，光のエネルギー $h\nu$ が大きくなるほど σ は小さくなる．光電効果では光子は電子に全エネルギーを与えて完全消滅する必要があるため，光電子放出前後で光子と電子の運動エネルギーと運動量の両方が保存されなければならない．完全に自由な電子では運動量が保存されないため，光電効果は生じない．一方で電子が原子核に束縛されている場合，原子核が運動量を吸収して運動量保存則が成り立つために光電効果が生じる．ここで，原子核と電子の結合エネルギーが大きいほど，原子核が反跳運動量を引き受けることによって運動量保存則が成り立ちやすくなり，光電効果が生じやすくなる．したがって，結合エネルギーが大きい(陽子数が大きい＝原子番号が大きい)原子ほど σ が増加する．一方，光子のエネルギーが大きくなると，光子エネルギーに対する結合エネルギーは相対的に小さくなる．そのため，原子核が運動量を引き受けることができにくくなり，光子エネルギーが増加するほど σ は小さくなる．具体例として，Si 2p 軌道の光イオン化断面積の光子エネルギー依存性と $h\nu = 1468.6$ eV(Al Kα 線)における光イオン化断面積の Z 依存性を**図 A.1.1** に示す．

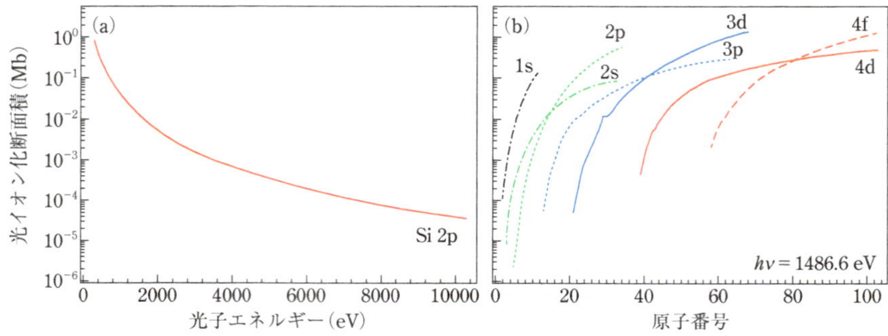

図 A.1.1　(a)Si 2p 軌道の光イオン化断面積の光子エネルギー依存性および(b)$h\nu$ = 1468.6 eV(Al Kα 線)における光イオン化断面積の原子番号依存性
光イオン化断面積の単位はメガバーン Mb(= 10^{-22} m^2).

以上のように，σ は Z や $h\nu$ に依存して変化する．そのため，実際の σ の値はデータベースを参考にする必要がある．従来の光イオン化断面積のデータベースでは実験室光源である Mg Kα 線(1253.6 eV)や Al α(1486.6 eV)線が中心に記載されていた[1)]．その後シンクロトロン放射による真空紫外光を用いた光電子分光測定が盛んになるにつれて，真空紫外領域における光イオン化断面積が記載されたデータベースも整備された[2)]．その一方で，近年では Ag Lα 線(2984 eV)や Cr Kα 線(5411 eV)などテンダーX線領域の XPS 用X線源が市販され，実験室でも利用され始めている．また，高輝度放射光を用いることによって，8 keV 以上の硬X線を用いた硬X線光電子分光法の利用も広がってきている．そのため，テンダーおよび硬X線領域の光イオン化断面積も整備され始めている[3)]．それに加え，近年は放射光施設での実験が一般化し，軟X線領域においても励起光のエネルギーを任意に変更して実験を行う機会が多くなってきている．これまでのデータベースには特定の光子エネルギーに対する光イオン化断面積がまとめられているが，実験で用いた光子エネルギーに対する光イオン化断面積を求めるためには自分自身で数値計算[2)]を行う必要があった．しかしながら数値計算は煩雑であり，簡便に光イオン化断面積を求めるためにはデータ間を補間したり，最小二乗法などによるフィッティングを行ったりする必要がある．

このような現状を踏まえ，本書では実験室光源としてもっとも利用されている Al Kα 線のデータを**表 A.1.1** に掲載した．また，軽元素(Z < 30)であれば，任意のエネルギーにおける σ を近似的に求める方法が報告されている[4)]．放射光のように任意のエネルギーを用いた測定を行う際はこれらの手法が役立つ．

表 A.1.1　Al Kα 線(1486.6 eV)での光イオン化断面積(各セルの左側の番号は原子番号)
[J. J. Yeh and I. Lindau, *Atomic Data Nucl. Data Tables*, **32**, 1(1985), Table 1]

1s		2s		2p		3s		3p		4s		3d		4p		5s		4d		5p		4f	
1	2.00×10^{-6}	3	8.60×10^{-6}	5	2.40×10^{-6}	11	9.70×10^{-5}	13	5.90×10^{-5}	20	3.10×10^{-4}	21	5.30×10^{-5}	32	7.40×10^{-4}	38	3.00×10^{-4}	39	4.50×10^{-4}	50	7.70×10^{-4}	58	2.20×10^{-3}
2	1.10×10^{-4}	4	8.70×10^{-5}	6	1.00×10^{-5}	12	3.80×10^{-4}	14	1.70×10^{-4}	21	4.60×10^{-4}	22	1.70×10^{-4}	33	1.70×10^{-3}	39	4.80×10^{-4}	40	1.10×10^{-3}	51	1.60×10^{-3}	59	4.00×10^{-3}
3	7.90×10^{-4}	5	2.80×10^{-4}	7	7.20×10^{-5}	13	7.80×10^{-4}	15	5.00×10^{-4}	22	5.00×10^{-4}	23	4.20×10^{-4}	34	2.60×10^{-3}	40	4.60×10^{-4}	41	2.60×10^{-3}	52	2.60×10^{-3}	60	6.30×10^{-3}
4	2.60×10^{-3}	6	6.60×10^{-4}	8	2.40×10^{-4}	14	1.00×10^{-3}	16	1.00×10^{-3}	23	5.10×10^{-4}	24	8.80×10^{-4}	35	4.50×10^{-3}	41	1.80×10^{-4}	42	4.60×10^{-3}	53	3.80×10^{-3}	61	9.30×10^{-3}
5	6.60×10^{-3}	7	1.10×10^{-3}	9	6.80×10^{-4}	15	1.40×10^{-3}	17	1.90×10^{-3}	24	1.80×10^{-4}	25	1.40×10^{-3}	36	6.30×10^{-3}	42	2.30×10^{-4}	43	6.00×10^{-3}	54	5.10×10^{-3}	62	1.20×10^{-2}
6	1.30×10^{-2}	8	1.90×10^{-3}	10	1.30×10^{-4}	16	1.90×10^{-3}	18	3.40×10^{-3}	25	5.80×10^{-4}	26	2.20×10^{-3}	37	8.50×10^{-3}	43	5.80×10^{-4}	44	9.10×10^{-3}	55	6.80×10^{-3}	63	1.70×10^{-2}
7	2.40×10^{-2}	9	2.80×10^{-3}	11	2.50×10^{-3}	17	2.50×10^{-3}	19	4.90×10^{-3}	26	7.00×10^{-4}	27	3.70×10^{-3}	38	1.00×10^{-2}	44	2.20×10^{-4}	45	1.20×10^{-2}	56	8.10×10^{-3}	64	2.10×10^{-2}
8	4.00×10^{-2}	10	4.00×10^{-3}	12	4.60×10^{-3}	18	3.00×10^{-3}	20	6.90×10^{-3}	27	7.10×10^{-4}	28	5.90×10^{-3}	39	1.20×10^{-2}	45	2.30×10^{-4}	46	1.60×10^{-2}	57	9.30×10^{-3}	65	2.90×10^{-2}
9	6.00×10^{-2}	11	5.80×10^{-3}	13	7.20×10^{-3}	19	3.80×10^{-3}	21	8.90×10^{-3}	28	8.10×10^{-4}	29	1.20×10^{-2}	40	1.40×10^{-2}	46		47	2.10×10^{-2}	58	8.90×10^{-3}	66	3.70×10^{-2}
10	8.60×10^{-2}	12	7.70×10^{-3}	14	1.10×10^{-2}	20	4.70×10^{-3}	22	1.10×10^{-2}	29	2.70×10^{-4}	30	1.20×10^{-2}	41	1.50×10^{-2}	47	2.90×10^{-4}	48	2.60×10^{-2}	59	9.30×10^{-3}	67	4.60×10^{-2}
11	1.17×10^{-1}	13	1.00×10^{-2}	15	1.60×10^{-2}	21	5.50×10^{-3}	23	1.30×10^{-2}	30	7.80×10^{-4}	31	1.40×10^{-2}	42	1.70×10^{-2}	48	7.00×10^{-4}	49	3.10×10^{-2}	60	9.70×10^{-3}	68	5.60×10^{-2}
12	1.52×10^{-1}	14	1.30×10^{-2}	16	2.20×10^{-2}	22	6.40×10^{-3}	24	1.50×10^{-2}	31	1.20×10^{-3}	32	1.90×10^{-2}	43	2.00×10^{-2}	49	1.00×10^{-3}	50	3.70×10^{-2}	61	1.00×10^{-2}	69	6.90×10^{-2}
		15	1.60×10^{-2}	17	3.10×10^{-2}	23	7.30×10^{-3}	25	1.90×10^{-2}	32	1.50×10^{-3}	33	2.50×10^{-2}	44	2.10×10^{-2}	50	1.20×10^{-3}	51	4.30×10^{-2}	62	1.00×10^{-2}	70	8.20×10^{-2}
		16	1.90×10^{-2}	18	4.10×10^{-2}	24	8.10×10^{-3}	26	2.20×10^{-2}	33	1.80×10^{-3}	34	3.10×10^{-2}	45	2.30×10^{-2}	51	1.40×10^{-3}	52	4.90×10^{-2}	63	1.00×10^{-2}	71	9.60×10^{-2}
		17	2.20×10^{-2}	19	5.30×10^{-2}	25	9.10×10^{-3}	27	2.60×10^{-2}	34	1.20×10^{-3}	35	3.90×10^{-2}	46	2.50×10^{-2}	52	1.70×10^{-3}	53	5.60×10^{-2}	64	1.10×10^{-2}	72	1.11×10^{-1}
		18	2.60×10^{-2}	20	6.80×10^{-2}	26	1.00×10^{-2}	28	2.90×10^{-2}	35	2.50×10^{-3}	36	4.70×10^{-2}	47	2.70×10^{-2}	53	1.90×10^{-3}	54	6.40×10^{-2}	65	1.10×10^{-2}	73	1.27×10^{-1}
		19	3.00×10^{-2}	21	8.60×10^{-2}	27	1.10×10^{-2}	29	3.30×10^{-2}	36	2.90×10^{-3}	37	5.80×10^{-2}	48	3.00×10^{-2}	54	2.20×10^{-3}	55	7.20×10^{-2}	66	1.10×10^{-2}	74	1.45×10^{-1}
		20	3.50×10^{-2}	22	1.69×10^{-1}	28	1.20×10^{-2}	30	3.70×10^{-2}	37	3.30×10^{-3}	38	6.90×10^{-2}	49	3.20×10^{-2}	55	2.50×10^{-3}	56	8.00×10^{-2}	67	1.10×10^{-2}	75	1.63×10^{-1}
		21	3.90×10^{-2}	23	1.31×10^{-1}	29	1.30×10^{-2}	31	4.30×10^{-2}	38	3.90×10^{-3}	39	8.20×10^{-2}	50	3.50×10^{-2}	56	2.90×10^{-3}	57	8.90×10^{-2}	68	1.10×10^{-2}	76	1.83×10^{-1}
		22	4.40×10^{-2}	24	1.58×10^{-1}	30	1.40×10^{-2}	32	4.80×10^{-2}	39	4.50×10^{-3}	40	9.60×10^{-2}	51	3.90×10^{-2}	57	3.30×10^{-3}	58	9.50×10^{-2}	69	1.10×10^{-2}	77	2.04×10^{-1}
		23	4.80×10^{-2}	25	1.88×10^{-1}	31	1.50×10^{-2}	33	5.40×10^{-2}	40	5.00×10^{-3}	41	1.12×10^{-1}	52	4.20×10^{-2}	58	3.10×10^{-3}	59	1.03×10^{-1}	70	1.20×10^{-2}	78	2.27×10^{-1}
		24	5.30×10^{-2}	26	2.22×10^{-1}	32	1.60×10^{-2}	34	6.00×10^{-2}	41	5.40×10^{-3}	42	1.30×10^{-1}	53	4.50×10^{-2}	59	3.30×10^{-3}	60	1.10×10^{-1}	71	1.30×10^{-2}	79	2.51×10^{-1}
		25	5.70×10^{-2}	27	2.59×10^{-1}	33	1.80×10^{-2}	35	6.70×10^{-2}	42	6.00×10^{-3}	43	1.50×10^{-1}	54	4.80×10^{-2}	60	3.40×10^{-3}	61	1.18×10^{-1}	72	1.40×10^{-2}	80	2.77×10^{-1}
		26	6.20×10^{-2}	28	3.00×10^{-1}	34	1.90×10^{-2}	36	7.40×10^{-2}	43	6.60×10^{-3}	44	1.72×10^{-1}	55	5.20×10^{-2}	61	3.50×10^{-3}	62	1.25×10^{-1}	73	1.50×10^{-2}	81	3.04×10^{-1}
		27	6.70×10^{-2}	29	3.44×10^{-1}	35	2.00×10^{-2}	37	8.10×10^{-2}	44	7.10×10^{-3}	45	1.95×10^{-1}	56	5.60×10^{-2}	62	3.70×10^{-3}	63	1.33×10^{-1}	74	1.60×10^{-2}	82	3.33×10^{-1}
		28	7.10×10^{-2}	30	3.91×10^{-1}	36	2.20×10^{-2}	38	8.90×10^{-2}	45	7.60×10^{-3}	46	2.20×10^{-1}	57	5.90×10^{-2}	63	3.80×10^{-3}	64	1.42×10^{-1}	75	1.70×10^{-2}	83	3.63×10^{-1}

1s	2s	2p	3s	3p	4s	3d	4p	5s	4d	5p	4f
	29 7.50×10^{-2}	31 4.41×10^{-1}	37 2.30×10^{-2}	39 9.60×10^{-2}	46 8.10×10^{-3}	47 2.47×10^{-1}	58 6.10×10^{-2}	64 4.10×10^{-3}	65 1.48×10^{-1}	76 1.90×10^{-2}	84 3.95×10^{-1}
	30 7.90×10^{-2}	32 4.97×10^{-1}	38 2.50×10^{-2}	40 1.05×10^{-1}	47 8.80×10^{-3}	48 2.78×10^{-1}	59 6.40×10^{-2}	65 4.00×10^{-3}	66 1.56×10^{-1}	77 2.00×10^{-2}	85 4.29×10^{-1}
	31 8.30×10^{-2}	33 5.58×10^{-1}	39 2.70×10^{-2}	41 1.13×10^{-1}	48 9.60×10^{-3}	49 3.10×10^{-1}	60 6.70×10^{-2}	66 4.10×10^{-3}	67 1.65×10^{-1}	78 2.10×10^{-2}	86 4.65×10^{-1}
	32 8.80×10^{-2}	34 5.92×10^{-1}	40 2.80×10^{-2}	42 1.21×10^{-1}	49 1.00×10^{-2}	50 3.44×10^{-1}	61 7.00×10^{-2}	67 4.20×10^{-3}	68 1.72×10^{-1}	79 2.20×10^{-2}	87 5.02×10^{-1}
	33 8.60×10^{-2}		41 3.00×10^{-2}	43 1.30×10^{-1}	50 1.10×10^{-2}	51 3.81×10^{-1}	62 7.30×10^{-2}	68 4.30×10^{-3}	69 1.80×10^{-1}	80 2.40×10^{-2}	88 5.41×10^{-1}
			42 3.20×10^{-2}	44 1.39×10^{-1}	51 1.10×10^{-2}	52 4.21×10^{-1}	63 7.50×10^{-2}	69 4.40×10^{-3}	70 1.87×10^{-1}	81 2.60×10^{-2}	89 5.81×10^{-1}
			43 3.40×10^{-2}	45 1.48×10^{-1}	52 1.20×10^{-2}	53 4.62×10^{-1}	64 7.90×10^{-2}	70 4.50×10^{-3}	71 1.96×10^{-1}	82 2.70×10^{-2}	90 6.24×10^{-1}
			44 3.60×10^{-2}	46 1.56×10^{-1}	53 1.30×10^{-2}	54 5.07×10^{-1}	65 8.10×10^{-2}	71 4.80×10^{-3}	72 2.05×10^{-1}	83 2.90×10^{-2}	91 6.68×10^{-1}
			45 3.80×10^{-2}	47 1.65×10^{-1}	54 1.40×10^{-2}	55 5.54×10^{-1}	66 8.40×10^{-2}	72 5.20×10^{-3}	73 2.15×10^{-1}	84 3.10×10^{-2}	92 7.14×10^{-1}
			46 3.90×10^{-2}	48 1.74×10^{-1}	55 1.50×10^{-2}	56 6.04×10^{-1}	67 8.60×10^{-2}	73 5.50×10^{-3}	74 2.24×10^{-1}	85 3.30×10^{-2}	93 7.62×10^{-1}
			47 4.10×10^{-2}	49 1.83×10^{-1}	56 1.60×10^{-2}	57 6.56×10^{-1}	68 8.90×10^{-2}	74 5.90×10^{-3}	75 2.35×10^{-1}	86 3.50×10^{-2}	94 8.10×10^{-1}
			48 4.30×10^{-2}	50 1.92×10^{-1}	57 1.70×10^{-2}	58 7.12×10^{-1}	69 9.10×10^{-2}	75 6.30×10^{-3}	76 2.44×10^{-1}	87 3.70×10^{-2}	95 8.61×10^{-1}
			49 4.50×10^{-2}	51 2.01×10^{-1}	58 1.70×10^{-2}	59 7.69×10^{-1}	70 9.30×10^{-2}	76 6.60×10^{-3}	77 2.54×10^{-1}	88 3.90×10^{-2}	96 9.13×10^{-1}
			50 4.70×10^{-2}	52 2.10×10^{-1}	59 1.80×10^{-2}	60 8.28×10^{-1}	71 9.60×10^{-2}	77 7.00×10^{-3}	78 2.64×10^{-1}	89 4.10×10^{-2}	97 9.66×10^{-1}
			51 4.90×10^{-2}	53 2.19×10^{-1}	60 1.90×10^{-2}	61 8.90×10^{-1}	72 9.90×10^{-2}	78 7.40×10^{-3}	79 2.74×10^{-1}	90 4.30×10^{-2}	98 $1.02\times10^{+}$
			52 5.10×10^{-2}	54 2.27×10^{-1}	61 2.00×10^{-2}	62 9.57×10^{-1}	73 1.03×10^{-1}	79 7.70×10^{-3}	80 2.84×10^{-1}	91 4.50×10^{-2}	99 $1.08\times10^{+}$
			53 5.30×10^{-2}	55 2.36×10^{-1}	62 2.10×10^{-2}	63 $1.02\times10^{+}$	74 1.06×10^{-1}	80 8.30×10^{-3}	81 2.95×10^{-1}	92 4.70×10^{-2}	100 $1.14\times10^{+}$
			54 5.50×10^{-2}	56 2.44×10^{-1}	63 2.10×10^{-2}	64 $1.09\times10^{+}$	75 1.09×10^{-1}	81 8.70×10^{-3}	82 3.05×10^{-1}	93 4.90×10^{-2}	101 $1.20\times10^{+}$
			55 5.60×10^{-2}	57 2.52×10^{-1}	64 2.20×10^{-2}	65 $1.17\times10^{+}$	76 1.12×10^{-1}	82 9.20×10^{-3}	83 3.16×10^{-1}	94 5.00×10^{-2}	102 $1.26\times10^{+}$
			56 5.80×10^{-2}	58 2.60×10^{-1}	65 2.30×10^{-2}	66 $1.25\times10^{+}$	77 1.16×10^{-1}	83 9.70×10^{-3}	84 3.26×10^{-1}	95 5.20×10^{-2}	103 $1.32\times10^{+}$
			57 6.00×10^{-2}	59 2.68×10^{-1}	66 2.40×10^{-2}	67 $1.33\times10^{+}$	78 1.19×10^{-1}	84 1.00×10^{-2}	85 3.36×10^{-1}	96 5.40×10^{-2}	
			58 6.20×10^{-2}	60 2.76×10^{-1}	67 2.40×10^{-2}	68 $1.35\times10^{+}$	79 1.22×10^{-1}	85 1.00×10^{-2}	86 3.47×10^{-1}	97 5.60×10^{-2}	
			59 6.40×10^{-2}	61 2.83×10^{-1}	68 2.50×10^{-2}		80 1.26×10^{-1}	86 1.10×10^{-2}	87 3.56×10^{-1}	98 5.80×10^{-2}	
			60 6.50×10^{-2}	62 2.89×10^{-1}	69 2.60×10^{-2}		81 1.29×10^{-1}	87 1.20×10^{-2}	88 3.67×10^{-1}	99 6.00×10^{-2}	
			61 6.80×10^{-2}	63 2.91×10^{-1}	70 2.60×10^{-2}		82 1.32×10^{-1}	88 1.20×10^{-2}	89 3.77×10^{-1}	100 6.20×10^{-2}	
					71 2.70×10^{-2}		83 1.36×10^{-1}	89 1.30×10^{-2}	90 3.86×10^{-1}	101 6.30×10^{-2}	
					72 2.80×10^{-2}		84 1.39×10^{-1}	90 1.40×10^{-2}	91 3.96×10^{-1}	102 6.50×10^{-2}	
					73 2.90×10^{-2}		85 1.43×10^{-1}	91 1.40×10^{-2}	92 4.06×10^{-1}	103 6.70×10^{-2}	

1s	2s	2p	3s	3p	4s	3d	4p	5s	4d	5p	4f
					74 3.00×10^{-2}		86 1.46×10^{-1}	92 1.50×10^{-2}	93 4.15×10^{-1}		
					75 3.10×10^{-2}		87 1.50×10^{-1}	93 1.50×10^{-2}	94 4.25×10^{-1}		
					76 3.20×10^{-2}		88 1.53×10^{-1}	94 1.60×10^{-2}	95 4.33×10^{-1}		
					77 3.30×10^{-2}		89 1.57×10^{-1}	95 1.60×10^{-2}	96 4.42×10^{-1}		
					78 3.40×10^{-2}		90 1.61×10^{-1}	96 1.70×10^{-2}	97 4.50×10^{-1}		
					79 3.50×10^{-2}		91 1.64×10^{-1}	97 1.80×10^{-2}	98 4.58×10^{-1}		
					80 3.60×10^{-2}		92 1.67×10^{-1}	98 1.80×10^{-2}	99 4.66×10^{-1}		
					81 3.70×10^{-2}		93 1.71×10^{-1}	99 1.90×10^{-2}	100 4.73×10^{-1}		
					82 3.80×10^{-2}		94 1.74×10^{-1}	100 2.00×10^{-2}	101 4.81×10^{-1}		
					83 3.90×10^{-2}		95 1.77×10^{-1}	101 2.00×10^{-2}	102 4.88×10^{-1}		
					84 4.00×10^{-2}		96 1.81×10^{-1}	102 2.10×10^{-2}	103 4.94×10^{-1}		
					85 4.10×10^{-2}		97 1.84×10^{-1}	103 2.10×10^{-2}			
					86 4.20×10^{-2}		98 1.87×10^{-1}				
					87 4.30×10^{-2}		99 1.90×10^{-1}				
					88 4.40×10^{-2}		100 1.93×10^{-1}				
					89 4.50×10^{-2}		101 1.96×10^{-1}				
					90 4.60×10^{-2}		102 1.98×10^{-1}				
					91 4.70×10^{-2}		103 2.01×10^{-1}				
					92 4.80×10^{-2}						
					93 5.00×10^{-2}						
					94 5.10×10^{-2}						
					95 5.20×10^{-2}						
					96 5.30×10^{-2}						
					97 5.40×10^{-2}						
					98 5.50×10^{-2}						
					99 5.60×10^{-2}						
					100 5.70×10^{-2}						

A.2 ■ 平均自由行程

光電子分光法は光電効果によって発生した光電子の運動エネルギーを測定し，そこから結合エネルギーや状態密度などの情報を得る手法である．そのため，固体内部で発生した光電子のうち，エネルギーを損失せずに固体表面から放出された電子が重要となる．電子が固体中を進行するとき，他の電子などから散乱を受ける．このとき固体中を進行中の光電子が他の電子とエネルギーを失わない弾性散乱を起こしても光電子分光測定による元素同定への影響は少ない．その一方，エネルギーを失う非弾性散乱が生じるとその光電子は結合エネルギー評価には利用できなくなってしまう．光電子が非弾性散乱を受けるまでの平均的な進行距離を非弾性平均自由行程(inelastic mean free path, IMFP)という．固体中のIMFPは電子の運動エネルギーに依存する．Si中のIMFPの運動エネルギー依存性を**図 A.2.1**に示す．約40 eVを極小として，運動エネルギーが低下しても増加してもIMFPは大きくなっている．同じ運動エネルギーでのIMFPを比較した場合，一般的に絶縁体ではIMFPが大きくなる．

XPS測定の結果の解析において用いるIMFPの値はデータベースを参照する．しかしながら，一般的に固体中のIMFPを実測することは難しいため，データベースの値も誘電関数を用いたシミュレーションによって求められることが多い．一般的に用いられているのはPennのアルゴリズム[5)]とよばれるもので，このアルゴリズムを用いて多くの物質のIMFPがデータベース化されている[6~11)]．また，対象物の密度やバンドギャップがわかっていれば，TPP-2Mという一般式を用いて任意のエネルギーのIMFPを求めることができる[9,11~13)]．特にTPP-2Mに関しては日本語の解説論文[13)]がオープンアクセス化されているため，インターネット上で容易

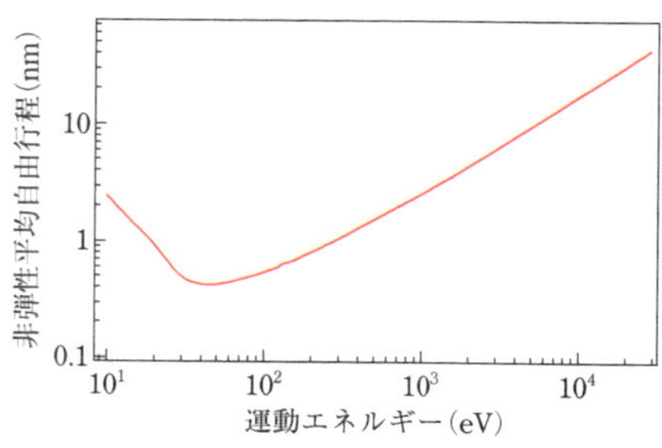

図 A.2.1　Si中の非弾性平均自由行程の電子の運動エネルギー依存性

に入手可能である．また近年利用が増えている硬 X 線光電子分光測定のために，2 keV を超える高運動エネルギー電子の IMFP も報告されている[14,15]．

A.3 ■ 内殻準位の結合エネルギー

測定した光電子スペクトルのピークを帰属するために，結合エネルギーの情報が必要となる．各元素の結合エネルギーを**表 A.3.1** に示す．また，オンライン上でも結合エネルギーを調べるためのデータベースが存在する．「Web Elements」[16]や「XPS(X 線光電子分光法)データベース」[17]は参考になる．ただし，ウェブ上のデータベースは予告なく閉鎖される可能性があることに注意が必要である．

A.4 ■ 仕事関数

元素の仕事関数と電気陰性度の相関を**図 A.4.1** に示す[18]．単体元素の仕事関数は 2～6 eV に分布していることがわかる．これらの仕事関数は目安であり，仕事関数は固体表面の状況(面方位や汚染，吸着物など)によってきわめて敏感に変化する．そのため，仕事関数変化は固体最表面における吸着物の追跡にも利用される．その

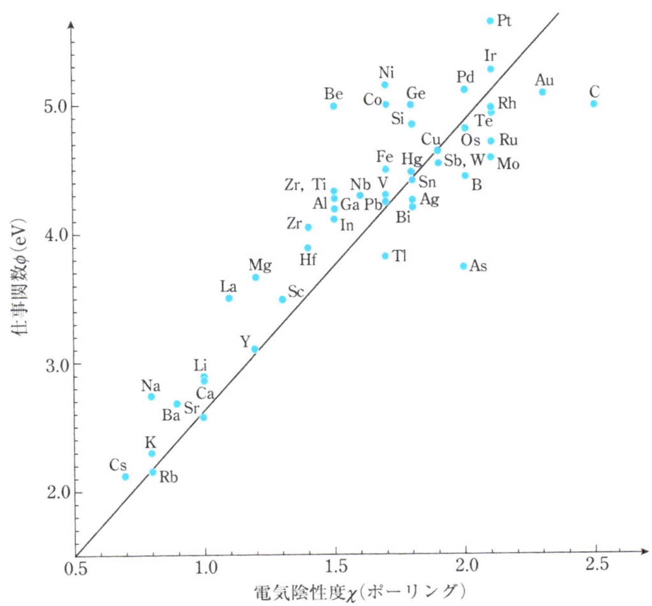

図 A.4.1　仕事関数と電気陰性度の関係
[塚田 捷，仕事関数，共立出版(1983)，図 5-7]

表 A.3.1 結合エネルギーの一覧

[https://userweb.jlab.org/~gwyn/ebindene.html]

	1s	2s	$2p_{1/2}$	$2p_{3/2}$	3s	$3p_{1/2}$	$3p_{3/2}$	$3d_{3/2}$	$3d_{5/2}$	4s	$4p_{1/2}$	$4p_{3/2}$	$4d_{3/2}$	$4d_{5/2}$	$4f_{5/2}$	$4f_{7/2}$	5s	$5p_{1/2}$	$5p_{3/2}$	$5d_{3/2}$	$5d_{5/2}$	6s	$6p_{1/2}$	$6p_{3/2}$
1 H	13.6																							
2 He	24.6																							
3 Li	54.7																							
4 Be	111.5																							
5 B	188																							
6 C	284.2																							
7 N	409.9	37.3																						
8 O	543.1	41.6																						
9 F	696.7																							
10 Ne	870.2	48.5	21.7	21.6																				
11 Na	1070.8	63.5	30.4	30.5																				
12 Mg	1303	88.6	49.6	49.21																				
13 Al	1559	117.8	72.9	72.5																				
14 Si	1839	149.7	99.8	99.2																				
15 P	2145.5	189	136	135																				
16 S	2472	230.9	163.6	162.5																				
17 Cl	2822	270	202	200																				
18 Ar	3205.9	326.3	250.6	248.4	29.3	15.9	15.7																	
19 K	3608.4	378.6	297.3	294.6	34.8	18.3	18.3																	
20 Ca	4038.5	438.4	349.7	346.2	44.3	25.4	25.4																	
21 Sc	4492	498	403.6	398.7	51.1	28.3	28.3																	
22 Ti	4966	560.9	460.2	453.8	58.7	32.6	32.6																	
23 V	5465	626.7	519.8	512.1	66.3	37.2	37.2																	
24 Cr	5989	696	583.8	574.1	74.1	42.2	42.2																	
25 Mn	6539	769.1	649.9	638.7	82.3	47.2	47.2																	
26 Fe	7112	844.6	719.9	706.8	91.3	52.7	52.7																	
27 Co	7709	925.1	793.2	778.1	101	58.9	59.9																	
28 Ni	8333	1008.6	870	852.7	110.8	68	66.2																	
29 Cu	8979	1096.7	952.3	932.7	122.5	77.3	75.1																	
30 Zn	9659	1196.2	1044.9	1021.8	139.8	91.4	88.6	10.2	10.1															

	1s	2s	$2p_{1/2}$	$2p_{3/2}$	3s	$3p_{1/2}$	$3p_{3/2}$	$3d_{3/2}$	$3d_{5/2}$	4s	$4p_{1/2}$	$4p_{3/2}$	$4d_{3/2}$	$4d_{5/2}$	$4f_{5/2}$	$4f_{7/2}$	5s	$5p_{1/2}$	$5p_{3/2}$	$5d_{3/2}$	$5d_{5/2}$	6s	$6p_{1/2}$	$6p_{3/2}$
31 Ga	10367	1299	1143.2	1116.4	159.51	103.5	100	18.7	18.7															
32 Ge	11103	1414.6	1248.1	1217	180.1	124.9	120.8	29.8	29.2															
33 As	11867	1527	1359.1	1323.6	204.7	146.2	141.2	41.7	41.7															
34 Se	12658	1652	1474.3	1433.9	229.6	166.5	160.7	55.5	54.6															
35 Br	13474	1782	1596	1550	257	189	182	70	69															
36 Kr	14326	1921	1730.9	1678.4	292.8	222.2	214.4	95	93.8	27.5	14.1	14.1												
37 R	15200	2065	1864	1804	326.7	248.7	239.1	113	112	30.5	16.3	15.3												
38 Sr	16105	2216	2007	1940	358.7	280.3	270	136	134.2	38.9	21.6	20.1												
39 Y	17038	2373	2156	2080	392	310.6	298.8	157.7	155.8	43.8	24.4	23.1												
40 Zr	17998	2532	2307	2223	430.3	343.5	329.8	181.1	178.8	50.6	28.5	27.1												
41 N	18986	2698	2465	2371	466.6	376.1	360.6	205	202.3	56.4	32.6	30.8												
42 Mo	20000	2866	2625	2520	506.3	411.6	394	231.1	227.9	63.2	37.6	35.5												
43 Tc	21044	3043	2793	2677	544	447.6	417.7	257.6	253.9	69.5	42.3	39.9												
44 Ru	22117	3224	2967	2838	586.1	483.3	461.5	284.2	280	75	46.3	43.2												
45 Rh	23220	3412	3146	3004	628.1	521.3	496.5	311.9	307.2	81.4	50.5	47.3												
46 Pd	24350	3604	3330	3173	671.6	559.9	532.3	340.5	335.2	87.1	55.7	50.9												
47 Ag	25514	3806	3524	3351	719	603.8	573	374	368.3	97	63.7	58.3												
48 Cd	26711	4018	3727	3538	772	652.6	618.4	411.9	405.2	109.8	63.9	63.9	11.7	10.7										
49 In	27940	4238	3938	3730	827.2	703.2	665.3	451.4	443.9	122.9	73.5	73.5	17.7	16.9										
50 Sn	29200	4465	4156	3929	884.7	756.5	714.6	493.2	484.9	137.1	83.6	83.6	24.9	23.9										
51 S	30491	4698	4380	4132	940	812.7	766.4	537.5	528.2	153.2	95.6	95.6	33.3	32.1										
52 Te	31814	4939	4612	4341	1006	870.8	820.8	583.4	573	169.4	103.3	103.3	41.9	40.4										
53 I	33169	5188	4852	4557	1072	931	875	630.8	619.3	186	123	123	50.6	48.9										
54 Xe	34561	5453	5107	4786	1148.7	1002.1	940.6	689	676.4	213.2	146.7	145.5	69.5	67.5	—	—	23.3	13.4	12.1					
55 Cs	35985	5714	5359	5012	1211	1071	1003	740.5	726.6	232.3	172.4	161.3	79.8	77.5	—	—	22.7	14.2	12.1					
56 Ba	37441	5989	5624	5247	1293	1137	1063	795.7	780.5	253.5	192	178.6	92.6	89.9	—	—	30.3	17	14.8					
57 La	38925	6266	5891	5483	1362	1209	1128	853	836	274.7	205.8	196	105.3	102.5	—	—	34.3	19.3	16.8					
58 Ce	40443	6548	6164	5723	1436	1274	1187	902.4	883.8	291	223.2	206.5	109	—	0.1	0.1	37.8	19.8	17					
59 Pr	41991	6835	6440	5964	1511	1337	1242	948.3	928.8	304.5	236.3	217.6	115.1	115.1	2	2	37.4	22.3	22.3					
60 Nd	43569	7126	6722	6208	1575	1403	1297	1003.3	980.4	319.2	243.3	224.6	120.5	120.5	1.5	1.5	37.5	21.1	21.1					
61 Pm	45184	7428	7013	6459	—	1471.4	1357	1052	1027	—	242	242	120	120	—	—	—	—	—					
62 Sm	46834	7737	7312	6716	1723	1541	1419.8	1110.9	1083.4	347.2	265.6	247.4	129	129	5.2	5.2	37.4	21.3	21.3					
63 Eu	48519	8052	7617	6977	1800	1614	1481	1158.6	1127.5	360	284	257	133	127.7	0	0	32	22	22					

	1s	2s	$2p_{1/2}$	$2p_{3/2}$	3s	$3p_{1/2}$	$3p_{3/2}$	$3d_{3/2}$	$3d_{5/2}$	4s	$4p_{1/2}$	$4p_{3/2}$	$4d_{3/2}$	$4d_{5/2}$	$4f_{5/2}$	$4f_{7/2}$	5s	$5p_{1/2}$	$5p_{3/2}$	$5d_{3/2}$	$5d_{5/2}$	6s	$6p_{1/2}$	$6p_{3/2}$
64 Gd	50239	8376	7930	7243	1881	1688	1544	1221.9	1189.6	378.6	286	271	—	142.6	8.6	8.6	36	20	20					
65 T	51996	8708	8252	7514	1968	1768	1611	1276.9	1241.1	396	322.4	284.1	150.5	150.5	7.7	2.4	45.6	28.7	22.6					
66 Dy	53789	9046	8581	7790	2047	1842	1676	1333	1292	414.2	333.5	293.2	153.6	153.6	8	4.3	49.9	26.3	26.3					
67 Ho	55618	9394	8918	8071	2128	1923	1741	1392	1351	432.4	343.5	308.2	160	160	8.6	5.2	49.3	30.8	24.1					
68 Er	57486	9751	9264	8358	2206	2006	1812	1453	1409	449.8	366.2	320.2	167.6	167.6	—	4.7	50.6	31.4	24.7					
69 Tm	59390	10116	9617	8648	2307	2090	1885	1515	1468	470.9	385.9	332.6	175.5	175.5	—	4.6	54.7	31.8	25					
70 Y	61332	10486	9978	8944	2398	2173	1950	1576	1528	480.5	388.7	339.7	191.2	182.4	2.5	1.3	52	30.3	24.1					
71 Lu	63314	10870	10349	9244	2491	2264	2024	1639	1589	506.8	412.4	359.2	206.1	196.3	8.9	7.5	57.3	33.6	26.7					
72 Hf	65351	11271	10739	9561	2601	2365	2107	1716	1662	538	438.2	380.7	220	211.5	15.9	14.2	64.2	38	29.9					
73 Ta	67416	11682	11136	9881	2708	2469	2194	1793	1735	563.4	463.4	400.9	237.9	226.4	23.5	21.6	69.7	42.2	32.7					
74 W	69525	12100	11544	10207	2820	2575	2281	1949	1809	594.1	490.4	423.61	255.9	243.5	33.6	31.4	75.6	45.3	36.8					
75 Re	71676	12527	11959	10535	2932	2682	2367	1949	1883	625.4	518.7	446.8	273.9	260.5	42.9	40.5	83	45.6	34.6					
76 Os	73871	12968	12385	10871	3049	2792	2457	2031	1960	658.2	549.1	470.7	293.1	278.5	53.4	50.7	84	58	44.5					
77 Ir	76111	13419	12824	11215	3174	2909	2551	2116	2040	691.1	577.8	495.8	311.9	296.3	63.8	60.8	95.2	63	48					
78 Pt	78395	13880	13273	11564	3296	3027	2645	2202	2122	725.4	609.1	519.4	331.6	314.6	74.5	71.2	101.7	65.3	51.7					
79 Au	80725	14353	13734	11919	3425	3148	2743	2291	2206	762.1	642.7	546.3	353.2	335.1	87.6	83.9	107.2	74.2	57.2					
80 Hg	83102	14839	14209	12284	3562	3279	2847	2385	2295	802.2	680.2	576.6	378.2	358.8	104	99.9	127	83.1	64.5	9.6	7.8			
81 Tl	85530	15347	14698	12658	3704	3416	2957	2485	2389	846.2	720.5	609.5	405.7	385	122.2	117.8	136	94.6	73.5	14.7	12.5			
82 P	88005	15861	15200	13035	3851	3554	3066	2586	2484	891.8	761.9	643.5	434.3	412.2	141.7	136.9	147	106.4	83.3	20.7	18.1			
83 Bi	90526	16388	15711	13419	3999	3696	3177	2688	2580	939	805.2	678.8	464	440.1	162.3	157	159.3	119	92.6	26.9	23.8			
84 Po	93105	16939	16244	13814	4149	3854	3302	2798	2683	995	851	705	500	473	184	184	177	132	104	31	31			
85 At	95730	17493	16785	14214	4317	4008	3426	2909	2787	1042	886	740	533	507	210	210	195	148	115	40	40			
86 Rn	98404	18049	17337	14619	4482	4159	3538	3022	2892	1097	929	768	567	541	238	238	214	164	127	48	48	26		
87 Fr	101137	18639	17907	15031	4652	4327	3663	3136	3000	1153	980	810	603	577	268	268	234	182	140	58	58	34	15	15
88 Ra	103922	19237	18484	15444	4822	4490	3792	3248	3105	1208	1058	879	636	603	299	299	254	200	153	68	68	44	19	19
89 Ac	106755	19840	19083	15871	5002	4656	3909	3370	3219	1269	1080	890	675	639	319	319	272	215	167	80	80	—	—	—
90 Th	109651	20472	19693	16300	5182	4830	4046	3491	3332	1330	1168	966.4	712.1	675.2	342.4	333.1	290	229	182	92.5	85.4	41.4	24.5	16.6
91 Pa	112601	21105	20314	16733	5367	5001	4174	3611	3442	1387	1224	1007	743	708	371	360	310	232	232	94	94	—	—	—
92 U	115606	21757	20948	17166	5548	5182	4303	3728	3552	1439	1271	1043	778.3	736.2	388.2	377.4	321	257	192	102.8	94.2	43.9	26.8	16.8

一方で，仕事関数が 2 eV を下回るようなスペクトルが得られた場合，試料のチャージアップなどが予測される．およその目安として仕事関数の値を押さえておくことは正しい XPS 測定に重要である．

［引用文献］

1） J. H. Scofield, *J. Electron Spectrosc. Relat. Phenom.*, **8**, 129（1976）
2） J. J. Yeh and I. Lindau, *Atomic Data Nucl. Data Tables*, **32**, 1（1985）
3） M. B. Trzhaskovskaya, V. K. Nikulin, V. I. Nefedov, and V. G. Yarzhemsky, *Atomic Data Nucl. Data Tables*, **92**, 245（2006）
4） D. A. Verner, D. G. Yakovlev, I. M. Band, and M. B. Trzhaskovskaya, *Atomic Data Nucl. Data Tables*, **55**, 233（1993）
5） D. R. Penn, *Phys. Rev. B*, **35**, 482（1987）
6） S. Tanuma, C. J. Powell, and D. R. Penn, *Surf. Interf. Anal.*, **11**, 577（1988）
7） S. Tanuma, C. J. Powell, and D. R. Penn, *Surf. Interf. Anal.*, **17**, 911（1991）
8） S. Tanuma, C. J. Powell, and D. R. Penn, *Surf. Interf. Anal.*, **17**, 927（1991）
9） S. Tanuma, C. J. Powell, and D. R. Penn, *Surf. Interf. Anal.*, **21**, 165（1994）
10） S. Tanuma, C. J. Powell, and D. R. Penn, *Surf. Interf. Anal.*, **37**, 1（2005）
11） S. Tanuma, C. J. Powell, and D. R. Penn, *Surf. Interf. Anal.*, **35**, 268（2003）
12） S. Tanuma, C. J. Powell, and D. R. Penn, *Surf. Interf. Anal.*, **25**, 25（1997）
13） 田沼繁雄，表面科学，**27**, 657（2006）
14） S. Tanuma, C. J. Powell, and D. R. Penn, *Surf. Interf. Anal.*, **43**, 689（2011）
15） D. R. Penn H. Shinotsuka, S. Tanuma, and C. J. Powell, *Surf. Interf. Anal.*, **47**, 871（2015）
16） https://www.webelements.com/
17） http://techdb.podzone.net/
18） 塚田 捷，仕事関数，共立出版（1983），図 5-7

付録 B ■ 光電子スペクトルの解析方法

本節では光電子スペクトルの解析方法について具体的に解説する．光電子スペクトルの解析には表面分析研究会の Common Data Processing System（COMPRO）[1,2] などのソフトウェアが利用できるほか，測定対象によっては Igor や ORIGIN などの解析ソフトのマクロを作成した方が効率的に解析できる場合もある．いずれにしても，光電子スペクトルの解析方法について理解しておくことはきわめて重要である．本付録では主に放射光を利用して測定した光電子スペクトルの解析について説明する．

B.1 ■ バックグラウンドの除去

固体中を進む光電子は原子と非弾性衝突して運動エネルギーを失う．エネルギーを失った光電子はバックグラウンドとして測定される．したがって，膜厚や濃度などを求める定量解析を行うためには光電子スペクトルからバックグラウンドを除去し，非弾性散乱していない光電子数を計測する必要がある．バックグラウンド除去方法として，主に(1)直線法，(2)Shirley 法，(3)Tougaard 法が利用されており，光電子分光装置の測定プログラムや解析プログラムに組み込まれている．本節では Shirley 法と Tougaard 法について原理を説明する．

(1) Shirley 法

Shirley 法は「非弾性散乱する光電子の数はピーク強度に比例する」と仮定してバックグラウンドを決める方法である[3]．また，非弾性散乱電子の数はエネルギー損失量に依存しないと考える．すなわち，あるピークから低運動エネルギー側ではバックグラウンドは一定であると Shirley 法では仮定する．この Shirley 法を実現する方法を**図 B.1.1** を用いて説明する．

光電子スペクトルから Shirley 型のバックグラウンドを差し引くためには，スペクトルの高運動エネルギー側の強度 b と低運動エネルギー側の強度 a の差分 $a-b$ を，スペクトルの面積に比例して割り当てればよい．すなわち，点 x でのバックグラウンド強度 $B(x)$ は次式のようになる．

$$B(x)=\frac{(a-b)\cdot Q}{P+Q}+b \tag{B.1.1}$$

ここで，Q は x より高運動エネルギー側ピークの面積，P は x より低運動エネルギー側のピーク面積である．P と Q が求まれば式(B.1.1)よりバックグラウンド $B(x)$ を求めることができるが，$B(x)$ が決まらないと P と Q を求めることができない．そのため，はじめに $B(x)$ を定数(b とすることが多い)と仮定して，仮の P と Q を求める．次に仮の P と Q を用いて再度 $B(x)$ を求め，その求まった $B(x)$ を使って再び P と Q を求める．これを繰り返して P と Q の値をアップデートしていく．最終的に P と Q はある一定値に収束するが，これが求めるべきピーク強度である．この求め方は Proctor–Sherwood アルゴリズムとよばれており[4]，プログラミングを行いやすいアルゴリズムである[5]．

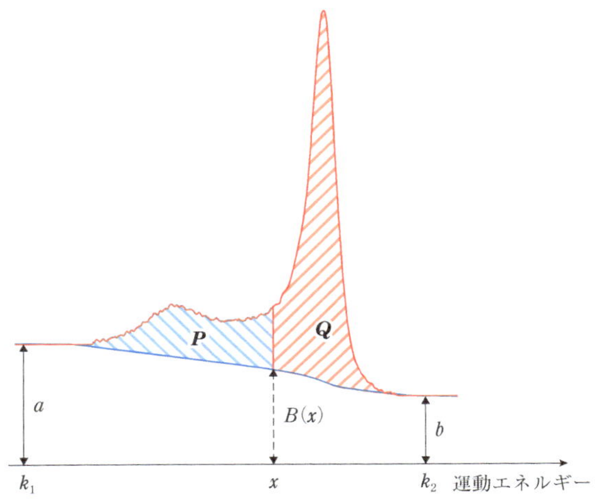

図 B.1.1　Shirley 型バックグラウンドの概念図

Shirley 法は簡便な手法であり，多くの場面で利用される．その一方，バックグラウンドが始点と終点(図 B.1.1 の k_1 と k_2)の位置に強く依存し，適切な範囲を選択しないとバックグラウンドが大きくずれてしまう可能性がある．始点と終点は解析者の経験によって決められることが多く，複雑な形状のスペクトルでは一意的なバックグラウンド除去が難しいという問題があった．これを解決するために，近年 active Shirley 法が提案されている[6~8]．active Shirley 法はバックグラウンドの除去とピーク分離解析を同時に行う方法である．ピーク分離解析と同時にバックグラウンドの始点と終点も最適化されるため，解析者による始点・終点位置の指定が不要となる．active Shirley 法はピークフィッティング解析も繰り返して行う必要があるため，従来の Shirley 法(inactive Shirley)よりも計算時間がかかるが，inactive Shirley 法では人間による始点・終点の選択時間も必要であることを考えると，active Shirley 法は効率的な解析に寄与すると考えられる．

(2) Tougaard 法 [9]

前項で説明した Shirley 法では非弾性散乱する光電子の数はエネルギー損失量に依存しないと仮定した．しかしながら実際には，非弾性散乱光電子はエネルギー損失量 ΔE に依存し，その依存性を示す式をエネルギー損失関数という．エネルギー損失関数は「エネルギーを ΔE だけ失った電子の個数分布」を表すものである．エネルギー損失関数は各物質ごとに数値近似されており，それを利用して光電子スペクトルのバックグラウンドを求める手法が Tougaard 法である．エネルギー損失関

数は ΔE が 0～100 eV にわたって分布しているため[5]，Tougaard 法を用いるためにはピークから 50～100 eV 以上にわたって広い範囲を測定しなければならない．そのため Shirley 法に比べて一般的ではないが，Tougaard 法はバックグラウンド除去方法というよりはむしろ膜構造の解析に利用されている．

Touggard 法を利用するためにはエネルギー損失関数を指定する必要がある．COMPRO[1] などの XPS 解析ソフトウェアにはすでにデータベースとしてエネルギー損失関数が組み込まれている．エネルギー損失関数には光電子の平均自由行程の情報も含まれているため，対象の光電子スペクトルの運動エネルギー，すなわち測定に使用した光源のエネルギーの指定も必要である．その一方，新規合成材料などデータベースに載っていない物質を対象とする場合，もしくは放射光で任意のエネルギーの X 線を利用した場合は，エネルギー損失関数もパラメーターと考えて調整し，スペクトル全体からバックグラウンドがうまく引ける値を求める必要がある．観測される光電子スペクトル $J(E)$ とバックグラウンドを除いた真の光電子スペクトル $F(E)$ は以下の式で近似される[9,10]．

$$J(E)=\int_E^{\infty} F(E_0)G(E_0-E)\,\mathrm{d}E_0 \tag{B.1.2}$$

$$F(E)=J(E)-\int_E^{\infty}\frac{B\cdot(E'-E)}{\left\{C+(E'-E)^2\right\}^2}J(E')\,\mathrm{d}E \tag{B.1.3}$$

式(B.1.3)の B と C がエネルギー損失関数のパラメーターとなる．一方でアルカリ金属など鋭いプラズモンピークをもつ物質では式(B.1.3)のエネルギー損失関数では不十分な場合がある．そのような場合は次式の「拡張されたエネルギー損失関数」[11]を用いるとうまくいく可能性もある．

$$F(E)=J(E)-\int_E^{\infty}\frac{B\cdot(E'-E)}{\left\{C+(E'-E)^2\right\}^2+D\cdot(E'-E)}J(E')\,\mathrm{d}E' \tag{B.1.4}$$

(3) Shirley 法と Tougaard 法の比較

Ni 2p 光電子スペクトルにおいて，Shirley 法によるバックグラウンドを**図 B.1.2**(a)，Tougaard 法によるバックグラウンドを**図 B.1.2**(b)に示す．また比較のため，Tougaard 法と同じ範囲で測定したスペクトルに Shirley 法を適用した例を**図 B.1.2**(c)に示す．どのスペクトルにおいてもバックグラウンドの始点と終点がスペクトルと一致しており，バックグラウンドが正しく差し引けているように見える．しかし，すべてのバックグラウンド除去後のスペクトルを**図 B.1.2**(d)で比較すると，Shirley 法ではピークの低運動エネルギー側でバックグラウンドを「引きすぎている」ことがわかる．測定範囲を広くとることによって，Shirley 法でも引

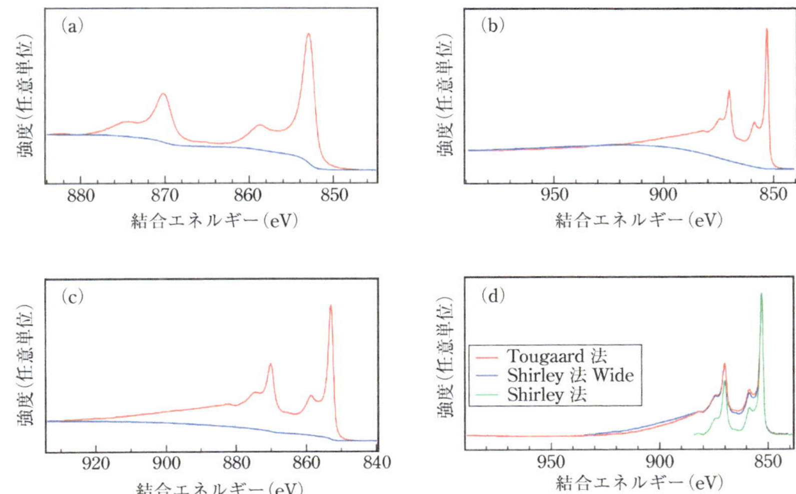

図 B.1.2　$h\nu$ = 1486.6 eV の放射光で測定した Ni 2p 光電子スペクトルにおける Shirley 型と Tougaard 型バックグラウンドの比較
(a) 狭い範囲での Shirley 型バックグラウンド，(b) Tougaard 型バックグラウンド，(c) Tougaard 法と同じ範囲を測定したときの Shirley 型バックグラウンド，(d) バックグラウンドを差し引いた後の比較．

きすぎの問題を緩和できている．それでも Tougaard 法に比べると低運動エネルギー側の裾野が十分に差し引けていない．しかしながら，Shirley 法はまったく利用できないわけではなく，厳密な定量性が必要とされるとき以外には，低運動エネルギー側が大きく差し引かれることを頭に入れつつ利用することで，実用の解析に十分耐えられる．狭い範囲のスペクトル測定で良いという利点と，低運動エネルギー側のバックグラウンドを過大に見積もってしまうという欠点をうまく見極めて利用することが重要である．

B.2 ■ スピン・軌道分裂成分の分離

内殻準位の光電子スペクトルにおいて，s 軌道以外のピークはスピン軌道相互作用によりピークが分裂して観測される．方位量子数が l の軌道では $(l+1/2)$ と $(l-1/2)$ 成分が面積比 $(l+1)$: l の 2 つのピークとして観察される．具体例として SiO_2/Si 基板の Si 2p 光電子スペクトルを**図 B.2.1** に示す．Si 2p 軌道では $l=1$ であるため，O 1s や C 1s のようなシングレットではなくダブレットピークとして観察される．このスペクトルにはバルク Si や酸化物に起因したピークだけでなく，

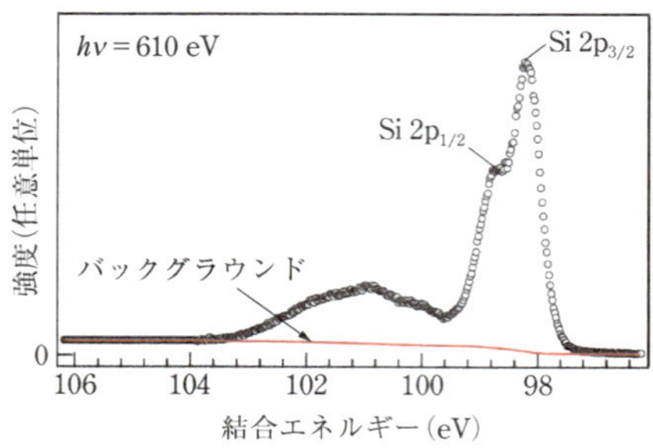

図 B.2.1　放射光で測定した酸化 Si 表面の Si 2p 光電子スペクトル
直線は Shirley 型のバックグラウンド．

SiO_2/Si 界面に存在する亜酸化成分や酸化誘起歪みに起因したピーク[12)]も現れる．このように成分が多いときは，1/2 と 3/2 成分が重なり合って現れるダブレットピークの解析は非常に難しい．そこで，Si 2p の 1/2 成分を除去して 3/2 成分だけで解析を行う方法が一般的であり，本節ではその方法を紹介する．

Si 2p の 1/2 成分のスペクトルを $x_{1/2}(E)$，3/2 成分のスペクトルを $x_{3/2}(E)$ とする．実際に測定される光電子スペクトル $I_{\mathrm{Si\,2p}}(E)$ はこれらの和である．ここで，$x_{1/2}(E)$ と $x_{3/2}(E)$ の結合エネルギー差が小さい場合，$x_{1/2}(E)$ は $x_{3/2}(E)$ を $\Delta\varepsilon$ だけシフトさせ，強度を A 倍したものと同等と考えられる．したがって，$I_{\mathrm{Si\,2p}}(E)$ は次式のようになる．

$$I_{\mathrm{Si\,2p}}(E) = x_{1/2}(E) + x_{3/2}(E) = A \cdot x_{3/2}(E + \Delta\varepsilon) + x_{3/2}(E) \qquad \text{(B.2.1)}$$

ここで，$x_{3/2}(E)$ をフーリエ変換したものを $X_{3/2}(\omega)$ とすると，式(B.2.1)のフーリエ変換は次式のように表すことができる．

$$\begin{aligned}\mathcal{F}\{I_{\mathrm{Si\,2p}}(E)\} &= A\mathrm{e}^{j\omega\Delta\varepsilon} X_{3/2}(\omega) + X_{3/2}(\omega) \\ &= (A\mathrm{e}^{j\omega\Delta\varepsilon} + 1) X_{3/2}(\omega)\end{aligned} \qquad \text{(B.2.2)}$$

ここで，j は虚数単位である．次にデルタ関数を用いた次式を考える．

$$d(E) = A\delta(E + \Delta\varepsilon) + \delta(E) \qquad \text{(B.2.3)}$$

$d(E)$ をフーリエ変換したものを $D(\omega)$ とすると，

$$D(\omega) = A\mathrm{e}^{j\omega\Delta\varepsilon} + 1 \qquad \text{(B.2.4)}$$

したがって，式(B.2.2)を式(B.2.4)で割り，フーリエ逆変換を施すことにより $x_{3/2}(E)$ を求めることができる．

$$x_{3/2} = \mathcal{F}^{-1}\{X_{3/2}(\omega)\} = \mathcal{F}^{-1}\left\{\frac{(A\mathrm{e}^{j\omega\Delta\varepsilon} + 1) X_{3/2}(\omega)}{A\mathrm{e}^{j\omega\Delta\varepsilon} + 1}\right\} \qquad \text{(B.2.5)}$$

以上のような処理を行うと，1/2 成分と 3/2 成分が含まれる Si 2p 光電子スペクトルを 3/2 成分のみにすることができる．分離のためには $\Delta\varepsilon$ と A を具体的に決めなければばならないが，$\Delta\varepsilon$ は物質固有の値である．一方，A については，バックグラウンドの差し引き方や光イオン化断面積の影響により，$l/(l+1)$ からずれることが多い．実際には A の値を変えていくつか処理を行い，スペクトルに振動が現れずにもっとも滑らかに分離できる条件を探すことが必要である．Si 2p において，$\Delta\varepsilon = 0.608$ eV，$A = 0.505$ としたときの Si $2p_{3/2}$ 光電子スペクトルを**図 B.2.2** に示す．本スペクトルは図 B.2.1 から Shirley 型のバックグラウンドを差し引いてから成分分離処理を行った．フーリエ変換／逆変換において現れやすい振動がまったくみられず，きれいに 3/2 成分のみが分離されていることがわかる．

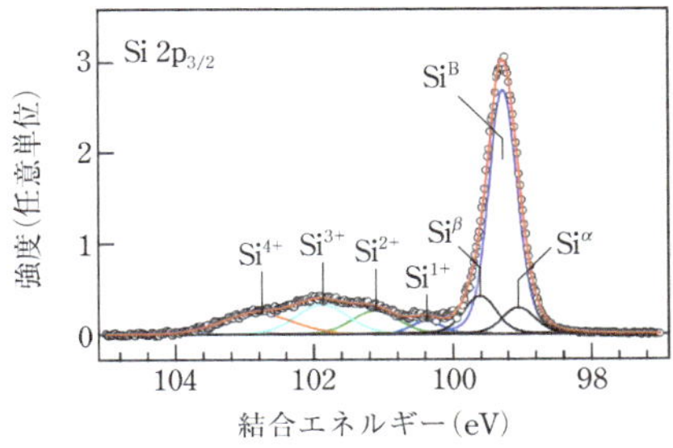

図 B.2.2　酸化 Si 表面の Si $2p_{3/2}$ 光電子スペクトルのピーク分離解析結果
高輝度放射光を用いることで，エネルギーと時間分解能を上げても十分な強度で測定でき，酸化成分（Si^{1+}, Si^{2+}, Si^{3+}, Si^{4+}）だけでなく SiO_2/Si 界面の歪み成分（Si^{α}, Si^{β}）も分離できる．

本手法が利用できるのは，あくまで $x_{1/2}(E)$ と $x_{3/2}(E)$ の結合エネルギー差 $\Delta\varepsilon$ が小さい場合である．$\Delta\varepsilon$ が大きい場合はこの方法の仮定が成り立たず，うまく分離できない可能性がある．しかし $\Delta\varepsilon$ が大きい場合はスピン－軌道分裂成分を分離しなくてもピーク分離解析が行える可能性があるため，対象となるスペクトルの特徴を見極めることが重要である．

B.3 ■ 化学シフト成分の分離

XPS の特徴は測定物の化学結合状態を調べられることである．得られた光電子スペクトルにおいて，ピークが肩をもっている，2 つに割れているなど明らかに別のピークが観察される場合は，光電子スペクトルのピーク分離解析を行わなくても別組成が試料に存在することがわかる．その一方，肩構造がみられなかったり，1 本の太いピークがみられる場合，複数のピークの存在を示すためにはピーク分離解析が必要となる．しかしながら，見た目は 1 つのピークしかもたないスペクトルを複数の成分に分離する場合，その根拠が問われることとなる．このような光電子スペクトル解析について，具体的な注意点やピーク分離解析の方法などを紹介する．具体例として半導体デバイス用の Si ウェハー表面に形成した酸化膜と酸素ドープグラファイトの XPS スペクトルを用いて説明する．

(1) SiO_2/Si(001)ウェハーのSi 2p光電子スペクトル解析法

図B.2.2に示した，Si(001)ウェハー上に熱酸化法で0.5 nm程度の酸化膜を形成した試料のSi 2p光電子スペクトルを用いてピーク分離方法を説明する．このスペクトルはShirley法でバックグラウンドを除去した後，スピン軌道分裂成分を差し引いてSi $2p_{3/2}$成分だけにしたものである．このスペクトルには下地基板のSi^BとSiO_2に相当するSi^{4+}成分に加えて，界面に存在する亜酸化物(Si^{1+}，Si^{2+}，Si^{3+})も含まれている．このような酸化物の成分はピークや肩構造がはっきりと見えるため，比較的成分を同定しやすい．各々の成分の光電子スペクトル形状はフォークト関数(ローレンツ関数とガウス関数の合成積)とした．これはホールの寿命から導出される光電子スペクトル形状(ローレンツ関数)と，装置関数や原子の熱振動(phonon broadening)による影響をガウス関数と仮定し，その合成積が実際のスペクトルとして観測されると考えるためである．測定された光電子スペクトルを良く再現するように，最小二乗法によってピーク位置や半値幅を決定した．また，Siウェハーを酸化するとSi–Si結合間にO原子が入り込み，SiO_2/Si界面近傍のSi原子に大きな酸化誘起歪みが発生する．歪みにはSi–Si結合長が長くなる引っ張り歪みと，短くなる圧縮歪みがある．引っ張り歪みはSi–Si結合長の増加による局所電子密度の減少をもたらし，より高い結合エネルギーを示す．反対に圧縮歪みが加わったSi原子は結合エネルギーが小さくなる[13]．このようなSiO_2/Si界面近傍の歪みSi原子のピークをSi^α，Si^βとして基板のSi^0ピークの近傍に配置した．

ここで問題となるのが，Si^α，Si^βピークの妥当性である．酸化物のピークと異なり，Si^0ピーク近傍には肩構造やピークの分裂はみられず，Si^Bピークだけでも光電子スペクトルを再現できるように思われる．すなわち，「この解析結果は1本のピークを無理やり3本に分けただけで，Si^α，Si^βピークを考慮する解析に妥当性はないのではないか」という疑問が生じる．しかしながら，Si清浄表面から酸化膜で覆われてSiO_2/Si構造ができるまでの酸化反応中の光電子スペクトルを時間分解で観察するとこの疑問は解消される．図B.2.2に示すSi^0ピークは基板のSiに由来するピークであるため，基板温度や測定条件が変わらなければその半値幅も変わらない．一方，未酸化のSiウェハーのSi^Bピークに比べて，SiO_2/Si基板のSi^Bピークのガウス関数の半値幅が大きくなっていた．ガウス関数の半値幅を大きくすれば，SiO_2/SiウェハーのSi^Bピークも1つのピークでフィッティングできるが，酸化したことにより未酸化の基板由来のピークが太くなる物理的な理由はまったくない．すなわち，Si^Bピークが太く見えたのは酸化によって酸化誘起歪みが生じ，Si^α，Si^βピークが現れたためだといえる．このようにピークの位置だけでなく，各々の

表 B.3.1　Si $2p_{3/2}$ 光電子スペクトルのフィッティングパラメーター．ガウス関数半値幅はエネルギー分析器の設定や試料温度で変化する．

成分	化学シフト(eV) (Si^0 基準)	ガウス関数 半値幅(eV)	ローレンツ関数 半値幅(eV)
Si^B	0	0.43	0.10
Si^α	−0.22	0.52	
Si^β	0.34	0.52	
Si^{1+}	1.10	0.48	
Si^{2+}	1.85	0.75	
Si^{3+}	2.61	0.84	
Si^{4+}	3.58	1.17	

ピークの半値幅まで着目することによって，見た目は1つしかないピークも複数の成分に分離することが可能である．

図 B.2.2 に示すピーク分離のパラメーターを**表 B.3.1** に示す．特に半導体試料の測定で注意しなければならないのは結合エネルギー位置である．半導体ではバンドギャップが存在するため，バンドギャップ中にできる欠陥準位への電荷移動によって表面や界面に向けてバンドが湾曲することがある．このバンドの湾曲をバンドベンディングというが，それにより内殻準位の結合エネルギーも変調されるため，ピーク位置が文献値と合わない場合もある．特にバンドギャップが 5.5 eV あるダイヤモンドの場合，図 5.4.2 に示したように数 eV のシフトが発生することもある．そのため，表 B.3.1 の化学シフトは結合エネルギーの絶対値ではなく，メインのピークである Si^B からのシフト量で記載している．また結合エネルギーの基準点をどのように校正するかという問題もあり，化学シフトによる化合物評価には「結合エネルギーの絶対値」よりも「メインのピークからの相対的なシフト量」を用いた方がピーク分離解析がうまくいくことも多い．

(2) 酸素含有多結晶グラファイトの C 1s 光電子スペクトル解析法

次に C 1s 光電子スペクトルを用いた酸素含有多結晶グラファイトの酸化状態の解析例について説明する．プラズマ CVD によって合成した酸素含有多結晶グラファイトの C 1s 光電子スペクトルを**図 B.3.1** に示す．グラファイト中に含まれている酸素の評価にあたりグラファイト表面に吸着した水や不純物の影響を少なくするため，検出深さの大きい硬 X 線を用いて XPS 測定を行った．図 B.3.1 のスペクトルは Shirley 型のバックグラウンドをすでに除去してある．測定された C 1s スペクトルは高結合エネルギー側に裾野をひいた形となっている．このスペクトルの

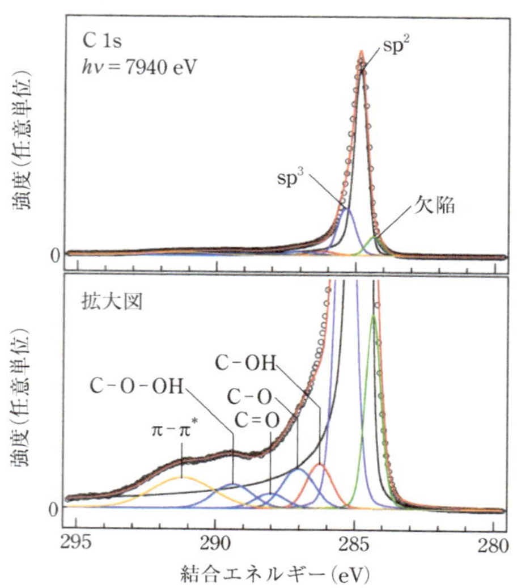

図 B.3.1　酸素含有多結晶グラファイトの C 1s 硬 X 線光電子スペクトルとそのピーク分離解析結果

ピーク分離解析を行うため，グラファイトの主成分である sp^2，アモルファスの sp^3，原子空孔欠陥，酸化物成分(C−OH，C−O，C=O，C−OOH)，sp^2 の π−π^* 遷移にともなうシェークアップピークを用いてフィッティングを行った．ここで，グラファイトには電気伝導性があるため，sp^2 ピークの解析には金属の内殻準位スペクトルの解析に用いられるドニアック−シュニッチ(Doniac−Šunjić)関数[14)]とガウス関数の合成積を用いた．ドニアック−シュニッチ関数は次式の通りである．

$$I(E)=\frac{\Gamma(1-\alpha)\cdot\cos\left\{\dfrac{\alpha}{2}+(1-\alpha)\cdot\arctan\left(\dfrac{E-E_0}{\gamma}\right)\right\}}{\left\{(E-E_0)^2+\gamma^2\right\}^{(1-\alpha)/2}} \qquad \text{(B.3.1)}$$

ここで，E_0 はピーク位置，γ は半値幅，α は非対称性パラメーターである．実際にドニアック−シュニッチ関数を計算する際はガンマ関数のテイラー展開を用いるとよい．また，sp^2 以外のピークにはフォークト関数を用いた．また，今回はスペクトル形状に反跳効果[15)]は考慮していない．

図 B.3.1 では，sp^2 や欠陥，C−OOH は肩構造の存在やピークがみえるために容易に識別可能であるが，それ以外の酸化成分は C 1s の裾野に含まれてはっきりした構造はみえない．そのため，特に酸化物のピーク分離方法の妥当性に疑問が生じてしまう．そこで，C 1s と O 1s の比率を利用して C 1s 酸化状態のピーク分離の妥当性の検証を行った．本試料の XPS スペクトルでは C 1s と O 1s のみが観測され，

表 B.3.2　C 1s 光電子スペクトルのフィッティングパラメーター

成分	結合エネルギー (eV)	ローレンツ関数幅 (eV)	ガウス関数幅 (eV)	非対称パラメーター
sp^2	284.5	0.067	0.50	0.066
sp^3	285.1	0.10	0.60	—
欠陥	284.1	0.10	0.61	
C–OH	286.0	0.10	1.00	
C–O	286.7	0.10	1.31	
C=O	287.7	0.10	1.30	
C–OOH	289.1	0.10	1.59	
π–π^*	290.9	0.10	2.57	

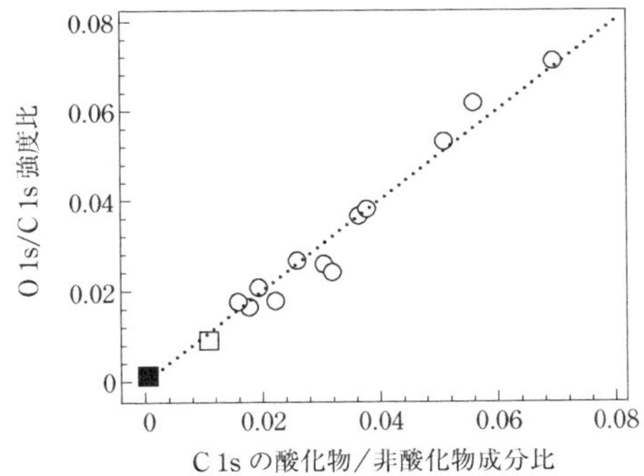

図 B.3.2　酸素含有多結晶グラファイトの C 1s スペクトルにおける酸化物比と O 1s/C 1s 比の相関
両者が直線的に良い相関を示していることから，C 1s スペクトルにおける酸化物成分のピーク分離解析の妥当性が示された．

成長の下地となった Si 基板のピークやその他の不純物のピークは観察されなかった．また検出深さが数 10 nm の HAXPES を利用しているため，グラファイト表面に吸着している水や不純物の寄与は無視できる．したがって，測定された O 1s はすべて多結晶グラファイトに含まれている酸素由来である．このことを利用し，酸素含有量を変化させた試料を用いて C 1s の成分分離のためのパラメーターを決定した．すなわち，酸素含有量が異なる各試料において，O 1s 強度と C 1s 光電子スペクトルにおける酸化成分(C–O，C=O，C–OOH)強度が比例するように酸化成分の位置，半値幅を調整した．そして，すべての試料において各成分の位置，半値幅をまったく変えず，各成分の高さのみでスペクトルを再現できるようにした．このようにして得られたフィッティングパラメーターを**表 B.3.2** にまとめて示す．このパラメーターを用いることで，C 1s の裾野部分に存在する酸化物成分も含め，全体にわたり光電子スペクトルを再現することができた．以上のフィッティング解析から得られた C 1s 光電子スペクトルの非酸化成分/酸化成分比と，O 1s/C 1s 強度比の相関を**図 B.3.2** に示す．両者は直線的な相関を示し，酸化物のピーク分離が妥当であったことを示している．

B.4 ■ フェルミ準位と真空準位の決定

XPS 測定で重要なことは結合エネルギーが 0 になる点をしっかりと定めることである．XPS では光電子の運動エネルギーを計測するが，励起光のエネルギーに依存して運動エネルギーは変化するため，スペクトルの解析には横軸を結合エネルギーに変換することが必要である．このとき，どこの点を結合エネルギーの基準とするかが問題である．運動エネルギーを結合エネルギーに変換する方法として，試料表面の炭素汚染のピークを 284.8 eV として校正する方法，電子エネルギー分析器の仕事関数が変化しないと仮定して一旦校正したものを利用する方法などがある．しかし，測定対象の表面に付着している炭素汚染が 284.8 eV のピークをもつという保証はなく，長期間の使用によってエネルギー分析器の仕事関数も変化してくる．そのため，定期的に結合エネルギーの基準となるフェルミ準位の測定を行い，結合エネルギーを校正する必要がある．通常，試料は接地されており，そのフェルミ準位はエネルギー分析器のフェルミ準位と一致する．そのため，貴金属のフェルミ準位近傍のスペクトルを測定し，金属のフェルミ準位を決定できれば，それは分析器のフェルミ準位と一致する．そしてそこが結合エネルギーの基準となる．

軟 X 線および硬 X 線で測定した Au のフェルミ準位近傍のスペクトルを**図 B.4.1** に示す．金属のフェルミ準位近傍の電子状態分布は以下のフェルミ－ディラック分布で表される．

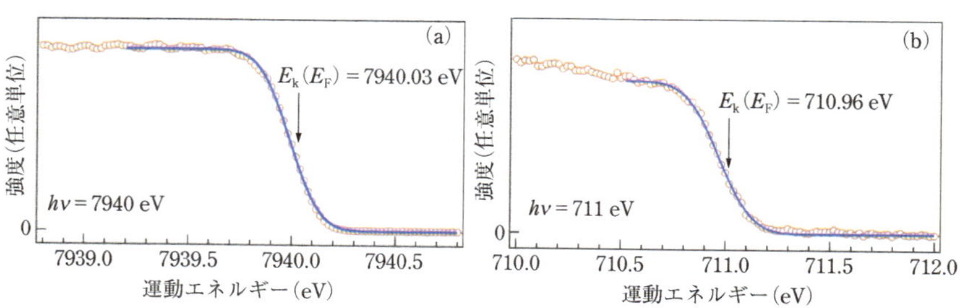

図 B.4.1　(a)硬 X 線および(b)軟 X 線で測定した Au のフェルミ準位近傍スペクトル
実線はフェルミ－ディラック分布関数によるフィッティング．

$$f(E) = \frac{1}{1 + \exp\left[\frac{E - E_{\mathrm{k}}(E_{\mathrm{F}})}{k_{\mathrm{B}}T}\right]} \tag{B.4.1}$$

ここで，k_{B} はボルツマン定数（$=8.6171 \times 10^{-5}$ eV/K），T は試料温度である．スペクトルのフィッティングに用いるのは式(B.4.1)とガウス関数の合成積である．この合成積によるフィッティングを図 B.4.1 に実線で示す．フィッティングによって得られた $E_{\mathrm{k}}(E_{\mathrm{F}})$ の値がフェルミ準位位置に相当する運動エネルギーであり，この運動エネルギーが結合エネルギーの基準となる．

フェルミ準位の決定と類似の方法で試料表面の仕事関数を測定することができる．仕事関数 ϕ はフェルミ準位位置の運動エネルギー $E_{\mathrm{k}}(E_{\mathrm{F}})$ と光のエネルギー $h\nu$ を用いて次式のように表せる．

$$\phi = h\nu - \{E_{\mathrm{k}}(E_{\mathrm{F}}) - E_{\mathrm{k}}(\mathrm{VL})\} \tag{B.4.2}$$

ここで，$E_{\mathrm{k}}(\mathrm{VL})$ は真空準位に対応する位置の運動エネルギーである．真空準位は低運動エネルギー側のスペクトルカットオフに対応するため，二次電子スペクトルから仕事関数を求めることができる．二次電子スペクトルカットオフから仕事関数を求める方法としては，(1)カットオフの直線近似と(2)二次電子スペクトル全体のフィッティングがある．直線近似では，電子が検出される点が仕事関数と考え，カットオフの立ち上がりを直線で近似し，その直線とスペクトルのバックグラウンドの交点位置を真空準位と決める方法である．一方で，化学反応中の仕事関数変化のリアルタイム観察など，非常に多くのスペクトルから仕事関数を求めなくてはならない場合は二次電子スペクトル全体のフィッティングが有用である．以下にその方法を説明する．

理想的な真空準位は，**図 B.4.2**(a)のようにステップ関数 $H(E)$ で表されると考えられる．すなわち，真空準位の位置に相当する運動エネルギーを $E_{\mathrm{k}}(\mathrm{VL})$ とすると，$H(E)$ は次式のように表される．

$$H(E) = \begin{cases} I_0 & (E \geq E_{\mathrm{k}}(\mathrm{VL})) \\ 0 & (E < E_{\mathrm{k}}(\mathrm{VL})) \end{cases} \tag{B.4.3}$$

また，実際に測定される二次電子スペクトルは理想的な真空準位と電子エネルギー分析器の応答関数を畳み込んだもので表される．ここでは，電子エネルギー分析器の応答関数として，**図 B.4.2**(b)のガウス関数 $G(E)$ を用いる．

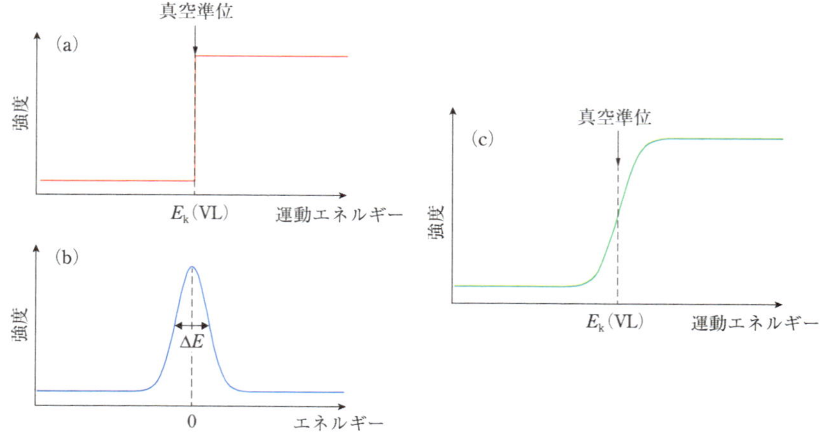

図 B.4.2　(a)理想的な真空準位(ステップ関数), (b)電子エネルギー分析器の応答関数(ガウス関数), (c)測定される二次電子スペクトル(ステップ関数とガウス関数の合成積)

$$G(E) = \exp\left(-\frac{E^2}{\varpi^2}\right) \tag{B.4.4}$$

ここで, ϖ はガウス関数の幅である. 二次電子スペクトルは**図 B.4.2**(c)に示すように $H(E)$ と $G(E)$ の合成積によってフィッティングできる. 合成積を求める計算を簡単にするため, 真空準位の立ち上がり位置を 0, 応答関数の中心を E_k(VL)とする. すなわち, $H(E)$ と $G(E)$ は次式のようになる.

$$H(E) = \begin{cases} I_0 & (E \geq 0) \\ 0 & (E < 0) \end{cases} \tag{B.4.5}$$

$$G(E) = \exp\left[-\frac{\{E - E_k(\mathrm{VL})\}^2}{\varpi^2}\right] \tag{B.4.6}$$

二次電子スペクトル $I(E)$ のカットオフは $H(E)$ と $G(E)$ の合成積で与えられるので, 次式のようになる.

$$\begin{aligned} I(E) = (H^*G)(E) &= \int_{-\infty}^{\infty} H(E - x) \cdot \exp\left[-\frac{\{x - E_k(\mathrm{VL})\}^2}{\omega^2}\right] \mathrm{d}x \\ &= \int_{-\infty}^{E} \exp\left[-\frac{\{x - E_k(\mathrm{VL})\}^2}{\omega^2}\right] \mathrm{d}x \end{aligned} \tag{B.4.7}$$

式(B.4.7)を用いた二次電子スペクトルのフィッティング例を**図 B.4.3** に示す. ここでは試料に対して −10 V のバイアス電圧を印加しており, スペクトル全体が 10

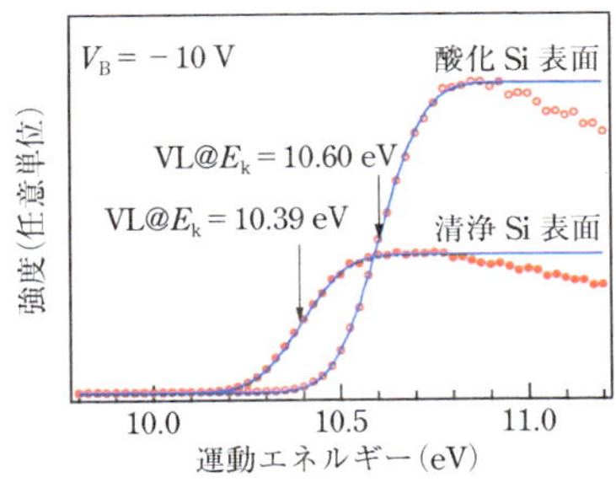

図 B.4.3 清浄 Si 表面と酸化 Si 表面における二次電子スペクトル
実線は式(B.4.7)を用いたシミュレーション.

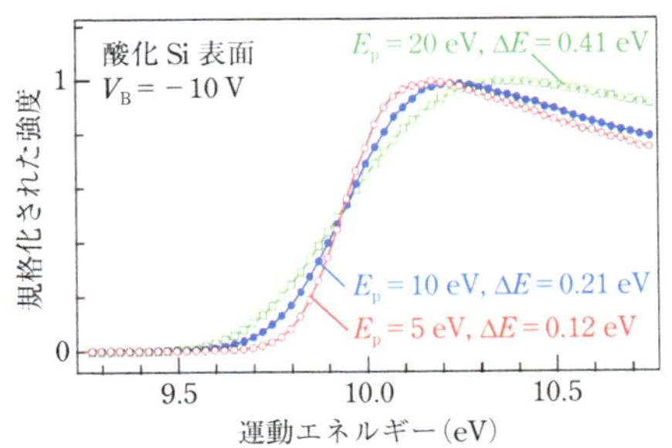

図 B.4.4 二次電子スペクトルの電子エネルギー分析器の透過エネルギー依存性

eV 高運動エネルギー側にシフトしている．この負バイアス印加によって運動エネルギーが小さい光電子カットオフ領域も SN 比良く測定することが可能となる．図 B.4.3 から，清浄 Si(001)表面の真空準位位置は 10.39 eV，酸化された Si(001)表面の真空準位位置は 10.60 eV と求まった．本手法はスペクトル全体をフィッティングするため，プログラムを組んで大量のスペクトルを一括に解析する方法に適している．この手法を用いることで，表面反応中の仕事関数の時間変化を明らかにすることができ，吸着分子の挙動解明につながっている[16,17]．

式(B.4.7)には電子エネルギー分析器の応答関数の幅 ϖ が含まれているので，二次電子スペクトルの形状は分析器の影響を受けて「ぼける」と考えられる．これを確かめるために，電子エネルギー分析器の光電子透過エネルギー E_p を 5～20 eV まで変化させたときの二次電子スペクトルを**図 B.4.4** に示す．$E_p = 5$ eV のときはガウス関数の半値幅は 0.12 eV であったが，$E_p = 20$ eV では 0.41 eV と 3 倍以上も大きくなっている．またそれに合わせて二次電子スペクトルの立ち上がり位置が E_p に依存して変化している．二次電子スペクトルの立ち上がりを直線で近似し，バックグラウンドの交点を真空準位として定義している方法では電子透過エネルギーによって真空準位位置が変化してしまうため，注意が必要である．

以上のように二次電子スペクトルから試料の仕事関数を求めることができる．ここで，仕事関数を求めるときの光のエネルギーについて追記する．式(B.4.2)はどのエネルギーの X 線でも成り立つため，原理的には軟 X 線や硬 X 線でも仕事関数を求めることができる．その一方で，仕事関数の精度が必要な場合，$E_k(E_F)$ と E_k(VL)は極力小さい方がよい．これは $E_k(E_F)$ が大きくなってしまうとより広い範囲のスペクトルが必要となり，エネルギー分析器の精度が許容される仕事関数の精度を超えてしまう可能性がある．したがって仕事関数を測定する際には *hν* を小さくした方がよく，He I 共鳴線(21.22 eV)がもっとも利用される．

[引用文献]

1) http://www.sasj.jp/COMPRO/
2) 吉原一紘，*J. Surf. Anal.*, **23**, 138(2017)
3) D. A. Shirley, *Phys. Rev. B*, **5**, 4709(1972)
4) A. Proctor and P. M. A. Sherwood, *Anal. Chem.*, **54**, 13(1982)
5) 吉原一紘，*J. Vac. Sci. Jpn.*, **56**, 243(2013)
6) A. Herrera-Gomez, M. Bravo-Sanchez, O. Ceballos-Sanchez, and M. O. Vazquez-Lepe, *Surf. Interf. Anal.*, **46**, 897(2014)
7) 松本 凌，西澤侑吾，片岡範行，田中博美，吉川英樹，田沼繁夫，吉原一紘，*J. Surf. Anal.*, **22**, 155(2016)
8) 西澤侑吾，松本 凌，片岡範行，田中博美，吉川英樹，田沼繁夫，吉原一紘，*J. Surf. Anal.*, **24**, 36(2017)
9) S. Tougaard, *Surf. Interf. Anal.*, **11**, 453(1988)
10) S. Tougaard, *Solid State Commun.*, **61**, 547(1987)
11) S. Tougaard, *Surf. Interf. Anal.*, **25**, 137(1997)
12) S. Ogawa, J. Tang, A. Yoshigoe, S. Ishidzuka, Y. Teraoka, Y. Takakuwa, *Jpn. J. Appl. Phys.*, **52**, 110128(2013)
13) O. Yazyev and A. Pasquarello, *Phys. Rev. Lett.*, **96**, 157601(2006)
14) S. Doniac and M. Šunjić, *J. Phys. C*, **3**, 385(1970)
15) Y. Takata, Y. Kayanuma, M. Yabashi, K. Tamasaku, Y. Nishino, D. Miwa, Y. Harada, K. Horiba, S. Shin, S. Tanaka, E. Ikenaga, K. Kobayashi, Y. Senba, H. Obashi, and T. Ishikawa, *Phys. Rev. B*, **75**, 233404(2007)
16) S. Ogawa and Y. Takakuwa, *Jpn. J. Appl. Phys.*, **44**, L1048(2005)
17) S. Ogawa and Y. Takakuwa, *Surf. Sci.*, **601**, 3838(2007)

索　引

■ 欧文

■ 和文

ア

カ

サ

タ

編著者紹介

高桑　雄二　理学博士

1982 年東北大学大学院理学研究科博士課程単位修得退学．東北大学電気通信研究所助手，1993 年東北大学科学計測研究所助教授，2001 年東北大学多元物質科学研究所准教授を経て，2010 年から同教授．2020 年 4 月から東北大学マイクロシステム融合研究開発センター教授．

NDC 433　　367 p　　21 cm

分光法シリーズ　第 6 巻

X 線光電子分光法

2018 年 12 月 20 日　第 1 刷発行
2024 年 9 月 20 日　第 3 刷発行

編著者　高桑雄二

発行者　森田浩章

発行所　株式会社　講談社

KODANSHA

〒 112-8001　東京都文京区音羽 2-12-21
販　売　(03) 5395-4415
業　務　(03) 5395-3615

編　集　株式会社　講談社サイエンティフィク
代表　堀越俊一
〒 162-0825　東京都新宿区神楽坂 2-14　ノービィビル
編　集　(03) 3235-3701

本文データ制作　株式会社　双文社印刷

印刷・製本　株式会社　ＫＰＳプロダクツ

ISBN 978-4-06-514047-5